# 输变电专业技术及应用论文集（2015年版）

国家电网公司规划设计管理办公室 组编

中国电力出版社
CHINA ELECTRIC POWER PRESS

## 内 容 提 要

为落实国家电网公司经研体系建设会议精神，进一步提升变电、线路专业设计技术水平，加强设计咨询专家队伍建设和能力提升，国家电网公司规划设计管理办公室组织编写了《输变电专业技术及应用论文集（2015年版）》。

本书分为变电和线路两个部分，汇集了国家电网公司经研系统变电和线路专委会的年度技术论文，包括智能（新一代智能）变电站技术，模块化建设技术，全户内城市变电站设计，变电站设计优化、创新；输电线路新型导线的应用，线路路径的优化设计方法，电缆隧道的经济性分析；电网新技术、新材料、新工艺应用等内容。

本书可供国家电网公司经研系统各单位及电力行业内变电和线路专业技术人员阅读，还可作为高等院校相关专业师生的参考用书。

**图书在版编目（CIP）数据**

输变电专业技术及应用论文集：2015年版/国家电网公司规划设计管理办公室组编．—北京：中国电力出版社，2016.12

ISBN 978-7-5198-0108-3

Ⅰ．①输…　Ⅱ．①国…　Ⅲ．①输电技术-文集　②变电所-电工技术-文集　Ⅳ．①TM72-53②TM63-53

中国版本图书馆CIP数据核字（2016）第296019号

中国电力出版社出版、发行

（北京市东城区北京站西街19号　100005　http：//www.cepp.sgcc.com.cn）

三河市万龙印装有限公司印刷

各地新华书店经售

*

2016年12月第一版　2016年12月北京第一次印刷

787毫米×1092毫米　16开本　20印张　425千字

定价 **128.00** 元

**敬 告 读 者**

本书封底贴有防伪标签，刮开涂层可查询真伪

本书如有印装质量问题，我社发行部负责退换

**版 权 专 有　　翻 印 必 究**

## 编　委　会

主　　任　袁兆祥

副 主 任　胡劲松　王红晋

编　　委　（按姓氏拼音排序）

安增军　曹伟炜　李　娟　刘湘莅
罗　旭　毛　华　苗胜坤　邱　斌
杨　冬　闫培丽　姚新宇　张功望

## 编写工作组

主　　编　胡劲松

副 主 编　张子引　胡君慧　孙建龙　张　弘

编写人员　（按姓氏拼音排序）

曾爱民　丛日立　陈　杰　陈　博
陈　涛　陈仲伟　方　瑜　高美金
郭晋芳　郭　蓉　耿　芳　葛爱欣
黄忠华　李春雨　李光应　刘　涛
莫阮清　牛建荣　潘晓冬　强　芸
孙　威　邵冰然　唐占元　王苏娥
王淑红　袁纪光　杨志远　赵　帅
赵云超　章李刚　张　冉　张晓镭
张　莎　张晓虹　张祖瑶　张　帆
郑　阳　周伟民

# 前　言

近年来，伴随着电力工业快速发展，智能变电站、模块化建设、机械化施工、新型节能导线等新技术不断推出，国家电网公司输变电工程的设计质量和设计水平取得了长足进步。国家电网公司规划设计管理办公室为加强规划设计单位变电和线路专业的交流与协作，促进专业技术人才的培养，推动国家电网公司经研体系规划设计能力的持续提升，特将2015年征集的年会论文进行汇编出版，旨在促进专业人员对输变电工程领域关键技术的学习和研究，推动电网新技术、新成果的推广应用。

为了加强优秀论文成果的交流与推广，为技术人员提供一个相互学习、相互借鉴的平台，更好地提升专业水平，变电、线路专业委员会精选40篇优秀论文汇编成《输变电专业技术及应用论文集（2015年版）》。本论文集分为变电和线路两大部分，分为电气一次、电气二次、变电土建、线路电气、线路结构、线路综合六个部分。

由于时间仓促，加之篇幅有限，还有许多优秀论文未及收录，深表遗憾。本书难免还存在缺点和错误，热忱欢迎广大读者批评指正。

编　者

2016年11月

# 目　录

### 变电土建



### 变电综合



## 线路部分

### 线路电气

## 线路结构

## 线路综合

# 变电部分

# “双飞蜓”式GIS架空垂直出线在新一代智能变电站的研究与应用

高美金[1]，高亚栋[2]，陈　飞[2]，金国胜[2]
（1. 国网浙江省电力公司经济技术研究院，浙江省杭州市　310001；
2. 浙江华云电力工程设计咨询有限公司，浙江省杭州市　310014）

**摘　要：** 新一代智能变电站以“系统高度集成、结构布局合理、装备先进适用、经济节能环保、支撑调控一体”为建设目标，通过整体集成设计，优化变电站主接线和总平面布局。为充分响应上述建设目标，在不选用小型化GIS等紧凑型设备的前提下，创新出线方式，提高变电站整体设计水平，节约土地资源，体现先进设计理念。我们创新性提出了“双飞蜓”式户外GIS设备垂直出线方式，采用独立钢管杆双回垂直架空出线，压缩间隔宽度，大幅减少变电站占地面积，提高土地利用率。

**关键字：** 新一代智能变电站；GIS；垂直出线；间隔宽度；占地面积

## 0　引言

新一代智能变电站是一项革命性的技术创新，将成为变电站建设与发展的转折点。国家电网公司对此高度重视，2013年试点建设并投运了北京220kV未来城变电站等6座新一代智能变电站示范工程。新一代智能变电站以“集成化智能设备＋一体化业务平台＋模块化建设模式”应用为特征，通过整体集成设计，优化变电站整体方案。

GIS设备以其布置紧凑、免（少）维护、运行可靠性高、占地面积小等优点而被广泛应用。户外GIS设备一般采用全架空出线，但是目前常规户外GIS出线一般采用A、B、C三相水平排列，构架采用人字门形构架一字排开。目前国家电网公司通用设计中220kV出线间隔宽度为12m，110kV出线间隔宽度为7.5m，在电气布置上，GIS配电装置的占地面积依然是其中的“长板”，并没有充分发挥GIS设备布置紧凑的优势，仍旧制约着变电站的整体布局。需要进一步优化GIS设备出线方式，减小出线间隔宽度，将配电装置布置得更紧凑，最大限度地节约土地，提高土地的利用率，提高变电站整体设计水平，节约土地资源，体现先进设计理念。

## 1　GIS配电装置常规出线方案

### 1.1　220kV GIS配电装置常规出线方案

常规户外布置的220kV GIS配电装置，导线三相水平排列，其间隔的宽度由导线和设备的相间距离和边相对构架中心线间距离决定。水平布置的导线中心间距由导线因风或者短路电动力的作用产生不同步摆动而相互接近后需要保持的最小电气距离决定，根据国内外的运行经验，220kV 相间最小电气间隙距离是由操作过电压控制，对于中性点接地的 220kV 电压等级，最小电气间隙距离为 2.0m。

220kV GIS 配电装置户外布置采用一字排列，线路终端塔采用双回路塔，并辅以减小进出线弧垂、跳线和引下线加装悬垂绝缘子串等措施缩减间隔宽度，设备套管相间距离一般为 3～3.5m，相邻间隔套管距离为 6m，导线相间距 3.75m，边导线与门构中心距 2.25m，相邻间隔导线距离为 4.5m，架空出线，2 回出线共用一跨出线构架，出线门构宽度 24m，单间隔宽度为 12m。如图 1 所示。

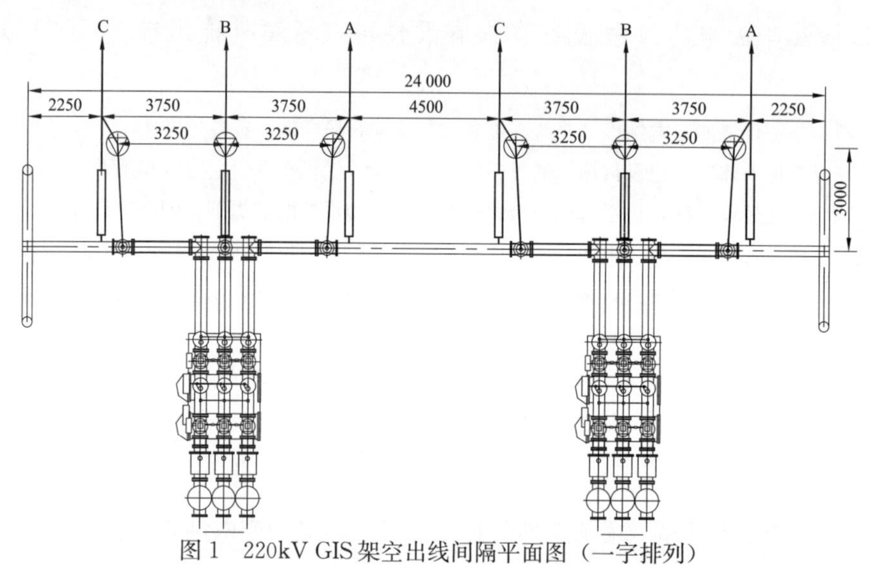


图 1　220kV GIS 架空出线间隔平面图（一字排列）

Fig. 1　Interval planar graph of 220 kV GIS overhead outgoing line (arrangement in one line)

### 1.2　110kV GIS 配电装置常规出线方案

常规 110kV GIS 配电装置户外布置同样采用一字排列，设备套管相间距离一般为 2m，出线门构宽度 7～8m，导线相间距 2.25m，边导线与门构中心距 1.5～2m，2 回出线共用一跨出线构架，间隔宽度 7.5m。如图 2 所示。

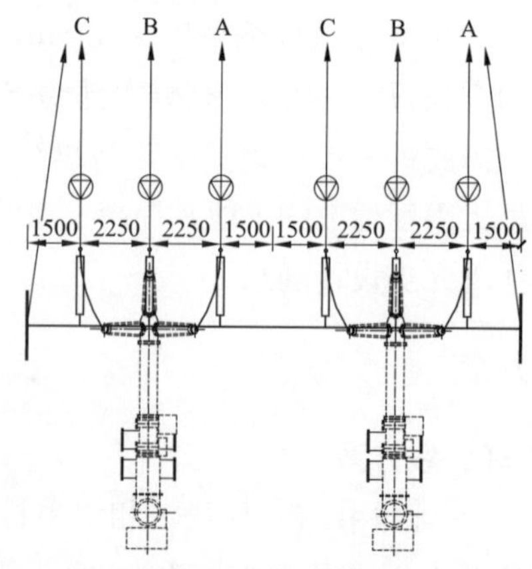


图 2　110kV GIS 架空出线间隔平面图（一字排列）

Fig. 2　Interval planar graph of 110kV GIS overhead outgoing line (arrangement in one line)

## 2 220kV 垂直出线方案研究

对于户外 GIS 配电装置，在进行配电设备尺寸设计及优化时，一方面应保证设备和导线的相间距离及对地尺寸，满足绝缘配合要求的最小电气距离，避免造成威胁系统安全运行的隐患；另一方面要考虑为安装和检修提供方便，注意满足相邻间隔电气设备检修时安全距离的要求。

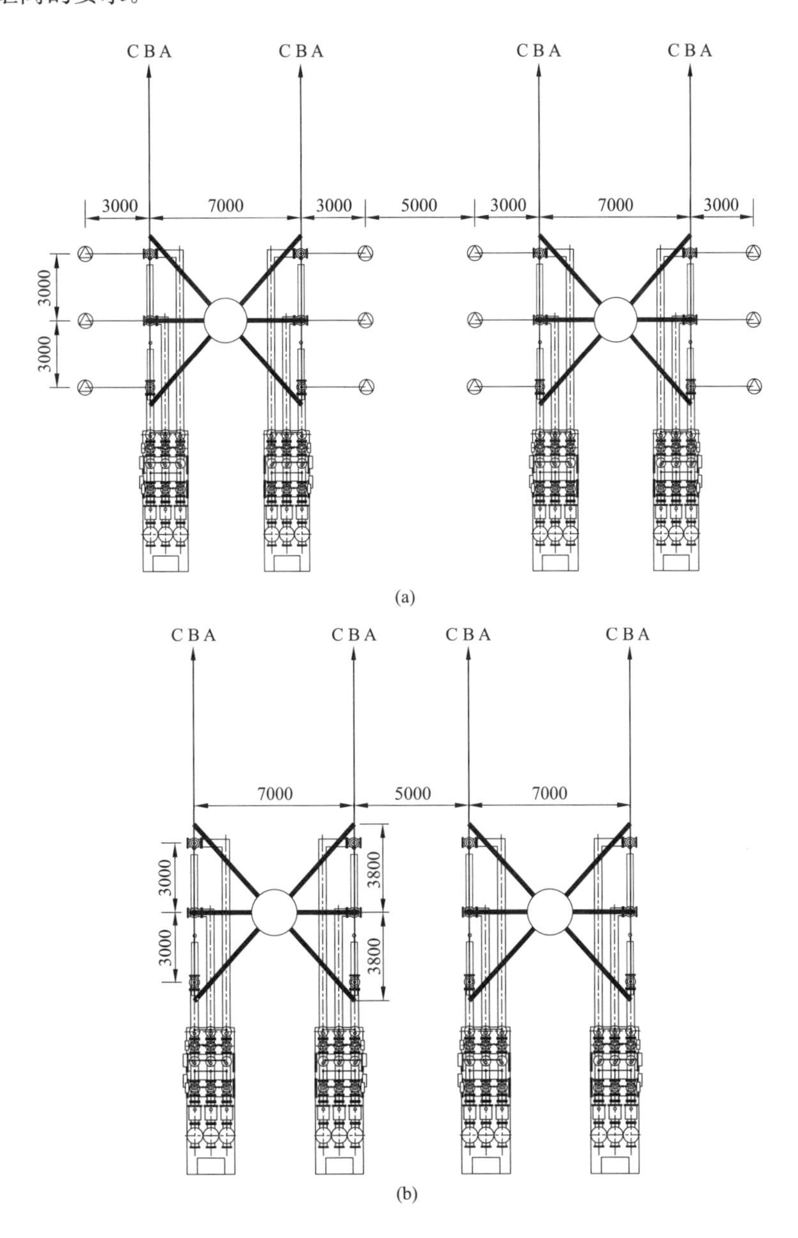


图 3　220kV GIS 架空垂直出线间隔平面图

(a) 避雷器外置；(b) 避雷器内置

Fig. 3　Interval planar graph of overhead vertical-outgoing line of 220 kV GIS

(a) external lightning arrester; (b) built-in lightning arrester

针对以上问题，研究发明了“双飞蜓”式双回架空垂直排列出线方式。将220kV GIS设备出线其中两相GIL管线延伸并转弯，使三相套管按垂直于主母线纵方向一字排列，同时将出线构架简化为一根独立钢管杆，设置上、中、下三层横担，两个间隔的三相导线通过独立钢管杆横担挂点引至上、中、下三层，同杆双回垂直出线。通过以上优化措施，220kV GIS出线间隔宽度大大减小，结构简单清晰。线路避雷器采用GIS设备内置时，220kV单回垂直式出线间隔宽度可优化为6.0m，避雷器采用外置时，220kV单回垂直式出线间隔宽度可优化为9.0m，220kV GIS架空垂直出线间隔平面图见图3，出线示意图见图4，效果图见图5。

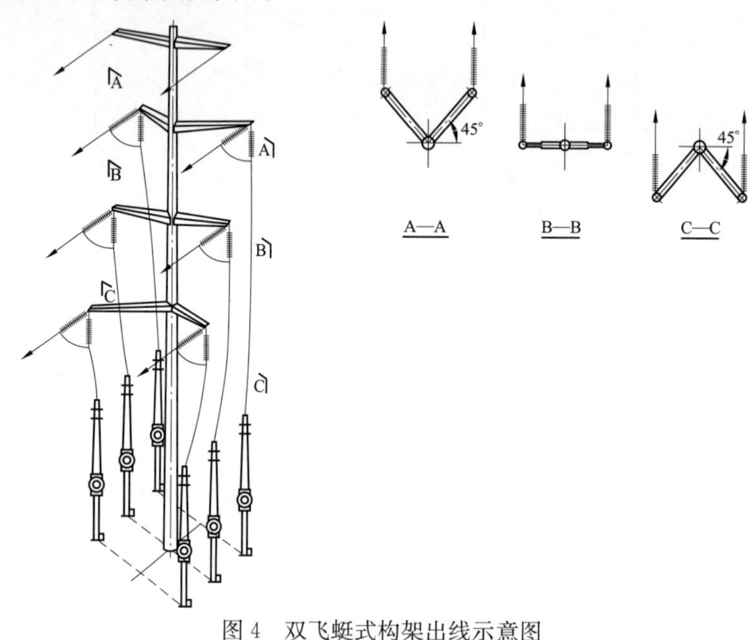


图4　双飞蜓式构架出线示意图

Fig. 4　Illustration of the double-flying dragon fly outgoing line

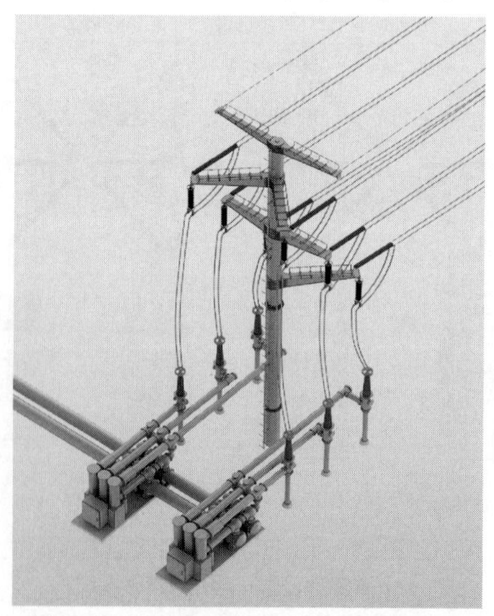

图5　220kV GIS架空垂直出线效果图

Fig. 5　Effect diagram of overhead vertical-outgoing line of 220kV GIS

### 2.1 电气距离校验

针对此出线方式，根据 DL/T 5352—2006《高压配电装置设计技术规程》要求，国网浙江省电力公司经济技术研究院对终端塔与钢管杆立柱之间各回线路的相间与线间距离以及 GIS 设备电气距离进行了同间隔相间距离、对地距离、不同间隔相间距离、构架上人检修距离 4 个部分的校验，得出 220kV 双飞蜓垂直出线方式主要尺寸，具体尺寸见表 1。

**表 1　　220kV 双飞蜓出线方式主要尺寸一览表**

**Tab. 1　　List of the main sizes of 220kV double-flying dragonfly outgoing line**

| 项目＼方案 | 220kV 常规水平出线方式 | 220kV 垂直式出线方式（避雷器内置） | 220kV 垂直式出线方式（避雷器外置） |
| --- | --- | --- | --- |
| 间隔宽度（m） | 12 | 6 | 9 |
| 设备相间距离（m） | 3 | 3 | 3 |
| 横担挂点水平距离（m） | | 3.8 | 3.8 |
| 下层横担挂点高度（m） | 14 | 9 | 9 |
| 中层横担挂点高度（m） | — | 14 | 14 |
| 上层横担挂点高度（m） | — | 19 | 19 |
| 地线柱高度（m） | 18 | 23 | 23 |
| 配电装置纵向（m） | 26 | 27.5 | 27.5 |

### 2.2 线路终端塔适应性分析

220kV 出线采用垂直式出线布置，构架中心至中心间距 18m。每个构架分左右出线 2 回，每回出线三相导线采用垂直排列，垂直间距 5m。避雷线与最上层导线垂直间距 4m。基于 220kV 出线间隔采用 1 个独立钢管杆 2 回垂直式出线，站外 220kV 出线终端塔也应采用双回路导线呈左右对称垂直式排列的鼓形塔，鼓形塔上各相导线的布置方式正好与出线钢管杆一一对应。经校核，也可满足档距中央导地线间距不小于 $0.012L+1$ 的防雷保护要求。

### 2.3 模块化设计

采用垂直出线方式，在具体总平面布置时可以根据实际情况线路导线相序采用“模块化”拼接设计理念。1 个 GIS 出线间隔组成 1 个模块，根据相序的不同可以分为 4 种模块，220kV GIS 架空出线间隔模块示意图详见图 6。

图（a）为模块一，出线钢管杆上中下三层双回导线三相相序为 A、B、C 排列；

图（b）为模块二，出线钢管杆上中下三层双回导线三相相序为 C、B、A 排列；

图（c）为模块三，出线钢管杆上中下三层双回导线三相相序为 B、C、A 排列；

图（d）为模块四，出线钢管杆上中下三层双回导线三相相序为 B、A、C 排列。

以一个钢管杆和两个出线模块为一个单元，根据线路相序不同，选择对应 GIS 出线间隔模块，运用灵活方便。将 GIS 出线间隔各个模块相组合布置，主变压器、母设、母联间隔穿插于模块之间空位，尽可能使主变压器间隔布置整齐统一，总平面布置紧凑合理。

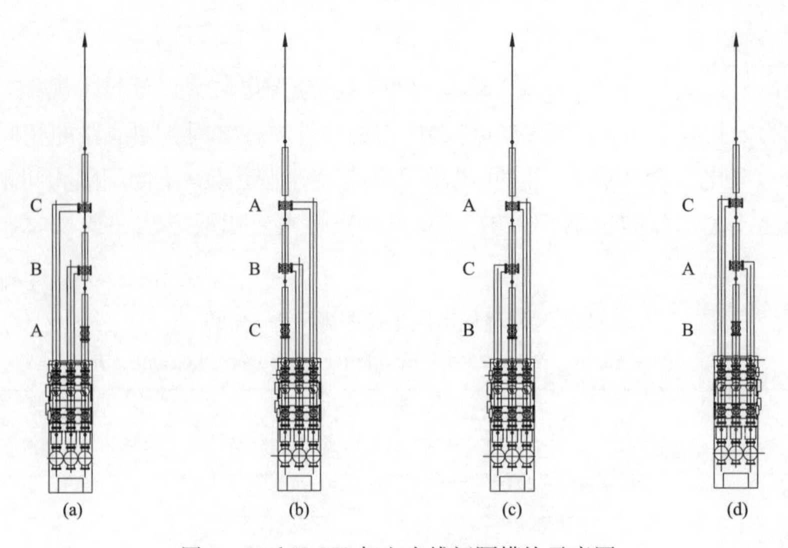


图 6　220kV GIS 架空出线间隔模块示意图

Fig. 6　Interval model illustration of overhead outgoing line of 220 kV GIS

(a) 模块一；(b) 模块二；(c) 模块三；(d) 模块四

## 2.4　构架设计

根据前述垂直出线的布置形式，按线路专业提供的导线荷载，对出线构架强度和稳定进行分析与计算。结构计算采用 STAAD/China 软件和线路专业 NSA 钢管杆设计系统铁塔结构模块（道亨）分别计算完成，利用有限元分析方法计算内力，并对计算结果进行比较。220kV 出线荷载见表 2，220kV 出线柱主要构件见表 3。独立柱主杆采用分段安装的形式，杆段之间采用法兰或者套接的形式连接，横担与主杆之间采用法兰连接。

**表 2　　220kV 出线荷载表**

**Tab. 2　　The load table of 220kV outgoing line**

| 名称 / 档距 / 载荷(kN) / 工况 | | 导线 | | | 地线 | | |
|---|---|---|---|---|---|---|---|
| | | 2×JL/LHA1－465/210，$L$＝100m | | | JLB20A－150，$L$＝100m | | |
| | | H | R | P | H | R | P |
| 运行工况 | 最大风速 | 10 | 3.65 | 2.93 | 5.7 | 0.97 | 0.75 |
| | 覆冰 | 9.9 | 4.72 | 0.7 | 7.87 | 1.68 | 0.29 |
| | 最低气温 | 7.6 | 3.65 | | 4.72 | 0.97 | |
| 检修工况 | 单相上人 | 7.0 | 3.65 | | 6.0 | 0.97 | |
| 安装工况 | 单相紧线 | 7.77 | 3.65 | 0.46 | 4.84 | 0.97 | 0.12 |

**表 3　　220kV 出线柱主要构件表**

**Tab. 3　　The main component table of 220kV outgoing line**

| 构件类型 | 长度（m） | 管　型 | 钢材牌号 |
|---|---|---|---|
| 单管柱 | 25 | $\phi$1200～450×8 直缝焊接钢管 | Q345 |

续表

| 构件类型 | 长度（m） | 管　　型 | 钢材牌号 |
|---|---|---|---|
| 钢管梁 | 3.5 | $\phi$245×7 直缝焊接钢管 | Q345 |
| 钢管梁 | 5.2 | $\phi$299×8 直缝焊接钢管 | Q345 |
| 钢管梁 | 3.5 | $\phi$325×8 直缝焊接钢管 | Q345 |
| 钢管梁 | 5.2 | $\phi$426×9 直缝焊接钢管 | Q345 |

**注**　单个独立出线钢管杆材料总重 7t。

## 3　110kV 垂直出线方案研究

110kV 双飞蜓式垂直出线与 220kV 双飞蜓式垂直出线的原理基本相同，与 220kV 不同的是 110kV 出线分支母线三相一体。经与厂家一起研究，改变了内部结构，将常规的出线套管旋转 90°，使套管 A、B、C 三相一字纵向排列，相间距离为 1.5m。另外，220kV 双飞蜓式出线方案线路避雷器可采用敞开式避雷器，而 110kV 双飞蜓式出线线路避雷器不具备采用敞开式避雷器的条件，可采用悬挂避雷器或 GIS 内置式避雷器。110kV GIS 架空垂直出线间隔平面图见图 7，效果图见图 8，110kV 双飞蜓式布置方案主要尺寸见表 4。

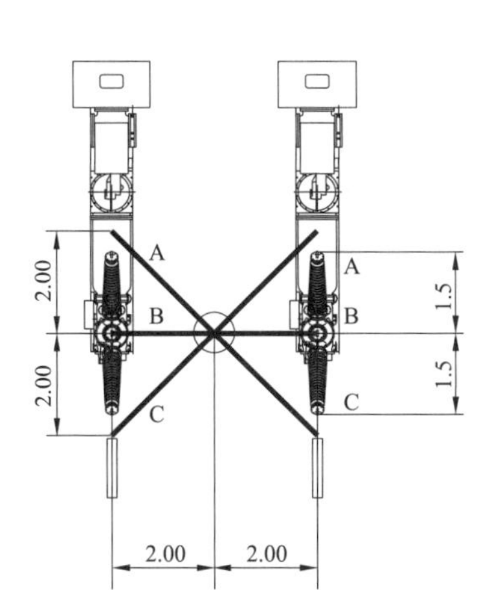


图 7　110kV GIS 架空垂直出线间隔平面图
Fig. 7　Interval planar graph of overhead vertical-outgoing line of 110kV GIS

图 8　110kV GIS 架空垂直出线效果图
Fig. 8　Effect diagram of overhead vertical-outgoing line of 110kV GIS

**表 4　110kV 双飞蜓式布置方案尺寸表**
**Tab. 4　Size chart of 110kV double-flying dragonfly layout scheme**

| 项目 \ 方案 | 110kV 常规水平出线方式 | 110kV 垂直出线方式 |
|---|---|---|
| 间隔宽度（m） | 7.5 | 3.75 |
| 设备相间距离（m） | 1.5 | 1.5 |

续表

| 项目＼方案 | 110kV 常规水平出线方式 | 110kV 垂直出线方式 |
|---|---|---|
| 横担挂点水平距离（m） | | 2.0 |
| 下层横担挂点高度（m） | 10 | 7 |
| 中层横担挂点高度（m） | | 10 |
| 上层横担挂点高度（m） | | 13 |
| 地线柱高度（m） | 13 | 15.5 |
| 配电装置纵向（m） | 22 | 20 |

## 4 垂直出线方式的特点

通过以上分析可见变电站双飞蜓式垂直出线方式，具有以下特点：

（1）间隔宽度减少。一个 220kV 出线构架宽度最少可比单层水平出线构架减少 6m，减小一半尺寸，避雷器采用外置方式，间隔宽度减少 3m，极大程度地节约了土地资源。

（2）方便与终端塔对接。出线三相垂直排列与线路终端杆一致，减少了出线引接的难度，引线方便，相间距很容易控制，并且检修方便。

（3）设计模块化。由于采用一支独立的钢管杆构架，间隔之间没有关联，土建与电气单元一致，每个间隔即为一个模块，因此可模块化建设，模块可根据线路相序任意搭配，灵活方便。

## 5 垂直出线方式在 220kV 勤丰变电站的应用

国家电网公司通用设计 220-A1-1 方案中，220、110kV 采用水平出线方式，变电站围墙内尺寸 102.5m×86m，变电站建筑面积由 894.55m$^2$，电气总平面布置见图 9。

从图 9 中可以发现，220kV 及 110kV GIS 配电装置场地是整个变电站内占地面积最大的两块区域，同位于变电站中部的主变压器场地相比横向尺寸相差极大，在变电站的电气布置中成为了“长板”。常规出线方式下的 GIS 方案不仅增加了 GIS 母线长度，提高了设备投资，并且占地面积较户外常规设备并未减少，经济及社会效益比较低。

基于上述分析，为去除常规出线方式带来的“长板”效应，在嘉兴的 220kV 勤丰变电站中全面应用 220、110kV 双飞蜓式垂直出线方式，对现有国家电网公司通用设计 220-A1-1 方案进行了总平面优化设计。

220kV 采用垂直出线方式，双回出线共用一根独立钢管杆，取消门形构架，双回间隔宽度 18m；GIS 出线间隔单元以钢管杆中心镜像复制，6 回出线组合 3 个模块，主变压器、母设、母联间隔穿插于模块之间空位布置。相比通用设计方案，220kV 配电装置占地宽度由 72m 减少至 49m。

110kV 采用垂直出线方式，相比通用设计方案，110kV 配电装置占地宽度由 75m 减少至 50m。

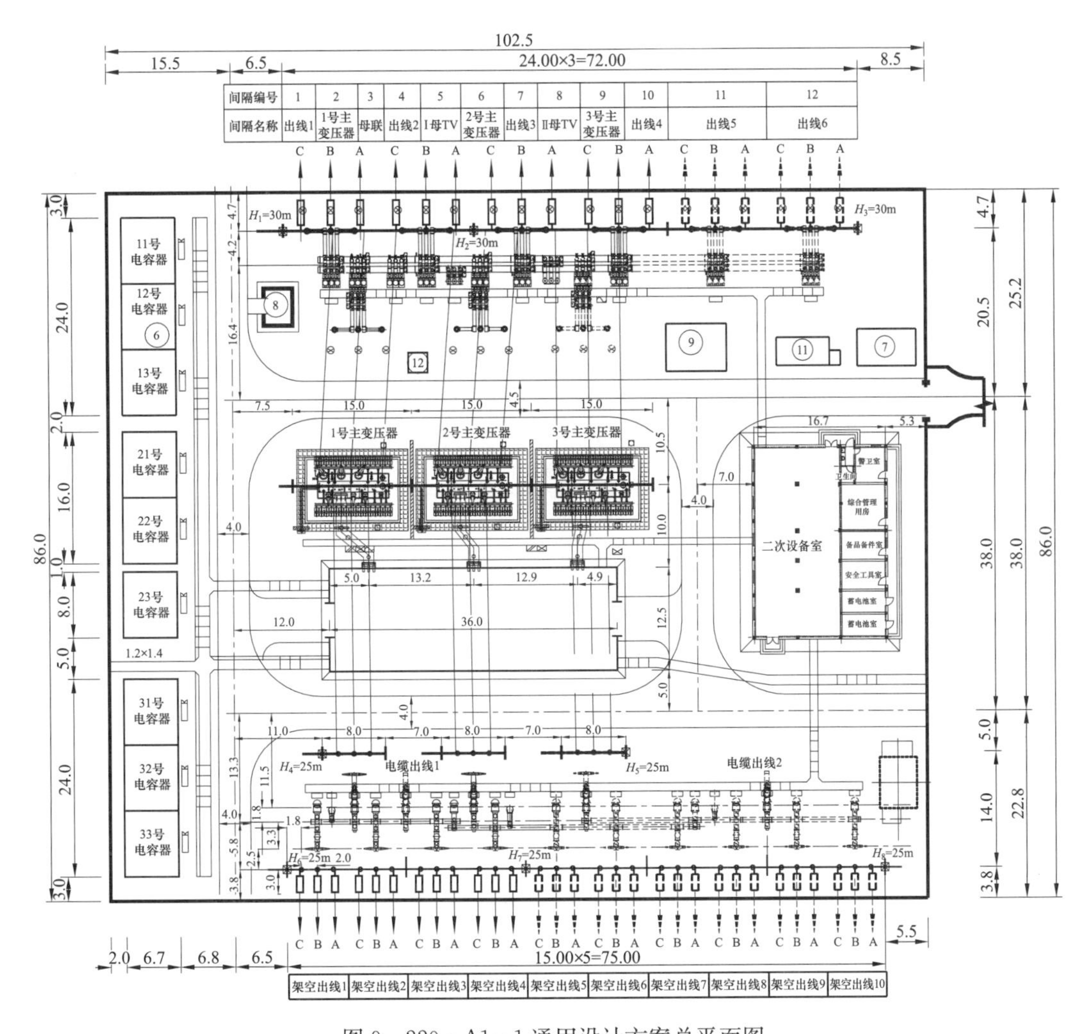

图 9　220－A1－1 通用设计方案总平面图

Fig. 9　General layout plant of 220－A1－1 universal design scheme

通过采用双飞蜓式垂直出线方式，将 220kV 及 110kV GIS 配电装置场地的宽度减少 32%左右，与主变压器场地 45m 的占地宽度大体相当，优化后变电站布置紧凑合理，功能分区明确，该站已经于 2015 年 12 月建成投运，目前运行安全稳定。

优化后整个变电站的围墙内占地面积减少为 86m×84m，优化后总平面见图 10。相比国家电网公司通用设计 220－A1－1 方案，围墙内占地减少 1591m$^2$，减少 18%按每亩征地费 30 万元计算，可节约征地费用为 71.6 万元；220kV GIS 母线长度减少 36m，按每 m$^2$ 万元计算，节省设备投资为 108 万元；220、110kV 构架钢材用量较常规的人字柱构架节约 35%，节省投资为 60 万元；合计节约投资 239.6 万元，节约变电站占地面积，社会经济效益显著。

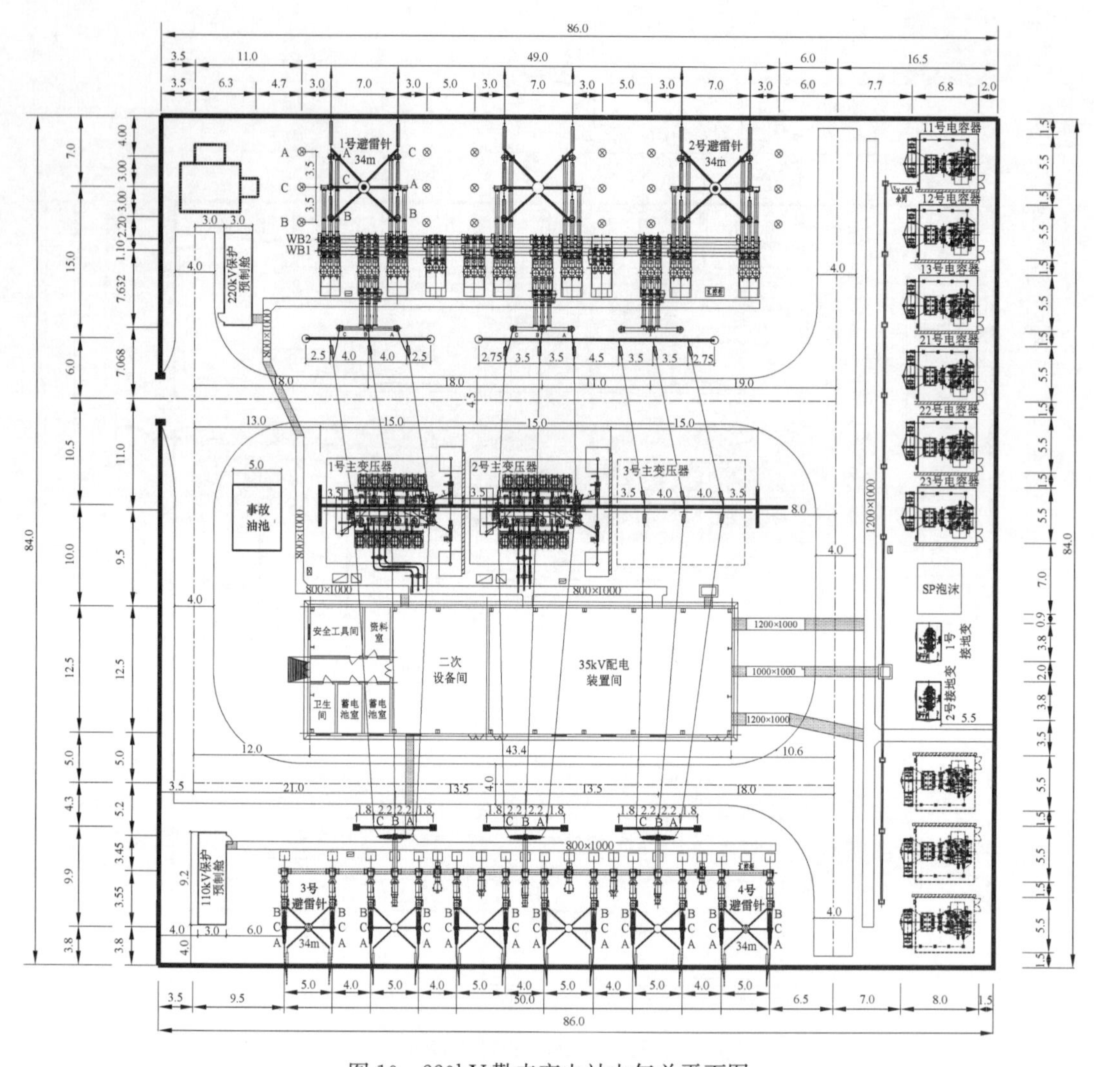

图 10　220kV 勤丰变电站电气总平面图
Fig. 10　General layout plant of 220kV Qinfeng substation

## 6　结束语

双飞蜓式垂直出线是变电站出线方式上的变革性创新，出线构架简洁，出线便利。在变电站电气总平面布置设计过程中，紧紧抓住变电站横向尺寸以主变压器横向尺寸为基准的思路，通过应用双飞蜓式垂直出线，大幅压缩出线间隔宽度，将 220、110kV 配电装置横向尺寸同主变压器场地尺寸相匹配，压缩变电站占地面积，节约土地 18%，提高土地的利用率，特别在江浙一带土地稀缺、昂贵地区，经济社会效益更加明显，契合新一代智能变电站结构布局合理、经济节能环保的建设目标，具有良好的推广应用前景。

## 参考文献


[1] 张瑞永，陶青松，窦飞. 220kV变电站双层构架典型出线方式的研究［J］. 电力科学与工程，2012，28（5）：6-11.

ZHANG Ruiyong，TAO Qingsong，DOU Fei. Research on the Outgoing Line Schemes of 220 kV Substation with Double Layer Framework. Electric Power Science and Engineering，2012，28（5）：6-11.

[2] 徐继敏. 220kVGIS配电装置的设计应用浅析［J］. 华中电力，2010，23（2）：67-73.

XU Jimin. Brief Analysis of 220kV GIS Distribution Equipment Design and Application. Central China Electric Power，2010，23（2）：67-73.

[3] 况骄庭，周毅，陈建华. 500kV智能变电站220kV HGIS配电装置设计优化［J］. 电力建设，2012，33（8）：40-43.

KUANG Jiaoting，ZHOU Yi，CHEN Jianhua. Design Optimization for 220kV HGIS Distribution Device in 500kV Intelligent Substation. Electric Power Construction，2012，33（8）：40-43.

[4] 彭花娜. 500kV智能变电站配电装置的优化布置［J］. 电力与电工，2011，31（1）：31-35.

PENG Huana. Layout Optimization for 500kV Intelligent Substation Distribution Equipment. Electric Power，2011，31（1）：31-35.

[5] 郭晓红，张旭红，曹卫东，等. GIS配电装置的分析［J］. 电力学报，1999，14（2）：99-101.

GUO Xiaohong，ZHANG Xuhong，CAO Weidong，et al. Analysis of GIS Distribution Device. Journal of Electric Power，1999，14（2）：99-101.

[6] 张斌. GIS系统在220kV配电装置中的应用［J］. 轻金属，2004，(8)：52-54.

ZHANG Bin. Application of GIS system in 220kV Distribution Equipment. 2004，(8)：52-54.

[7] 林幼晖. 惠州/前湾天然气电厂220kV配电装置选型［J］. 电力建设，2002，23（6）：18-22.

LIN Youhui. Model Selection for 220kV Distribution Device in Huizhou/Qianwan Natural Gas Power Plant. Electric Power Construction，2002，23（6）：18-22.

[8] 陈德枫. 减少变电所屋外配电装置间隔宽度的探讨［J］. 电工技术，2008，(6)：22-23.

CHEN Defeng. Discussion on Reducing the Gap Width of Outdoor Distribution Equipment in Substation. Electric Engineering，2008，(6)：22-23.

[9] 陈余良. 论变电工程中500千伏配电装置的优化设计［J］. 科教文汇，2007，(04S)：190-191.

XU Yuliang. Research on Design Optimization for 500kV Distribution Equipment in Substation Engineering. Education Science & Culture Magazine，2007，(04S)：190-191.

[10] 国家电网公司基建部. 国家电网公司输变电工程通用设计110（66）～220kV智能变电站施工图设计（2013版）［M］. 北京：中国电力出版社，2013.

**作者简介：**

高美金（1980—），女，高级工程师，设计中心设计管理室副主任，主要研究方向为变电站电气一次设计管理、研究、咨询等。

高亚栋（1978—），男，高级工程师，变电室主任，主要研究方向为变电电气设计、咨询、管理。

陈飞（1974—），男，高级工程师，副总经理，主要研究方向为变电电气设计、咨询、管理。

金国胜（1985—），男，工程师，变电室电气专职，主要研究方向为变电站电气一次设计、研究、咨询等。

## The Application and Research on the Double-flying Dragonfly Overhead Vertical-outgoing Line of GIS in the New Generation of Intelligent Substation

GAO Meijin[1], GAO Yadong[2], CHEN Fei[2], JIN Guosheng[2]

(1. State Grid Zhejiang Economic Research Institute, 0571, China;

2. Zhejiang Huayun Electric Power Engineering Design Consulting Co., Ltd, 0571, China)

**Abstract**: Taking highly integrated system, reasonable structure, advanced and applicable equipment, economic, energy conservation, environmental protection and the support of dispatch and control integration for the construction goals, the new generation of intelligent substation optimizes main electrical connection and general plant layout of the station by overall integration design. In order to fully response the above construction goals, we innovate the ways of outgoing lines, improve the overall design level, save the land resources and reflect advanced design idea without using compact equipment. Therefore, double-flying dragonfly overhead vertical-outgoing line of GIS is put forward creatively, which is based on the vertical-outgoing line with double circuits of the single steel perch in the air. In all, the invention can narrow interval width, sharply reduce the area used of substation and increase land use efficiency.

**Key words**: New generation of intelligent substation; GIS; Vertical-outgoing line; Interval width; Area used

# 浅谈220kV户内智能变电站布置及优化

强　芸，时荣超，姚思焜

（北京电力经济技术研究院，北京市　100055）

**摘　要**：随着智能变电站技术的迅速发展，220kV户内智能变电站的建设也日益广泛。通过对主变压器、组合电器、开关柜等主要设备进行数据收集和分析研究，优化各类一、二次设备布置形式，从而达到优化220kV户内智能变电站整体布置的目的，实现降低工程整体造价的目标。

**关键词**：智能变电站；主变压器；组合电器；开关柜；模块化

## 0　引言

随着城市的发展，电力需求持续增长，需要更多深入市区的变电站，而这些变电站要占用大量土地，但是在城市中心区选择变电站站址已越来越困难，而户内变电站的建设将较好地解决这些矛盾。

本文通过对过对主变压器、组合电器、开关柜等主要设备进行数据收集和分析研究，优化各类一、二次设备布置形式，从而达到优化220kV户内智能变电站整体布置的目的，实现降低工程造价，缩短施工周期的目标。

## 1　220kV主变压器布置及优化

采用大容量主变压器、10kV侧短路水平超标的220kV户内变电站，考虑到优化布置、节省占地的原因，建议选用高阻抗变压器。该方案与常规阻抗变压器串限流电抗器的方式在厂房建筑面积、设备投资费用、建筑工程费用等方面均有较大的优化。

通过收集中山ABB变压器有限公司、广州西门子变压器有限公司、西电济南变压器股份有限公司、西安西电变压器有限责任公司、特变沈阳变压器集团有限公司、江苏华鹏变压器有限公司等国内主要厂家设备外形数据，各厂家设备规格接近，且高阻抗变压器虽将较于常规阻抗变压器外形略大，但不影响变压器室的整体布置。仅从变压器和限流电抗器的设备投资及建筑工程费用相比较，选用高阻抗变压器的方案（设备投资655万元，建筑工程费69万元）较常规阻抗变压器串限流电抗器的方案（设备投资643万元，建筑工程费129万元）在投资总额上单台可节省198万元，占该项目投资总额的6.1%，同时高阻抗变压器的方案（单台占地面积154m$^2$）较常规阻抗变压器串限流电抗器的方案（单台占地面积286m$^2$）节省建筑面积为46%，综合效益更高。

## 2 组合电器选型及布置优化

### 2.1 220kV 组合电器

通过收集西安西高开关有限公司、山东泰开高压开关有限公司、新东北电气（沈阳）高压开关有限公司、上海西门子高压开关有限公司、上海思源高压开关有限公司及河南平高东芝高压开关有限公司等国内主要设备生产厂家的设备参数，并进行归纳总结，选择 220kV GIS 间隔间距按不超过 2m 考虑，长度按不超过 7.5m 考虑（含智能汇控柜），从而确定 GIS 室平面规格如下

1(巡视通道宽度)＋7.5(设备断面总长)＋2(检修通道宽度)＝10.5(m)

智能汇控柜与 GIS 本体一体化布置，采用前开门方式。由以上计算确定 220kV GIS 室宽度为 11m。

结合智能变电站特点，通过取消进线侧隔离开关，采用电子式电流、电压互感器一体化装置等措施，可将设备的整体高度降低至 3.5m。通过将传统的桁车滑动吊钩的吊装方式，简化成设备安装阶段采用整体气垫运输就位，检修采用 GIS 室顶板安装吊钩的吊装方式，220kV GIS 室整体高度计算如下

3.5(设备总高)＋1.4(吊钩等吊具总长)＋1.3(梁高)＋0.3(预度)＝6.5(m)

由以上计算确定 220kV GIS 室高度为 6.5m。

与国家电网公司通用设计中 220－A2－4 方案优化成果如表 1 所示。

**表 1　220kV GIS 室宽度及高度对比表**

**Tab.1　The Width and Height of 220kV GIS Room**

| 方案名称 | 宽度（m） | 高度（m） |
|---|---|---|
| 通用设计方案 | 12 | 10.5 |
| 优化方案 | 11 | 6.5 |
| 优化指标 | 1 | 4 |

### 2.2 110kV 组合电器

通过收集西安西高开关有限公司、河南平高东芝高压开关有限公司、山东泰开高压开关有限公司、新东北电气（沈阳）高压开关有限公司、上海思源高压开关有限公司、上海西门子高压开关有限公司及厦门 ABB 高压开关有限公司等国内主要设备生产厂家的设备参数，并进行归纳总结，选择 110kV GIS 间隔间距按不超过 1m 考虑，长度按不超过 4.5m 考虑（含智能汇控柜），从而确定 GIS 室平面规格如下

1(巡视通道宽度)＋4.5(设备断面总长)＋2(检修通道宽度)＝7.5(m)

智能汇控柜与 GIS 本体一体化布置，采用前开门方式。由以上计算确定 110kV GIS 室宽度为 8m。

结合智能变电站特点，通过取消进线侧隔离开关，采用电子式电流、电压互感器一体化装置等措施，可将设备的整体高度降低至 3.0m。通过将传统的桁车滑动吊钩的吊装方式，简化成设备安装阶段采用整体气垫运输就位，检修采用 GIS 室顶板安装吊钩的

吊装方式，110kV GIS 室整体高度计算如下

3.0(设备总高)＋1.2(吊钩等吊具总长)＋1.3(梁高)＋0.3(预度)＝5.8(m)

由以上计算确定 110kV GIS 室高度为 6.0m。

与国家电网公司通用设计中 220－A2－4 方案优化成果如表 2 所示。

**表 2　　110kV GIS 室宽度及高度对比表**

**Tab. 2　　The Width and Height of 110kV GIS Room**

| 方案名称 | 宽度（m） | 高度（m） |
|---|---|---|
| 通用设计方案 | 11 | 10.5 |
| 优化方案 | 8 | 6 |
| 优化指标 | 3 | 4.5 |

### 2.3　优化小结

通过对 220、110kV GIS 室宽度的优化，可以有效地减小 GIS 室的占地面积；通过大幅度降低设备间层高，使得 GIS 室层高与常规配电装置室层高相当，更有利于户内变电站各配电装置室间灵活的搭配组合，提高了厂房的空间利用率。

## 3　10kV 开关室选型及布置优化

一般 10kV 中置式手车开关柜（配真空断路器），进线柜、分段柜及 TV 柜柜宽 1.0m，馈线柜柜宽 0.8m，柜深 1.5m（带背柜 1.8m）。通过对十几家国内主要开关柜生产厂家调研及咨询，可选用小型化中置式手车开关柜（配真空断路器），进线柜、分段柜及 TV 柜柜宽 1.0m，馈线柜柜宽 0.65m，柜深 1.5m（带背柜 1.8m）。

以某 220kV 变电站 10kV 规模为例：220kV 主变压器 3 台，进线采用双分支结构，10kV 采用单母线六分段环形接线，出线 36 回。设备间长度计算如下：

一般空气柜，双列布置，10kV 开关室宽度为：2×1.2（维护通道)＋2×1.8（开关柜柜深)＋2.5（双车长＋0.9)＝8.5m；长度为：1.0（开关柜柜宽)×10＋0.8（开关柜柜宽)×25＋2（两侧维护通道)＝32m。

小型化空气柜，双列布置，10kV 开关室宽度为：2×1.2（维护通道)＋2×1.8（开关柜柜深)＋2.5（双车长＋0.9)＝8.5m；长度为：1.0（开关柜柜宽)×10＋0.65（开关柜柜宽)×25＋2（两侧维护通道)＝28.25m。

选用一般 800mm 宽空气柜与 650mm 宽空气柜所需 10kV 开关室面积对比如表 3 所示。

**表 3　　10kV 开关室面积对比表**

**Tab. 3　　The Area of 10kV Switch Cabinet Room**

| 方案名称 | 长度（m） | 宽度（m） | 面积（$m^2$） |
|---|---|---|---|
| 800mm 宽 | 32 | 9 | 288 |
| 650mm 宽 | 28.25 | 9 | 254.25 |
| 优化指标 | 3.75 | 0 | 33.75 |

## 4　电容器成套装置选型及布置优化

10kV 并联电容器成套装置选用柜式结构设备，它可以将整组设备拆分为几个拼接单元，每个单元可以实现独立运输，施工现场进行设备组装，这样不仅减小了运输尺寸，而且还有效地减少了现场的安装工作量，实现了模块化的思路。10kV 柜式电容器成套装置布置如图 1 所示。

除电容器成套装置外，10kV 消弧线圈成套装置、10kV 小电阻成套装置均可选用柜式或箱式结构设备，实现了设备的工厂化制造，模块化运输，减少现场安装工作量。

## 5　二次设备室布置优化

根据智能变电站特点，将 220、110kV 面向间隔设备就地下放于 GIS 智能控制柜内，包括保护装置、测控装置、过程层交换机。将主变压器间隔设备就地下放于主变压器间。全站取消非关口计量用多功能电能表，采用多功能测控装置实现，取消了独立的电能表屏和电压切换屏。变电站无人值守后，取消独立的操作台，并通过整合二次设备屏位布置，优化屏内设备空间，进而核减二次设备室屏位。同时，二次设备室内的大部分二次屏柜采用前接线、前开门布局，实现了柜体背对背放置，对二次设备室的布置优化提供了便利。

二次保护屏柜预制式智能控制柜设备布置、柜体结构、尺寸标准化实施方案，减少了现场接线工作量。二次设备室的优化布置如图 2 所示。

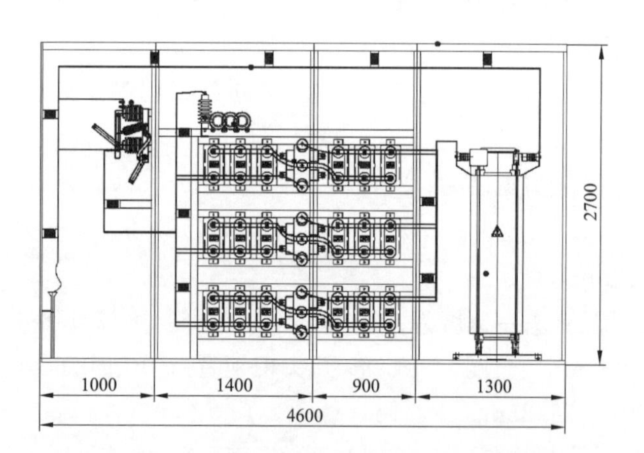


图 1　10kV 柜式电容器成套装置布置图

Fig. 1　The Layout of 10kV Cabinet Capacitor Installation

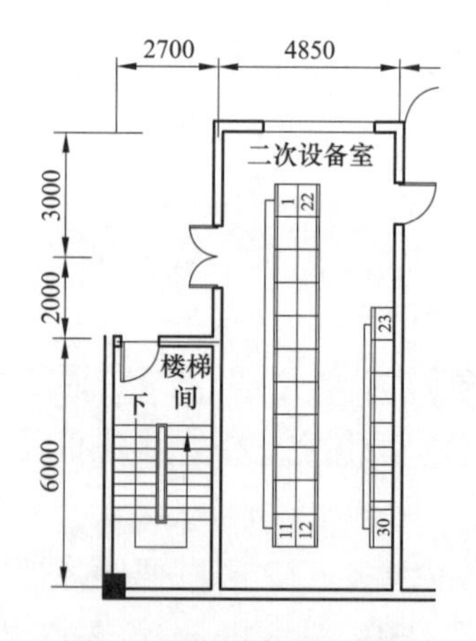


图 2　二次设备室布置图

Fig. 2　The Secondary Equipment Room Arrangement

## 6　结语

随着城市的不断发展，国家电网公司智能变电站及模块化建设的进一步推广，更是将节约变电站建设用地作为一项重点来落实，将现有的户内变电站设计模式进行优化，减少其占地面积以满足建设用地紧张的要求，迫在眉睫。同时本文的优化成果也可适用于地下变电站的设计，更将会是一项十分有意义的工作。

## 参考文献

[1] 水利电力部西北电力设计院. 电力工程电气设计手册电气一次部分. 水利电力出版社，1989.

Northwest Electric Power Design Institute ofWater Conservancy and Electric Power. Part of Electric Power，Electric Design Manual of Electric Power Engineering. Water Conservancy and Electric Power Press，1989.

[2] 2014年扩大示范新一代智能变电站补充技术要求。

Expansion of the New Generation of Intelligent Substation in 2014 to expand the Technical Requirements of the New Generation，2014.

## 作者简介：

强芸（1979—），女，本科，高级工程师，主要从事电气一次设计。

时荣超（1986—），男，硕士研究生，工程师，主要从事电气一次设计。

姚思焜（1988—），男，硕士研究生，工程师，主要从事电气一次设计。

# The layout optimization of Intelligent Indoor 220kV Substation

QIANG Yun，SHI Rongchao，YAO Sikun

（Beijing Electric Power Research Institute，Beijing，100055，China）

**Abstract**：With the development of intelligent substation technology，the construction of 220kV indoor intelligent substation is becoming more and more popular. We based on the structural characteristics of the 220kV main transformer，gas insulated switchgear，10kV switch cabinet，capacitor installation and secondary screen cabinet equipment of data collection and intensive study. It combined with the characteristics of intelligent substation and modular construction，which optimized of both primary and secondary equipment layout. We proposed the layout optimization of intelligent indoor 220kV substation，which reduced the project cost.

**Key words**：Intelligent Substation；Main Transformer；Gas Insulated Switchgear；Modular Construction；Switch Cabinet

# 220kV 户外 GIS 典型布置带电作业安全净距的研究

葛爱欣，史卓鹏

（国网山西省电力公司经济技术研究院，山西省太原市　030002）

**摘　要：** 按国家电网公司户外 GIS 组合电器通用设计布置的某 220kV 变电站，在建设阶段征求运检部意见，当测 220kV 侧绝缘子串零值、捅鸟窝、架构防腐、间隔扩建时均需带电上人，因此 220kV 出线架构应考虑带电上人。文章就此问题对 220kV 出线架构带电上人时架构边柱与跳线间的相地距离进行校核，对不满足的情况提出修改设想，并验证设想可行。

**关键词：** 220kV；典型布置；相地距离；带电作业

## 0　引言

电气设备在长期运行中需要经常测试、检查和维修。带电作业是避免检修停电，保证正常供电的有效措施。近年 GIS（gas insulated substation，气体绝缘全封闭组合电器）由于结构紧凑、占地面积小等优点得到广泛的应用。依据国家电网公司通用设计方案设计的典型 220kV 户外 GIS 变电站，间隔宽度可以满足正常运行的电气距离的要求。如果考虑 220kV 架构带电上人，需要对相关距离进行校验。

## 1　变电站规模概况

已知变电站远景规模为 3 台 180MVA 三相三绕组变压器，本期 2 台；220kV 为双母线接线，配电装置采用户外 GIS（三相共体），进、出线避雷器独立安装于进、出线架构下方，出线架构采用 24m 的双出线架构，间隔宽度为 12m，减小了占地面积，220kV 配电装置纵向尺寸长 26m，出线采用架空出线。导线相间距 3.75m，相对地距离 2.25m。

## 2　架构带电上人与跳线边相距离校验

### 2.1　原始数据

已知 220kV 出线间隔的导线为 2×LGJ－300/25，分裂间距为 0.12m，导线计算直径为 23.76mm，间隔棒 MRJ－5/120（1.21kg/套、每隔 1m 一套）。表 1、表 2 数据查自《电力工程电气设计手册　电气一次部分》（简称《手册》）。

**表 1　导　线　数　据**
**Tab. 1　Wire data**

| 导线型号 | $q_1$（kgf/m） | $q_4$（kgf/m） | | |
|---|---|---|---|---|
| | | 工况 1 | 工况 2 | 工况 3 |
| 2×LGJ－300/25 | 2.721 | 0.3564 | 0.8019 | 3.2076 |

注　工况 1 指外过电压和 10m/s 风速；工况 2 指内过电压和 15m/s 风速（50%最大风速）；工况 3 指最大工作电压和 30m/s 风速（最大风速）或最大工作电压、短路和 10m/s 风速。

表 2　　绝缘子串数据

Tab. 2　　Insulator string data

| 绝缘子串 | $Q_1$（kgf） | 长度（m） | $Q_4$（kgf） | | |
|---|---|---|---|---|---|
| | | | 工况 1 | 工况 2 | 工况 3 |
| 16（XWP6－70）与导线连接 | 99.3 | 2.861 | 1.3786 | 3.1018 | 12.4072 |

注　工况 1 指外过电压和 10m/s 风速；工况 2 指内过电压和 15m/s 风速（50%最大风速）；工况 3 指最大工作电压和 30m/s 风速（最大风速）或最大工作电压、短路和 10m/s 风速。

## 2.2 计算说明

带电上人距离的计算参考了《手册》附录 10－2 中建立的模型和计算方法。经初步计算，横梁上不装悬垂绝缘子串，相间距离不满足要求，故拟采用在架构横梁上加装 V 形悬垂绝缘子串的措施来控制导线的风偏。在本计算模型的建立时跳线加装了 V 形悬垂绝缘子串。计算模型见图 1。

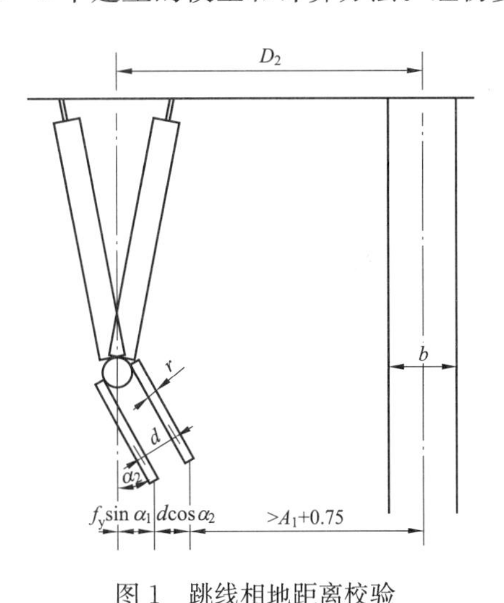


图 1　跳线相地距离校验

Fig. 1　Jump line phase-ground distance test

图中 $\alpha$ 为导线的风偏摇摆角；$d$ 为导线的分列间距；$r$ 为导线半径；$b$ 为构架柱直径。

参考《手册》附录 10－2 的计算公式

$$\alpha=\beta\arctan\frac{0.1q_4}{q_1\cos\delta},\ \delta=\arctan\frac{\Delta h}{\Delta l} \quad (1)$$

式中：$\beta$ 是阻尼系数；$\Delta h$ 是 GIS 套管接线端子与悬垂线夹之间的垂直高度；$\Delta l$ 是 GIS 套管接线端子与悬垂线夹之间的水平距离

$$D_1\geqslant f\sin\alpha+d\cos\alpha+A_1+0.75+\frac{b}{2} \quad (2)$$

## 2.3 计算结果

表 3 为三种工况下的相地距离。

表 3　　三种工况下的相地距离

Tab. 3　　Three kinds of working conditions's phase-ground distance

| 项目 | 工况 | | |
|---|---|---|---|
| | 10m/s | 15m/s | 30m/s |
| $a_1$（°） | 7.315 | 16.109 | 49.12 |
| $D_1$（m） | 2.6970 | 2.7701 | 1.791 |

综合上述的计算结果可见，要求的相地距离最大值为 2.7701m。该工程的出线导线与架构柱之间的距离为 2.25m，不满足要求。

# 3 改进方案设想

设想 220kV 出线架构导线相间距离为 3m，相对地距离为 3m。

### 3.1 校验跳线相间距离

跳线相间距离的计算参考《手册》附录 10－2 中建立的模型和计算方法，图 2 为跳线摇摆示意图。

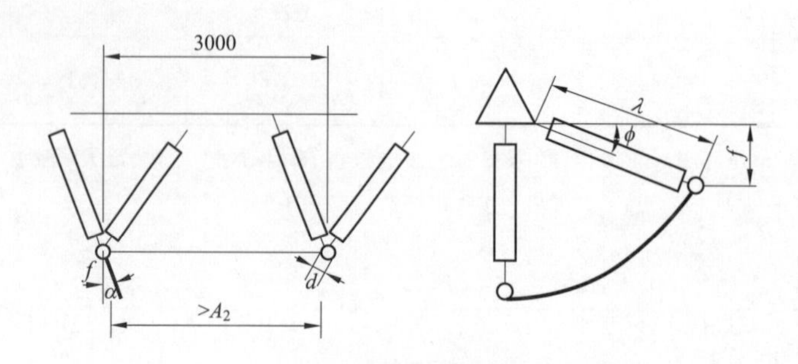


图 2 跳线摇摆示意图

Fig. 2 Jump line sway schematic diagram

图中，$\alpha$ 为导线的风偏摇摆角；$\lambda$ 为绝缘子串的长度；$d$ 为导线的分列间距；$\phi$ 为绝缘子串的倾斜角。

根据《手册》附录 10－2 的计算公式

$$D_2 \geqslant A_2 + 2\ (\lambda\cos\varphi\tan\alpha_1 + f'_{\mathrm{TY}}\sin\alpha_0 + d\cos\alpha_2 + r) \tag{3}$$

### 3.2 计算结果

表 4 为改进方案的三种工况下的相地距离。

表 4 改进方案的三种工况下的相地距离

Tab. 4 Phase-ground distance improved scheme's three kinds of working conditions

| 项目 | 工况 | | |
|---|---|---|---|
| | 10m/s | 15m/s | 30m/s |
| $a_1$（°） | 7.315 | 16.109 | 49.120 |
| $D_2$（m） | 2.294 | 2.4402 | 1.7820 |

综合上述的计算结果可见，要求的相间距离最大值为 2.4402m。该工程的跨线相间距离取 3m，可以满足要求。

## 4 结论

本文对于某 220kV 户外 GIS 变电站施工过程中发现的带电作业的安全净距问题，为减少 220kV 出线侧悬垂绝缘子串风偏，保证爬梯带电作业时带电部分至接地部分之间的安全净距（B1 值），将出线间隔悬垂串由单串改为 V 形双串，相应修改悬垂绝缘子串挂点位置，为具有同样问题的工程提供一些供参考的方法。

### 参考文献


[1] 刘振亚. 国家电网公司输变电工程通用设计：110（66）～750kV 智能变电站部分

(2011) 版 [M]. 北京：中国电力出版社，2011.
[2] 戈东方等．电气工程电气设计手册（电气一次部分）[M]．北京：中国电力出版社，2013：566-723.

**作者简介：**

葛爱欣（1983—），男，硕士研究生，工程师，主要从事电气一次设计工作。
史卓鹏（1982—），男，本科，工程师，设计中心副主任，主要从事变电设计总工。

## Study on the security clearance of live operation's 220kV outdoor GIS typical layout

GE Aixin，SHI Zhuopeng
(Shanxi Electric Power Company Economic and Technology Research Institute，Taiyuan，Shanxi，030002，China)

**Abstract**：According to the State Grid Corporation of outdoor GIS combination electric appliance general layout design of a 220kV substation，in the construction phase to solicit seized the views of the Ministry of transport，when measured at 220kV side insulator null string，barrel nest，architecture preservation，interval extension shall be charged on people. Therefore，220kV outlet architecture should be considered with electricity. This issue of 220kV outlet architecture on the charged person architecture side column with the jumper between phase distance check，to not meet the proposed amendments to the idea，and verify that the idea is feasible.

**Key words**：220kV；typical layout；phase distance；live operation

# 新一代智能变电站极寒地区适应性探讨

郑　阳[1]，许云飞[1]，吴克斌[2]

（1. 国网蒙东经研院，内蒙古自治区呼和浩特市　010020；

2. 国网辽宁丹东供电公司，辽宁省丹东市　118000）

**摘　要：** 主要针对智能变电站和新一代智能变电站二次设备布置上的特点，探讨极寒地区适应性。

**关键词：** 新一代；智能变电站；极寒地区；适应性

## 0　引言

呼伦贝尔地处我国东北，气候特点是冬季寒冷漫长，北部大兴安岭以西一线属于寒温带大陆性季风气候，冬季最低日气温达到－46.7℃。110（66）kV～220kV 变电站处于极寒地区时，通常是将智能组件采用户内布置，无法体现合并单元、智能终端与一次设备就近布置节省电缆的优点。本文通过对新一代智能变电站二次设备布置方案与普通智能站对比分析，对新一代智能变电站在极寒地区的适应性进行研究，针对可能存在的问题提出建议和解决方案。

## 1　二次设备布置方案

### 1.1　智能变电站二次设备布置

根据《110kV（66kV）～220kV 智能变电站设计规范》，智能变电站宜集中设置二次设备室，不分散设置继电器小室。对于户外配电装置，智能终端宜分散布置于配电装置场地，合并单元宜集中布置于二次设备室。

当智能变电站处于极寒地区时，智能组件及过程层组网设备无法按国家电网公司通用设计方案，布置在就地智能控制柜中，又不分散设置继电器小室，只能采用户内集中布置方案，因此会引起控制电缆增加，二次设备室屏位及面积增加，运行维护量加大。

例如牙克石东郊 220kV 变电站设置 1 个二次设备室。220kV 按间隔组 2 面柜；110kV 按间隔组 1 面柜；主变压器组 4 面柜；跨间隔设备统筹组柜；过程层设备按间隔集中布置。每个间隔控制电缆增加 1.5km，二次室屏位及面积都相应增加。

### 1.2　新一代智能变电站二次设备布置

（1）新一代智能变电站二次系统采用模块化设计，按电压等级和设备功能配置模块化二次设备，实现工厂内规模化生产、集成调试、模块化配送及二次接线“即插即用”。有效减少现场安装、接线及调试工作量。

（2）预制舱式二次组合设备由预制舱舱体、二次设备屏柜（或机架）、舱体辅助设施等组成，在工厂内完成相关配线、调试等工作，并作为一个整体运输至工程现场。预制舱式二次组合设备利用配电装置附近空隙场地布置。

(3) 舱内按规程规定设置配电箱、开关面板、插座等，预制舱内所有线缆均应采用暗敷方式。预制舱内设置光纤集中接口柜。电缆（主要为直流电源电缆）直接从舱内各柜体直接引至舱外，不设置电缆集中接口柜。舱内采用下走线方式，舱底部设置电缆槽盒。舱内与舱外光纤联系应采用预制光缆，预制光缆宜采用圆形接头（见图1和图2）。

图1　二次设备舱外观实物

图2　二次设备舱内观实物

## 2　新一代智能站适应性分析

### 2.1　环境适应性

预制舱式二次组合设备，布置在配电装置附近。舱内设置空调、电暖器、风机等采暖通风设施，满足二次设备运行环境要求。空调具有带远程故障告警功能；舱内确保任何情况下设备不出现凝露现象；舱内设置有线电话，采用挂壁式安装。舱内设置温湿度传感器，可根据需要设置水浸传感器，并将信息上传至智能辅助控制系统；既能满足二次设备及智能终端合并单元对工作温度10～30℃的要求，又能有效地节省控制电缆，减少二次设备室面积，节约占地。因此，对于极寒地区环境适应性优势更大。

### 2.2　工期进度适应性

呼伦贝尔一年有7个月冬季，施工期极短。预制舱式二次组合设备首先节省了二次设备室建筑面积，预制仓基础施工简单，减少土建工程量，缩短土建施工工期。工厂内完成相关配线、调试等工作，并作为一个整体运输至工程现场。柜内配线、联调在出厂前完成，减少现场接线、调试工作量，能够极大地缩短现场安装和调试工期。因此，对于极寒地区缩短工期进度也具有相当大的优势。

### 2.3　可能存在的问题及建议

预制舱式二次组合设备在冬季巡视、检修和维护时，可能会在打开舱门的时候，造成舱内温度瞬间降低，影响二次设备正常工作。

建议在极寒地区，采用Ⅲ型12 200mm×2800mm×3133mm尺寸，订货时向厂家提出要求，设置双层舱门，两层舱门之间为2m左右隔离空间，一层舱门上设置电暖风，阻挡冷空气直接进入设备间。

## 3 结语

通过对智能变电站和新一代智能变电站极寒地区适应性探讨，初步得出新一代智能变电站更具有环境适宜性和工期适宜性，并且能够节省控制电缆和占地面积，并且减少了现场安装调试工作量及运行维护工作量。希望能够尽早在极寒地区开展示范项目，印证以上探讨的可能。

## 参考文献


［1］ 宋璇坤，刘开俊，沈江．新一代智能变电站研究与设计［J］. 中国电力出版社.
SONG Xuankun，LIU Kaijun，SHEN Jiang. Research and Design of the New Generation Smart SUBSTATION.

［2］ 刘振亚. 中国电力与能源［M］. 北京：中国电力出版社，2012：179－193.

［3］ 王忠强，李栋，姜帅，董斌，李峰. 新一代智能变电站技术经济分析［J］. 电气应用，2013年21期.

［4］ 苟旭丹. 新一代智能变电站技术的研究应用与发展［J］. 四川电力技术，2015年2期.

［5］ 曹团结，马锁明，彭世亮，任晓刚，李娟. 新一代智能变电站继电保护技术探讨［D］. 中国电机工程学会，2012年.


## 作者简介：


郑阳（1973—），男，本科，高工，主要研究方向为电网规划设计与评审。

许云飞（1981—），男，研究生，高工，主要研究方向为电网规划设计与评审。

吴克斌（1973—），男，本科，高工，主要从事继电保护运维检修工作。


# Exploration of the new generation intelligent substation adaptability in extremely cold area


ZHENG Yang[1]，XU Yunfei[1]，WU Kebin[2]

(1. State-grid Inner Mongolia Eastern Power Company Economic and Technology Research Institute，Huhhot，010020，China)

2. State-grid Liaoning Dandong Power Supply Company，Dandong Liaoning，118000，China)



**Abstract**：This paper mainly focuses on the characteristic of the intelligent substation and the secondary equipment allocation of new generation intelligent substation，to explore its adaptability in extremely cold area.



**Key words**：New generation；Intelligent substation；Extremely cold area；Adaptability

# 变电站照明系统的设计优化

张晓虹，耿　芳，张　梅

（国网天津市电力公司经济技术研究院，天津市　300170）

**摘　要：**随着绿色智能变电站建设技术的发展，变电站照明系统的设计工作越来越受到重视。文章从光源和灯具的选择、照度计算方法的选择、控制系统的优化、新能源的应用几个方面探讨了变电站照明系统的设计优化方法，为新一代智能变电站的设计和建设提供技术支撑。

**关键词：**光源；灯具；照度计算；控制；新能源

## 0　引言

新一代智能变电站建设是国家电网公司智能电网建设中的重点工作之一，新一代智能变电站以“系统高度集成、结构布局合理、装备先进适用、经济节能环保、支撑调控一体”为目标，推动智能变电站的创新发展。变电站照明系统作为变电站内的生产辅助系统，重要而不可或缺，是变电站稳定、安全运行的重要保障。同时，变电站的照明效果，对变电站内工作人员的工作效率和身心健康也有着直接的影响。节约能源、保护环境是人类共同的追求，也是迫在眉睫的任务，照明节电对提高企业经济效益、保护环境也有重要意义。

## 1　光源和灯具选择

### 1.1　变电站照明常用光源

光源效率的高低在很大程度上决定了整个照明系统效率的高低，照明设计中光源的选择应以实施绿色照明工程为原则，节约能源，保护环境。目前变电站照明设计中常用光源有白炽灯、荧光灯、金属卤化物灯、高压钠灯、LED灯等。

白炽灯作为第一代光源，光效低，寿命短，使用功率和场所受到很大限制，仅在特殊情况下采用，如要求连续调光、防止电磁干扰、开关灯频繁的场所，且额定功率不超过100W。

荧光灯的发光效率远比白炽灯高，且发光效率高，显色性好，价格经济，好调光。特别是三基色荧光粉的出现，使高效节能型荧光灯（T5、T8）相较老式普通荧光灯（T12）发光效率有了很大的提高，也使荧光灯产生明显的节能效果。

金属卤化物灯是一种点发光光源，光源的发光效率高，显色性较好，光照分布比较均匀，光线的方向比较容易控制，在相同功率条件下，光源的体积和其他类型光源相比要小得多，光源使用寿命也较长。但是金卤灯的启燃时间较长，不能用于应急照明领域，价格相对其他光源较高。

高压钠灯是一种点发光光源，其光效最高，并且具有较长的使用寿命，透雾能力强，但显色性差，因此常用于对显色性要求不高的户外站区照明。

LED灯是一种能够将电能转化为可见光的半导体，具有高节能、环保、体积小、寿命长等优点，相关研究也取得显著效果，目前影响LED应用的主要问题集中在散热、光衰、光色、眩光、价格等方面。

各种常用光源具有其自身的技术特点及适用范围，必须做到合理的选用。变电站照明系统设计时，光源选择应根据不同的使用场所，在满足照明质量的前提下，尽量选择高光效光源，以降低照明功率密度值LPD。表1为变电站内常用光源的适用条件。

**表1　常用光源的适用条件**

**Tab. 1　Application condition of commonly used light source**

| 光源种类 | 使用场所条件 |
| --- | --- |
| 白炽灯 | (1) 需防止电磁干扰的场所；<br>(2) 需要事故照明的场所；<br>(3) 因光源频闪影响视觉效果的场所；<br>(4) 照度不高、照明时间较短的场所；<br>(5) 开关灯频繁的场所 |
| 荧光灯 | (1) 悬挂高度在4m及以下，要求照度较高的场所；<br>(2) 识别颜色要求较高的场所；<br>(3) 人员长期停留的场所 |
| 高压钠灯 | 悬挂高度在4m以上、要求照度高、对光色无特殊要求的场所 |
| 金属卤化物灯 | 悬挂高度在4m以上、要求照度高、光色较好的场所 |
| LED | (1) 需防止电磁干扰的场所；<br>(2) 因光源频闪影响视觉效果的场所；<br>(3) 开关灯频繁的场所 |

### 1.2　变电站照明系统常用灯具

灯具是影响照明效果的第二要素，在选择灯具时，为满足节能、实现绿色环保的要求，首先应选用适合的高效节能灯具，如T5型荧光灯、LED灯及太阳能照明灯具等。

LED照明灯具是一种将电能转化为可见光的半导体，LED光源光效高，显色指数高，人在长时间工作下不会视觉疲劳；使用寿命长达10万h，可实现长期免维护，耗电量仅为相同光通量白炽灯的20%。户外照明灯具采用LED光伏照明灯具代替常规防震型投光灯及防眩通路灯照明，同时配蓄电池、太阳能板、控制器、LED灯头、逆变器、灯杆。户内照明灯具采用LED光源节能灯具代替普通节能灯具，能满足正常及事故照明的需求，具有市电亮、应急亮，配8Ah锂离子电池，应急时间＞12h的功能。与普通节能荧光灯相比，LED灯灯管技术参数如表2所示。

表 2　　　　灯管技术参数比较

Tab. 2　　　　Light tube technology parameters comparison

| 性　　能 | 40W 荧光灯 | 20W LED 灯 |
|---|---|---|
| 光效 $[(lm.w)^{-1}]$ | 60 | 70 |
| 光源光通量（lm） | 2400 | 1400 |
| 灯具效率（%） | 0.75 | 0.95 |
| 电源效率（%） | 0.8 | 0.9 |
| 工作面照明效率（%） | 0.6 | 0.9 |
| 工作面的光通量（lm） | 864 | 1077 |
| 年耗电量（kWh） | 146 | 73 |

从表中可以看出，LED 灯具的光效、光源光通量、灯具效率、电源效率、工作面照明效率、工作面的光通量等指标明显高于普通节能荧光灯。

## 2　计算方法选择

照度计算是变电站照明设计中的一项必要任务。在初步设计时，要根据设计标准对室内照度的要求，计算空间内所需要灯具的数量；在施工图设计时，确定照明光源种类及功率、灯具布置方案以后，计算工作面上的照度，以检验其是否合乎规程标准。工程上常用的照度计算方法包括：利用系数计算法、逐点计算法及单位容量估算法三种。

### 2.1　利用系数计算法

利用系数法求得的是房间工作面上的平均照度，该方法适用于灯具均匀布置、墙和天棚反射系数较高、空间无大型设备遮挡的室内一般照明，但也适用于灯具均匀布置的室外照明。应用利用系数法计算平均照度的基本公式

$$E_{av}=\frac{N\phi UK}{A} \tag{1}$$

式中：$E_{av}$为工作面上的平均照度，lx；$\phi$ 为光源光通量，lm；$N$ 为光源数量；$U$ 为利用系数；$A$ 为工作面面积，$m^2$；$K$ 为灯具的维护系数。

对于特定的工作空间，应用利用系数法计算平均照度的重点是确定所选灯具的利用系数。利用系数是受照表面光通量与房间内总光通量之比，它考虑了光通量的直射分量和反射分量在水平面上产生的总照度，是光强分布、灯具效率、房间形状、室内表面反射比等的函数，利用系数可以从灯具制造商提供的利用系数表中查取。灯具制造商根据灯具测光数据的假定条件编制了利用系数表，利用系数可由房间室空间特征、有效空间反射系数、墙壁反射系数确定。而当计算所得的空间比及反射系数不是利用系数表中所列数值时，可用内插法计算利用系数值。

采用利用系数计算法，方便快捷，计算中充分考虑了反射光的作用，计算结果比较准确。由于结果与灯具布置无关，因此在设计中一定要满足灯具距高比的要求。此外，利用系数计算法需要灯具制造商提供利用系数表，而灯具制造商提供的资料往往滞后于

设计计算，这使得利用系数计算法显得被动，因此在设计工作中要注意积累不同供应商的资料，以方便设计查阅。

### 2.2 逐点计算法

当灯具可以看作点光源时，由 $E=1/d^2 \cdot \cos\theta$ 知：

水平方向上的照度

$$E_h=\frac{\phi \cdot I_\phi \cos^3\theta \cdot K}{1000d^2} \tag{2}$$

垂直方向上的照度

$$E_v=\frac{\phi \cdot I_\phi \cos^2\theta \cdot \sin\theta \cdot K}{1000d^2} \tag{3}$$

式中：$\phi$ 为点光源的光通量，lm；$I_\phi$ 为点光源光通量为 1000 时的光强分布值；$d$ 为计算点至点光源的距离，m；$\theta$ 为光强的入射角；$K$ 为维护系数。

之后，根据每个灯具在计算点产生的照度 $E_k$ 可以计算出所有灯具在该计算点产生的总照度 $\sum E_k$。

采用逐点计算法可以精确计算到每一工作点上的照度，但该方法需要将室内多盏灯具对该工作点上的照度进行叠加。略显烦琐；且该方法只考虑了直射光所产生的照度，仅适用于对蓄电池、安全工具间等反射比较低的室内做照度计算。

### 2.3 单位容量估算法

单位容量法是由利用系数法得来的一种简化的计算方法，房间所需的照明容量 $\sum P=P_S S$，其中 $S$ 为房间面积，$P_S$ 为单位面积的照明容量。工程上单位面积所需照明容量来自单位容量计算表，该表是在比较各类常用灯具效率与利用系数关系的基础上，按照一定条件编制的。

采用单位容量估算法并不能真实地计算照度，它只是根据经验，对室内所需装设的照明器数量做出粗略估计。该方法虽略显粗糙，但对变电站内的生活用房也可使用。

## 3 控制系统的优化

除了采用节能照明光源和灯具、提高计算精度外，还可以通过照明灯具的自动控制实现节能。

传统的照明控制主要是通过对串接在回路中的单控或双控开关进行简单地开或关的动作，来实现对灯具和工作场所照度的控制，不能进行系统的和有效联动管理。而照明系统的智能控制，不但要根据不同的场合来控制照明光源的发光时间和亮度，还必须考虑到操作简单化和管理的智能化，以及灵活适应照明布局和控制方式改变等方面的要求。智能照明控制系统通过事先针对不同的场景进行编程，不仅能实现照度的自动调节，还能通过移动探测功能控制灯具的开关，减少了灯具打开的时间，实现节能的目的。如户外采用时控或光控，即根据日照的变化或预先设定的启闭时间进行控制；户内建筑的通道照明设置感应控制；对经常无人使用的场所、通道、出入口处的照明，应设单独开关分散控制，户外道路照明分散布置，以根据实际需要分区控制照明灯的启闭，避免用电浪费。

智能照明控制系统兼容了计算机、现代控制、网络通信及电子等多个领域技术，与传统的控制方式相比有明显优势。

## 4 新能源的应用

近年来，随着技术的进步，光伏发电已经得到了很快的发展。安装光伏发电系统有助于产生更多的清洁能源，代替传统能源，对环境十分有益。

我国地处低纬度地区，光照充足，太阳能资源丰富，一般变电站地处空旷地区，周围没有高大的建筑物遮挡，为建设屋顶光伏发电系统创造了有利条件。在资源条件允许的情况下，可以在变电站采用光伏发电技术，利用变电站闲置屋顶和场地安装太阳能电池板作为站用电源之一，LED灯与太阳能电池板相结合，在电路控制下，通过白天太阳能电池板的光电转换，将光能转化为电能存储于电池中，在夜间控制电路电池给LED灯供电，为变电站照明提供了一种更为清洁低耗的选择。站内照明除太阳能供电外，可切换为站内交流电源供电，保证了站内照明的可靠性和稳定性。

随着今后光伏发电技术的不断完善及经济性的逐步提高，可逐步扩大变电站内光伏发电系统的应用范围。通过太阳能向变电站的照明、动力等站用负荷供电，不仅节能环保，还能提高站用电源的可靠性和稳定性，优化站用电系统，是建设绿色智能变电站的首选方案。

## 5 结论

本文从照明光源和灯具的选择、照度计算方法的选择、控制系统的优化、新能源的应用等四个方面探讨了变电站照明系统的节能优化。光源和灯具是实现绿色照明的第一要素，只有选择合适的光源和灯具，照明节能才有保证。变电站设计中照度的计算可选用不同的方法，在实际应用中各种方法都有自己适用的场合，针对不同的场景选用不同的计算方法，可提高计算精度和照明效果。随着智能化技术的不断发展，新一代智能变电站已经着手应用变电站智能照明控制系统，实践证明智能控制方式取得了良好的效果。光伏发电在大型变电站有着很大优势，随着太阳能光伏发电电池价格的下降，光伏发电的应用会有更广阔的空间。

## 参考文献

[1] DL/T 5390—2007 火力发电厂和变电站照明设计技术规定 [S]. 北京：中国电力出版社，2007.

[2] GB 50034—2013 建筑照明设计标准 [S]. 北京：中国电力出版社，2013.

[3] 北京照明学会照明设计专业委员会. 照明设计手册 [M]. 北京：中国电力出版社，2006.

［4］ 陈玉和. 变电站设计中的照度计算［J］. 电工文摘，2012（05）：53－56.
CHEN Yuhe. Luminance Calculation in Substation Design. ELECTRICIAN ABSTRACT 2012（05）：53－56.

**作者简介：**

张晓虹（1987—），女，硕士研究生，工程师，主要研究方向为变电一次设计。

耿芳（1985—），女，硕士研究生，工程师，主要研究方向为电力系统规划，变电一次设计。

张梅（1990—），女，硕士研究生，工程师，主要研究方向为变电一次设计。

# The Optimization of Substation Lighting System Design

ZHANG Xiaohong，GEN Fang，ZHANG Mei
（Economic and Technical Research Institude，Tianjin Electric Power Company，
State Grid，Hedong district 300170，Tianjin）

**Abstract**：With the development of the intelligent substation construction technology，the design of substation lighting system is get more and more attention. The paper probes into the optimization of the substation lighting system design from several aspects，such as the choice of light source and lamps and lanterns，the choice of illuminance calculation methods，the optimization of control system and the application of new energy，to provide technical support to the design and the construction of the new generation of intelligent substation.

**Key words**：light source；lamps and lanterns；illuminance calculation；control；new energy

# 基于有限元方法的复合绝缘子表面场强的仿真分析

郭晋芳[1]，郑建春[2]

（1. 国网天津市电力公司经济技术研究院，天津市　300171；
2. 国网天津市电力公司城西供电分公司，天津市　300100）

**摘　要：**复合绝缘子作为电力系统中重要的绝缘部分，对系统的安全可靠运行，发挥了巨大的作用。为保障复合绝缘子安全可靠地起到绝缘作用，准确地掌握绝缘子运行情况下的表面场强分布是十分必要的。ANSOFT为基于有限元的仿真软件，该软件以麦克斯韦方程组作为电磁场分析的出发点，本文应用了ANSOFT中的Maxwell2D二维电磁场有限元分析工具包，仿真绝缘子表面的三种最常见运行状况，即表面清洁，表面污秽和表面覆有小水珠，得到表面场强云图和等电势线分布，分析产生电场畸变的原因，并仿真了加装均压环对电场分布的改善效果，研究了均压环的不同尺寸与位置对电场分布产生的影响。

**关键词：**复合绝缘子；有限元；Ansoft；表面电场

## 0　引言

绝缘子作为电力系统中的绝缘装置的重要组成部分，特别是在迎来1000kV特高压输电时代的今天，其性能优劣，直接影响到电力系统的经济性和高度可靠性，这是不言而喻的。因此世界各国都在进行这方面的研究与开发。其中，以复合绝缘子应用最为广泛，并成为当今研究的热点。为保障复合绝缘子安全可靠地起到绝缘作用，也为了能为优化绝缘子的结构设计，提高其绝缘性能提供依据，准确地掌握绝缘子各种运行情况下的表面场强分布是十分必要的[1-3]。

本文正是针对实际生产中的这一需求，以Ansoft软件为载体，对各种运行条件下的绝缘子表面电场进行仿真，准确掌握电场畸变程度，这是十分必要的，因为当电场畸变严重，局部场强很大时，绝缘子会发生沿面放电，这直接威胁到绝缘的可靠性。均压环的设置能有效地改善这一现象，可以通过仿真看到设置均压环后的电场情况。

## 1　复合绝缘子的研究现状

### 1.1　复合绝缘子的分类与结构特点

复合绝缘子[4]（composite insulator）是至少由两种绝缘部件即芯体和装配有金属附件的外套构成的一种聚合物绝缘子。聚合物绝缘子是指至少由一种聚合物基础材料构成的绝缘子。复合绝缘子可由各单个伞裙安装在芯体上构成，复合绝缘子的芯体（core）是绝缘子的内绝缘件，用来保证绝缘子的机械特性。此芯体通常由置于树脂基体中的纤维（如玻璃）或均匀的绝缘材料（如瓷或树脂）构成的。两种绝缘材料均为聚合物制作的复合绝缘子称聚合物复合绝缘子（polymeric composite insulator），也可简称复合绝缘子，国内多称它为合成绝缘子（synthetic insulator）。复合绝缘子国外也称它为非瓷绝缘子（NCI，nonceramic insulator）。

外套（housing）也称伞套，是绝缘子的外绝缘件，用来提供必要的爬电距离和保护芯体不受气候影响。外套可由多种材料构成，包括弹性体（如硅橡胶，乙丙橡胶），树脂（如环脂族环氧树脂）或碳氟化合物（如聚四氟乙烯）。我国复合绝缘子的芯体多采用环氧树脂浸渍的玻璃纤维增强塑料（玻璃纤维缠绕管）。我国复合绝缘子外套一般多采用硅橡胶材料制造。

目前世界上已经生产的复合绝缘子主要包括长棒形绝缘子（我国亦称棒形悬式绝缘子），线路柱式绝缘子，支柱绝缘子和空心绝缘子。

## 1.2 复合绝缘子的发展

复合绝缘子的发展开始是针对在新领域的应用，即在超高压和特高压水平范围内。在长棒形绝缘子的基础上，其发展的目的为：低重量，高的电力输送，低的维护。复合绝缘子起源于美国以及欧洲的德国，意大利，法国，英国和前苏联国家。我国于20世纪80年代末开始硅橡胶复合绝缘子的运行，至今已有十余年运行经验。目前进入电网的复合绝缘子已达40万支以上，大大减轻了输电线路的维护工作量，提高了劳动生产率，显著提高了输变电设备外绝缘性能，大大减少了污闪事故率。

## 1.3 复合绝缘子与传统绝缘子相比较的优缺点

### 1.3.1 优点

(1) 重量轻。由于玻璃纤维具有比瓷高得多的机械强度，橡胶材料的密度又比瓷低得多，因而复合绝缘子的重量比瓷绝缘子轻得多。

(2) 优良得污秽性能。户外绝缘子用聚合物材料具有很好的表面自由能。当聚合物材料没有暴露于环境中时，它是耐潮且憎水的，随着使用一些聚合物材料就失去了表面的憎水性（hydrophobicity），但某些聚合物材料如硅橡胶，在憎水性破坏以后还能恢复。水在该材料表面上形成水珠，那样，溶解在水珠内的导电污秽是不连续的。这就降低了泄漏电流和干带形成概率，导致了较高的污秽闪络电压。这些聚合物材料具有很强的闪络抵抗力，甚至已老化时也如此。优良的污秽性能大大提高了电能输送的可靠性，还减少了绝缘子的清洁和维护费用。

(3) 空心外套的失效模式。空心聚合物外套可能具有与瓷套很不相同的失效模式。人们不认为所有聚合物产品都是可靠的安全的，这取决于特殊的设计、功能、故障引发机理以及可产生的故障电流，内部部件可能会被排出，但是，可得到的密集材料体积与瓷套相比通常较小。

(4) 生产和交货时间短。

(5) 提高了对野蛮破坏的抵抗力。同时它还有优越的抵抗机械冲击负荷的能力。

(6) 加快了输电线路的重建，并降低了造价。

### 1.3.2 缺点

（1）会受气候降解。

（2）原材料费用高。聚合物原材料费用比瓷高得多。

（3）寿命期望值很难评定。长期可靠性还不太清楚，绝缘子故障检测较困难。

## 1.4 复合绝缘子的运行条件以及对它的要求

复合绝缘子运行[5]中会遭受到各种类型的应力作用。这些应力主要以电气的、热的、机械的和环境的为代表，甚至在制造过程中它们还会遭受到包括气泡、杂质、分层和微裂的影响。对复合长棒形绝缘子的特殊要求如表1所示。

表1　对复合长棒形绝缘子的特殊要求

| 部　件 | 要　求 | 原　因 |
|---|---|---|
| 附件 | （1）应由可锻铸铁或锻钢以上材料制成并热镀锌 | 满足机械性能以及防止大气腐蚀要求 |
| | （2）材料应有一定的延展性 | 便于附件挤压到棒上；风或振动时有缓冲作用 |
| | （3）端部附件应符合标准要求 | 满足互换性 |
| 芯棒 | （1）应保证玻璃纤维完全而均匀的浸渍，从而保证玻璃纤维和树脂基体的完美黏结 | 保证纵向绝缘强度 |
| | （2）纤维应全部均等地受力 | 保证高的机械强度 |
| | （3）金属附件对棒的连接部分应有理想的应力分布，避免损伤纤维 | 纤维损伤可引起棒的特性下降 |
| | （4）对棒的保护应是有效而持续的，界面（棒—外套，附件—外套等）应是高质量的 | 潮气侵入可诱发棒的脆断，电场的存在会使其附近的树脂和纤维基体进一步化学退化，导致机械强度丧失 |
| 外套 | （1）应有对气候的抵抗力 | 阻止由于氧、臭氧、紫外线辐射、水引起迅速老化 |
| | （2）应有很高的起痕抵抗力 | 阻止形成导电路径 |
| | （3）应有蚀损抵抗力 | 阻止伞或外套击穿 |
| | （4）应有长期增水性 | 减少放电和老化 |
| | （5）应有韧性 | 以免枪击破坏 |
| | （6）应有高的撕裂强度 | 在操作和线路安装期间避免损坏 |
| | （7）应有水解抵抗力 | 阻止材料电导率增加 |
| | （8）在很宽的温度范围内和很低的玻璃转变温度下有很高的可挠性 | 阻止在低温或快速温变期间的开裂或破坏 |
| | （9）使用IEC 60815推荐的爬电比距，爬电比距决不应低于16mm/kV | 爬电比距减小可能会引起泄漏电流和干带电弧增大，在一定时间内丧失增水性，降低性能，缩短运行寿命 |
| 均压环 | 至少在220kV及以上线路用绝缘子上应装设均压（电晕）环 | 降低绝缘子上和绝缘子内的电压梯度，降低无线电和电视噪声。由于装设均压环可能会减少电弧距离 |

## 2 电磁场计算的有限元理论和 Ansoft 软件介绍

### 2.1 有限元法的二维静电场方程

静电场是有源无旋场，麦克斯韦方程组及本构关系为

$$\nabla \times E = 0 \tag{1}$$

$$\nabla \cdot D = \rho \tag{2}$$

$$D = \varepsilon E \tag{3}$$

对于式（1）来说，由矢量恒等式可知，如果一个矢量场的旋度为零，那么该矢量场可以表示为一个标量场的梯度，由此引入标量电动势 $\Phi$，即

$$E = -\nabla \Phi \tag{4}$$

这里的负号表示电场方向指向电势下降最快的方向。其中，$E$ 是电场强度；$D$ 是电位移矢量，也称为电通密度；$\Phi$ 是标量电动势；$\rho$ 为电荷密度；$\varepsilon$ 为材料的介电常数。

将式（3）和式（4）代入式（2），有

$$\nabla \cdot (\varepsilon \nabla \Phi) = -\rho \tag{5}$$

式（5）是 Maxwell 2D 静电场求解器进行有限元求解所使用的基本方程。

### 2.2 基于有限元的 Ansoft 软件介绍

#### 2.2.1 Ansoft 软件简介

Maxwell 2D/3D 是 Ansoft[8]机电系统设计解决方案的重要组成部分。Maxwell 2D 是一个功能强大、结果精确、易于使用的二维电磁场有限元分析软件。它包括电场、静磁场、涡流场、瞬态场和温度场分析模块，可以用来分析电机、传感器、变压器、永磁设备、激励器等电磁装置的静态、稳态、瞬态、正常工况和故障工况的特性。Maxwell 2D 具有高性能矩阵求解器和多 CPU 处理能力，提供了最快的求解速度。Maxwell 3D 包括 Maxwell 2D 所有的模块并新增了 3D 应力场分析模块。

#### 2.2.2 本文选择 Maxwell 2D 的原因

本文所仿真的对象为复合绝缘子表面电场[9]，该电场可以看作是静电场，又由于绝缘子本身的轴对称结构，其表面电场可认为是对称的静电场，所以完全可以使用 Maxwell 2D 进行求解，而没有必要选用 3D 求解。选取 2D 平面为绝缘子的任一经过对称轴的切面，则其他任何一个经过对称轴的切面均可以由选取的平面围绕对称轴旋转某一角度得到，所以只需要在二维坐标系内建立这一选取切面的模型即可仿真该绝缘子的表面电场。本文对绝缘子表面电场的求解问题为二维静电场中的边值型问题，即已知边界（导体表面）上的电位，求解该区域内的场强问题。

## 3 仿真结果及分析

### 3.1 仿真的实际模型的选择

本文仿真的对象为 110kV 线路绝缘子串，悬垂绝缘子串，U 形挂环连接，10 片耐污型悬式绝缘子，绝缘子型号为 FXB2-110/100，额定电压 110kV，额定机械拉伸负荷

100kN 级，连接结构标记 16，结构高度 1240mm，最小绝缘距离 1000mm，最小公称爬电距离 2520mm，雷电全波冲击耐受电压不小于 550kV（峰值），工频 1min 耐受电压不小于 230kV（峰值）。伞群参数如表 2 所示。

**表 2　　　　伞　裙　参　数**

| 序号 | 芯棒直径 $d_c$ (mm) | 主体直径 $d$ (mm) | 伞径 $D$ (mm) | $r_1$ (mm) | $r_2$ (mm) | $r_3$ (mm) | $r_4$ (mm) | $H$ (mm) | $h_1$ (mm) | $L_{cn}$ (mm) | $V=0.977\times L_{cn}$ | 外绝缘表面积 $S/(cm^2)$ | 净增外绝缘表面积 $A_n/(cm^2)$ | 体积 $V/(cm^3)$ |
|---|---|---|---|---|---|---|---|---|---|---|---|---|---|---|
| 1 | 60 | 67 | 135 | 9 | 1.5 | 1.5 | 5 | 15 | 3 | 58.67 | 57.32 | 21.21 | 18.53 | 43.07 |
| 2 | 60 | 67 | 195 | 12 | 2 | 1.5 | 7 | 24 | 6 | 114.46 | 111.83 | 57.03 | 51.99 | 174.58 |

## 3.2 仿真结果

### 3.2.1 清洁绝缘子模型

图 1 和图 2 给出了仿真结果，复合绝缘子表面的电场分布。分析得到的电场分布云图和等电位线分布图可以看出：

（1）最大场强出现在金具端部还有金具和绝缘外皮的接触部分。

（2）最大场强可以达到 $3\times10^5$ V/m 左右，这个场强不会导致沿面放电的发生。

（3）在带电体尖端场强急剧增大，等势线分布十分密集，相反在光滑表面，场强则小得多，等势线分布相对稀疏。

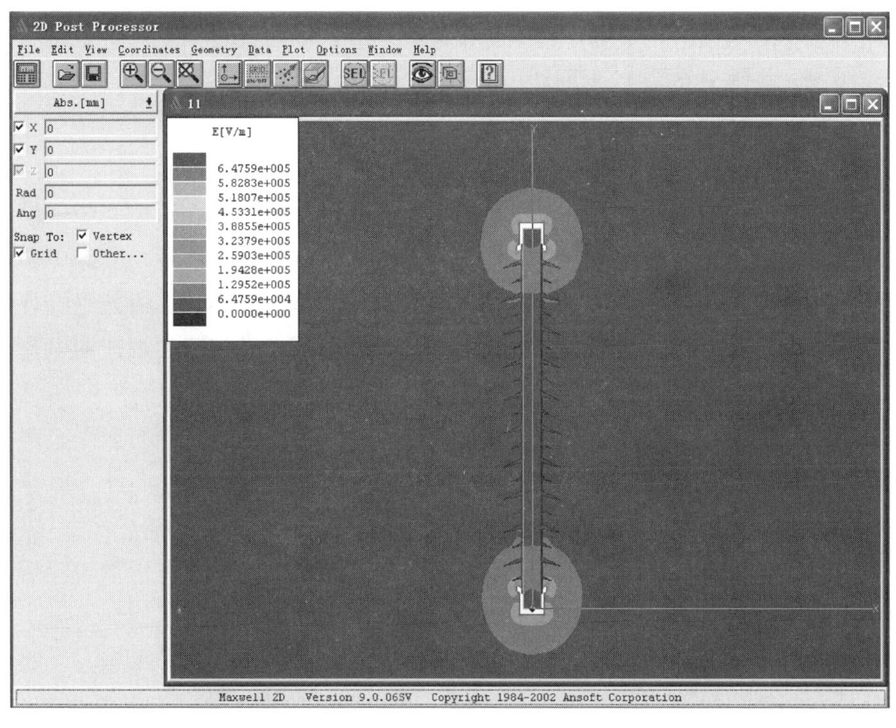


图 1　电场云图

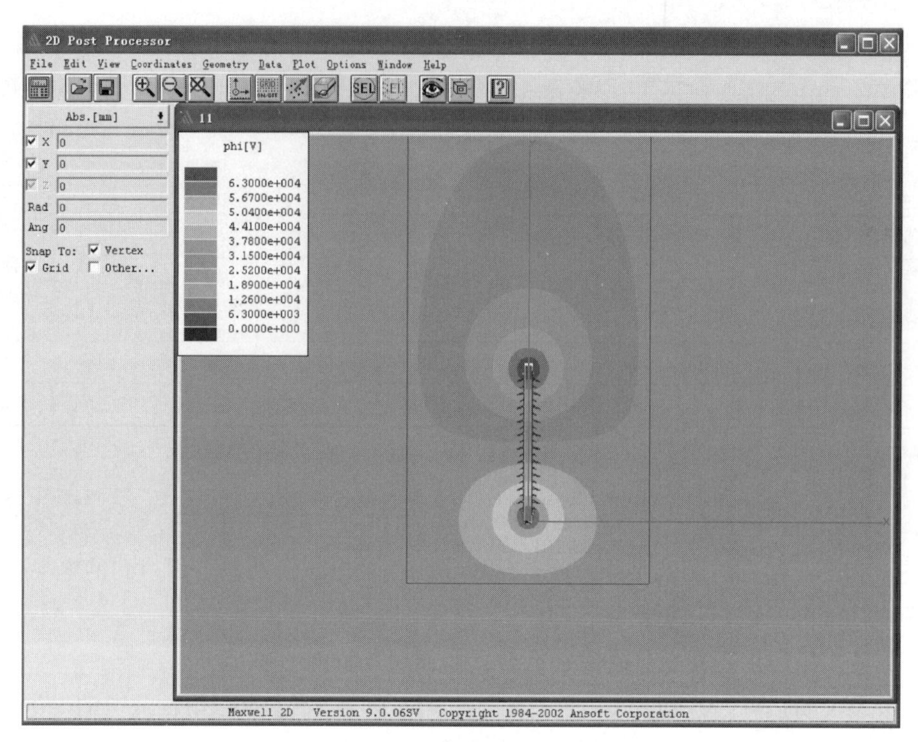


图 2 等电势线路

（4）在靠近线端的一段距离内，场强沿绝缘子绝缘距离逐渐下降，但超过某一距离后，再向地端移动场强不再下降，移动至接近线端时，场强又逐渐上升；也就是沿绝缘子的绝缘距离，场强分布呈 U 形曲线。

（5）地端的场强比线端小得多[11-13]。

**3.2.2** *表面有污秽薄膜的绝缘子模型*

建立表面有污秽薄膜的模型可以在原有模型的基础上进行，在清洁绝缘子模型的表面添加一层薄薄的污秽薄膜模型，并且设置其电导率。这里需要注意，实际中芯棒绝缘外皮上的污秽薄膜的电导率和伞裙上污秽薄膜的电导率是不同的，芯棒处绝缘外皮上的污秽薄膜电导率要大一些，泄漏电流也要大一些，伞裙上尤其靠近尖端泄漏电流小，故伞裙上污秽薄膜的电导率要小一些[14]。

图 3 示出了仿真结果，复合绝缘子表面有污秽薄膜的表面电场分布云图。观察图中的电场分布，可以发现：

（1）污秽薄膜的存在会导致电场畸变。

（2）在清洁绝缘子表面线端场强比地端场强高得多，但是覆盖有污秽薄膜后，地端场强增大得很多。绝缘子表面沿绝缘子绝缘距离地端场强甚至超过了线端场强。

（3）污秽薄膜对电场的畸变程度受污秽薄膜的电导率影响，电导率越大，畸变程度越大。另外在污秽层受潮后，电导率会增加，这对绝缘非常不利，尤其是局部受潮时，会形成交替的干湿带，这种情况下非常容易发生闪络。

（4）在靠近金具端，场强畸变比中间的部分要更加严重。

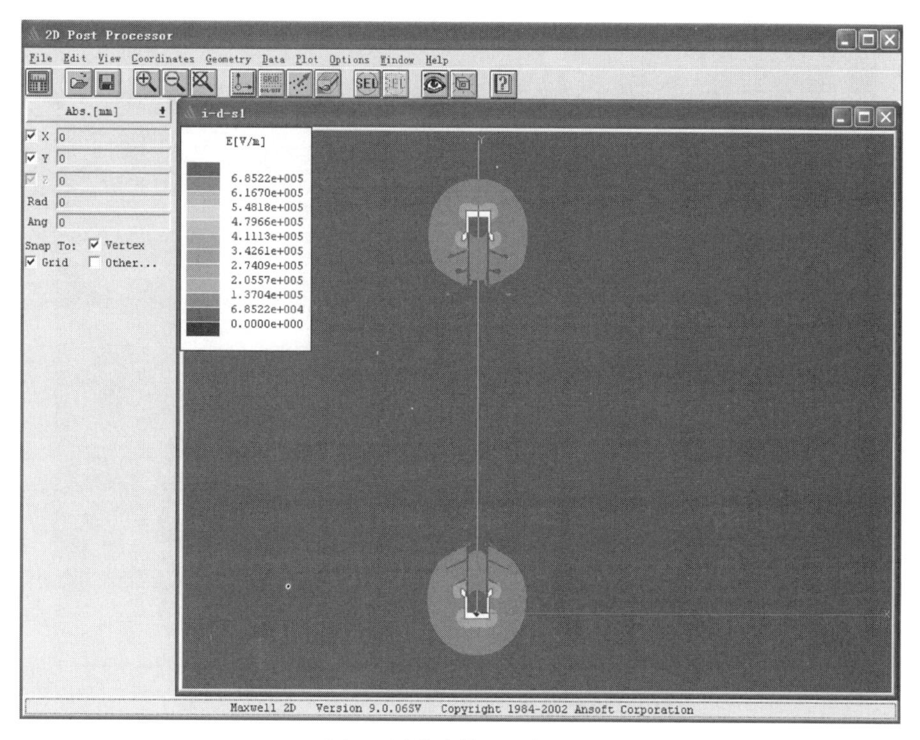


图 3 污秽绝缘子电场云图

### 3.2.3 表面有水珠的绝缘子模型

建立表面有水珠的模型可以通过改造清洁绝缘子的模型来完成，即在清洁绝缘子模型表面做出分布在绝缘子串各个部分的小水珠的模型。这里有几个地方需要注意，首先，小水珠是附在绝缘子表面的，这就要求水珠模型的一边是要与伞裙表面重合的，不能留有空隙；其次，绘制水珠模型时，不能用圆弧工具来完成，因为水珠由于重力的作用，在倾斜的伞裙表面不能呈现出标准的半球形，而是一边薄一边厚的，所以本文建模时采用了绘制样条曲线工具，而非圆弧工具；另外，水珠不是均匀的分布在绝缘子表面的，而是不均匀地出现在绝缘子串上。建模时应注意以上三点，力求贴近实际，这样得到的仿真结果才更有说服力[15]。

图 4 和图 5 给出了仿真结果，可以看到电场分布云图和等电位线分布图。通过对比表面清洁的绝缘子表面电场分布，可以得出下述结论：

（1）水珠的存在会改变绝缘子表面电场的分布，即使表面电场发生畸变。

（2）靠近金具的水珠对电场分布的畸变大，而在绝缘子串中间段伞裙上的水珠对电场分布影响不太大。

（3）在伞裙的尖端水珠对电场分布产生的畸变影响大，在伞裙上靠近芯棒部分的水珠影响要小一些。

（4）单个的水珠对电场分布的改变不太大，但是如果水珠密集，形成干湿带交替出现，这时场强的畸变会大大增强。当电场畸变到十分严重的程度，将有可能发生闪络。在实际中，大雨的条件下发生闪络的情况并不多，而毛毛雨或雾天更容易导致沿面放电的发生。

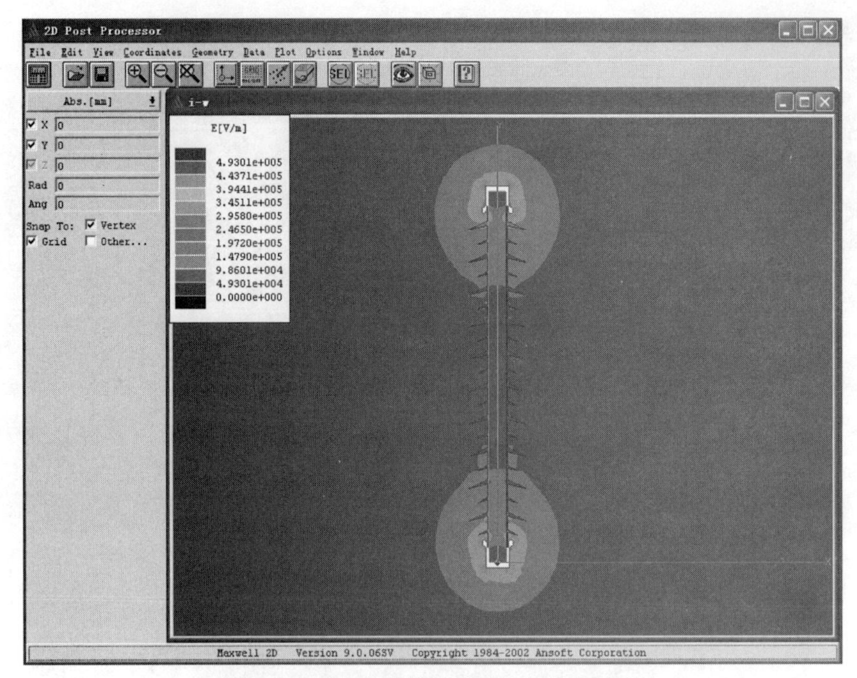


图 4　变面有水珠的绝缘子电场分布云图

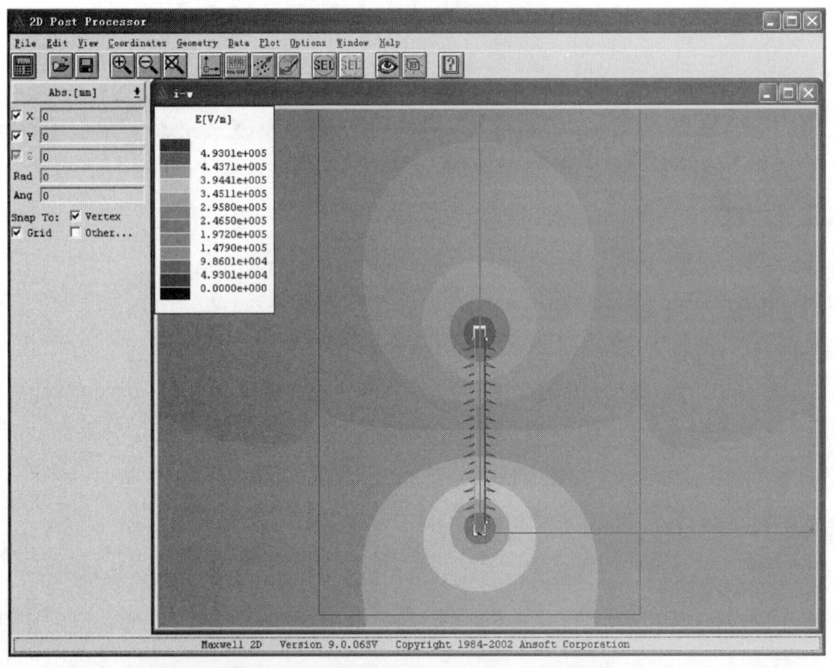


图 5　表面有水珠的绝缘子等电势线图

(5) 水珠的电导率对电场畸变程度的影响很大，若是净水，则畸变不是十分严重，但若水中混有杂质，此时水的电导率大大增加，那么畸变程度就会大大增强。这一结论有很大的现实意义，即沿海地区等潮湿并水分中含有较多电解质的地区的绝缘子要更加注意绝缘防护工作，因为这些地区更容易发生闪络等危及绝缘安全的事故。

### 3.3 加装均压环后对绝缘子表面电场的改善

目前各国对均压环的使用考虑得比较多的是材料体积内的电压递减，如果满足此要求，无线电干扰、电弧保护和污秽条件下的电应力控制也得到了兼顾。

#### 3.3.1 均压环的推荐尺寸

我国标准JB/T 8460—1996规定，220kV级长棒形绝缘子（或成年各位棒形悬式绝缘子）线端应装设均压环，330、500kV级绝缘子接地端和线端均需装设均压环。但对环的尺寸未作规定。建议的屏蔽环尺寸如表3所示。

**表3　　建议的屏蔽环尺寸　　单位：mm**

| 线路标称电压（kV） | 线端 | | | 地端 | | |
|---|---|---|---|---|---|---|
| | $D$ | $d$ | $H$ | $D_1$ | $d_1$ | $h_1$ |
| 110* | 250 | 25 | 25 | — | — | — |
| 220 | 300 | 25 | 60 | — | — | — |
| 330 | 400 | 50 | 120 | 300 | 25 | 60 |
| 500 | 400 | 50 | 120 | 300 | 25 | 60 |

* 按JB/T 8460—1996规定，110kV绝缘子一般不装均压环。

#### 3.3.2 均压环不同尺寸和位置对电场的影响

本文对110kV输电线路复合绝缘子串仅在线端应用均压环[16][17]情况进行了电场仿真分析工作，按照推荐尺寸加装均压环，得到了改善后的电场分布，又分别研究了均压环的大小、均压环的高度、均压环的管径对改善电场分布的影响。

这里需要注意的是，实际中的均压环大多和金具相连，所以均压环所带电压为线路的相电压。在建立均压环的模型后，需要在边界条件管理器中指定均压环电压为63kV，如忽略这一点，将会得到错误的仿真结果。

从图6中可以看出，加装均压环后电场分布得到大大改善，沿绝缘子串绝缘距离的最大场强减小了很多。

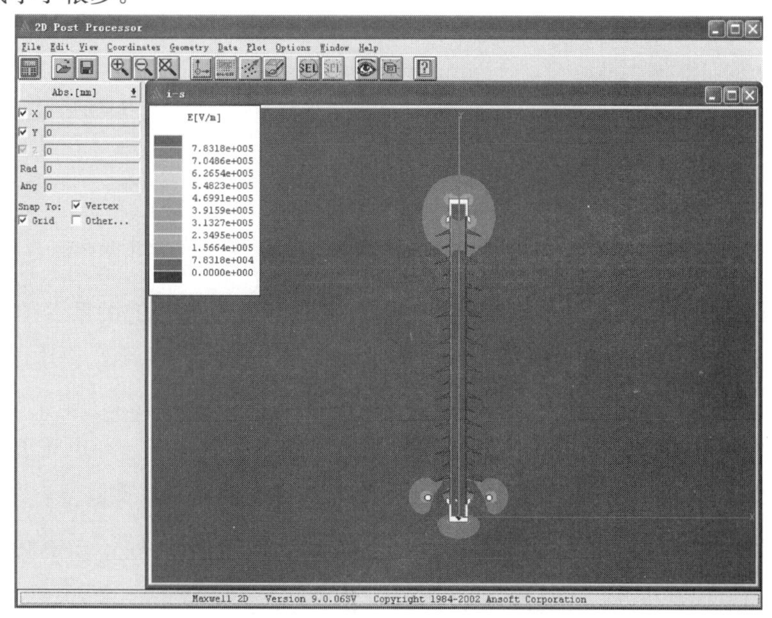


图6　加装均压环后的电场分布

图 7 显示了沿绝缘子串绝缘距离的电场分布与均压环到端部附件距离（图中的 $h$）的关系。观察图中曲线可以看出，随着均压环从线端向地端运动，最大电场强度在下降，电场分布改善向良好的趋势变化，但 $h$ 超过某一值之后再增大时，对最大电场强度和电场分布不会有太多影响。

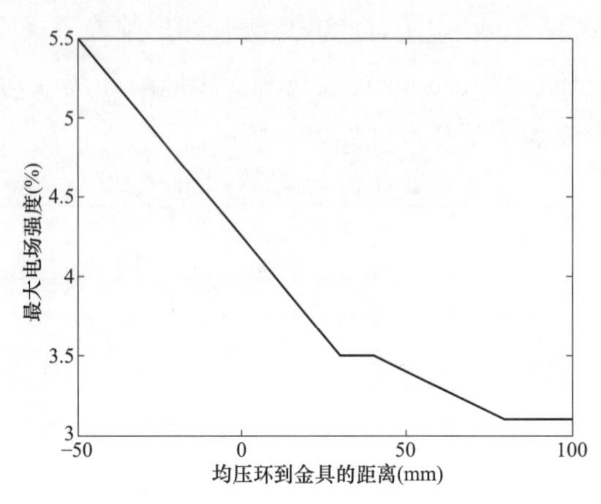


图 7　沿绝缘距离的最大电场强度与均压环到金具距离的关系

图 8 显示了沿绝缘子串绝缘距离的电场分布与环直径（图中 $D$ 的关系）。观察图中曲线可以发现，随着环直径 $D$ 的增大，最大电场强度在下降，电场分布改善向良好的趋势变化，但超过了一定点电场强度反而会增大。

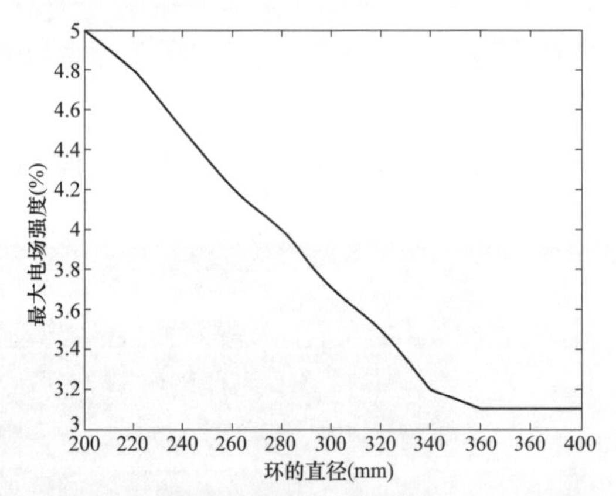


图 8　沿绝缘距离的最大电场强度与均压环的直径的关系

图 9 显示了沿绝缘子串绝缘距离的电场分布与均压环管直径的关系（图中的 $d$），图 10 显示了在均压环表面的最大电场强度与均压环管的直径的关系（$d$）。均压环管的直径在 25～75mm 范围之间内的变化对绝缘子上的最大电场强度和沿绝缘子串绝缘距离的电场分布不会有明显的变化，但对均压环本身为避免电晕而控制电场是一个重要的因素[18]。

图 11 和图 12 分别显示了加装均压环后，污秽绝缘子和覆有水珠的复合绝缘子的表面电场分布，可以看到电场得到明显改善，最大场强大大减小，可以减小闪络的发生率。

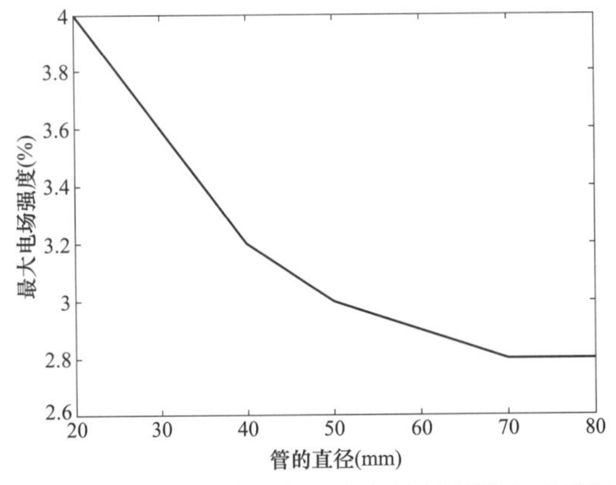


图 9　沿绝缘距离的最大电场强度与均压环管的直径的关系

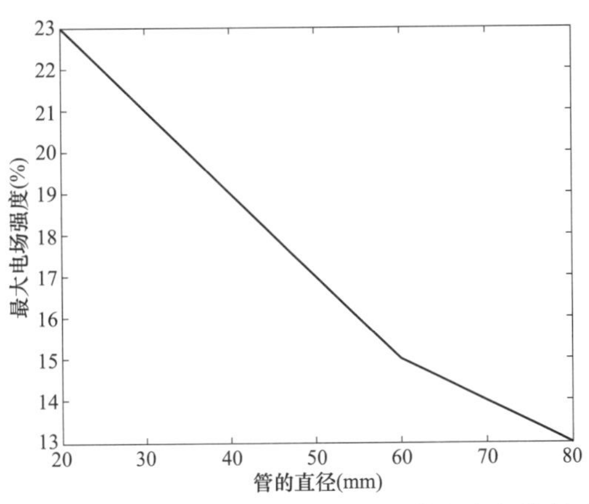


图 10　均压环表面最大电场强度与管的直径的关系

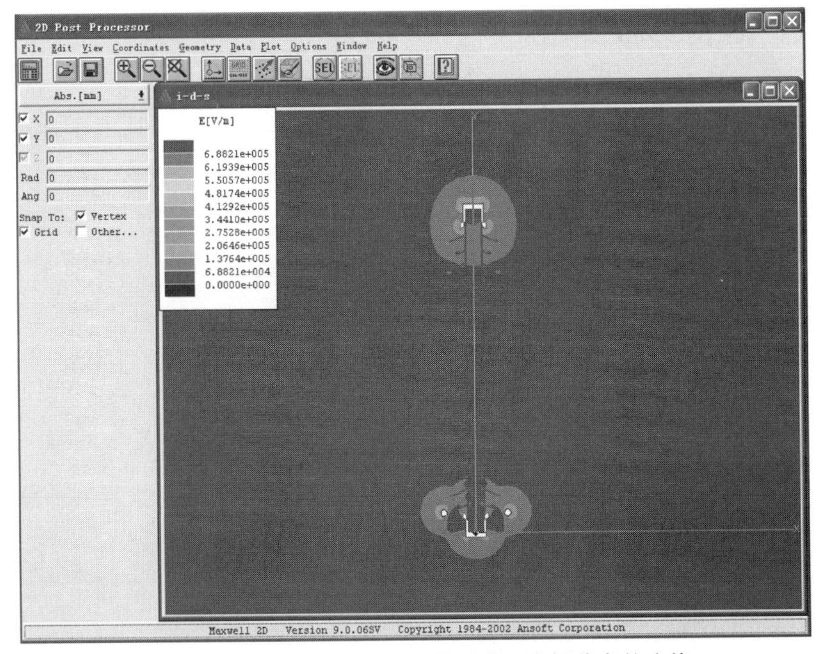


图 11　加装均压环对污秽绝缘子表面电场分布的改善

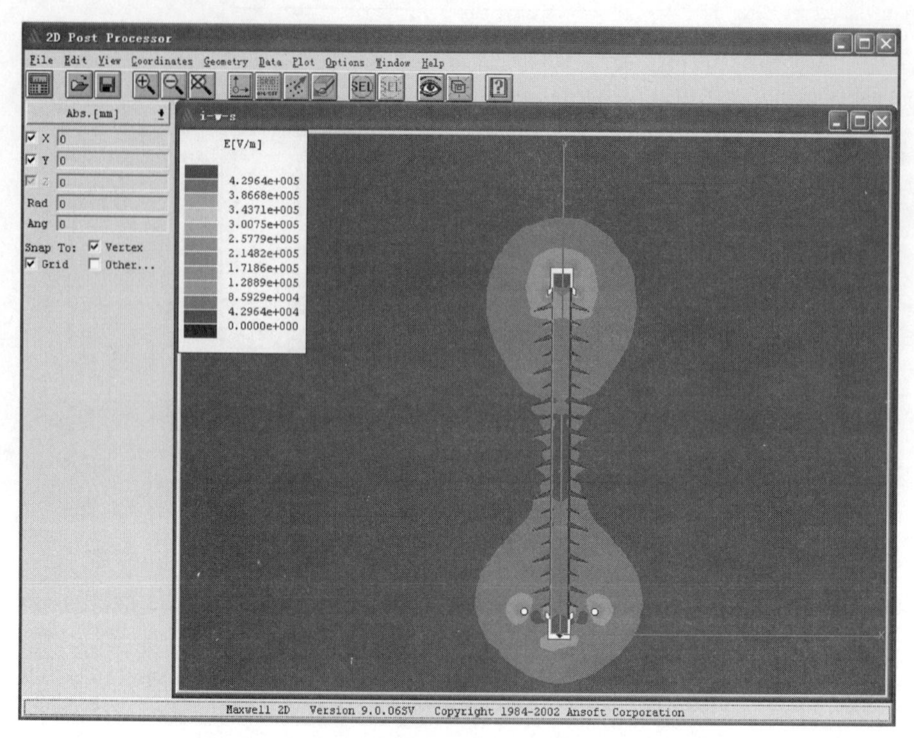


图 12 加装均压环后覆有水珠的绝缘子表面电场

所以，加装均压环是改善高压绝缘子表面电场分布的重要措施，而且均压环的尺寸和位置是影响改善效果的重要因素，在实际中应给予充分考虑，以获得最佳改善效果，保证输电安全。并且电压等级越高，均压环对电场的改善作用越明显，也就是说电压等级越高，线路加装均压环的必要性越大。

### 3.4 小结

清洁绝缘子表面电场沿绝缘距离呈 U 形分布，带电端场强要远大于地端场强。但是绝缘子表面受潮出现小水珠或有污秽时，表面电场会发生畸变，这是由于不同介质的特性（绝缘或者导电，相对介电常数大小，电导率大小）不同而产生。受潮程度和污秽程度不同，电场的畸变程度也不同，畸变后地端场强会超过线端。加装均压环后，电场得到很大改善[15-17]。

## 4 结论

(1) 用 Ansoft 为载体，进行绝缘子的仿真，操作方便，模块非常清晰，处理速度比较快，但 Ansoft 也存在一些缺陷，例如在建模时，没有切点的捕捉和直线上点的捕捉等功能，这对绘制图形非常不便，也降低了精确性。

(2) 绝缘子表面电场分布是考察绝缘子绝缘性性能重要指标，准确掌握绝缘子的表面电场对绝缘子的维护和设计上的改良意义重大。

(3) 清洁绝缘子表面电场呈 U 形曲线分布，最大场强出现在靠近金具端，沿绝缘子串的绝缘距离电场先下降后上升，线端电场要高于地端电场很多。

(4) 复合绝缘子表面有水珠或有污秽后，表面电场会产生畸变，地端电场强度会升高，局部场强会增大。并且不同位置和不同严重程度对电场的畸变作用也不同，总的说来，靠近金具的污秽和水珠对电场畸变影响大。

(5) 均压环对电场分布有很好的改善作用，它大大减小了最大场强，能减小闪络发生率。另外均压环的大小、形状、粗细和安置的位置都会影响其作用效果。

(6) 本文的仿真并非与实际完全没有偏差，这可能是因为实际绝缘子处于一个无限大的空间中，另外杆塔的存在对电场分布也会产生影响。

**参考文献**

[1] 樊亚东，文习山，李晓萍，邓维. 复合绝缘子和玻璃绝缘子电位分布的数值仿真 [J]. 高电压技术，2005，31 (12)：1-3.

[2] 倪光正. 工程电磁场原理 [M]. 北京：高等教育出版社，2002.

[3] 金建铭. 电磁场有限元方法 [M]. 西安：西安电子科技大学出版社，1998.

[4] 邱志贤. 高压复合绝缘子及其应用 [M]. 北京：中国电力出版社，2006.

[5] 李卫国，屠志健. 电气设备绝缘试验与检测 [M]. 北京：中国电力出版社，2006.

[6] 颜威利，杨庆新，汪友华. 电气工程电磁场数值分析 [M]. 北京：机械工业出版社，2005.

[7] 倪光正，杨仕友，钱秀英，邱捷. 工程电磁场数值计算 [M]. 北京：机械工业出版社，2004.

[8] 刘国强，赵凌志，蒋继娅. Ansoft 工程电磁场有限元分析 [M]. 北京：电子工业出版社，2005.

[9] 杨庆，司马文霞，孙才新，武坤，袁涛. 覆冰绝缘子交直流闪络场路模型的研究 [J]. 中国电机工程学报，2008，28 (6)：13-19.

[10] 江迅，王仲亦. 330kV 带均压环的棒形悬式复合绝缘子电场有限元分析 [J]. 高压电器，2006，40 (3)：215-217.

[11] 周志成，何俊佳，陈俊武，邹云屏. 均压环改善绝缘子串电压分布研究 [J]. 高电压技术，2006，32 (11)：45-48.

[12] 吴光亚，谭捷华，张子龙，蔡炜，张锐. 高压输电线路用复合绝缘子电位和电场分布的计算与改善 [J]. 电力设备，2004，5 (1)：29-32.

[13] Tiebin Zhao，Michael G. Comber. Calculation of Electric Field and Potential Distribution Along Nonceramic Insulators Considering the Effects of Conductors and Transmission Towers [J]. IEEE Transactions on Power Delivery. 2000，15 (1)：313-318.

[14] P K. Mukherjee，A. Ahmed and H. Singer. Electric Field Distortion Caused by Asymmetric Pollution on Insulator Surfaces [J]. IEEE Transactions on Dielectrics and Electrical Insulation，1999，6 (2)：175-180.

[15] S. Chakravorti，H. Streinbigler. Boundary Element Studies on Insulator Shape and E-

lectric Field around HV Insulators with and without Pollution [J]. IEEE Transactions on Dielectrics and Electrical Insulation. 2000, 7 (2): 169-176.
[16] L. Wang, T. Houck, G. Westenskow, LLNL, Livermore, CA, U. S. A. Design and Simulation of an Anode Stalk Support Insulator [C]. IEEE Proceedings of 2005 Particle Accelerator Conference, Knoxville, Tennessee, 2005.
[17] H. J. Wintle. Basic Physics of Insulators [J]. IEEE Transactions on Electrical Insulation. 1990, 25 (1): 27-44.

**作者简介:**

郭晋芳（1985—），女，研究生，工程师，变电一次设计。
郑建春（1983—），男，本科生，工程师，配电网规划。

## The Simulation and Analysis of the Surface Electric Field of Composite Insulators Based on the Finite Element Theory

GUO Jinfang[1], ZHENG Jianchun[2]
(1. Tianjin Electric Power Corporation Economic and Technical Research Institute, Tianjin 300171, China;
2. SGCC Tianjin Chengxi Power Supply Branch, 300100, China)

**Abstract**: The composite insulators, as a very essential part of the power system insulation, played a crucial role in keeping the system operating safe and reliable. To ensure that composite insulators can work well, it is necessary to know the electric field and the potential distribution on the surface of the insulators. Ansoft is a kind of software for simulation based on the finite element theory, which is started at the Maxwell equations of the electromagnetic field. This paper used Maxwell, a two-dimension electromagnetic field finite element analysis package, to simulate the three most common operating conditions for the composite insulators, which are the surface cleaning, the surface polluted by contamination or by small water drops, having plots of the distribution of the electric field, and plots of the potential distribution. After that, reasons for the distortion of the electric field were analyzed. The improvement of the electric field, after setting the grading ring, was also simulated. This paper also studied that different sizes and location of the grading rings had impacted the electric field distribution differently.
**Key words**: Composite insulators; Finite element; Ansoft; Surface electric field

# 220kV 拖船智能变电站的二次设计与优化

郭 蓉
（国网江西省电力公司经济技术研究院，江西省南昌市 330043）

**摘　要**：作者主要介绍了 220kV 拖船智能变电站的总体设计方案，结合工程设计中存在的问题进行了分析讨论，并对一些方案进行了优化设计，提出了变电站 GIS 模块化设计、二次集成的概念。

**关键词**：智能变电站；GIS 模块化设计；二次集成

## 1　智能变电站

智能变电站是采用先进、可靠、集成、低碳、环保的智能设备，以全站信息数字化、通信平台网络化、信息共享标准化为基本要求，自动完成信息采集、测量、控制、保护、计量和监测等基本功能，并可根据需要支持电网实时自动控制、智能调节、在线分析决策、协同互动等高级功能的变电站。

### 1.1　智能变电站应具备的功能

（1）一次设备智能化；

（2）二次设备实现网络通信；

（3）信息交互标准化；

（4）运行控制自动化；

（5）设备实现状态检修；

（6）实现经济运行与优化控制；

（7）其他高级功能要求。

设备状态可视化、智能告警及分析决策、事故信息综合分析决策、集中式处理功能、站域保护、与外部系统信息交互等高级功能的应用。

### 1.2　实际应用

本文以 220kV 拖船智能变电站为例，详细阐述了拖船智能变电站的配置方案及智能化技术在本站中的应用。

## 2　220kV 拖船智能变电站概况

220kV 采用双母线单分段接线，110kV 采用双母线接线，10kV 采用单母线分段接线。本期规模为：1×180MVA 变压器；220kV 出线 5 回；110kV 出线 4 回；10kV 出线 4 回，电容器 4 回。主变压器（main transformer）户外放置，220kV 配电装置采用户外 HGIS 布置，110kV 采用户外 GIS 设备，10kV 采用户内中置式开关柜。

## 3 220kV 拖船智能变电站设计方案

### 3.1 拖船智能化系统设计要求

本文根据工程实际对一次设备及自动化系统三层结构中各层设备进行集成优化，在保证功能正常实现的基础上，实现减少设备数量，降低设备投资，简化系统结构，提高可靠性。本文着重于设备和功能优化，其余智能站已普遍采用的功能整合方案如五防工作站、防误闭锁功能的优化，10kV 采用保护测控装置一体化装置等，不再赘述。

### 3.2 站控层设备配置优化

站控层由主机兼操作员工作站、远动通信装置和其他智能接口设备构成。

(1) 主机兼操作员工作站。主机兼操作员工作站是变电站自动化系统的主要人机界面，满足运行人员操作时直观、便捷、安全、可靠的要求。

(2) 远动通信装置。远动通信装置直接采集来自间隔层或过程层的实时数据，远动通信装置满足 DL/T 5002—2005、DL/T 5003—2005 的要求，其容量及性能指标满足变电站远动功能及规范转换要求。

### 3.3 间隔层设备配置优化

间隔层设备主要有保护装置、测量装置、计量装置、故障录波器、网络记录分析仪等。间隔层设备集成优化主要包括测控和计量装置整合、主变压器各侧测控整合的整合等。

#### 3.3.1 测控计量一体化装置

目前智能变电站除 10kV 部分采用保护测控计量一体化装置外，220、110kV 均采用测控和计量各自独立装置。

计量功能的实现有两种方式：由专用的计量表计或具备计量功能的测控装置实现即专用硬件实现或以内置插件通过软件的形式实现。从理论上来说，只要具备了相同的原理，具有计量功能的测控装置完全可以取代专用计量表计，计量插件的费用在监控系统的整体造价中几乎可以忽略不计。取消具有相同计量功能的设备能够有效节约成本，减少屏柜数量，为节约占地提供条件。

但是，电能计量装置的功能是满足发电、供电、用电的准确计量要求，以作为考核电力系统技术经济指标和实现贸易结算的计量依据。不同区域间的电力传输牵扯到巨大的经济利益，故本工程参照新一代智能变电站建设要求，除关口计费点外，其余非关口点通过在常规测控装置基础上增加计量插件实现计量功能，不单独配置计量表计，计量功能单独配置 RS485 接口，与电量采集装置通信。

通过测控装置整合计量功能，本期节省计量表 11 只，远期节省 26 块，按 0.5S 电能表每块 0.3 万元计，本、远期分别节省投资 3.3 万元和 28.6 万元。

#### 3.3.2 主变压器测控装置的整合

本工程主变压器保护、测控独立配置。过程层网络方案中不设置主变压器总交换机，220kV 本期不设置过程层网络，通常配置独立的高压侧测控装置，主变压器高压侧智能组件与测控装置采用光缆直连；110kV 过程层设置主变压器中、低压侧交换机，主变压器中、低压侧及本体智能终端均连接在此交换机上，通常配置主变压器中、低压、本体侧测控装置各 1 台，也连接在此交换机上。目前智能变电站测控装置一般均采用 6U 半层机箱，插件式结构，光口输入输出，不存在端子排限制；低压侧测控对象只有 1 台低压断路器，点数较少；本体测控对象只有中性点设备，点数同样较少，硬件处理能力能够满足要求，只需增加采集插件。因此可将三侧及本体侧测控整合，减少装置数量和交换机接口数量。

按照智能变电站一个测控装置 2 万元，一个交换机光口 0.15 万元计，主变压器测控整合本期减少装置 3 台，节约投资 6.6 万元；远期减少装置 9 台，节省投资 19.8 万元。

### 3.4 过程层设备配置优化

#### 3.4.1 利用航空插头实现 GIS 接线简化、标准化

采用 GIS 的变电站在设计时有更多的确定因素，例如 GIS 的尺寸、GIS 各机构部分到汇控柜的间距都已经确定下来，而且 GIS 内部的走线不需要电缆沟，这些都是优于 AIS 的设计。正是因为这些特点，一旦当 GIS 型号确定以后，GIS 内部的接线位置和接线长度都可以确定下来。传统的设计上大多使用端子排，端子排接线一是占用了很多空间，二是很难保证螺丝拧接的可靠性，同时检修时面对繁杂的端子排，检修时查找和接线都极易出错。

本工程考虑采用航空插头来取代端子排。航空插头的接线有下列优点：采用压接型，比拧螺钉的接线更牢靠；单位密度大，一个航空端子可以接线 64 芯以上；线缆老化更换方便；不同机构的接线位置固定，可以实现标准化接线；出厂检验合格后，线缆基本免维护；适合 GIS 厂家批量化生产。适应现场复杂恶劣的环境，抗干扰能力强，屏蔽性能良好；现场好操作，施工方便，节省空间。常用的航空插头有 FQ 型、Q 型、TY 系列、Y2 系列等。

#### 3.4.2 本体智能终端集成非电量保护、有载分接开关控制及测温功能

根据 Q/GDW 441—2010《智能变电站继电保护技术规范》的要求："变压器非电量保护采用就地直接电缆跳闸，信息通过本体智能终上送过程层 GOOSE 网"。智能变电站中主变压器非电量保护应用形式未发生变化，依旧为利用继电器重动主变压器本体非电量信号之后执行电缆直跳的功能。由于其功能的单一性和结构的简单化，其功能可完全以本体智能终端的插件形式实现。

此外，主变压器本体智能终端还可利用 GOOSE 机制实现主变压器本体的测温功能，将主变压器本体温度传感器输出的 4～20mA 模拟量信号直接转化成 GOOSE 报文实现上送，其测温原理如图 1 所示。

主变压器本体智能终端还能够集成有载分接开关的控制功能。按调节分接头挡位信息编码方式不同，装置可实现两种分接头调挡功能：

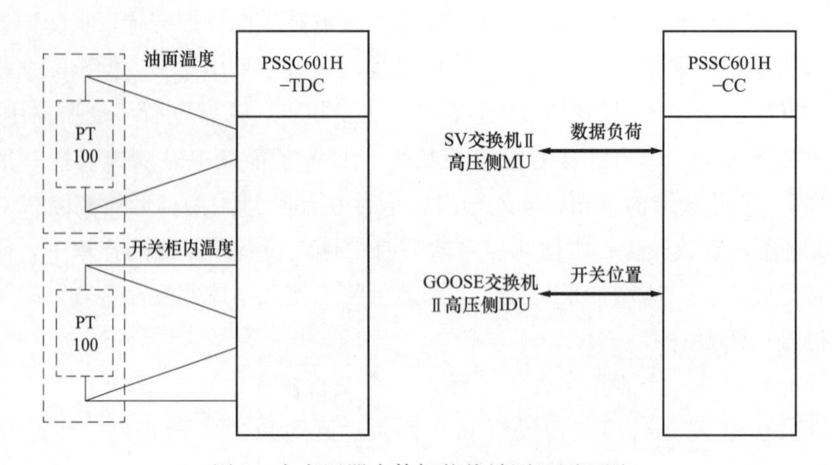


图 1　主变压器本体智能终端测温原理图

Fig. 1　intelligent terminal of the transformer temperature figure

(1) 挡位信息的上送：配置 5 个开入用于采集二进制编码的分接头挡位（最多可处理 32 挡），转换为挡位信息数值量后经 GOOSE 上送间隔层设备；

(2) 调节控制命令的执行：可接收过程网络下达的 3 个 GOOSE 命令（升、降、停挡位控制），分别经对应的 3 个开出执行实现调挡控制。

通过将主变压器本体智能终端进行功能升级，可以方便地实现非电量保护、有载分接开关控制以及测温功能，以逻辑功能取代传统的硬接线回路，利用 GOOSE 机制实现后端的信息共享，不仅加强了主变压器本体智能组件的集成度、减少了装置数量、极大简化了本体二次回路，同时提高了控制的可靠性和方便了运行检修，使主变压器本体的智能化功能得到进一步的提升。

### 3.5　GIS 模块化设计

#### 3.5.1　*方案介绍*

拖船变电站为户内 GIS 变电站，将智能终端和合并器集成装置与保护测控一体化装置安装在 GIS 智能汇控柜内，构成“模块”，由 GIS 厂家在工厂内完成模块内一二次部件的连接和调试后再把模块整体运输到现场，现场只需进行模块间少量光缆和电缆的连接，缩短了建设周期。优化前后方案比较详见图 2 和图 3。

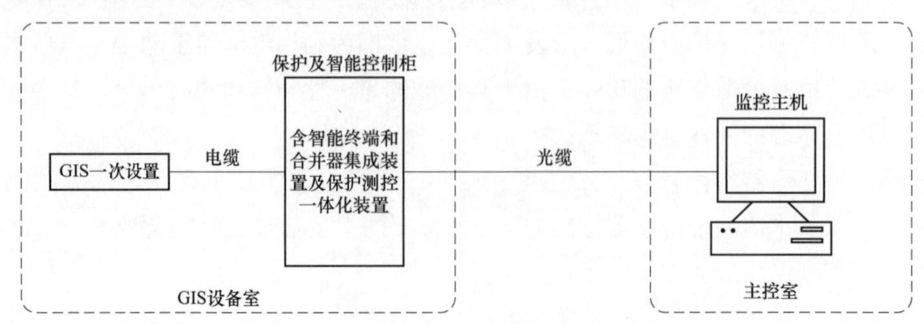


图 2　户内 GIS 传统方案

Fig. 2　Traditional program of Indoor GIS

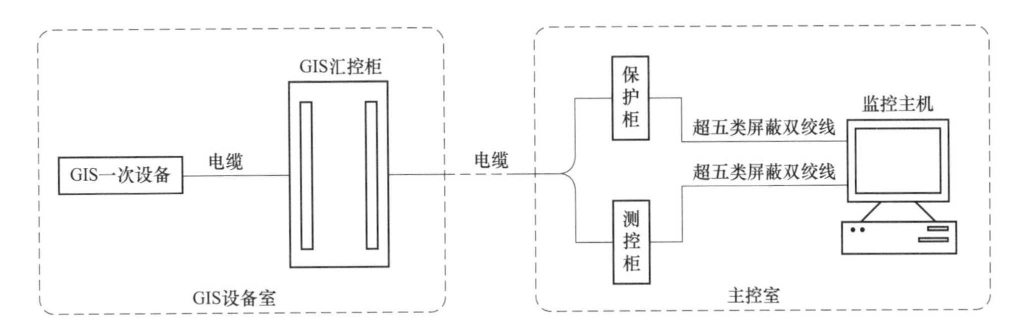


图 3　户内 GIS 优化方案

Fig. 3　Optimized program of Indoor GIS

智能化 GIS 通过以先进的计算机技术实现对 GIS 设备的位置信号采集和监视、模拟量信号采集与显示、远方/就地控制、信号与操作事件记录与上传、谐波分析、储能电机的驱动和控制、在线监测、基于网络通信的软件联锁等一系列功能。将传统的二次测控功能与 GIS 监控有机结合在一起，联合组屏设计、优化控制回路，构成智能的控制功能。

**3.5.2**　优点

(1) 节约了电缆等设备投资以及相应的施工投资；

(2) 节约了保护小室及主控室等的占地面积和投资；

(3) 优化了二次回路和结构；

(4) 智能控制装置提供了系统的交互性；

(5) 联调在出厂前完成，现场调试工作量减少；

(6) 一次、二次联合设计，减轻了设计院的负担；

(7) 基于通信和组态软件的联锁功能比传统硬接点联锁方便；

(8) 缩小了与互感器的电气距离，减轻了互感器的负荷。

### 3.6　交直流电源系统

采用交直流一体化电源系统，将站用交流电源、通信电源、直流电源、UPS 电源系统一体化设计、一体化配置、一体化监控。其运行情况和信息数据通过一体化监控单元展示并通过 DL/T 860 系列标准数据格式接入监控系统。

### 3.7　智能辅助系统

(1) 本站配置图像监控系统 1 套。该系统以场地监视和安全防护为主，各摄像机监视范围应相互兼顾，互为补充。

(2) 配置火灾报警系统 1 套，报警信号接入监控系统。

(3) 辅助控制系统采用一体化设计，实现对图像监视、安全警卫、火灾报警、采暖通风、照明、给排水等辅助系统的智能运行管理功能。该系统预留远传接口至辅助控制系统主站。

### 3.8 高级应用

#### 3.8.1 一体化信息平台

一体化信息平台从站控层网络直接采集SCADA数据、保护信息等数据，宜直接采集电能量、故障录波、设备状态监测等各类数据，作为变电站的统一数据基础平台。本站一体化信息平台主机与站控层主机统一配置。

#### 3.8.2 高级功能

（1）顺序控制。基于一体化信息平台实现准确的数据采集，包括变电站内所有实时遥信量包括断路器、隔离开关、接地开关等的位置，所有实时模拟量（电流、电压、功率等），以及其他辅助的遥信量。顺序控制功能应具有防误闭锁、事件记录等功能，采用可靠的网络通信技术。

（2）智能告警及故障信息综合分析决策。建立变电站故障信息的逻辑和推理模型，实现对故障告警信息的分类和信号过滤，对变电站的运行状态进行在线实时分析和推理，自动报告变电站异常并提出故障处理指导意见。

（3）支撑经济运行与优化控制。综合利用FACTS、变压器自动调压、无功补偿设备自动调节等手段，支持变电站系统层及智能调度技术支持系统安全经济运行及优化控制。

（4）站域控制。本站采用变电站监控系统实现低频低压减负荷功能，不设独立装置。

### 3.9 其他

二次设备的接地、防雷、抗干扰符合相关规程和反事故措施的要求。

## 4 工程设计建设中存在的问题

### 4.1 一次设备智能化程度不足

一次设备智能化相对滞后，现阶段的智能化变电站多采用智能终端与传统开关相结合的模式，没有一个采用真正意义上的智能一次设备。

### 4.2 变电站统一建模还需进一步规范

各生产厂家对IEC 61850标准的一些定义理解不一致，在一些标准中规定不全面或未做强制性规定，各生产厂家的实现差异很大，导致针对某一个具体的问题各厂家之间仍然存在分歧，互联、互操作仍然存在障碍，导致智能变电站工程应用的可复制性存在问题。

### 4.3 变电站通信的安全性需进一步研究

基于IEC 61850的通信网络体系结构在上层协议上是一致的，提高了设备的互操作性和互换性，但协议的开放性和标准性带来了网络的安全性问题。为防止来自网内外的恶意攻击，必须考虑为基于IEC 61850标准的数据通信建立安全机制，以保证电网的安全可靠运行。

## 5 结语

当前智能化变电站还处于研究和应用的初级阶段，还有很多问题需要继续关注，随着智能化一次设备、智能变电站、调度自动化系统以及调度技术支持体系的不断完善和全面推广，相信在通信、自动化等各个专业的融合协作下，智能变电站将会取得蓬勃的发展。

## 参考文献


[1] Q/GDW 393—2009，110（66）kV～220kV智能变电站设计规范［S］.
Q/GDW 393—2009，Specifications of design for 110（66）kV～220kV Smart Substation.

[2] Q/GDW 441—2010，智能变电站继电保护技术规范［S］.
Q/GDW 441—2010，Technical Specifications of Protection for Smart Substation.

[3] 刘振亚.《国家电网公司输变电工程通用设计 110（66）～750kV 智能变电站部分》［M］.
Liu Zhenya，Universal Design of Power Transmission and Transformation Project，section of 110（66）～750kV Smart Substation［M］.


## 作者简介：


郭蓉（1988—），女，大学本科，助理工程师，从事电力系统规划和继电保护及变电二次设计。


## Secondary Design and Optimization of the Tuochuan 220kV Intelligent Substation


GUO Rong

(State Grid Jiangxi Electric Power Company Economic Research Institute，Nanchang 330043，China)



**Abstract**：This paper describe the overall design of the Tuochuan 220kV intelligent substation，discuss the problems in the engineering design，and some programs have been optimized，and propose the concepts such as modular design of GIS substation and secondary device integration.



**Key words**：intelligent substation；modular design of GIS substation；secondary device integration

# 自愈系统——一种继电保护新技术的研究与应用

莫阮清
（国网上海市电力公司经济技术研究院，上海市　200120）

**摘　要：** 以在上海地区应用的110kV手拉手接线自愈系统设计背景及原理为基础，研究这种新型继电保护技术的动作原理、保护配置和在工程中可能遇到的常见问题及其解决方法，并结合自愈系统的发展对广域保护领域进行了初探，阐述了在未来智能电网建设中，以自愈系统为代表的广域保护的重要作用。

**关键词：** 手拉手接线；自愈系统；广域保护

## 0　引言

当前，人们对电力的需求日趋增大，安全、可靠和经济的电力供应是保障社会经济发展的基础。随着电力网架的完善、保护自动化装置的发展，供电可靠性得到了进一步的提高，但出现检修时事故、保护误动等情况时，仍有可能导致电网出现大面积停电事故。例如，上海地区“6.5”停电事故直接影响了居民正常生活。由检修状态下的“$N-1$”和人为因素导致事故处理不当而造成的大停电，引发了人们的一些新思考。

我国正在建设的特高压电网、“西电东送”、“南北互供”等工程能够有效利用资源、提高电能利用率，对大电网资源进行优化配置。但是，这种大电网具有联动效应，一旦发生故障有可能会导致大面积停电事故。过去主要依靠人为处理降低停电范围，防止级联跳闸的发展。随着继电保护原理及技术的进步，目前人们在事故中更多地采用保护自动化装置判断故障、主动解列、灵活分区，克服了不少人为因素引发的联锁故障。

为了提高电网的供电可靠性、实现检修状态下的“$N-1$”，上海地区针对110kV变电站开展了电源完善工程，逐步形成手拉手的双电源供电模式，大大提升了供电可靠性。对于这种结构连接的变电站，要保证变电站一端进线电源消失时，另一端进线开关能准确合上，确保变电站不失电，即遇到故障时能自动恢复，这可以类比于生物学中自愈的概念。为了实现这种功能，就需要一种新的继电保护装置及控制策略，对多个变电站进行数据采集、故障判断、统一处理和实时动作。

自愈控制是指配电网在其不同层次和区域内实施协调且优化的控制手段与策略，以具有自我感知、自我诊断、自我决策、自我恢复的能力，实现配电网在不同状态下的安全可靠运行[1-5]。该理论由美国电力科学研究院（EPRI）提出，其中的自愈系统保护控制的概念适用于配电网中各电压等级的网络[6]。从概念上，上海地区手拉手接线配置的区域保护即为一种自愈系统保护，也称为110kV区域备自投。自愈系统是坚强的智能电网发展方向之一，是未来加强电网可靠性、改善供电质量、提升电网运行效率的重要手段。

# 1 自愈系统原理及结构

## 1.1 自愈系统基本原理

图1为目前上海地区典型的110kV手拉手接线模式，A、B两座220kV变电站为电源侧，C、D、E为110kV变电站，正常运行时每串中各有一个开断点（断路器在分闸位置）。发生故障时，自愈系统根据本串中交流电流电压、保护动作情况及断路器位置等情况综合判断，识别出故障点后跳开失电变电站的故障电源侧，合上该站另一方向电源的断路器，保证110kV站供电电源不间断。

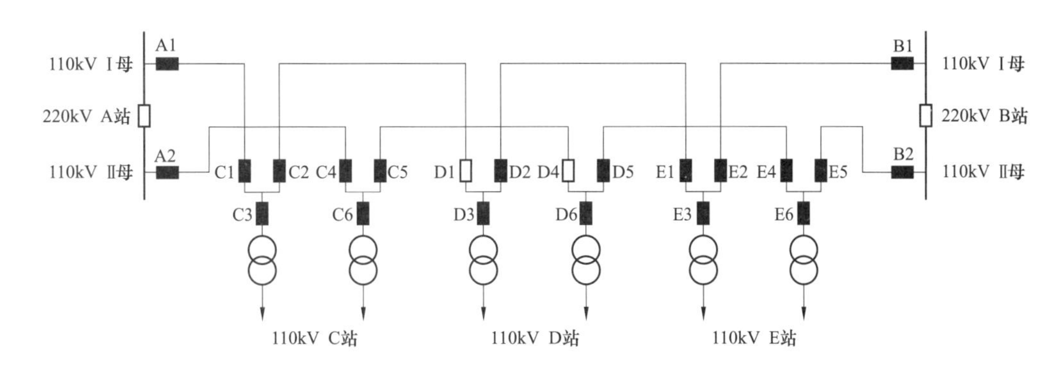


图1 110kV手拉手典型接线系统

Fig. 1 110kV hand-in-hand system

自愈系统动作原则根据断开点位置决定，假设D1断路器在分闸位置（即D1为开断点），则正常情况下C站由220kV A站供电，D、E两站由220kV B站供电。下面根据故障发生位置进行分类讨论：

(1) 当A1－C1之间线路发生故障时，线路纵差保护动作跳开A1、C1断路器，自愈系统动作合上D1断路器，C站1号主变压器电源来自D站；

(2) 当C站110kV Ⅰ段母线发生母线故障时，母线保护动作跳开C1、C2、C3断路器，同时闭锁自愈系统，10kV自切保护动作恢复1号主变压器部分10kV出线供电；

(3) 当C2－D1之间线路发生故障时，线路纵差保护动作跳开C2、D1断路器，自愈系统不动作，C、D、E站电源方向同正常运行情况；

(4) 当D站110kV Ⅰ段母线发生母线故障时，母线保护动作跳开D1、D2、D3断路器，同时闭锁自愈系统，10kV自切保护动作恢复1号主变压器部分10kV出线供电；

(5) 当D2－E1之间线路发生故障时，线路纵差保护动作跳开D2、E1断路器，自愈系统动作合上D1断路器，此时D站1号主变压器电源来自C站；

(6) 当E站110kV Ⅰ段母线发生母线故障时，母线保护动作跳开E1、E2、E3断路器，自愈系统动作合上D1断路器，此时D站1号主变压器电源来自C站，10kV自切保护动作恢复E站1号主变压器部分10kV出线供电；

(7) 当E2－B1之间线路发生故障时，线路纵差保护动作跳开E2、B1断路器，自愈系统动作合上D1断路器，C、D、E三站电源都来自B站；

(8) 当A站发生110kV Ⅰ母母线故障时会跳开A1断路器，自愈系统动作跳开C1合上D1断路器；

(9) 当B站发生110kV Ⅰ母母线故障时会跳开B1断路器，自愈系统动作跳开E2合上D1断路器。

### 1.2 自愈系统的功能

由上述动作原则可以看出，自愈系统的主要功能如下：

(1) 串供回路中故障发生时能根据故障点位置、保护动作情况、断路器位置进行综合判断，制定恢复供电的系统动作原则，具有强大的逻辑判定功能；

(2) 事故跳闸后自愈系统瞬时动作，动作时间小于10kV自切保护，为主变压器不失电运行提供更快速、更彻底的保障；

(3) 若接线中某站低压侧接有小电源，故障时因为倒送110kV母线电压可能高于失压判别条件，可切除小电源，确认故障发生电站母线失压后，合上开断点断路器，由另一侧220kV变电站对失电变电站进行供电。

### 1.3 自愈系统的结构及保护配置

目前，110kV变电站进出线一般均配置了线路光纤纵差保护，220kV变电站的110kV侧配置母线保护及线路光纤纵差保护。在手拉手接线中，C、D、E站还要增加110kV母线保护装置，防止本站母线故障时自愈合于故障回路。

每串手拉手接线中的自愈系统主要包括一个主站装置、若干子站装置及交换机等，典型结构如图2所示，每串手拉手接线回路的两套自愈系统相互独立设置。主站根据具体情况设置于某一110kV变电站中，故障发生时接受所有子站采集的信息，进行集中处理和综合判断、按照既定的动作原则将断路器的动作命令发送到各子站，实现自愈系统的动作决策。子站分别设置在本串所有变电站中，对线路电流、电压、断路器位置等电气量进行采集和传送，并执行主站的动作命令。

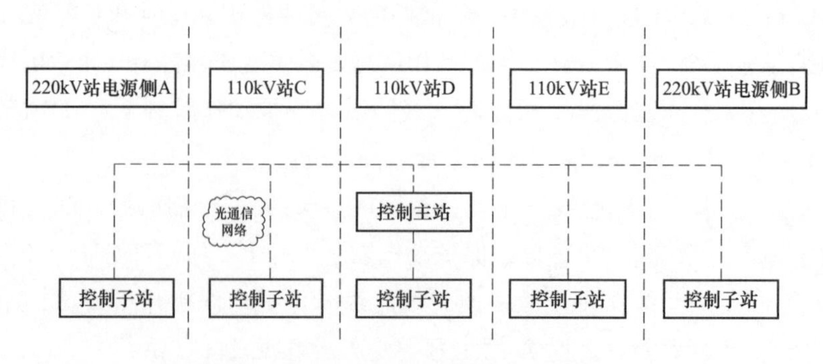


图2 110kV手拉手接线自愈系统结构

Fig. 2 the structure of 110kV self-healing system

手拉手接线中每条110kV线路都配有光纤纵差保护通道。每套自愈系统配置一对收发通道，利用光缆通道实现站间通信需求。

### 1.4 自愈系统动作实例

目前，上海电网已有多座 110kV 变电站完成电源完善工程改造，形成 110kV 手拉手接线。2014 年 10 月某日 110kV 绥宁 B 串自愈系统正确动作，该串为 220kV 古北变电站—110kV 古羊变电站—110kV 绥宁变电站—220kV 青虹变电站构成的手拉手接线系统，事故发生前两座 220kV 变电站分别为两座 110kV 变电站供电，绥宁—古羊线路断路器处于热备用状态。在 220kV 青虹变电站某主变压器失电时，自愈系统成功识别故障点并及时隔离故障，跳开青虹—绥宁线路断路器，同时合上原处于热备用状态的绥宁—古羊线路断路器，恢复了失电站的双电源供电。

对于故障造成自愈系统动作后，调度方式恢复操作更为简便，仅需恢复动作的相应断路器即可。若未配置自愈系统，该故障造成 110kV 绥宁站一台主变压器失电后，由 10kV 分段自切装置恢复供电，动作时间在数秒内。而自愈系统动作时间为毫秒级，相当于瞬时动作，防止事故进一步扩大，提升了供电的可靠性。

## 2 设计中的常见问题

在上海电网 110kV 变电站电源完善工程中，为满足手拉手接线运行需求，通常需要在现有变电站新增 110kV 线路纵差保护、自愈系统及母差保护，目前主要存在以下设计问题：

### 2.1 组柜方式

传统 110kV 变电站设控制室，保护及自动化装置安装在控制室内，由于改造及设备增加目前普遍存在屏位紧张的现象。考虑到运行的安全性，若自愈系统按串立屏，每段母差保护也分别立屏，按图 1 典型接线模式，一个 110kV 变电站内至少新增 4 面屏位，极有可能占用远景预留屏位，给将来扩建带来不便。如果将新增自愈系统控制屏及母差保护屏设在 110kV GIS 室，则需提高保护屏的防护等级或在 110kV GIS 室内增加空调，以保证装置正常运行，但改造成本会增大。若 110kV GIS 室内空间较小，则考虑新增屏位靠墙布置，采用前接线前显示方式，保证设备安全距离。建议优化自愈及母差的组屏方式，可考虑采用对应段母差保护与自愈系统控制装置组一面屏，设在控制室内（无屏位时可安装在就地 GIS 室内），屏柜上划分明确功能间隔防止误操作。

现有 220kV 变电站普遍存在继电器室屏位紧张的情况，且主站不考虑设在 220kV 站内，因此对于一串手拉手接线，在 220kV 站内仅新增一台自愈系统控制子站装置及交换机（母差接入原 110kV 母线保护）。因此，对于 220kV 站内未来规划的 110kV 线路电源侧，可以考虑 110kV 线路保护装置与自愈系统控制子站合屏，既减少了屏位，又使装置布置清晰易懂，降低运行及调试人员跑错屏位的风险。

考虑保护装置下放安装的趋势，新建 110kV 智能变电站的保护装置多安装在就地 GIS 控制柜上，因此考虑就地布置自愈及母差保护屏位，可减少电缆用量。

### 2.2 电流互感器次级

目前，110kV GIS 电流互感器一般为四个次级，分别用于纵差、母差及自愈、故障录波、计量测量等功能。但老站内线路间隔电流互感器可能只有三个次级，部分存在两次级情况，因此应结合电源优化工程对部分老设备进行改造，增加次级数，避免电流互感器上串多个装置的情况，防止出现交流电流断线引起误动、拒动事故。另外，对三次级的电流互感器应结合串联设备、电缆长度及地区调度运行习惯综合考虑，合理分配。

### 2.3 二次接口回路设计

自愈系统需采集各站点 110kV 线路断路器位置、交流电流电压量、线路纵差保护动作信号，并结合保护区域接线形式进行集中控制。

对于 220kV 变电站，需采集 110kV 线路的断路器位置信号、交流电流电压量、线路保护动作信号量，若两回路均从同一个 220kV 变电站引出，建议增加采集 110kV 分段的断路器位置信号[7]。

电源完善工程目的在于提高 110kV 变电站供电可靠性，自愈系统及母差一般在现有 110kV 变电站内进行改造，对于老回路改造接线时，由于可能存在 110kV 线路主后保护装置分开配置、未设操作箱等情况，应根据现场实际情况对二次回路进行改线和设计，例如对未经操作箱出口的回路，应考虑从 110kV GIS 汇控柜内将断路器合后位置接入自愈系统控制子站。另外，110kV 母差保护出口跳主变压器高压侧或各侧应与调度运行协商一致，防止现场改线导致影响工期。

### 2.4 非典型接线的配置

在 110kV 变电站电源完善工程中，由于负荷情况、线路条件等因素制约，部分串供接线与典型接线有所区别，如图 3 所示，B 串中 110kV M 站连接有两段母线，如果在 B 串中配置自愈系统，可考虑将 M 站的两段母线视为两个站点，此时等同于典型接线模式。对于非典型接线的串供回路，应在可研、初设阶段做好多方案比较，选择可靠性与经济效益比俱佳的配置方案。

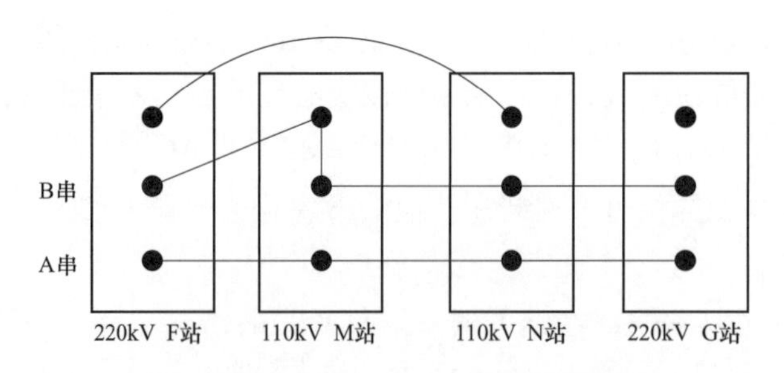


图 3　110kV 非典型手拉手接线系统结构

Fig. 3　110kV atypical hand-in-hand system

## 3 自愈系统的发展方向

智能电网的重要功能之一是电网具有自愈性，能够在故障发生后保证供电及网架的可靠性。这对继电保护的选择性、可靠性、速动性及灵敏性提出更高的要求，常规继电保护配置方案也会相应有所提高[8]。自愈系统在上海地区的应用说明当今继电保护对象不仅是单个电力设备和线路，还应利用光纤通信、数据同步等方式，对保护范围内的实时数据进行综合决策，实现区域电网内变电站之间的数据采集共享、故障判断、保护动作等功能。

从概念上看，自愈系统可作为目前广域保护的应用形式之一，具有很大的发展空间。目前认为，保护装置可以通过光纤互联实现信息传递与共享，获得区域内全景信息，再结合系统结构做出控制判断，对电网故障进行快速正确的切除，并分析对系统运行的影响，这种兼具保护、自动控制、逻辑判断多功能合一的系统称为广域保护系统[9−10]。随着电网的发展，电网互联程度会更加密切，电网结构也将更加复杂，这对保护自动化提出了更高的要求。利用广域保护的分区处理和信息共享功能，可以对保护区域内的故障进行全面分析、综合判决，通过逻辑判定功能制定最优动作方案，减小停电范围，避免连锁事故的发生，保持网架的稳定运行，最终提高系统供电的可靠性。

现阶段自愈系统在各站端配置了控制子站及交换机，采用专网专线通信模式。未来可考虑利用线路合并单元、智能终端和纵差保护测控装置采集所需电气量，利用各变电站内的光缆及通信设备进行信息传输，同时将自愈控制主站功能集成到广域保护装置中，减少保护装置的配置，进而实现二次设备集约化、功能集成化的目标。

## 4 结束语

为提高供电可靠性，上海电网对 110kV 变电站开展了电源完善工程，根据这种接线的特点推广应用自愈系统，通过新增 110kV 母差保护和自愈系统装置、完善 110kV 线路光纤纵差保护配置，利用光纤通信传输电气量，完成保护范围内综合判定，下达回路内相关断路器动作指令，实现保护区域迅速隔离故障、恢复供电的功能。从过去人为处理的数小时缩短至毫秒级，极大地提高了电网的供电可靠性。未来可将自愈功能集成到广域保护中，实现区域内故障最优处理。自愈系统的应用可以使上海地区 110kV 网架运行方式更灵活，事故时能够迅速自动转移负荷，为电网的安全运行和可靠供电提供更有力的保障。

### 参考文献

[1] You H，Vittal V，Yang Z. Self-healing in power systems：an approach using islanding and rate of frequency decline-based load shedding [J]. IEEE Transactions on Power Systems，2003，18 (1)：174 - 181.

[2] Gomes P，Garini A P. Power restoration practices：The Brazilian experience [C]. CIGRE，2006，Aug. 27 - 31，Paris.

[3] 董旭柱，黄邵远，陈柔伊，李鹏，张文峰. 智能配电网自愈控制技术 [J]. 电力系统自动化，2012，36 (18)：17 - 20.

[4] 郭志忠. 电网自愈控制方案 [J]. 电力系统自动化，2005，29 (10)：85-91.
[5] 顾欣欣，姜宁，季侃，等. 智能配电网自愈控制技术的实践与展望 [J]. 电力建设，2009，30 (7)：4-6.
[6] 黄泽华，李锰，刘裕涵，全少理，王利利. 智能配电网自愈控制方案研究 [J]. 电工技术学报，2014，29 (1)：492-496.
[7] 李超群，陈晓东，谈红. 上海电网 110kV“手拉手”链式接线自愈系统设计 [J]. 电气应用，2014，33 (19)：82-85.
[8] 梁国艳. 智能电网继电保护技术发展的探讨 [J]. 大众用电，2011 (5)：19-20.
[9] 孙鑫，张幼明. 智能电网中的广域保护 [J]. 东北电力技术，2011 (1)：34-36.
[10] 袁博，王莹. 智能配电网自愈控制及其关键技术 [J]. 电工电气，2014 (8)：1-4.

**作者简介：**

莫阮清 (1988—)，女，大学本科，助理工程师，主要研究方向为智能变电站继电保护设计。

## Self-healing system - Research and Application of a new technology protection

MO Ruanqing
(Economic and Technology Research Institute SMEPC, Shanghai 200120, China)

**Abstract**: Based on the design of self-healing protection for Shanghai hand-in-hand power system, this article shows the principle and protection configuration of this new relay. Some problems and solution of self-healing systems in the projects are also discussed in the article. In the future, self-healing system and wide area protection will play important roles in the construction of smart grid.

**Key words**: hand-in-hand power system; self-healing system; wide area protection

# 基于“光端子”的智能变电站模块化设计方案

张　冉，白小会，杨然静
（北京电力经济技术研究院，北京市　100055）

**摘　要：**通过近几年光纤技术的发展以及智能变电站光缆“即插即用”的研究，目前已经基本上实现了智能变电站内光缆跨室连接以及同室内光缆的“即插即用”，但由于各厂家装置接口的不统一，“装置与装置之间的即插即用 ”还未真正地实现，成为制约智能变电站“即插即用”、“模块化设计”的最后一个环节。为了解决上述问题，提出在智能变电站使用“光端子”的方案。对“光端子”的主要性能指标以及结构形式进行了详细的论述，选用“ST/ST”适配器的“光端子”，并且根据智能变电站的二次配置进行了各室预制式智能控制柜以及模块化二次屏柜“光端子”的模块化设计。设计方案表明“光端子”的应用可以使各厂家不同接口形式统一，达到“模块化设计”的要求。

**关键词：**智能变电站；光端子；即插即用；模块化设计

## 0　引言

光缆广泛用于智能变电站中 GOOSE、SV 组网及故障录波、网络分析、对时等重要信号的传输。光缆主要用于机柜间装置的连接，在主控室等同一房间内通常采用两端预制接头的室内尾缆，跨室则采用光缆连接。

目前光缆单端或双端预制连接器、即插即用的预制光缆技术已经得到大力推广及广泛的运用。相对于传统的光缆熔接工艺而言，可以在大幅降低现场施工强度、缩短变电站建设周期的同时，消除传统熔接操作带来的多种质量风险，提高系统长期运行可靠性。

目前的智能变电站所采用的光缆预制方式不管是单端预制还是双端预制仅实现了室与室、屏柜与屏柜之间的“即插即用”，对光缆连接的最后一步，不同室、不同屏柜间装置与装置之间的预制光缆还没有实现“即插即用”的要求。由于智能变电站智能设备厂家众多，各厂家的装置接口没有做到完全的统一，主流的装置光纤接口分为 ST、LC 接口，在进行智能变电站设计时就要考虑各装置间接口的因素，不能实现“模块化设计”的要求。

本文研究的主要内容就是要解决预制光缆实现“即插即用”的最后一个环节——装置与装置之间的“即插即用”方案，从而达到“模块化”设计、全站“即插即用”的终极目标。

## 1 “光端子”应用研究

### 1.1 “光端子”概述

“光端子”是一种光纤适配座，能够为智能变电站内智能装置光信号传输时连接使用。“光端子”在设备屏柜两侧分两列对称布置或单列布置，用于传输信号的接通或断开，其要求光信号传输稳定可靠、衰耗小、回路标识清晰、安装维护方便；结构紧凑、便于在屏柜端子导轨上成组排列。

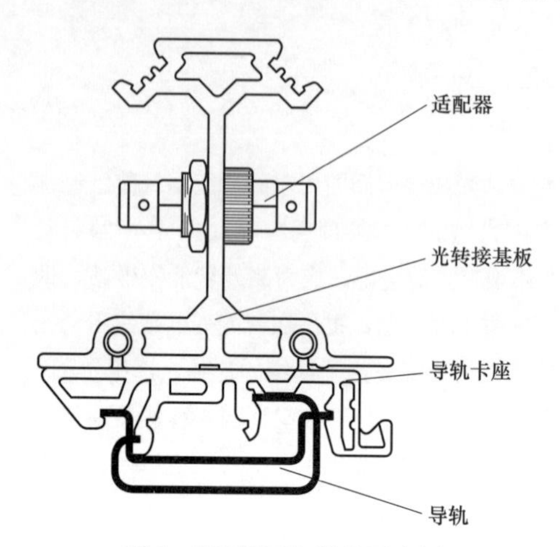


图 1 “光端子”结构示意图

Fig. 1 “Optical Terminals” Structure schematic

“光端子”的结构包括可安装于标准导轨的端子卡座，安装于端子卡座上的工字型光转接基板，和安装于工字型转接基板上的光纤连接器 MPO、ST、FC、LC、SC 等插头适配器，如图 1 所示。

智能装置光口输出端与一根预制光缆尾缆 A 的一端插头相连接，预制光缆尾缆 A 另一端 MPO、ST、FC、LC、SC 等插头直接与“光端子”输入端相匹配的适配器插拔连接。

智能装置光口输入端与另一根预制光缆尾缆 B 的一端插头相连接，预制光缆尾缆 B 另一端 MPO、ST、FC、LC、SC 等插头直接与“光端子”输出端相匹配的适配器插拔连接，可以实现光输出与光输入装置的光传输连接，如图 2 所示。

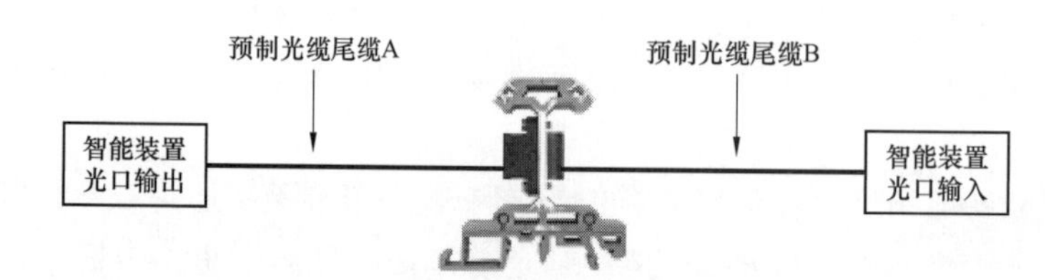


图 2 “光端子”光传输方式一

Fig. 2 “Optical Terminals” optical transmission mode 1

当光接收端的智能装置与光发射端的智能装置需要光传输连接时，通过预制光缆尾缆 C 的一端与“光端子”Ⅰ对应的适配器插拔连接，预制光缆尾缆 C 的另一端与“光端子”Ⅱ对应的适配器插拔连接，从而实现发射端的智能装置与接收端的智能装置光传输连接，如图 3 所示。

当使用的光传输转接端子数量大于一个时，可以在光传输转接端子工字形光转接基板上端两侧卡压标记条标识加以区分，也可以在工字形光转接基板上端平面标记或黏贴标记纸标识功能。

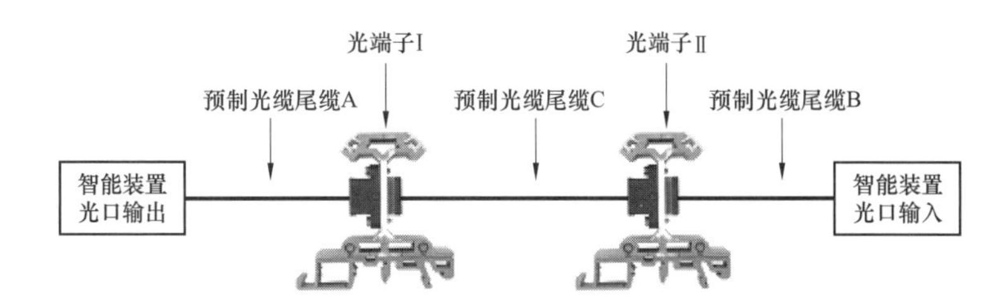


图 3 “光端子”光传输方式二
Fig. 3 “Optical Terminals” optical transmission mode 2

“光端子”与传统电缆接线端子相一致，可以将以往运行维护检修的成熟经验很好的继承，如在运行屏柜进行二次工作时，可以沿用绝缘胶带“封端子”的安全措施等。

## 1.2 “光端子”的性能指标

### 1.2.1 “光端子”类型

在目前智能变电站中，常见的连接器类型有 ST、LC、SC、FC 等，如图 4 所示。不同装置厂家配备的连接器各不相同，上述连接器在智能变电站中都经常使用。

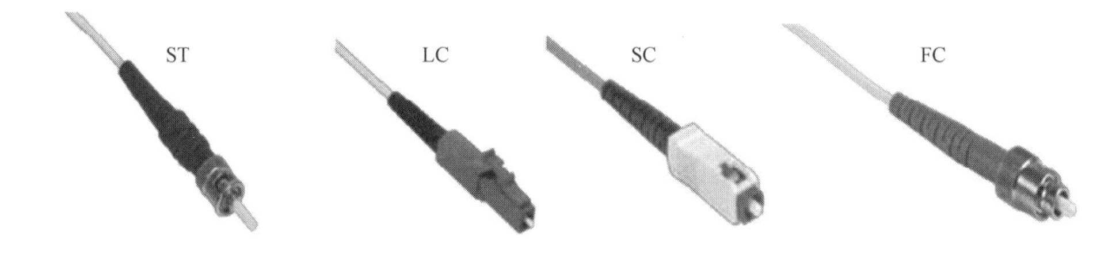


图 4 常见的连接器类型
Fig. 4 Common connector types

“光端子”的主要功能就是要对各种不同的光纤连接器类型进行转接工作，以实现“即插即用”“模块化设计”的目的。“光端子”具有与上述连接器相匹配的适配器，如图 5 所示。

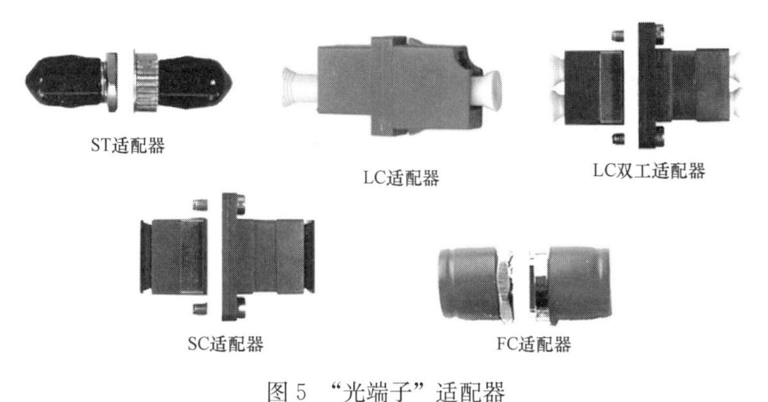


图 5 “光端子”适配器
Fig. 5 “Optical terminal” adapter

将各种类型的适配器安装于光装接基板上，就有 ST/ST、LC/LC、2LC/LC、SC/SC、FC/FC 等类型的“光端子”产品，如图 6 所示。

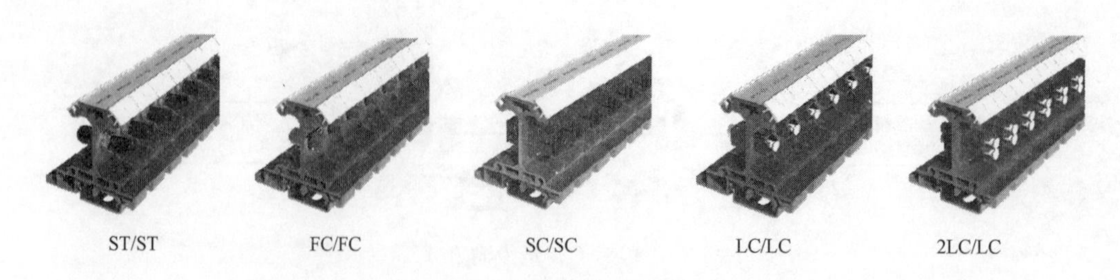


图 6 “光端子”类型
Fig. 6 “Optical Terminal” Type

**1.2.2 “光端子”性能指标**

插入损耗：指光纤中的光信号通过连接器后，其输出光功率相对输入光功率的比率的分贝数。插入损耗越小越好。

插拔次数：“光端子”最重要的机械性能指标，由于在安装、调试过程中“光端子”上得光纤连接器要多次拔插，“光端子”必须具备足够强度，反复使用不变形、不损坏，保持正常连接。

回波损耗：指在“光端子”连接后向反射光相对输入光的比率的分贝数。回波损耗越大越好，以减少反射光对光源和系统的影响。

工作温度：“光端子”采用的陶瓷材质在受热及受冷时会产生一定程度的变形，影响连接器的正常工作和使用寿命，需要根据智能变电站运行环境明确相应工作温度指标。

插拔力：“光端子”连接的光纤连接器拔插时能承受的最大拉力。

“光端子”性能指标见表 1。

**表 1 “光端子”性能指标表**
**Tab. 1 “Optical Terminals” Performance Table**

| 指标名称 | 指标参数（单位） |
|---|---|
| 插拔次数 | ＞1000（次） |
| 插拔力 | ＞100（N） |
| 操作温度 | －40～75（℃） |
| 插入损耗 | ＜0.10（db） |
| 回波损耗 | ＞60（db） |
| 壳体阻燃等级 | PA＋ABS V0 |
| 尺寸 | 20/52/60 厚/宽/高（mm） |

从性能指标看，主要参数插入损耗及回波损耗两项能够影响光传输效率的指标，“光端子”都有很好的表现。能够承受的插拔次数足够满足生产、联调、现场

安装、调试到运行的要求。工作温度具有很广泛的适用区间，适于我国绝大部分地区使用。

## 2 220kV典型智能变电站“光端子”应用方案

### 2.1 “光端子”应用方案

以标准的ST适配器为基本单元，选用ST/ST的“光端子”，如图7所示。

图7 “光端子”应用实例

Fig. 7 “Optical Terminal” application examples

#### 2.1.1 “光端子”同室应用方案

在各室的预制式智能控制柜及模块化二次设备内安装“光端子”，预制式智能控制柜及模块化二次设备内各装置之间连接采用光纤跳线，光纤跳线类型为ST－ST或ST－LC或LC－LC；预制式智能控制柜及模块化二次设备内各装置对外的接线引至“光端子”对内的ST接口，采用光纤跳线，光纤跳线类型为ST－ST或ST－LC。上述光纤跳线为厂家内部配线，在工厂完成敷设接线工作。如图8所示。

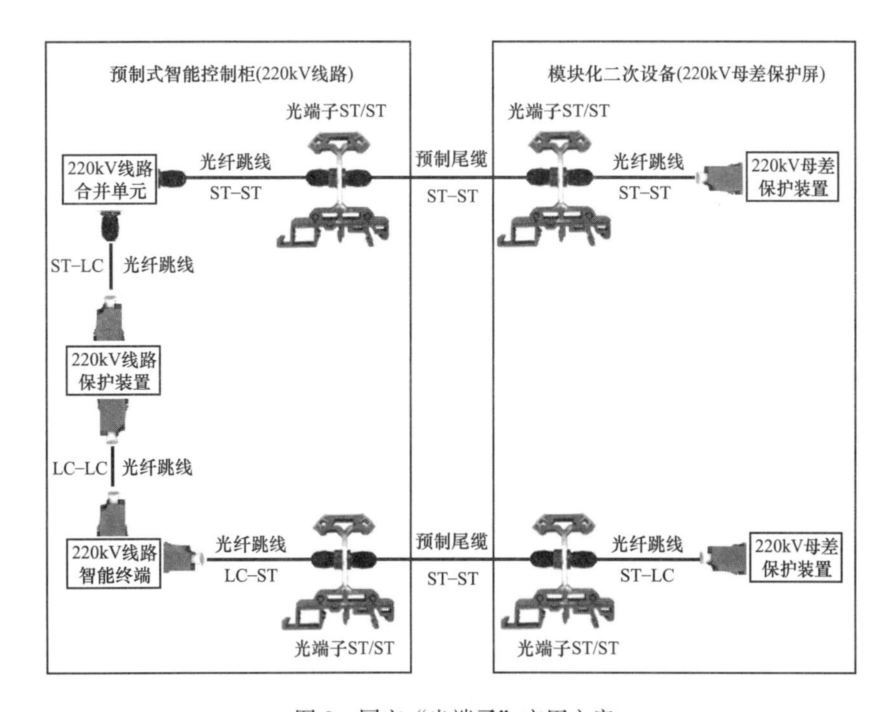


图8 同室“光端子”应用方案

Fig. 8 Same room “Optical Terminals” Application Design Methods

### 2.1.2 “光端子”跨室应用方案

在各室起到接口作用的屏柜内（例如 220kV 室的 220kV 母差保护屏、110kV 室的 110kV 母差保护屏、二次设备室的主变压器保护测控屏、主变压器本体室的主变压器本体智能组件柜、10kV 室的受电柜），安装光纤转接模块，光纤转接模块主要用于将预制光缆芯分支为最大 24 芯的 LC 口连接器，配合使用具有插座组件的双端预制光缆，可以实现跨室光缆的“即插即用”，如图 9 所示。

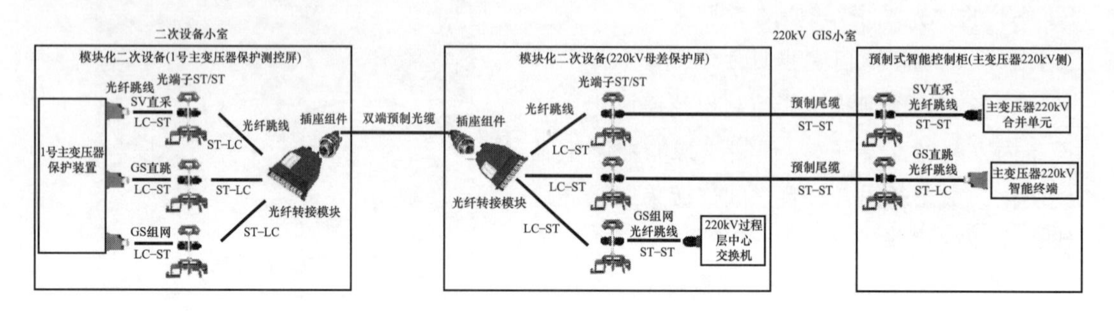


图 9　跨室“光端子”应用方案

Fig. 9　Cross-chamber “Optical Terminal” application methods

## 2.2　220kV 典型智能变电站“光端子”模块化设计方案

220kV 典型智能变电站一般分为 5 个设备室，分别为：220kV GIS 室、110kV GIS 室、10kV 开关柜室、二次设备室、主变压器本体室。

本文针对站内各室典型间隔进行光缆统计及归并，并进行基于“光端子”的模块化设计。

### 2.2.1　220kV 线路预制式智能控制柜“光端子”模块化设计方案

220kV 线路预制式智能控制柜光缆芯数统计，如表 2 所示。

**表 2　220kV 线路预制尾缆芯数统计表**

**Tab. 2　220kV line prefabricated cable number tables**

| 220kV 线路预制智能控制柜 | | | |
|---|---|---|---|
| 起　点 | 终　点 | 类　型 | 芯　数 |
| 合并单元 1 | 220kV 中心交换机 A 网 | 尾缆 | 2 芯 |
| 合并单元 1 | 220kV 母差保护Ⅰ | 尾缆 | 1 芯 |
| 智能终端 1 | 220kV 中心交换机 A 网 | 尾缆 | 2 芯 |
| 智能终端 1 | 220kV 母差保护Ⅰ | 尾缆 | 1 芯 |
| 线路保护 1 | 220kV 中心交换机 A 网 | 尾缆 | 2 芯 |
| | | 合计 | 8 芯 |
| 合并单元 2 | 220kV 中心交换机 B 网 | 尾缆 | 2 芯 |
| 智能终端 2 | 220kV 中心交换机 B 网 | 尾缆 | 2 芯 |
| 线路保护 2 | 220kV 中心交换机 B 网 | 尾缆 | 2 芯 |
| | | 合计 | 6 芯 |

根据表 2 所示进行 220kV 线路预制式智能控制柜内“光端子”模块化设计，如图 10、图 11 所示。

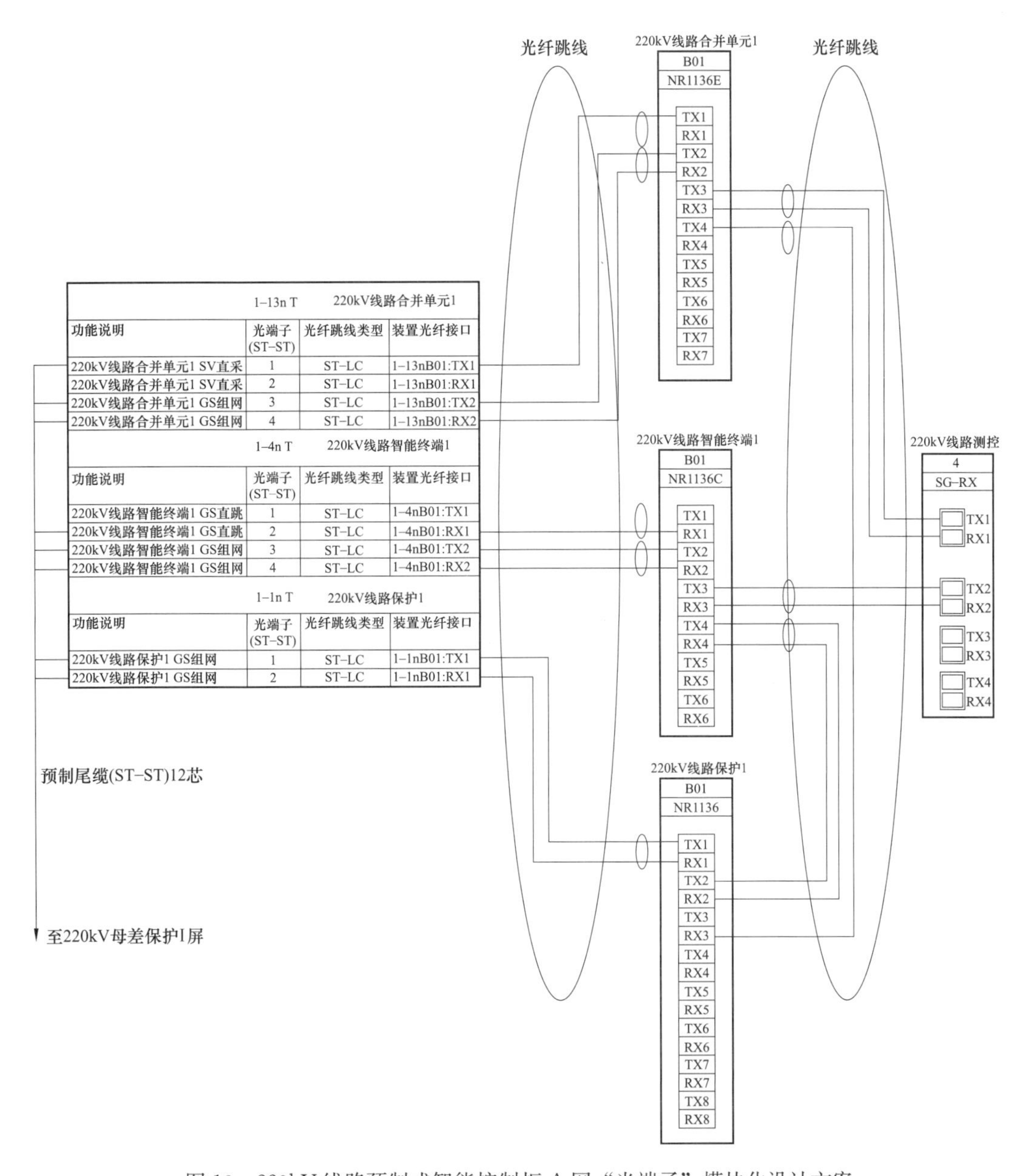


图 10 220kV 线路预制式智能控制柜 A 网“光端子”模块化设计方案

Fig. 10 220kV line A network of prefabricated smart control cabinet “Optical Terminal” Modular design

由图 10、图 11 可见，预制式智能控制柜内各智能装置至之间的连接采用光纤跳线，厂家工厂内完成接线，同一室之间连接通过“光端子”采用预制尾缆。A 网需要 10 个“光端子”，B 网需要 6 个“光端子”，一共仅需 16 个“光端子”。并且定义了每个“光端子”的功能，进行了模块化设计，后期扩建工程可按此方案进行设计。

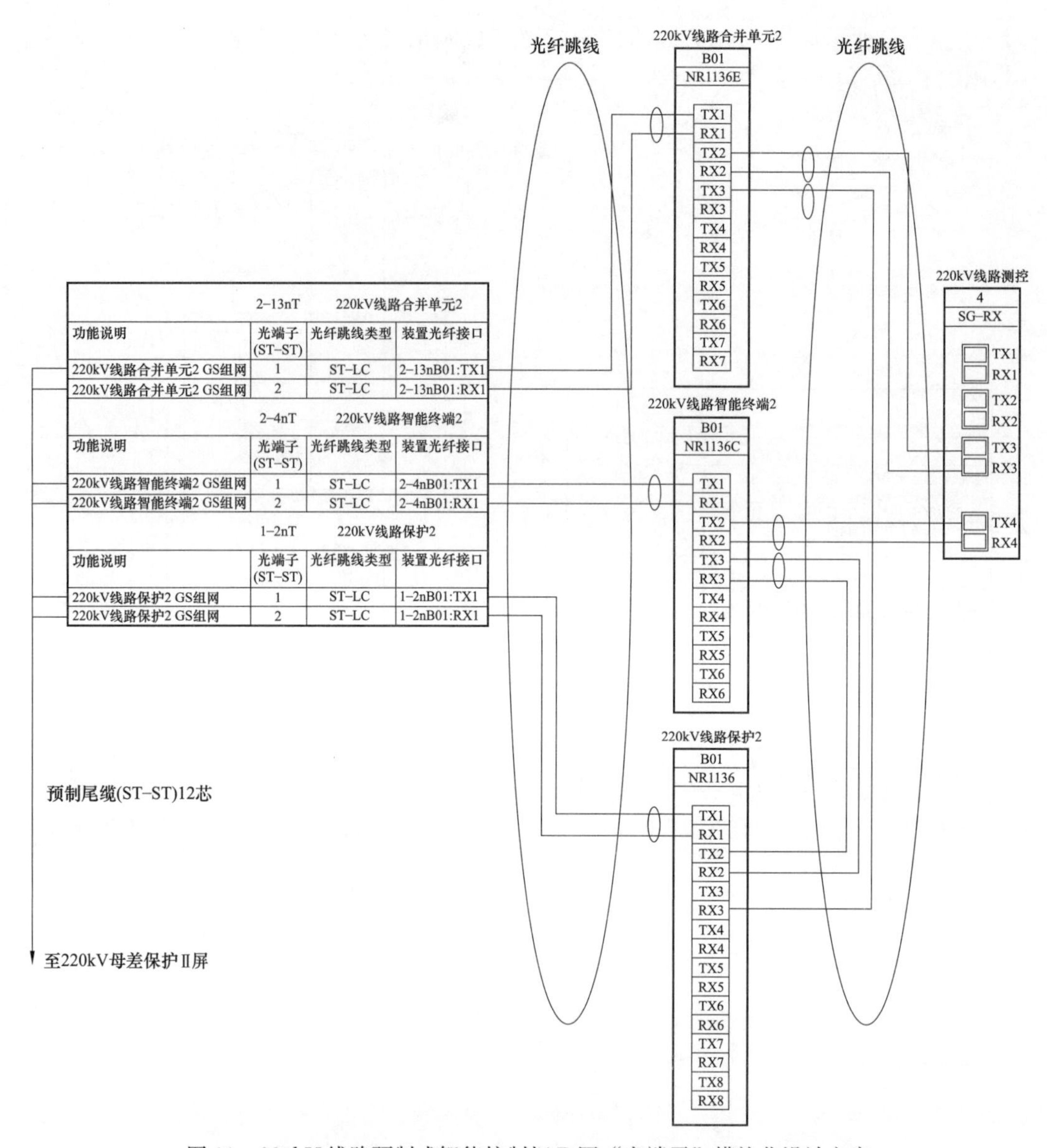


图 11 220kV 线路预制式智能控制柜 B 网“光端子”模块化设计方案

Fig. 11 220kV line B network of prefabricated smart control cabinet “Optical Terminal” Modular design

### 2.2.2 主变压器 220kV 侧预制式智能控制柜“光端子”模块化设计方案

主变压器 220kV 侧预制式智能控制柜芯数统计，如表 3 所示。

**表 3 主变压器 220kV 侧预制尾缆芯数统计表**

**Tab. 3 Transformer 220kV side prefabricated Cable number Cable**

| 主变压器 220kV 侧预制智能控制柜 | | | |
|---|---|---|---|
| 起　点 | 终　点 | 类　型 | 芯　数 |
| 合并单元 1 | 220kV 中心交换机 A 网 | 尾缆 | 2 芯 |
| 合并单元 1 | 220kV 母差保护Ⅰ | 尾缆 | 1 芯 |

续表

| 主变压器 220kV 侧预制智能控制柜 | | | |
|---|---|---|---|
| 起　　点 | 终　　点 | 类　　型 | 芯　　数 |
| 合并单元 1 | 主变压器保护Ⅰ | 尾缆 | 1 芯 |
| 智能终端 1 | 220kV 中心交换机 A 网 | 尾缆 | 2 芯 |
| 智能终端 1 | 220kV 母差保护Ⅰ | 尾缆 | 1 芯 |
| 智能终端 1 | 主变压器保护Ⅰ | 尾缆 | 1 芯 |
| | | 合计 | 8 芯 |
| 合并单元 2 | 220kV 中心交换机 B 网 | 尾缆 | 2 芯 |
| 合并单元 2 | 主变压器保护Ⅱ | 尾缆 | 1 芯 |
| 智能终端 2 | 220kV 中心交换机 B 网 | 尾缆 | 2 芯 |
| 智能终端 2 | 主变压器保护Ⅱ | 尾缆 | 1 芯 |
| | | 合计 | 6 芯 |

根据表 3 所示进行主变压器 220kV 侧预制式智能控制柜内“光端子”模块化设计，如图 12、图 13 所示。

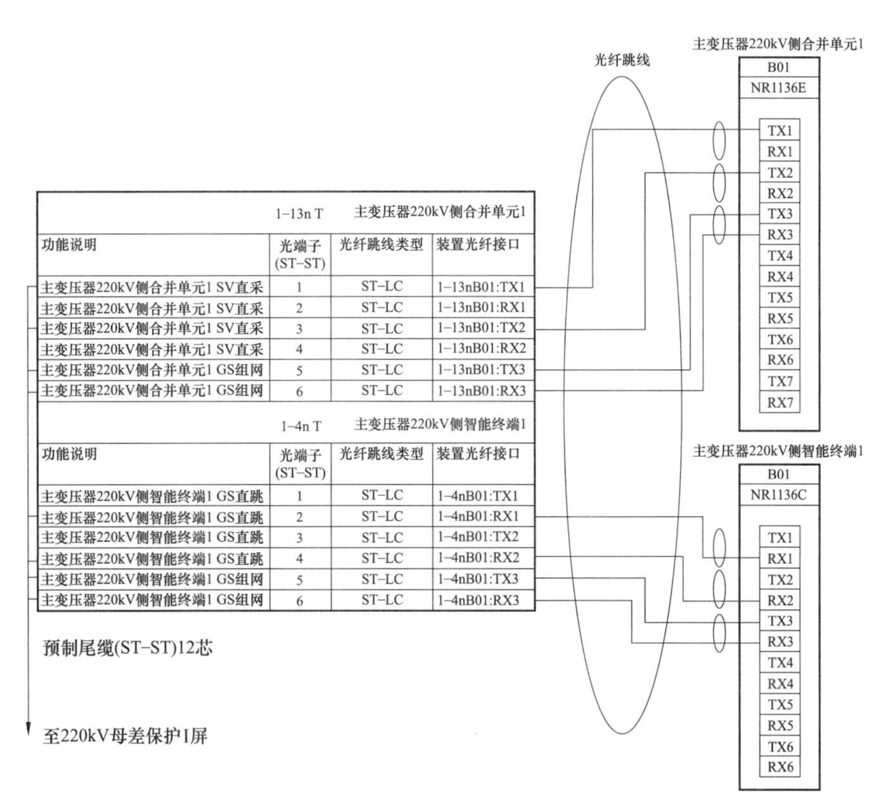


图 12　主变压器 220kV 侧预制式智能控制柜 A 网“光端子”模块化设计方案

Fig. 12　Transformer 220kV side A network of Prefabricated smart control cabinet “Optical Terminals” modular design

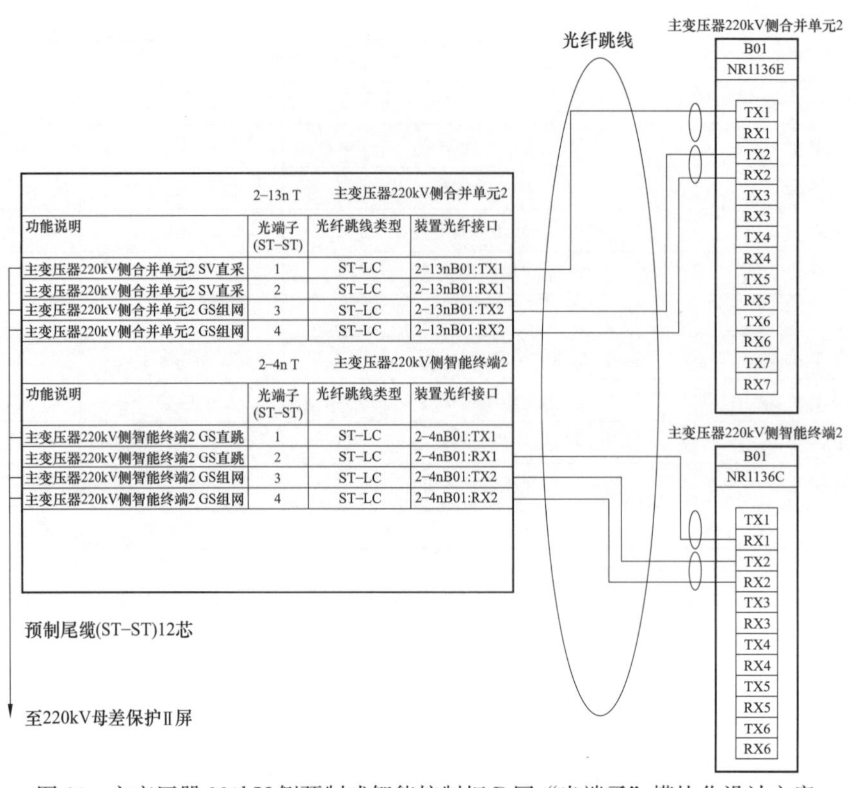


图 13　主变压器 220kV 侧预制式智能控制柜 B 网“光端子”模块化设计方案

Fig. 13　Transformer 220kV side B network of Prefabricated smart control cabinet “Optical Terminals” Modular Design

由图 12、图 13 可见预制式智能控制柜内各智能装置至之间的连接采用光纤跳线，厂家工厂内完成接线，同一室之间连接通过“光端子”采用预制尾缆。A 网需要 12 个“光端子”，B 网需要 8 个“光端子”，一共仅需 20 个“光端子”。并且定义了每个“光端子”的功能，进行了模块化设计，后期扩建工程可按此方案进行设计。

**2.2.3**　220kV 母差保护屏“光端子”模块化设计方案（见图 14 和图 15）

由图 14 可见 220kV 母差保护Ⅰ屏本工程采用直采直跳方式，“光端子”分位三个部分：220kV 母差保护段、交换机段、光端子转接段，每段“光端子”需要 48 个、86 个、12 个，一共需要 146 个“光端子”，终期配置 3 个光纤转接模块，本期配置 1 个。屏内母差保护装置、交换机至“光端子”为屏内接线，采用光纤跳线，厂家在工厂完成屏内接线工作。220kV 母差保护Ⅰ屏至本室接线采用预制尾缆，跨室采用预制光缆。

由图 15 可见 220kV 母差保护Ⅱ屏本工程采用网采网跳方式，“光端子”分位两个部分：220kV 交换机段、光端子转接段，每段“光端子”需要 82 个、12 个，一共需要 94 个“光端子”，终期配置 3 个光纤转接模块，本期配置 1 个。屏内交换机至“光端子”为屏内接线，采用光纤跳线，厂家在工厂完成屏内接线工作。220kV 母差保护Ⅱ屏至本室接线采用预制尾缆，跨室采用预制光缆。

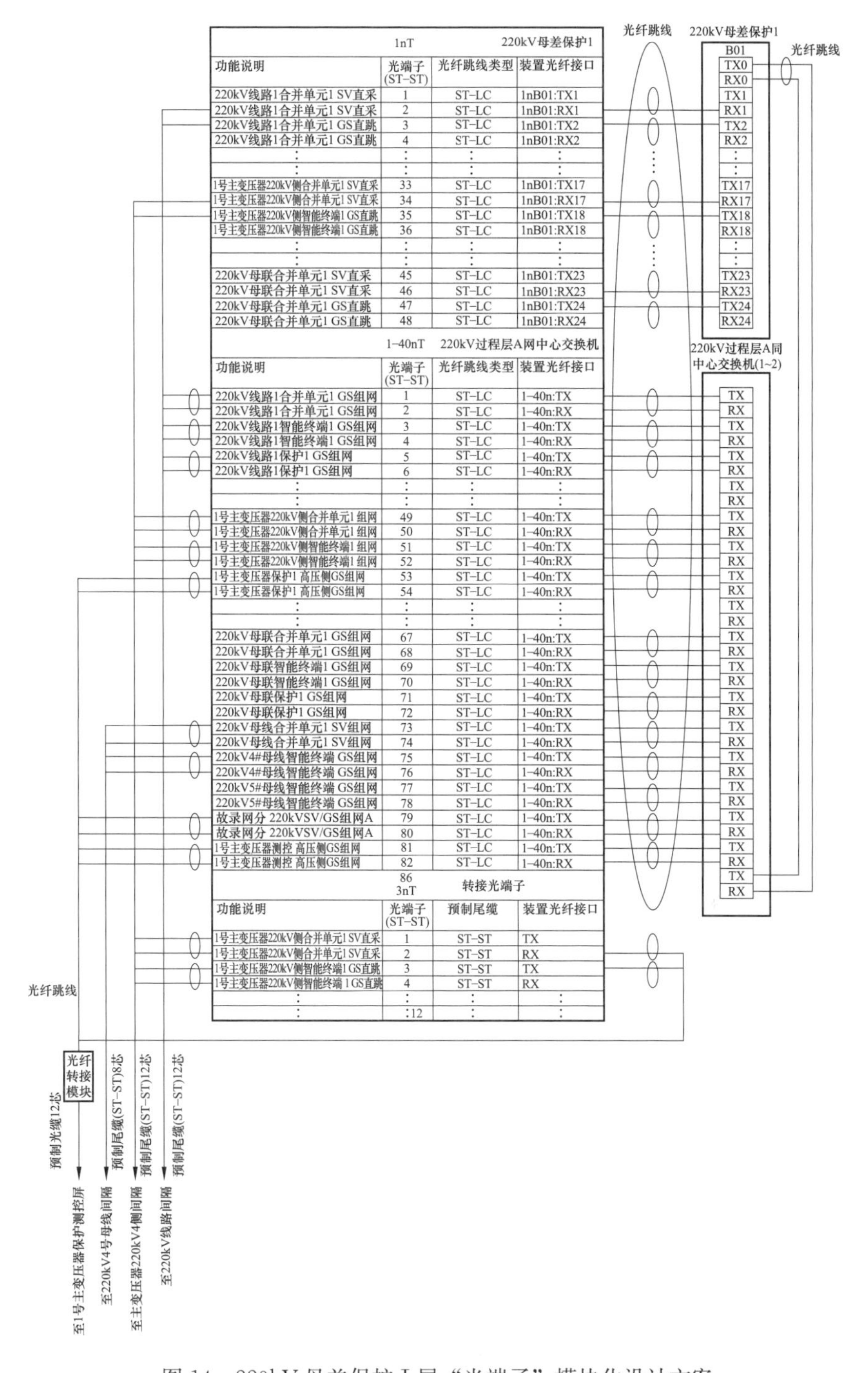


图 14 220kV 母差保护Ⅰ屏“光端子”模块化设计方案

Fig. 14 220kV bus protection I screen “Optical Terminals” Modular Design

### 2.2.4 主变压器保护测控屏“光端子”模块化设计方案

主变压器保护测控屏芯数统计，如表 4 所示。

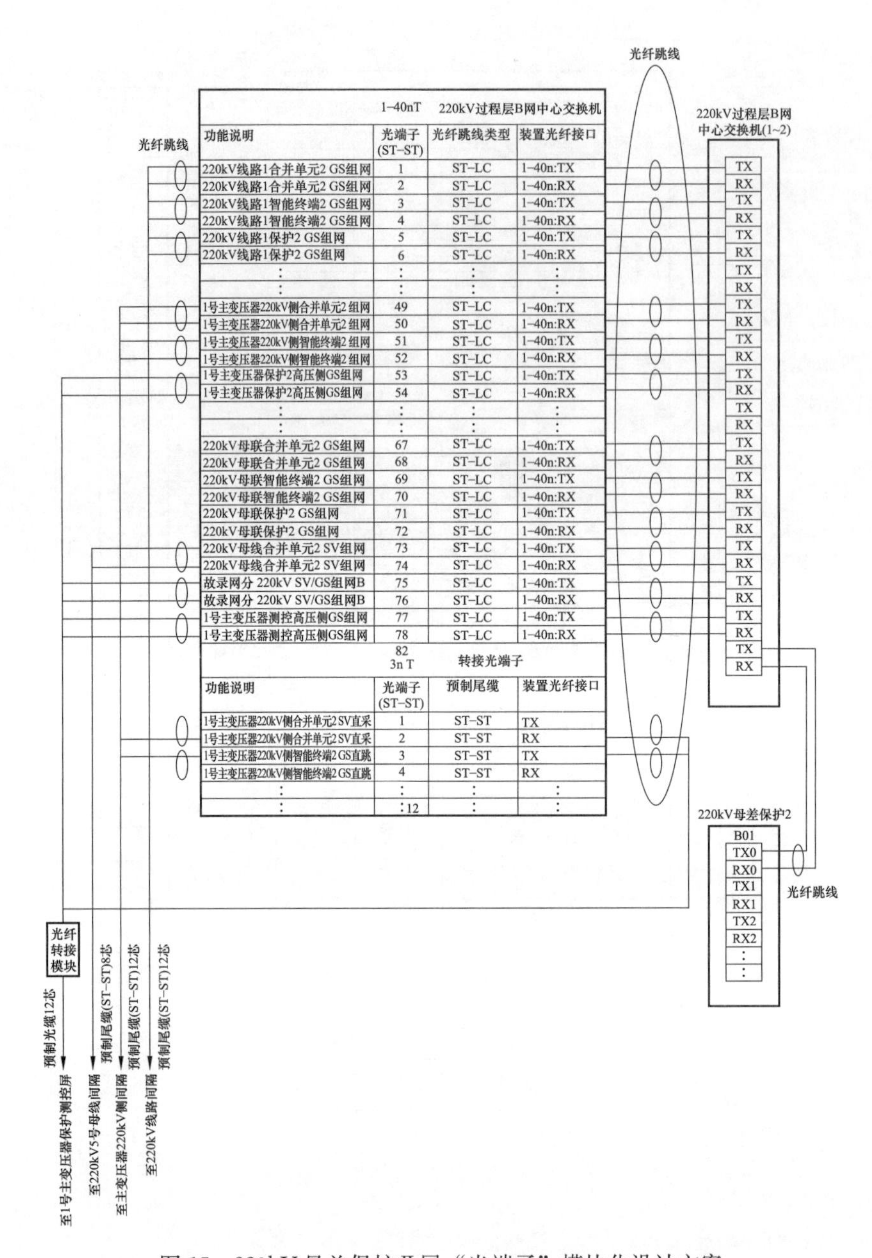


图 15 220kV 母差保护Ⅱ屏“光端子”模块化设计方案

Fig. 15 220kV bus protection Ⅱ screen “Optical Terminals” Modular Design

**表 4 主变压器保护测控屏预制尾缆芯数统计表**

**Tab. 4 Transformer Protection and Control screen prefabricated Cable number Cable**

| 主变压器保护测控屏至各设备室 | | | |
|---|---|---|---|
| 起　点 | 终　点 | 类　型 | 芯　数 |
| 主变压器保护Ⅰ | 220kV 中心交换机 A 网 | 尾缆 | 2 芯 |
| 主变压器保护Ⅰ | 220kV 合并单元 1 | 尾缆 | 1 芯 |
| 主变压器保护Ⅰ | 220kV 智能终端 1 | 尾缆 | 1 芯 |

续表

| 主变压器保护测控屏至各设备室 | | | |
|---|---|---|---|
| 起　　点 | 终　　点 | 类　　型 | 芯　　数 |
| 主变压器测控 | 220kV 中心交换机 A 网 | 尾缆 | 2 芯 |
| | | 合计 | 6 芯 |
| 主变压器保护Ⅱ | 220kV 中心交换机 B 网 | 尾缆 | 2 芯 |
| 主变压器保护Ⅱ | 220kV 合并单元 2 | 尾缆 | 1 芯 |
| 主变压器保护Ⅱ | 220kV 智能终端 2 | 尾缆 | 1 芯 |
| 主变压器测控 | 220kV 中心交换机 B 网 | 尾缆 | 2 芯 |
| | | 合计 | 6 芯 |
| 主变压器保护Ⅰ | 110kV 中心交换机 A 网 | 尾缆 | 2 芯 |
| 主变压器保护Ⅰ | 110kV 智能组件 1 | 尾缆 | 2 芯 |
| 主变压器测控 | 110kV 中心交换机 A 网 | 尾缆 | 2 芯 |
| | | 合计 | 6 芯 |
| 主变压器保护Ⅱ | 110kV 中心交换机 B 网 | 尾缆 | 2 芯 |
| 主变压器保护Ⅱ | 110kV 智能组件 2 | 尾缆 | 2 芯 |
| 主变压器测控 | 110kV 中心交换机 B 网 | 尾缆 | 2 芯 |
| | | 合计 | 6 芯 |
| 主变压器保护Ⅰ | 10kV 受电 A 智能组件 1 | 尾缆 | 2 芯 |
| 主变压器保护Ⅰ | 10kV 受电 B 智能组件 1 | 尾缆 | 2 芯 |
| | | 合计 | 4 芯 |
| 主变压器保护Ⅱ | 10kV 受电 A 智能组件 2 | 尾缆 | 2 芯 |
| 主变压器保护Ⅱ | 10kV 受电 B 智能组件 2 | 尾缆 | 2 芯 |
| | | 合计 | 4 芯 |
| | | | |

根据表 4 所示进行主变压器保护测控屏内“光端子”模块化设计，如图 16 所示。

由图 16 可见主变压器保护测控屏一共需 44 个“光端子”，并配置 6 个光纤转接模块。并且定义了每个“光端子”的功能，进行了模块化设计，后期扩建工程可按此方案进行设计。

## 3　结论

“光端子”的应用可以很好地解决“即插即用”最后一个环节“装置与装置”之间不同厂家、不同接口的“即插即用”。

“光端子”有输入和输出两端的光纤适配器，在智能变电站屏柜内安装“光端子”，可以使各装置至“光端子”内部的连接转变为厂家内部接线，相当于常规变电站装置至端子排的内部配线，可以在厂家完成接线工作，达到“工厂化加工”的要求。

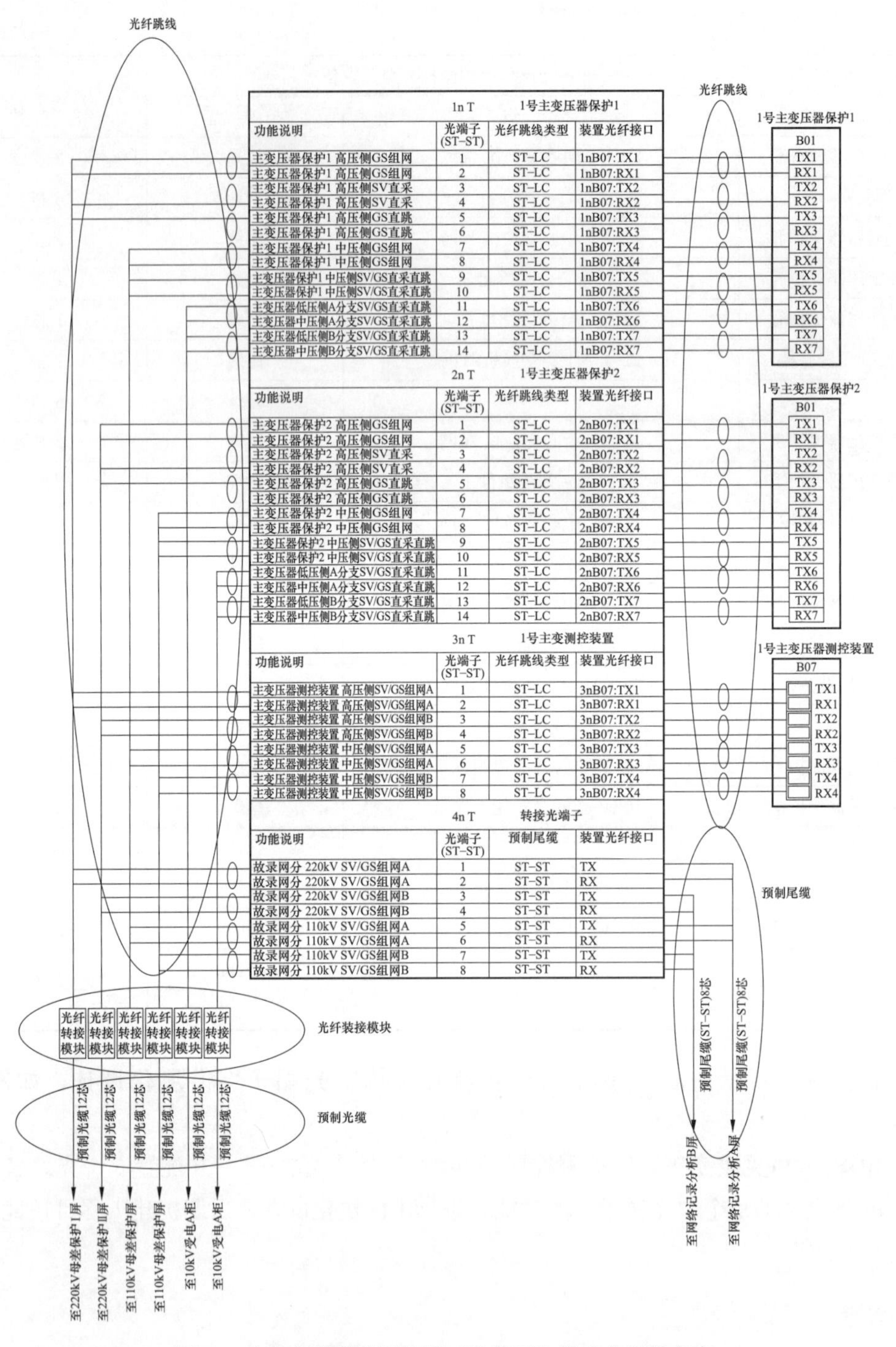


图 16 主变压器保护测控屏“光端子”模块化设计方案

Fig. 16 Transformer Protection and Control screen “Optical Terminals” Modular Design

“光端子”外部将接口统一为 ST 或 LC 接口，使设计院在设计图纸是不需要考虑厂家接口不一致的问题，达到“标准化设计”的要求。施工单位在进行光缆敷设及接线是不用考虑敷设方向问题，可以“即插即用”，达到“模块化建设”的要求。

“光端子”的运用可要达到“标准化设计、工厂化加工、模块化建设、机械化施工”的手段在“光端子”的运用中得到很好的体现，从而使智能变电站“两型三新一化”落地实现。

### 参考文献


[1] 贾彦萍. 基于XML技术的变电站IED设备“即插即用”监控系统的研究 [D]. 西南交通大学学位论文，2007.

[2] 顾建炜，赵翠然，张铁峰. 基于IEC61850的配电终端即插即用实现技术研究 [J]. 电力系统通讯，2012年第四期.

[3] 卞鹏，潘贞存，高湛军，王葵. 变电站中智能设备（IED）的自动识别和远程配置 [C]. 全国高等学校电力系统及其自动化专业第十九届学术年会论文集.

[4] 顾建炜，张铁峰，韩书娟. 基于IEC 61850国际标准的配电自动化系统应用研究 [J]. 电力科学与工程，第28卷第1期. 2012年1月.

[5] 刘益青，高厚磊，魏欣，等. 智能变电站中过程层和间隔层功能一体化IED的设计 [J]. 电力系统自动化，第35卷第21期. 2011年11月.

[6] 贾彦萍，李建兵，钱程. 关于变电站中IED设备“即插即用”监控系统的研究 [C]. 中国高等学校电力系统及其自动化专业第二十二届学术年会，2006.


### 作者简介：


张冉（1985—），男，硕士，工程师，主要研究方向为电力系统二次。

白小会（1979—），女，本科，高级工程师，主要研究方向为电力系统二次。

杨然静（1972—），女，本科，高级工程师，主要研究方向为电力系统二次。


## Based on “optical terminal” smart substation modular design


ZHANG Ran，BAI Xiaohui，YANG Ranjing

(Beijing Electric Power Economic Research Institute，Beijing，100055)



**Abstract**: In recent years through the development of optical fiber technology and smart substation cable “plug and play” research, It has basically realized the fiber optic cable across the room to connect the smart substations and indoor cable with “plug and play”, but because the manufacturers are not unified device interface, “Plug and play between the device and the device” is not the real implementation, It has become a constraint smart substation “plug and play”, “modular design” last link. In order to solve the above problems, put forward smart substation using optical terminals Method. The “optical terminals” key performance indicators and structure were discussed in detail, and choose “ST/ST” adapter “Optical Terminals”, the

chambers were prefabricated and modular smart control cabinet secondary cubicle "Optical terminal" according to the second configuration of the modular design of smart substation. The Design Method show "Optical Terminal" application allows manufacturers of different interfaces in the form of unity, Achieve "modular design" requirements.
**Key words**: smart substation; optical terminals; plug and play; modular design

# ZigBee 无线通信技术在智能变电站中的应用

王苏娥，史卓鹏，魏佳红，李　勇

（国网山西省电力公司经济技术研究院，山西省太原市　030002）

**摘　要：** 针对变电站中电气设备传统的在线监测系统采用有线连接方式，造成的施工复杂和成本高的问题，在分析 ZigBee 无线通信技术的基础上，以避雷器为例设计了基于 ZigBee 无线通信技术的避雷器在线监测系统。该监测系统可实现变电站内避雷器全电流和阻性电流数据的在线监测，采用无线网络进行数据传输，使变电站的运行更安全可靠。

**关键词：** 变电站；在线监测系统；有线连接；ZigBee

## 0　引言

智能变电站利用先进的计算机技术、电子技术和通信技术实现对变电站的设备和线路的监测、保护和控制[1]。其中，变电站设备状态监测及状态检修是智能变电站的一个重要的组成部分，传统监测方法是采用预防性试验、定期停电进行检查的“计划检修”，这样不仅会影响生产，而且存在试验周期较长、费用相对较高、无法发现突发性的设备故障、无法实时监控设备故障发展趋势等一系列缺点。

现在的变电站监测系统通信多是通过有线网路进行信号的采集、传输和发送，变电站设备繁多，信号复杂，存在布线困难、成本高、工程量大和维护困难等问题。而无线传感器网络可以很好地解决有线网络的问题，无线网络有很大的灵活性，省去了布线环节，为智能变电站的发展带来极大的便利[2]。

本文针对变电站中电气设备传统的有线在线监测系统造成的施工复杂，成本高的问题，首先介绍了 ZigBee 无线通信技术的基础，又以避雷器为例设计了基于 ZigBee 无线通信技术的避雷器在线监测系统。该监测系统可实现变电站内避雷器全电流和阻性电流数据的在线监测，并且采用无线网络进行数据传输，使变电站的运行更加安全可靠。

## 1　ZigBee 技术

ZigBee 是一种新兴的短距离、低速率的无线双向网络通信技术，它是一种介于无线射频识别和蓝牙之间的技术。该技术是为低数据速率、短距离无线网络通信定义的一系列通信协议标准。ZigBee 有自己的无线电标准，在数千个微小的传感器之间相互协调实现通信，这些传感器只需要很少的功耗，能以组成网状网络的方式通过无线电波将数据从一个传感器传到另一个传感器。所以它们的通信效率非常高。最后，这些数据就可以进入计算机用于分析也可被另外一种无线技术如 GPRS、CDMA 或 WiMax 等收集[3]。在标准规范方面，由 IEEE802.15.4 小组负责制定物理层和介质访问控制层的规范，

ZigBee 联盟负责制定网络层和应用层的标准[4]。

ZigBee 支持多种网络拓扑结构，可以形成星型、网状型和簇状型（见图 1）。为了降低系统成本，IEEE 定义了两种物理设备，完全功能设备 FFD（Full Function Device）和部分功能设备 RFD（Reduced Function Device）。FFD 支持各种拓扑结构，可以作为网络协调器，可以与任何其他设备对话，RFD 不能作为网络协调器，只能与网络协调器对话，但实现非常简单。最简单的一种是星型网，只有一个网络协调器，连接多个从设备。在星型网中网络协调器是 FFD，其他均为 RFD。簇状型网络可以扩展单个星型网或互联多个星型网络。网状型网络的覆盖范围很大，可多到 65 000 个节点。

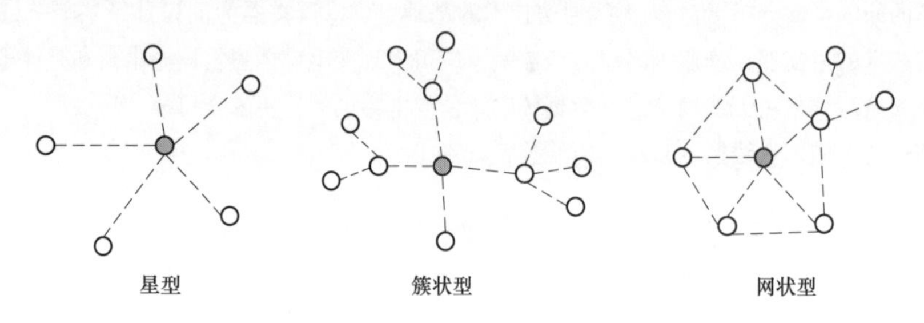


图 1　ZigBee 网络拓扑结构
Fig. 1　network topology of ZigBee

ZigBee 技术主要特点如下。

(1) 低功耗：在待机模式下，普通干电池可支持单个节点工作长达 2 年。

(2) 低成本：网络协议简单，且 ZigBee 协议是免专利费的，可以节约变电站监测系统的建设成本。

(3) 短时延：设备从休眠到激活，工作中的设备信道接入只需 15～30ms。

(4) 短距离：两节点之间的传输距离一般为 10～100m，经路由器中转后可以扩展到数千米。

(5) 组网灵活：可形成星型、网状型和簇型三种网络模式。

(6) 低速率：ZigBee 无线通信传输速率为 250kbit/s，适用于报文吞吐量较小的通信应用场合，符合变电站综合自动化系统传输速率要求。

(7) 高容量：每个 ZigBee 网络最多可支持 65 000 个节点，可以满足变电站设备众多、结构复杂、监测信息数量庞大的特点。

(8) 高安全性：具有先进的 AES－128 加密技术，保证了通信的可靠性和安全性。

目前这项技术主要应用于无线数据采集、无线工业控制、汽车自动化和远程网络控制等场合。因此 ZigBee 技术可以用于变电站综合自动化系统，并将为变电站综合自动化系统带来很大的发展。

## 2　应用实例

### 2.1　避雷器监测简介

金属氧化物避雷器（Matel Oxide Arrester，简称 MOA）是一种新型避雷器，被安装在运行线路上，当发生雷击时，能有效保护运行线路免受雷击大电流的损害。以前的在线监测技术需要铺设供电和通信电缆，这样如果装置出现问题很可能将雷击能量引入控制室，导致故障扩散到变电站主设备上，引发更大的危险。这里将 ZigBee 无线传输技术应用于避雷器的在线监测系统中，在线监测传感器将采集到的相关数据通过无线网络传输到避雷器监测设备中，提高了避雷器在线监测的可靠性和科学性。

避雷器监测主要包括全电流监测和阻性电流的监测。避雷器的运行质量主要是指密封性能与阀片运行稳定性，其中密封性主要依靠全电流监测；而阀片运行稳定性主要依靠阻性电流监测。为了检出受潮和劣化缺陷，需要密切监视它的运行工况，及时发现缺陷。

其中，全电流监测需要在氧化锌避雷器底部与地之间串接全电流监测装置，对它实行连续状态监测，比较全电流的增长情况，以判断设备是否进水受潮。对阀片的内部接触不良，容性电流反映较为灵敏。全电流数据分析时要着重进行纵向比较，应注意运行电压、环境温度、相对湿度和表面污秽等因素的影响。

而阻性电流对阀片的初期老化、受潮等反应比较灵敏，氧化锌避雷器在运行电压和各种过电压作用下会逐渐老化，引起阻性电流增大，所以跟踪监测阻性电流变化是一个重要手段。当监测阻性电流增加 50%时应缩短监测周期，加强监视；当阻性电流增加一倍时应停电检查，进行验证。

根据上述方法检测避雷器泄漏电流并诊断其运行情况。通常流经避雷器的电流包括容性成分 $I_C$和阻性成分 $I_R$，阻性电流的测量等效电路图及相量图如图 2 所示。$I_C$主要为基波成分，$I_R$则除含有基波成分外，还含有丰富的谐波成分，这是由避雷器的非线性特性造成的。避雷器正常与否的主要特征就是判断 $I_R$是否在正常的范围以内，而检测系统主要的任务就是从全电流中提取出 $I_R$。在正常的状态下，其阻性电流 $I_R$远小于容性电流 $I_C$，因此全电流主要表现为 $I_C$[5]。

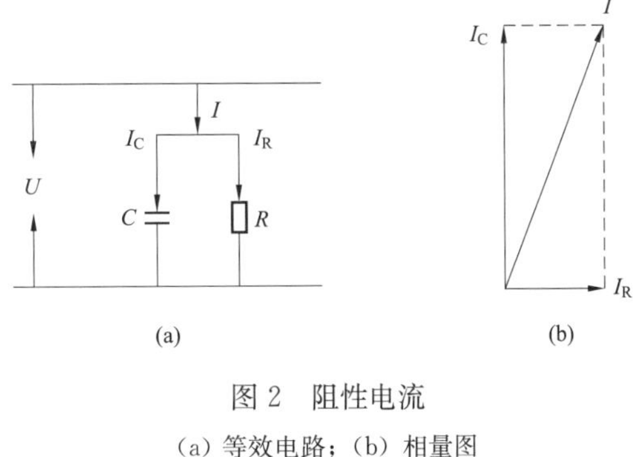


图 2　阻性电流

(a) 等效电路；(b) 相量图

Fig. 2　Resistive current

## 2.2　避雷器监测系统设计

避雷器在线监测传感器主要由数据采集模块、数据处理模块和通信模块等组成，如图 3 所示。图 3 中，采集模块对避雷器的泄漏电流进行采样，采集到的数据经信号调理模块之后送到 AD，经数模转换之后，在微处理器中对数据计算得到避雷器的全电流和阻性电流。计算结果通过 ZigBee 通信模块发送给避雷器监测设备。

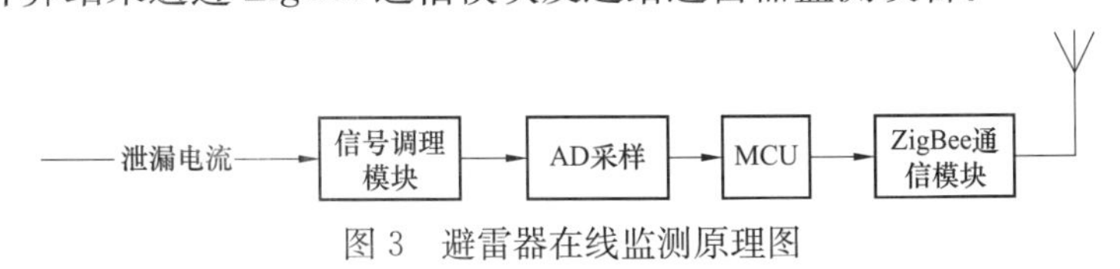


图 3　避雷器在线监测原理图

Fig. 3　monitor schematic of arrester

避雷器在线监测系统采用的是星型网络拓扑结构。星形拓扑结构中有一个 ZigBee 主协调设备，连接多个从设备。ZigBee 主协调器就是命令下发的起始设备和数据接收的终端设备，是整个网络的主要控制器。系统的硬件连接如图 4 所示。

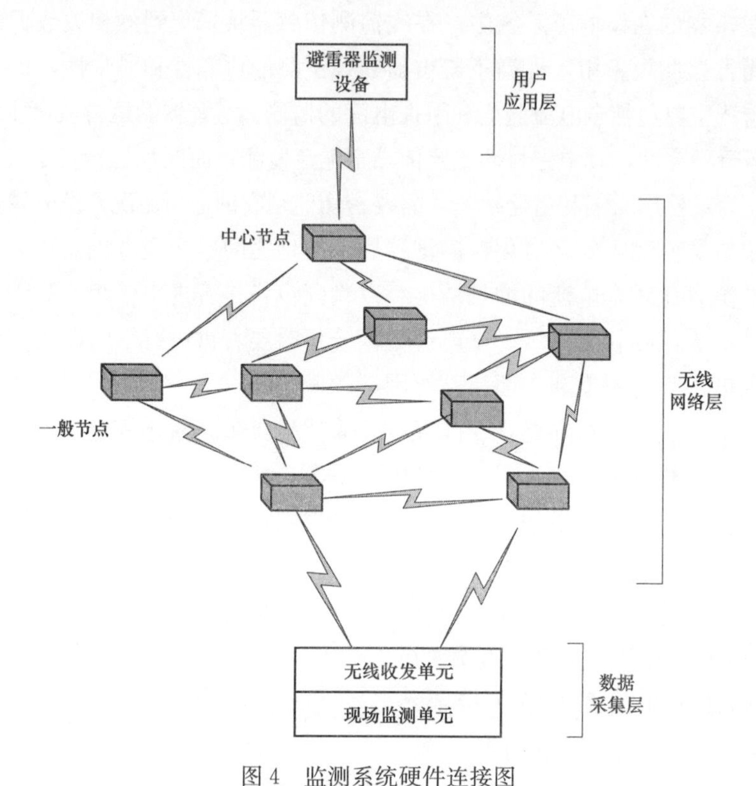


图 4　监测系统硬件连接图

Fig. 4　hardware connection diagram of monitor schematic

图 4 中，现场监测单元中避雷器传感器采用低功耗处理器，无线通信采用 ZigBee 无线传输模块向避雷器监测设备传输数据。

## 3　结语

本文针对变电站中电气设备在线监测系统的有线连接方式造成的施工复杂、成本高的问题，分析了 ZigBee 无线通信技术，并以避雷器为例设计了基于 ZigBee 无线通信技术的避雷器在线监测系统。该监测系统可实现变电站内避雷器全电流和阻性电流数据的在线监测，采用无线网络进行数据传输，使变电站的运行更安全可靠。

## 参考文献

［1］　李孟超，王允平，李献伟，王峰，蔡卫峰. 智能变电站及技术特点分析［J］. 电力系统保护与控制，2010. 38（18）：59－79.

LI Mengchao，WANG Yunping，LI Xianwei，WANG Feng，CAI Weifeng. Smart substation and technical characteristics analysis［J］. Power System Protection and Control,

2010. 38 (18): 59 - 79.
[2] 高庆敏，和欢，石瑞杰. 基于 ZigBee 无线传感网络在变电站监测系统中的应用 [J]. 华北水利水电学院学报，2010. 31 (1): 53 - 56.
GAO Qingmin, HE Huan, SHI Ruijie. Application of Wireless Sensor Network Based on ZigBee to Substation Monitoring System [J]. Journal of North china Institute of Water Conservancy and Hydroelectric Power, 2010. 31 (1): 53 - 56.
[3] 梁湖辉，张峰，常冲，赵涛. 基于 ZigBee 的变电站监测报警系统 [J]. 电力系统保护与控制，2010. 38 (12): 121 - 124.
LIANG Huhui, ZHANG Feng, CHANG Chong, ZHAO Tao. ZigBee-based substation monitoring and alarming system [J]. Power System Protection and Control, 2010. 38 (12): 121 - 124.
[4] Microchip Technology Inc. MRF24J40 data sheet: IEEE 802. 15. 4TM2. 4 GHz RF Transceiver [EB/OL]. [2008 - 01 - 25]. http://www. microchip. com/downloads/en/Device Doc/39776a. pdf.
[5] 李思南，刘黎，刘岩，汪卫国，赵勇. 基于 ZigBee 无线网络技术的避雷器在线监测传感器设计 [J]. 工业控制计算机，2011. 24 (24): 69 - 70.
LI Sinan, LIU Li, LIU Yan, WANG Weiguo, ZHAO Yong. Design of Sensor of Arrester On-line Monitoring Based on ZigBee Wireless Network [J]. Industrial control computer, 2011. 24 (24): 69 - 70.

**作者简介：**

王苏娥（1966—），女，本科，注册电气工程师，注册咨询师，高级工程师，主要研究方向为变电设计及管理。

史卓鹏（1982—），男，学士，工程师，主要从事变电设计工作。

魏佳红（1989—），女，通信作者，硕士研究生，主要研究方向为变电二次。

李勇（1981—），男，助理工程师，从事电气二次设计工作。

# Application of ZigBeeWireless Communication Technology in Smart Substation

WANG Sue, SHI Zhuopeng, WEI Jiahong, LI Yong

(Economic and Technical Research Institute Shanxi Electric Power Company, Taiyuan, 030002)

**Abstract**: The wired connection way is used in substation electrical equipment traditional online monitoring system. And this way results in the complex construction and high cost issues.

Based on the ZigBee wireless communication technology, ZigBee wireless communication technology arrester on-line monitoring system is designed in this article. The monitoring system can realize the online monitoring of full current and resistive current data in substations arrester. The wireless network is used in this design to transmit data. And this way makes operation of the substation more secure.
**Key words**: transformer substation; online monitoring system; wired connection; ZigBee

# 智能配电网自愈控制技术研究综述

赵　帅，雷光宇，何　勇，韩晓罡

（国网天津市电力公司经济技术研究院，天津市　300171）

**摘　要：** 配电网的智能化是智能电网的重要组成部分，其中，自愈控制技术是实现配电网智能化的重要途径。首先阐释了智能配电网自愈控制技术的基本概念和主要功能。进一步介绍了自愈控制技术的体系架构、技术支撑和技术指标。最后，介绍了自愈控制与电动汽车、分布式电源和能源互联网相结合可能存在的问题。

**关键词：** 智能电网；配电网；智能配电网；自愈；快速仿真与模拟

## 0　引言

近年来，智能电网已经成为国家的重大发展战略，其担负着改善电力输送效率，整合可再生能源、提高电力系统可靠性、加强生产者和用户的网络安全等重要使命[1,2]。由于传统上配电网的建设和运营与发电、输电环节相比要更为薄弱，因此，在建设智能电网的过程中，智能配电网的建设变成为极其重要的一环。建设智能配电网就是以配电网高级自动化技术为基础，通过集成传统和前沿配电工程技术和各种先进的信息技术，实现配电网的数字化、信息化、自动化和智能化，最终实现以下特征和功能[3,4]：

（1）在线实时监控配电网设备运行数据、故障停电数据，实现设备管理、检修管理、停电管理的信息化。

（2）更加安全和稳定。能够以更灵活的配电网络运行方式抵御各种物理破坏、网络攻击和自然灾害。

（3）实现与用户的双向互动。能够实现实时电价；能够依据用户不同的需求提供相应质量的电能。

（4）优化配电网资产、降低线损率、提高系统运行效率。

（5）自愈能力。能够及时检测出配电网络中的故障并进行相应的紧急控制，使其不影响用户的正常供电或将其影响降至最小。

（6）支持大量分布式电源、储能装置或电动汽车的无缝接入。

在上述功能和特征中，智能配电网自愈控制（Self-Healing Control，SHC）是智能配电网发展的重要目标和最核心的控制技术之一。配电网自愈功能，它不仅是预防和避免大停电事故发生的有效控制手段，同时还是应对分布式电源并网问题、市场条件下的配网运行问题、需求侧管理问题的有效解决方案。因此，国内外学者针对智能配电网自愈控制技术从基本理念、主要功能、技术需求、框架体系、实现方法、评价指标等多个角度展开深入研究[5-9]。

针对智能配电网自愈控制技术这一课题，本文首先针对自愈控制在网络重构、电压与无功控制、故障定位、隔离和恢复供电、系统拓扑发生变化后的保护再整定等主要功能展开综述。其次，对自愈控制的体系架构、关键支撑技术和实现方法进行综述。进一步，给出了。最后，指明了在面对智能电网和智慧城市的发展过程中，自愈控制技术可能遇到的问题和挑战。

## 1 自愈控制的主要功能研究现状

智能配电网自愈控制（SHC）通过共享和调用一切可用的电网资源，在配电网的不同层次和区域内实施充分协调且技术经济优化的控制手段与策略，使其具有自我感知、自我诊断、自我决策、自我恢复的能力。当面对可能存在的隐患或即将发生的故障，SHC 采取对应的优化控制或紧急控制策略，从而实现配电网在不同状态下的安全、可靠与经济运行。

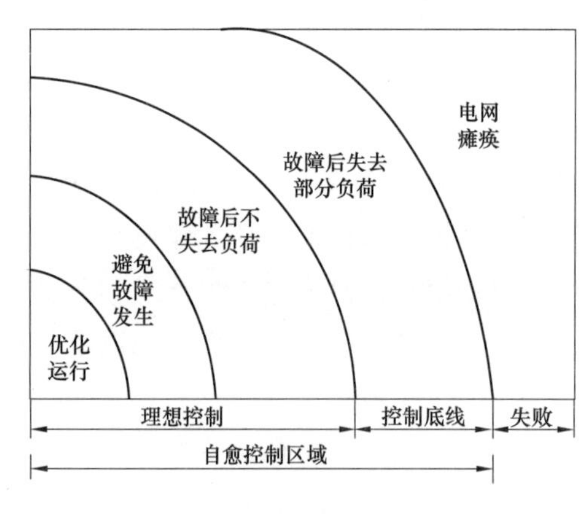


图 1　电网自愈控制区域
Fig. 1　self-healing control zone

SHC 控制的主要功能可以由图 1 加以解释[5]：当系统并未发生故障时，可以采用网络重构对配电网运行进行网络优化；当系统发生故障时，通过故障定位、隔离和恢复供电，尽可能的不失去负荷或失去少量负荷。此外，在配电网正常运行过程中，由于网络重构等其他控制执行后，需要对配电网中的继电保护装置进行再整定，以防止因整定值错误导致保护装置误动或拒动。

在此基础上，本文分别对上述智能配电网自愈控制的主要功能展开综述。

### 1.1 网络重构

配电网网络重构[10, 11]属于自愈控制过程中的优化运行功能。重构以实现网络的网损最小、负荷均衡为目标，在满足系统辐射运行、设备容量以及节点电压约束下，选取配电网中所有开关的最优开断组合。

配电网网络重构包含以下三类算法：

(1) 发式方法[12]。支路交换法是该类方法的典型方法，其通过操作支路开断寻找配电网络的最优运行方法。在操作支路开断的方法是，需要满足拓扑放射性条件，可以采用全部开关闭合保持在依次断开、每次只开合一次开关以及每次开关操作后需保证比上一次操作后系统运行方式更优化等原则。这类方法原理较为简单，但是通常只能获得局部最优解，无法得到全局最优解。

(2) 机类方法[13-15]。该方法是指采用如神经网络、遗传算法、粒子群算法、遗传算法等人工智能化方法，对配电网网络重构进行寻优。这类方法的特点是算法实现较为简单，开源的人工智能优化方法稳定性好且易于移植；缺点则是计算时间较长，需要对重构解反复进行校验，当实际应用时，常常面临求解问题的规模超出算法设计规模，导致计算时间无法满足在线工程的需要。

(3) 定性方法。该方法通过基于混合整数确定性优化方法求解配网重构问题。这类方法能够在有限或确定性的时间内求得其局部最优解，具有比较好的理论支撑和相对快的计算速度。但是，当求解实际大规模配电网络时，其计算时间有时也会长到无法满足工程要求。

### 1.2 故障定位、隔离和恢复供电

配电网故障定位是实现配电网故障区段快速有效隔离和恢复供电的前提，对于保证用户供电质量和提高系统可靠性具有重要作用[16,17]。故障定位的算法通常包含直接法和间接法两类。直接法就是统一矩阵法，具备实现简单计算速度快的优点，但是也存在故障错判和漏判的现象。间接法是指人工智能法，包含神经网络方法、遗传算法、粗糙集理论方法等。间接法能够在更大的范围内对故障进行定位，能够提高故障定位方法的容错能力，但是存在模型建立过程复杂且不够完善，计算效率较低的问题。目前，对人工智能方法进行算法改进提高计算效率成为国内外研究人员的一个主要研究方向。

配电网恢复供电就是在配电网发生故障后，在确保系统安全运行的条件下，通过网络重构，快速恢复对非故障区域失电负荷的供电[18]。故障恢复的方法与网络重构、故障定位方法相类似，均以人工智能方法为基础制定相应的故障恢复策略，故不再赘述。

## 2 自愈控制的体系架构与技术支撑

### 2.1 体系架构

智能配电网的自愈控制涵盖了自动控制、继电保护、计算机技术、通信技术等多个领域的新技术，是智能型的、含分布式电源/储能/微网接入协调控制的高级配电自动化系统。

智能配电网的最终目的是实现“自我感知，自我诊断，自我决策，自我恢复”，为实现这一目的，配电系统通常需要满足如下条件：各种智能化开关、配电终端设备；配电系统中拥有双电源、多电源；具备可靠的数据通信网络；具备各种仿真和高级应用功能的软件系统。整合上述条件的智能配电系统的体系架构可以分为系统层、过程层、高级应用层三个层次，其中高级应用层由包含分析模块、评估模块和决策模块。具体的智能配电网自愈控制体系架构如图 2 所示。

图 2 中，各种智能装置属于系统层，是配电网的物理层，包含高级量测设备和在线监测设备，其智能化程度越高，自愈控制系统的控制能力就越强。过程层是中间层，负责各种数据的汇集、预处理、双向通信以及对局部配电网的实时监视。高级应用层中，分析模块主要负责配电网络拓扑分析，快速配电网络仿真、潮流分析以及对监测数据进行状态估计的功能，是评估模块和决策模块的技术支撑部分；评估模块负责对配电网络

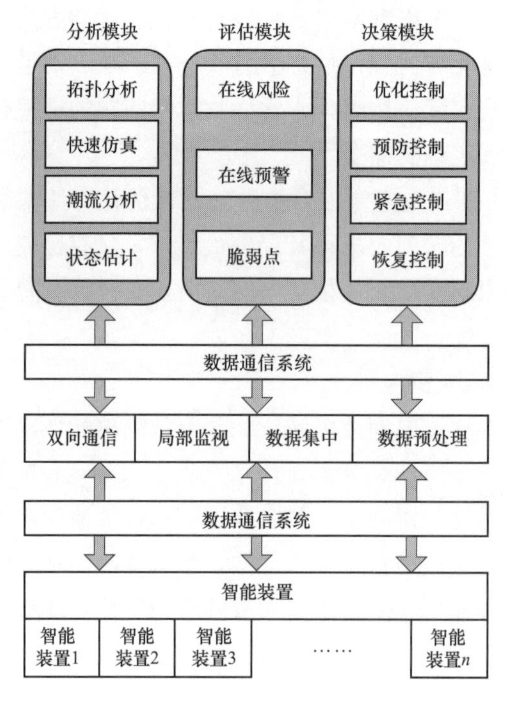


图 2　智能配电网自愈控制体系架构

Fig. 2　self healing control diagram of smart distribution grid system

在监测时间断面的信息进行综合评估，预知系统的在线风险和对潜在风险进行在线预警；决策模块是在上述模块的分析基础上决定是否在正常运行的系统进行优化或预防控制、对故障运行下的系统进行紧急控制或恢复控制。

除上述典型的分层级的自愈控制体系架构外，人工智能技术、博弈论、计算机技术与自愈控制体系相结合，形成了全新的解决自愈控制复杂性问题的自愈控制方案。例如，基于生物免疫系统的电网自愈控制、基于序贯博弈的电网自愈控制、基于智能多代理的自愈控制理论以及基于混成控制理论的自愈控制体系等。上述方法的本质并没有离开传统的分层体系架构且实现方法较为复杂，但是融合了新技术的自愈控制方法具有更好的性能和更为智能的决策体系，因而具备良好的工程应用前景。

**2.2　关键支撑技术**

在上述自愈控制系统的体系架构中，高级应用层是实现配电网在线自愈功能的重要技术支撑。具体来说，可以分为以下几个方面的关键技术方向：

(1) 配电网络的快速仿真与模拟技术。该技术能够基于配电网络实时采集上来的数据进行快速的网络拓扑结构分析、监测系统是否出现孤岛，能够对配电网络进行快速状态估计与潮流分析，检查当前系统是否需要进行网络重构以优化系统运行。此外，能够与在线评估与系统决策相结合，实现在线优化控制、预防控制与紧急控制。

(2) 在线智能分析与决策技术。该技术能够根据预想事故集设定的有效的控制方案，配电网实施在线预防控制和紧急控制。为了解决预想事故集在在线控制过程中可能产生的误操作，实际运行时，将考虑仅依靠配电网络中各个智能装置采集的信号进行实时控制。

(3) 大面积停电下的故障恢复技术。该技术是指当配电网发生大面积停电而导致出现孤岛时，不依赖外部网络的帮助实现系统快速黑启动。特别地，智能配电网中含有大量的分布式电源和储能装置，可以通过协调孤岛内各个分布式电源有层次地对配电网进行供电恢复。

(4) 故障隔离、网络重构技术。这类技术在前文中已经进行了详细的分析，此处不再重复叙述。

## 3 智能配电网自愈控制的评价指标

智能配电网自愈能力的评价指标有助于对配电网智能化的建设成果进行科学的综合评估、寻找自愈控制方案的不足，最终提升配电网的经济性。一般来说，评价指标可以分为以下几类[6,9]：

### 3.1 自愈控制系统可靠性指标

自愈控制系统的可靠性（Self - Control Reliability，SCR）主要是指自愈控制动作的准确率，其包括预防控制动作准确率（Prevent Self - Control Accuracy，PSA）和故障自愈动作准确率（Fault Self - Control Accuracy，FSA）。

其中，*PSA* 认为只要执行预防控制动作后能将预防控制判定指标降低为正常值，就算动作正确。而 *FSA* 的判断应该是从整个系统的角度进行判定，以系统最后的安全稳定结构为准。一般来说，*FSA* 认为控制系统动作后，若故障能够被成功隔离、负荷被成功转供，则动作正确。两个指标的计算公式分别如下

$$PSA = \frac{\text{正确次数}}{\text{预防控制动作总次数}} \times 100\% \tag{1}$$

$$FSA = \frac{\text{正确次数}}{\text{故障控制动作总次数}} \times 100\% \tag{2}$$

进一步，自愈控制系统的可靠性可以由下式计算

$$SRC = (FSA + PSA)/2 \tag{3}$$

### 3.2 自愈速度指标

配电网故障对用户的影响体现在供电中断与电压骤降两个方面，因此，自愈速度的快慢直接关系到对用户的用电感受的营销。综合考虑对用户的影响及其所采取的自愈技术，可将自愈速度分为四级：毫秒级自愈、周波级自愈、秒级自愈和分钟级自愈。

其中，对于停电时间超过 3min 的，则为自愈控制失败，并且在供电可靠性指标里统计应为停电。显然，越快速的自愈控制需要的配电网建设投资就越大，因此，需要根据不同区域内用户对用电可靠性的需求，差异化地进行自愈控制系统的规划、设计、建设和运行。

### 3.3 供电自愈率指标

供电自愈率指标用于描述在统计周期内一个区域（城市）的配电网对故障的自愈恢

复能力。其包含两个子指标：供电故障自愈率（$S_1$）和用户平均自愈次数（$S_2$）。两个指标的计算公式分别如下

$$S_1=\frac{\sum(\text{每次故障自愈的户数})}{\sum(\text{每次故障影响的用户数})}\times 100\% \tag{4}$$

$$S_2=\frac{\sum(\text{每次故障自愈的户数})}{\text{总用户数(次/户·年)}}\times 100\% \tag{5}$$

其中，“每次故障影响的用户数”、“每次故障自愈的用户数”分别指故障影响范围内线路连接的用户数和指通过自愈控制恢复供电的用户数。

## 4 自愈控制的新挑战

智能电网、智慧城市的不断建设，电动汽车、基于分布式发电的微网技术的不断进步，以及其他新兴技术的出现，这些为智能配电网自愈控制技术带来了全新的挑战：

(1) 大规模电动汽车的接入。在未来15～20年的时间内将电动汽车的渗透率将获得极大提升，电动汽车在公共交通系统、公务车及私家车领域均将得到极大发展[19]。在大规模并网的条件下，电动汽车具有的与电网双向交互的能力与配电网自愈控制相结合，实现电动汽车积极参与智能配电网自愈控制，最终提高智能配电网的自愈能力。

(2) 大范围基于分布式电源的微网接入。未来智能电网中的基于分布式电源的微网[20,21]的数量将急剧增加，这些含有风力发电机、光伏发电系统及各类储能装置的配电网末端电源将会对智能配电网自愈控制提出更高的要求：一方面，分布式电源大多通过电力电子设备并网，其没有自同步性；另一方面，分布式电源的多样性、间歇性与随机性增加了电压、频率和电能质量控制的难度。特别地，当故障导致区域配电网络成为孤岛时，通过孤岛内的多个微网实现供电恢复以及孤岛与主网架的快速链接将成为一个重要的研究课题。

(3) 城市配电网与天然气管网的联合。随着能源互联网[22]概念的提出，城市电网与城市天然气管网相结合已经成为一个十分热门的发展方向[23]。与传统的电力网不同，天然气管网的动态过程更慢，两者相结合实现“天然气—电能”的传输将对配电网自愈控制提出了更高的要求。尤其是当网络发生故障时，自愈控制不但要考虑到电气与用户的连接，还需要考虑到天然气与用户之间的连接关系。

## 5 结论

智能配电网自愈控制技术是实现智能电网的重要核心技术，是随着现代通信、数据存储、数据分析、人工智能等多种技术不断发展而产生的新技术。本文对智能配电网自愈控制技术的体系架构、技术支撑和主要功能、技术指标展开了具体的分析和综述。综述表明应用配电网自愈控制技术，能够有效减少停电时间、提高系统的供电可靠性、改

善区域电网整体运营的经济性。此外，提出了因电动汽车、分布式电源、能源互联网的接入城市配电网，智能配电网在自愈控制中面临的挑战。

## 参考文献

[1] 余贻鑫，秦超. 智能电网基本理念阐释 [J]. 中国科学：信息科学. 2014，44 (06)：694-701.

YU Yixin，QIN Chao. Expatiation on the Basic Ideas of Smart Grid [J]. Science China，2014，44 (6)：694-701.

[2] 余贻鑫，栾文鹏. 智能电网述评 [J]. 中国电机工程学报. 2009，29 (34)：1-8.

YU Yixin，RUAN Wenpeng. Smart Grid and Its Implementations [J]. Proceedings of the CSEE，2009，29 (34)：1-8.

[3] 王成山，李鹏. 分布式发电、微网与智能配电网的发展与挑战 [J]. 电力系统自动化. 2010，34 (02)：10-14.

WANG Chengshan，LI Peng. The Impact of AMI on the Future Power System [J]. Automation of Electric Power Systems，2010，34 (02)：10-14.

[4] 徐丙垠，李天友，薛永端. 智能配电网与配电自动化 [J]. 电力系统自动化. 2009，33 (17)：38-41.

XU Bingyin，LI Tianyou，XUE Yongduan. Smart Grid from the Perspective of Demand Response [J]. Automation of Electric Power Systems，2009，33 (17)：38-41.

[5] 于士斌，徐兵，张玉侠，等. 智能配电网自愈控制技术综述 [J]. 电力系统及其自动化学报. 2013，25 (05)：65-70.

YU Shibin，Xu Bing，Zhang Yuxia，et al. Review on self-healing control technology in smart distribution grid [J]. Proceedings of the CSU-EPSA，2013，25 (05)：65-70.

[6] 秦红霞，谭志海，葛亮，等. 智能配电网自愈控制系统技术研究与设计 [J]. 电力系统保护与控制. 2014，42 (22)：134-139.

QIN Hongxia，TAN Zhimei，Ge Liang，et al. Study and design of smart distribution grid self-healing control system technology [J]. Power System Protection and Control，2014，42 (22)：134-139.

[7] 董旭柱，黄邵远，陈柔伊，等. 智能配电网自愈控制技术 [J]. 电力系统自动化. 2012 (18)：17-21.

DONG Xuzhu，HUANG Shaoyuan，Chen Rouyi，et al. Self-healing Control Technology for Smart Distribution System [J]. Automation of Electric Power Systems，2012，36 (18)：17-21.

[8] 郭志忠. 电网自愈控制方案 [J]. 电力系统自动化. 2005，29 (10)：85-91.

GUO Zhizhong. Scheme of self-healing Control Frame of Power Grid [J]. Automation of Electric Power Systems，2005，29 (10)：85-91.

[9] 李天友，徐丙垠. 智能配电网自愈功能与评价指标 [J]. 电力系统保护与控制. 2010，38

(22)：105－108.

LI Tianyou，XU Bingyin. Self-healing and its benchmarking of smart distribution grid [J]. Power System Protection and Control，2010，38 (22)：105－108.

[10] 陈焕飞，刘朝，贾宏杰，等. 基于 Bender's 分解的含 DG 配电系统网络重构 [J]. 电力系统自动化. 2008，32 (21)：22－26.

CHEN Huanfei，LIU Chao，JIA Hongjie. Bender's Decomposition Based Reconfiguration for Distribution Network with Distributed Generation [J]. Automation of Electric Power Systems，2008，32 (21)：22－26.

[11] 林济铿，刘阳升，潘毅，等. 基于 Mayeda 生成树实用算法与粒子群算法的配电网络重构 [J]. 中国电机工程学报. 2014，34 (34)：6150－6158.

LIN Ji Keng，LIU Yangsheng，Pan Yi，et al. Mayeda Spanning Tree Practical Method Combined With Particle Swarm Algorithm Based Distribution system Reconfiguration [J]. Proceedings of the CSEE，2014，34 (34)：6150－6158.

[12] Civanlar S，Grainger J J，Yin H，et al. Distribution feeder reconfiguration for loss reduction [J]. IEEE Transactions on Power Delivery，1988，3 (3)：1217－1223.

[13] 陈根军，李繼洸，唐国庆. 基于 Tabu 搜索的配电网络重构算法 [J]. 中国电机工程学报. 2002，22 (10)：29－34.

CHEN Genjun，LI Jihuang，TANG Guoqing. A Tabu Search Approach To Distribution Network Reconfiguration For Loss Reduction [J]. Proceedings of the CSEE，2002，22 (10)：29－34.

[14] 刘自发，葛少云，余贻鑫. 一种混合智能算法在配电网络重构中的应用 [J]. 中国电机工程学报. 2005，25 (15)：73－78.

LIU Zifa，GE Shaoyun，YU Yixin. A Hybrid Intelligent Algorithm For Loss Minimum Reconfigura Tion In Distribution Networks [J]. Proceedings of the CSEE. 2005，25 (15)：73－78.

[15] 王淳，程浩忠. 基于模拟植物生长算法的配电网重构 [J]. 中国电机工程学报. 2007 (19)：50－55.

WANG Chun，CHENG Haozhong. Reconfiguration of Distribution Network Based on Plant Growth Simulation Algorithm [J]. Proceedings of the CSEE. 2007，27 (9)：50－55.

[16] 郭壮志，吴杰康. 配电网故障区间定位的仿电磁学算法 [J]. 中国电机工程学报. 2010，30 (13)：34－40.

GUO Zhuangzhi，WU Jiekang. Electromagnetism-like Mechanism Based Fault Section Diagnosis for Distribution Network [J]. Proceedings of the CSEE. 2010，30 (13)：34－40.

[17] 杨浩赟，刘清瑞. 配电网超高速故障隔离与供电恢复技术方案的研究与实施 [J]. 电网技术. 2006 (S2)：682－686.

YANG Haoyun，LIU Qinrui. Study and Implementation on the Technical Scheme of the

Super High Speed Fault Isolation and Supply Restoration for Distribution Networks [J]. Power System Technology. 2006，30 (Supplement)：682-686.

[18] 王增平，张丽，徐玉琴，等. 含分布式电源的配电网大面积断电供电恢复策略 [J]. 中国电机工程学报. 2010，30 (34)：8-14.
WANG Zengping，ZHANG Li，XU Yuqin，et al. Service Restoration Strategy for Blackout of Distribution System With Distributed Generators [J]. Proceedings of the CSEE. 2010，30 (34)：8-14.

[19] 胡泽春，宋永华，徐智威，等. 电动汽车接入电网的影响与利用 [J]. 中国电机工程学报. 2012，32 (04)：1-10.
HU Zechun，SONG Yonghua，XU Zhiwei，et al. Impacts and Utilization of Electric Vehicles Integration Into Power Systems [J]. Proceedings of the CSEE. 2012，32 (04)：1-10.

[20] 王成山，高菲，李鹏，等. 低压微网控制策略研究 [J]. 中国电机工程学报. 2012，32 (25)：2-9.
WANG Chengshan，GAO Fei，LI Peng，et al. Control Strategy Research on Low Voltage Microgrid [J]. Proceedings of the CSEE. 2012，32 (25)：2-9.

[21] 郭力，富晓鹏，李霞林，等. 独立交流微网中电池储能与柴油发电机的协调控制 [J]. 中国电机工程学报. 2012，32 (25)：70-78.
GUO Li，FU Xiaopeng，LI Xialin，et al. Coordinated Control of Battery Storage and Diesel Generators in Isolated AC Microgrid Systems [J]. Proceedings of the CSEE. 2012，32 (25)：70-78.

[22] 田世明，栾文鹏，张东霞，等. 能源互联网技术形态与关键技术 [J]. 中国电机工程学报. 2015，35 (14)：3482-3494.
TIAN Shiming，LUAN Wenpeng，ZHANG Dongxia，et al. Technical Forms and Key Technologies on Energy Internet [J]. Proceedings of the CSEE. 2015，35 (14)：3482-3494.

[23] 徐宪东，贾宏杰，靳小龙，等. 区域综合能源系统电/气/热混合潮流算法研究 [J]. 中国电机工程学报. 2015，35 (14)：3634-3642.
XU Xiandong，JIA Hongjie，JIN Xiaolong，et al. Study on Hybrid Heat-Gas-Power Flow Algorithm for Integrated Community Energy System [J]. Proceedings of the CSEE. 2015，35 (14)：3634-3642.

**作者简介：**

赵帅（1986—），男，博士，工程师，主要研究方向为电力系统数字仿真、电力系统稳定性分析与控制、智能电网新技术。

雷光宇（1989—），女，硕士，主要研究方向为变电站自动化设计及智能电网优化管理。

# Review on self-healing control technology of smart distribution grid

ZHAO Shuai, LEI Guangyu, HE Yong, HAN Xiaogang

(State Grid Tianjin Economic Research Institute, Tianjin 300171, China)

**Abstract**: Self-healing control is one of the most way for the intelligentization of the distribution grid the smart distribution grid, which play a key role for the smart grid. In this paper, basic concept and main function of the self-healing control are first introduced, then the system structure and technical support and index of the self-healing control is summarized. In the end, challenges of self-healing control combined with the distribution generators, electric vehicles and energy internet are proposed.

**Key words**: smart grid; distribution grid; smart distribution grid; self-healing; fast simulation

# 220kV 户外 GIS 变电站垂直出线构架结构选型

张　弘，黄忠华，高美金，胡宇鹏
（国网浙江省电力公司经济技术研究院，浙江省杭州市　310014）

**摘　要：**依托勤丰 220kV 户外 GIS 变电站工程，对垂直出线构架三种结构方案进行分析，并从出线构架的占地空间、施工情况、安全性、经济性等方面对方案进行对比，提出适合工程应用的方案，达到既能满足工艺要求、保证结构安全可靠，又能达到节省占地、节约投资的目的。

**关键词：**GIS 变电站；垂直出线构架

## 0　引言

随着我国经济社会迅猛发展，电力输送变得越来越重要，电网建设已经进入了第三代的智能电网阶段[1]。各地的变电站越来越多，变电站占地的土地成本越来越高，如果能占用更少的土地，那将会大大地节约资源。传统的变电站由于绝缘要求电气元件距离比较大，与之对应的是传统的水平出线方式，出线构架采用门式排架体系，导线各相一字排开挂在横梁下方。由于导线要有足够的安全间距，这样变电站围墙的长边尺寸基本是由出线构架尺寸决定的。随着技术进步，新一代的智能变电站得到了广泛应用，它有着系统集成度高、结构布局合理等优点[2]，变电站建设中的新技术应用越来越多，GIS（gas insulated substation）就是其中之一。GIS 变电站的电气元件全部密封，这样就可以减小元件之间的距离，使得电气元件占地面积减小。如果还是采用传统的水平出线方式，变电站占地面积还是会受水平出线构件的限制，这样就不能完全体现 GIS 技术占地面积小的优势。于是设计人员开始寻求各种出线方式与出线构架的优化设计[3-5]。文献［6］提出了垂直出线方式，各相导线竖向错列，出线构架由水平排列变为塔式结构，来减小出线构架的占地面积。

本文就是针对文献［6］提出的垂直出线方式的构架设计进行研究，以勤丰 220kV 户外 GIS 变电站工程背景为依托，设计了三种不同形式的垂直出线构架方案，并从出线构架的占地空间、施工情况、安全性、经济性等方面对三种不同方案进行对比，提出适合本工程的结构方案，达到既能满足工艺要求、保证结构安全可靠，又能节省占地、节约投资的目的。

## 1　工艺要求与技术参数

### 1.1　工艺要求

根据实际要求，220kV 户外 GIS 变电站出线构架的使用条件：水平档距 100m，垂直档距 100m，代表档距 100m，转角度数 0°～15°，计算高度 9m。

电气工艺给出了 220kV 垂直式出线方式技术参数，俯视图如图 1 所示，具体参数如下：间隔宽度 9m，设备相间距离 3m，横担挂点水平距离 3.8m，横担挂点横向距离 3.5m，下层横担挂点高度 9m，中层横担挂点高度 14m，上层横担挂点高度 19m，地线横担高度 24m。

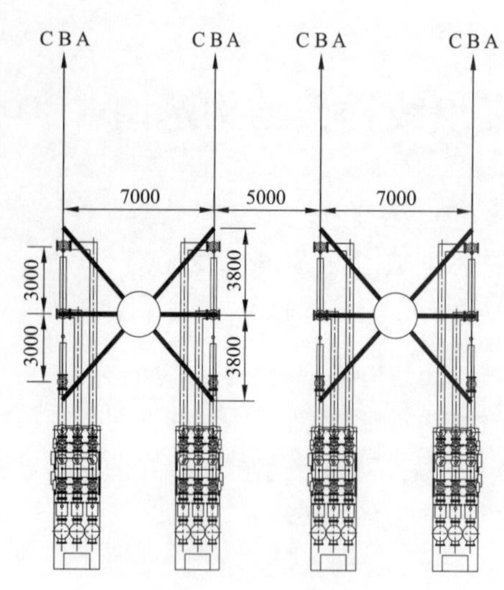


图 1　220kV 垂直出线构架布置图

### 1.2　导线荷载

依据勤丰当地的实际情况给出了荷载条件，见表 1。给出了最大风速工况、覆冰工况、最低温度工况、事故工况以及安装工况的导线、地线、绝缘子及金具的详细荷载。

**表 1**　　　　**荷　载　表**

| 荷载 \ 气象条件 | | | 正常运行情况 | | | 事故情况 | | 安装情况<br>−5/10/0 |
|---|---|---|---|---|---|---|---|---|
| | | | 最大风速<br>15/29/0 | 覆冰<br>−5/10/5 | 最低气温<br>−10/10/0 | 未断线 | 断线 | |
| 水平荷载 | 导线 | | 2927.1 | 721.9 | 0 | | | 464.1 |
| | 跳线 | | | | | | | |
| | 绝缘子及金具 | | 1513.8 | 200.53 | | | | 180 |
| | 跳线串 | | | | | | | |
| | 地线 | | 745.1 | 294.9 | | | | 118.1 |
| 垂直荷载 | 导线 | | 3650 | 4724.5 | 3650 | 3650 | 3650 | 3650 |
| | 跳线 | | | | | | | |
| | 绝缘子及金具 | | 5317.166 | 5715.953 | 5317.166 | 5715.953 | 5715.953 | 5317.166 |
| | 跳线串 | | | | | | | |
| | 地线 | | 970.3 | 1684.3 | 970.3 | 970.3 | 970.3 | 970.3 |
| 张力 | 导线 | 一侧 | 1 | 1 | 1 | 7000 | 0 | 1 |
| | | 另一侧 | 10 000 | 9896 | 7676 | 7000 | 7000 | 7769 |
| | | 张力差 | 9999 | 9895 | 7675 | 0 | 7000 | 7768 |
| | 地线 | 一侧 | 1 | 1 | 1 | 6000 | 0 | 1 |
| | | 另一侧 | 5700 | 7865 | 4775 | 6000 | 6000 | 4839 |
| | | 张力差 | 5699 | 7864 | 4774 | 0 | 6000 | 4838 |

### 1.3　荷载组合

本文对 220kV 垂直出线构架设计中考虑了 8 种不同的基本荷载工况分别是：①自重；②最大风速工况；③覆冰工况；④最低温度工况；⑤事故工况；⑥安装工况；⑦风

速 10m/s 时的构件纵向风荷载载工况；⑧风速 10m/s 时的构件横向构件风载工况。依据导线的设计条件，导线的转角度数：0°～15°。水平荷载还需要增加导（地）线偏移角度 15°时，导（地）线拉力产生的水平荷载。

7 种不同的工况组合计算构件的最不利内力，荷载分项数与组合情况见表 2。表中数据 1.0、1.2、1.3、1.4 是荷载分项系数，7.2 是最大风速下的基本风压与 10m/s 风速下基本风压的比值。

**表 2　　荷 载 组 合 工 况**

| 组合工况 | 基本工况 | 基本工况 | 基本工况 |
|---|---|---|---|
| Comb1 -最大风速 | 1.2×1 | 1.3×2 | 1.4×7.2×8 |
| Comb2 -覆冰 | 1.2×1 | 1.2×3 | 1.4×8 |
| Comb3 -最低温度 | 1.2×1 | 1.2×4 | 1.4×8 |
| Comb4 -事故断线 | 1.2×1 | 1.3×5 | 1.4×8 |
| Comb5 -安装 | 1.2×1 | 1.3×6 | 1.4×8 |
| Comb6 -纵向最大风速 | 1.2×1 | 1.3×6 | 1.4×7.2×7 |
| Comb7 -位移 | 1.0×1 | 1.0×6 | 1.0×8 |

## 2　结构方案分析

依据上述条件，提出了三种不同的结构方案，分别为独立柱、角钢格构式和钢管加灌混凝土方案。

### 2.1　独立柱方案

构架由一根独立的变截面悬臂柱为主受力结构，截面采用十六边形焊接钢管，从下到上截面外轮廓尺寸逐渐变小。横担采用变截面的四边形钢管，横担向两侧错位挑出，以满足工艺的技术参数，如图 2 所示。

采用国际通用的 STAAD/CHINA 空间杆系分析进行内力分析，计算出构件的最不利内力，依据《变电站建筑结构设计技术规程》（DL/T 5457—2012）[7] 和《变电构架设计手册》[8] 进行截面选项与验算。两本文献要求不同的地方以文献［7］为准。经建模计算和优化设计，构件截面选取如表 3 所示。

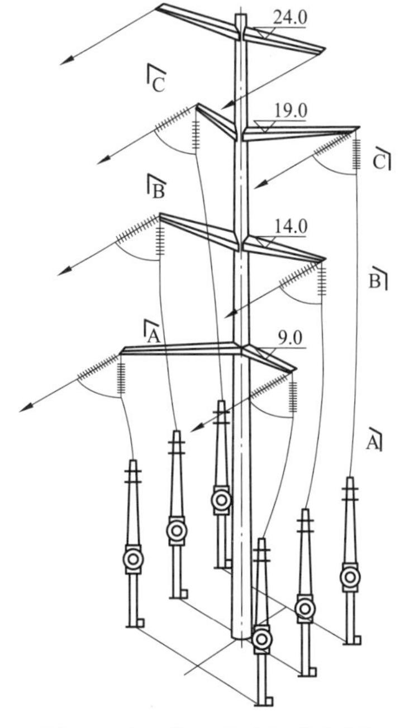

图 2　独立柱垂直出线构架图

**表 3　　独立柱方案构件截面选择表**

| 构件 | 截面形式 | 截面尺寸 | 钢材牌号 | 长度（m） |
|---|---|---|---|---|
| 悬臂柱 0～9m | 16 边形 | 1000～775×16 | Q235 | 9.0 |
| 悬臂柱 9～19m | 16 边形 | 775～525×10 | Q235 | 10.0 |

续表

| 构件 | 截面形式 | 截面尺寸 | 钢材牌号 | 长度（m） |
| --- | --- | --- | --- | --- |
| 悬臂柱 19～24m | 16 边形 | 525～400×8 | Q235 | 5.0 |
| 导线横担（直） | 4 边形 | 320～200×8 | Q235 | 3.5 |
| 导线横担（斜） | 4 边形 | 320～200×8 | Q235 | 5.2 |
| 地线横担 6 | 4 边形 | 240～150×6 | Q235 | 3.5 |

**注** 钢材采用 Q235，用钢量：7.8t（包括构件用钢量 7.1t，考虑 10%的节点板及连接用钢量 0.7t）。

### 2.2 角钢格构式方案

第二个结构方案为角钢格构式构架方案，如图 3 所示。构架由角钢格构塔式结构为主受力结构，0～9m 为变截面部分，9m 以上为等截面结构。底座尺寸 3×3m，9m 以上 1.5×5m。横担也采用变截面格构式向两侧错位挑出，以满足工艺的技术参数。经建模计算和优化设计，构件截面选取如表 4 所示。

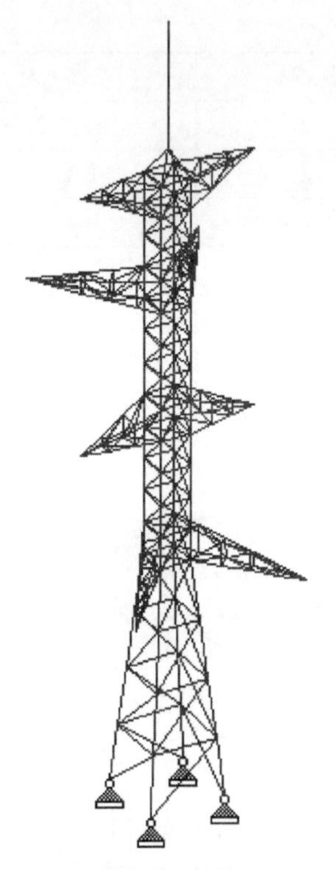

图 3 格构式垂直出线构架布置图

前两个方案描述中可以看出独立柱方案钢材采用 Q235 钢，格构式塔架方案采用了更高强度的 Q345 钢，这样做的原因是文献[1]中对钢管结构的径厚比要求很严格，Q235 的钢管径厚比要求不大于 80，Q345 的钢管径厚比要求不大于 66，这是由钢管壁局部稳定性能决定的，高强钢材的应力跟高，要保证局部稳定性必须用更厚的壁厚。而本次的结构由于结构的刚度要求独立柱的直径不能过小，这使得壁厚要满足规程[1]要求，采用高强钢材 Q345 的柱就必须用更厚的管壁，这样会使得采用高强钢材没有任何优势。

**表 4 格构式塔架方案构件截面选择表**

|  | 截面形式 | 截面尺寸 | 钢材牌号 |
| --- | --- | --- | --- |
| 塔架 0～9m | 主材 | L160×12 | Q345 |
|  | 0～2.25m 支座斜杆 | L125×8 | Q345 |
|  | 其他斜杆 | L100×7 | Q345 |
|  | 水平横杆 | L75×5 | Q345 |
| 塔架 9～24m | 主材 | L110×12 | Q345 |
|  | 9～10.25m 斜杆 | L100×7 | Q345 |
|  | 斜杆 | L80×8 | Q345 |
|  | 水平横杆 | L75×5 | Q345 |
| 横担 | 主材 | L75×5 | Q345 |
|  | 腹杆 | L50×5 | Q345 |

**注** 钢材采用 Q345，用钢量：6.5t（包括构件用钢量 5.6t，考虑 15%的节点板及连接用钢量 0.9t）。

## 2.3 钢管中加灌混凝土方案

为了能在满足规程[7]要求的情况下采用高强度钢材，第三个结构方案采用了钢管中灌混凝土的方案，高强度钢管中灌了混凝土以后径厚比限值就可以放宽到123，这使得在采用了高强度钢材以后壁厚可以变薄，从而减小用钢量。结构形式仍然是独立柱，构架外形与第一方案相同，如图2所示。在0～9m部分采用钢管混凝土柱，9m以上仍采用空心钢管，构件截面选取如表5所示。

**表5　　独立柱方案构件截面选择表**

| 构件 | 截面形式 | 截面尺寸 | 钢材牌号 | 长度（m） |
|---|---|---|---|---|
| 悬臂柱0～9m | 16边形 | 1000～775×12，灌C30混凝土 | Q345 | 9.0 |
| 悬臂柱9～19m | 16边形 | 775～525×10 | Q235 | 10.0 |
| 悬臂柱19～24m | 16边形 | 525～400×8 | Q235 | 5.0 |
| 直导线横担 | 4边形 | 320～200×8 | Q235 | 3.5 |
| 斜导线横担 | 4边形 | 320～200×8 | Q235 | 5.2 |
| 地线横担 | 4边形 | 240～150×6 | Q235 | 3.5 |

注　钢材采用Q235和Q345，用钢量：6.96t（包括构件用钢量6.33t，考虑10%的节点板及连接用钢量0.63t）。

## 2.4 方案比较（见表6）

**表6　　220kV垂直出线构架方案比较**

| | 独立柱方案 | 格构式塔架方案 | 独立柱灌混凝土方案 |
|---|---|---|---|
| 用钢量 | 7.8t | 6.5t | 钢6.9t和混凝土5.5m$^3$ |
| 结构空间 | 直径1～0.4m | 3×3m$^2$～1.5×1.5 m$^2$ | 直径1～0.4m |
| 施工 | 中柱分两到三段，与横担一起运至现场，接头采用法兰螺栓拼装。施工便捷 | 常规的格构式塔架的施工，构件用节点板螺栓拼装。连接节点多施工复杂 | 与独立柱方案基本相同。只是在根部第一节钢管内，加灌混凝土，再吊装上部结构加灌混凝土较为复杂 |
| 经济性 | 钢结构5.46万元 | 钢结构4.6万元 | 钢结构4.83万元，混凝土0.28万元，共计5.11万元 |
| 安全性 | 符合规范要求，最大应力比大约0.9（1号构件底部） | 符合规范要求，主杆应力比约0.8 | 符合规范要求，最大应力比大约0.84（2号构件底部） |
| 变形 | 符合规范要求与限制比值0.84 | 符合规范要求与限制比值约0.4 | 符合规范要求与限制比值0.6 |
| 基础处理 | 采用独立柱基础 | 可以采用四点分散基础 | 采用独立柱基础 |
| 材料 | Q235 | Q345 | Q235和Q345 |

注　钢材每吨按7000元，混凝土500元/m$^3$。

表6分不同的项目对上述三种垂直出线结构方案进行比较，可以看出：

(1) 三种方案均能满足规范规定的极限承载力要求，并都有一定的安全裕度。三种方案都能满足规范规定的正常使用变形要求，格构式方案刚度最大，变形最小，独立柱方案刚度最小，变形最大，独立柱加灌混凝土刚度要好于独立柱，变形也较小。

(2) 格构式塔架最节省钢材，经济性最好，比独立柱方案节省 0.86 万元，但施工略显复杂，占地面积过大，与塔架边上的导线支座距离过小，会导致导线与塔架的距离不满足要求。

(3) 独立柱灌混凝土方案比原独立柱方案节省钢材 0.9t，增加混凝土 5.5m$^3$，总体费用节省 0.36 万元左右，但增加了灌混凝土施工程序，加大了施工难度。

(4) 独立柱方案虽然经济性最差，但可以满足规范的强度和变形要求；占地面积小，容易满足导线与结构距离的要求；施工简单。

## 3 结语

本文通过对三种 220kV 垂直出线构架结构方案进行对比分析，得出如下结论：

格构式塔架虽然节省一些钢材，但占地面积过大，可能导致导线与塔架的距离不满足要求。独立柱加灌混凝土的方案在体现出了一定的经济性，但增加了加灌混凝土这道工序，增加了施工的复杂性。综合受力安全和使用方便合理等多方面因素，独立柱方案虽然经济性略差，但可以满足规范的强度和变形要求；占地面积小，容易满足导线与结构距离的要求；而且施工方便，因此，独立柱的垂直出线构架方案是一种值得推广的、适合实际工程应用的结构型式。

## 参考文献

[1] 周孝信，陈树勇，鲁宗相. 电网和电网技术发展的回顾与展望——试论三代电网 [J]. 中国电机工程学报，2013，33 (22)：1-11.
ZHOU Xiaoxin，CHEN Shuyong，LU Zongxiang. Review and Prospect for Power System Development and Related Technologies：a Concept of Three-generation Power Systems. PROCEEDINGS of the CSEE，2013，33 (22)：1-11.

[2] 史京楠，胡君慧，黄宝莹，杨小光. 新一代智能变电站平面布置优化设计 [J]. 电力建设，2014，35 (4)：31-37.
SHI Jingna，HU Junhui，HUNAG Baoying，YANG Xiaoguang. Layout Optimization Design of New Generation Smart Substation. ELECTRIC POWER CONSTRUCTION，2014，35 (4)：31-37.

[3] 简翔浩. 500kV HGIS 的低架出线 [J]. 湖北电力，2010，34 (6)：1-3.
JIAN Xianghao. Low-construction outlet of 500kV HGIS. HUBEI ELECTRIC POWER，2010，34 (6)：1-3.

[4] 葛明，胡劲松，龚宇清，钟山. 山区 500kV 变电站紧凑型设计的新尝试 [J]. 电力建设，2009，30 (7)：32-34.
GE Ming，HU Jing-song，GONG Yu-qing，ZHONG Shan. New Attempt of 500kV Mountion-substation Compact Design. ELECTRIC POWER CONSTRUCTION，2009，

30 (7)：32-34.
[5] 陈传新，刘素丽. 750kV 变电构架结构选型 [J]. 电力建设，2007，28 (5)：33-35.
CHEN Chuan-xin，LIU Shu-li. Selection of 750kV Substation Truss Structures. ELECTRIC POWER CONSTRUCTION，2007，28 (5)：33-35.
[6] 高美金，高亚栋，陈飞，金国胜. 户外 GIS 设备架空垂直出线方式的研究与应用 [J]. 浙江电力，2014，11：58-61.
GAO Meijin，GAO Yadong，CHEN Fei，JIN Guosheng. Research and Application of Overhead Vertical Outlet for Outdoor GIS Equipment. ZHEJIANG ELECTRIC POWER，2014，11：58-61.
[7] 电力规划设计总院. DL/T 5457—2012 变电站建筑结构设计技术规程 [S]. 北京：中国计划出版社，2012.
[8] 中南电力设计院. 变电构架设计手册 [M]. 2006 Design Manual for Structural Gantry of Switchyard.

**作者简介：**

张弘（1962—），女，硕士，高级工程师，设计中心主任，主要从事变电站及系统规划研究、咨询等。

黄忠华（1973—），男，大学，高级工程师，土建室主任，一级注册结构工程师，主要从事变电土建设计与管理工作。

高美金（1980—），女，硕士，高级工程师，设计管理室副主任，主要从事变电站电气一次设计管理、研究、咨询等。

胡宇鹏（1986—），男，大学，助理工程师，土建室专职，二级注册结构工程师，主要从事变电土建设计工作。

## Structural Type Selection of Vertical Outlet Framework in 220kV GIS Substation

ZHANG Hong，HUANG Zhonghua，GAO Meijin，HU Yupeng
(State Grid Zhejiang Electric Power Company，310014，China)

**Abstract**：There are three structural concepts of vertical outlet framework in FengQin 220kV GIS substation had be layout，Comparison of the three structural concepts in land occupation，construction situation，safety，economy etc are made. A suitable concept is proposed，which can satisfy technological requirements，guarantee the structure safe and save space，reduce investment.

**Key words**：GIS substation；vertical outlet framework

# 变电站钢管结构法兰设计方法对比

张　弘，方　瑜，高亚栋，吴祖咸

（国网浙江省电力公司经济技术研究院，浙江省杭州市　310014）

**摘　要：**变电站钢管结构的设计与计算与普通钢结构有所区别，作者在220kV勤丰变电站垂直出线构架的设计过程中通过对不同的电力行业标准，对变电站钢管结构中的刚性法兰设计方法进行了总结，重点对比了在目前文献中较主流的几种算法下所得出的法兰盘和加劲板的计算结果和构造要求，并结合普通钢结构中加劲板设计方法提出一种较为实用的设计方法，供设计人员在工程实例中参考应用。

**关键词：**钢管结构；刚性法兰；法兰板；加劲板；设计

符号含义：

$t$——法兰板厚度；

$N_{tmax}$——连接螺栓抗拉承载力；

$L_x$——等效板自由边长度；

$L_y$——三边简支模型中为等效板支承边长度（两边固支模型中为固支边长度）；

$q$——等效均布荷载；

$\beta$——弯矩系数；

$M_{max}$——板中最大单位长度弯矩；

$P$——加劲肋分担的力；

$f$——钢材设计强度；

$\sigma_f$——垂直于焊缝长度方向的拉应力；

$\tau_f$——垂直于焊缝长度方向的拉应力；

$L$——加劲板宽度；

$t_j$——加劲板厚度；

$\alpha$——加劲板承担反力的比例；

$h$——加劲板高度；

$S_1$——加劲肋下端切角水平尺寸；

$S_2$——加劲肋下端切角竖向尺寸；

$f_v^w f_t^w$——对接焊缝抗剪、抗拉强度设计值；

$P_y$——三角形加劲肋屈服荷载；

$k_y$——三角形加劲肋屈服系数。

## 0　引言

随着钢管结构在变电站建设中的大量应用，作为钢管结构中经常采用的法兰连接形式，在变电站的建设中大量的应用，法兰连接一般可分为刚性法兰连接和柔性法兰连接两种形式，从连接外形上看，刚性法兰连接是指带有加劲板的法兰连接形式，柔性法兰则没有加劲板；从受力角度看，刚性法兰连接是指在连接节点承受荷载时法兰板有足够的刚度以保证在法兰受拉时不产生翘力，而柔性法兰则没有加劲板，相对于刚性法兰连接法兰板刚度不足，在受拉时会产生翘力从而使得连接螺栓中的拉力增大，两种法兰在钢管结构中都得到了广泛的应用。作者在变电站建设工程中遇到了圆钢管构件采用刚性法兰连接形式的节点。目前按照 DL/T 5457—2012《变电站建筑结构设计技术规程》[1] 设计时，发现依据该规程计算出的法兰加劲板高度厚度偏小。因此作者查阅了其他电力行业标准[2-3]和文献资料［4－5］，发现这些资料对刚性法兰连接的设计有不同的方法，本文主要针对刚性法兰连接形式，对这些不同的方法进行总结对比，并提出一种较实用的设计方法，供设计人员参考以起到抛砖引玉的作用。

## 1　连接法兰板设计

钢管结构中刚性法兰的设计包括主要包括两部分内容：①法兰板板厚的设计；②法兰加劲板设计。

对法兰板的厚度计算，目前的文献中主要有两种方法，一种是将有加劲板的法兰板简化为三边简支一边自由的矩形板，将螺栓的拉力均匀分布在矩形板上，按均布荷载下的三边简支板计算板的弯矩，由板的最大弯矩确定板厚。采用这种方法的是文献［1］、［2］、［4］。计算简图见图 1，弯矩系数 $\beta$ 见表 1，文献［1］没有给出弯矩系数表，而是直接拟合出了经验公式并代入板厚计算公式直接求得法兰板厚度

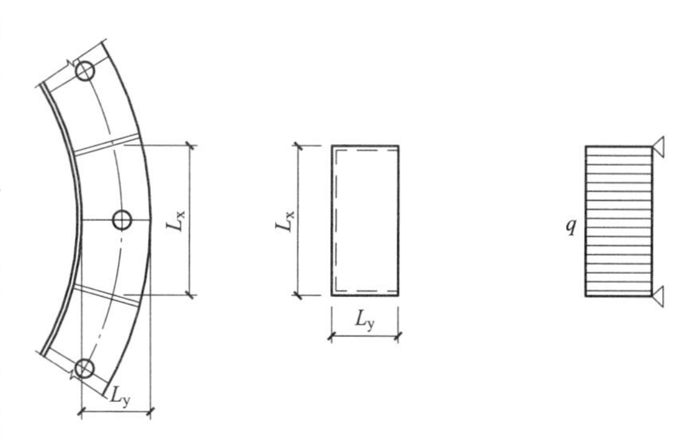


图 1　法兰板三边简支一边自由的矩形板计算简图

$$t=\sqrt{\left[0.7-\frac{0.1363}{0.22+(L_y/L_x-0.15)^2}\right]\frac{N_{tmax}L_x}{fL_y}} \tag{1}$$

**表 1　　三边简支一边自由模型弯矩系数表**

| $L_y/L_x$ | 0.30 | 0.35 | 0.40 | 0.45 | 0.50 | 0.55 | 0.60 | 0.65 |
|---|---|---|---|---|---|---|---|---|
| 系数 | 0.0273 | 0.0355 | 0.0439 | 0.0522 | 0.0602 | 0.0677 | 0.0747 | 0.0812 |
| $L_y/L_x$ | 0.70 | 0.75 | 0.80 | 0.85 | 0.90 | 0.95 | 1.00 | |
| 系数 | 0.0871 | 0.0924 | 0.0 | 0.1015 | 0.1053 | 0.1087 | 0.1117 | |
| $L_y/L_x$ | 1.10 | 1.20 | 1.30 | 1.40 | 1.50 | 1.75 | 2.00 | |
| 系数 | 0.1167 | 0.1205 | 0.1235 | 0.1258 | 0.1275 | 0.1302 | 0.1216 | |

板等效均布荷载

$$q=\frac{N_{\mathrm{tmax}}}{L_{\mathrm{x}}L_{\mathrm{y}}} \tag{2}$$

板中最大弯矩
$$M_{\max}=\beta qL_{\mathrm{x}}^{2} \tag{3}$$

法兰板厚度
$$t=\sqrt{\frac{5M_{\max}}{f}} \tag{4}$$

第二种方法是将法兰板简化为两边固支，一边简支，一边自由的扇形板，将螺栓的拉力均匀分布在板上，按均布荷载下的两边固支，一边简支，一边自由的扇形板计算板的弯矩，由弯矩确定板厚。采用第二种方法的是文献［3］、［5］。计算简图见图 2，弯矩系数 $\beta$ 见表 2，表 2 中还给出了加劲板受力与螺栓受力的比值 $\alpha$。

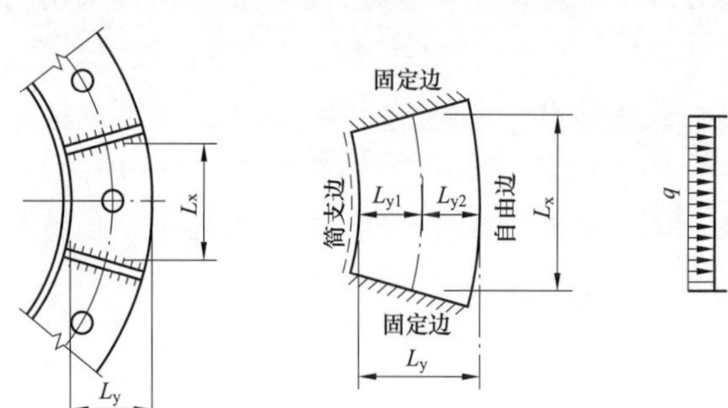


图 2　法兰板两边固支一边简支，一边自由扇形板计算简图

**表 2　　两边固支一边简支，一边自由模型弯矩系数与加劲板反力比表**

| $L_y/L_x$ | 0.35 | 0.4 | 0.45 | 0.5 | 0.55 | 0.60 | 0.65 | 0.70 | 0.75 | 0.80 | 0.85 |
|---|---|---|---|---|---|---|---|---|---|---|---|
| $\beta$ | 0.0785 | 0.0834 | 0.0874 | 0.0895 | 0.0900 | 0.0901 | 0.0900 | 0.0897 | 0.0892 | 0.0884 | 0.0872 |
| $\alpha$ | 0.67 | 0.71 | 0.73 | 0.74 | 0.76 | 0.79 | 0.80 | 0.80 | 0.81 | 0.82 | 0.083 |
| $L_y/L_x$ | 0.90 | 0.95 | 1.00 | 1.10 | 1.20 | 1.30 | 1.40 | 1.50 | 1.75 | 2.0 | >2.0 |
| $\beta$ | 0.0860 | 0.0848 | 0.0843 | 0.0840 | 0.0838 | 0.0836 | 0.0835 | 0.0834 | 0.0833 | 0.0833 | 0.0833 |
| $\alpha$ | 0.83 | 0.84 | 0.85 | 0.86 | 0.87 | 0.88 | 0.89 | 0.90 | 0.91 | 0.92 | 1.0 |

板等效均布荷载

$$q=\frac{N_{\mathrm{tmax}}}{L_{\mathrm{x}}L_{\mathrm{y}}}，\text{其中}$$

$$L_{\mathrm{y}}=\min(1.8L_{\mathrm{y1}}，2.2L_{\mathrm{y2}}) \tag{5}$$

板中最大弯矩
$$M_{\max}=\beta qL_{\mathrm{x}}^{2} \tag{6}$$

法兰板厚度
$$t\geqslant\sqrt{\frac{5M_{\max}}{f}} \tag{7}$$

对比两种方法可以看出：法兰板的厚度都是由弯矩求得，计算公式相同，由于对板的边界条件的假定不同使得计算板中最大弯矩的弯矩系数不同，另外，第二种方法采用的是扇形板，计算等效均布荷载时，$L_y$ 的计算有所不同。对比表 1 和表 2 可以看出，按三边简支矩形板得到的弯矩系数随 $L_y/L_x$ 的增大变化比较大，从 0.0273 变到 0.1316。按两边固支一边简支的扇形板得到的弯矩系数随 $L_y/L_x$ 的增大变化比较较小，从 0.0785 变大到 0.0901，再变小到 0.0833。$L_y/L_x$ 在 0.7 以下时按两边固支一边简支扇形板得到的弯矩系数更大，$L_y/L_x$ 在 0.75 以上时按三边简支矩形板得到的弯矩系数

更大。

当被连接管轴心受拉时，由加劲板和螺栓布置的对称性可知，在节点受力的情况下法兰板与加劲板连接的边上法兰板受力模型应该为连续板，没有转角，因此按两边固支一边简支的扇形板更加符合法兰板的实际受力情况，因此在工程设计中建议采用这种方法，该方法的弯矩系数随 $L_y/L_x$ 的增大变动范围在 15%以内，设计时可偏安全取弯矩系数为 0.1，这样在计算处螺栓最大拉力后，可以无需查表直接计算出法兰板的厚度，计算公式如下

$$t=\sqrt{\frac{N_{tmax}}{2f}\frac{L_x}{L_y}} \tag{8}$$

## 2 连接加劲板设计

文献［3］给出的法兰加劲板形式见图 3，要求加劲板与法兰板和构件的焊缝为坡口对接焊缝。对加劲板外部切角的大小和角度没有具体规定，尺寸和厚度有对接焊缝尺寸确定。拉力 $P$ 大小按三边支承板的两固结边支承反力计，拉力中心与螺栓对齐。文献［3］给出了拉力 $P$ 与螺栓受力的比例关系 $\alpha$，见表 2。加劲板计算方法如下：

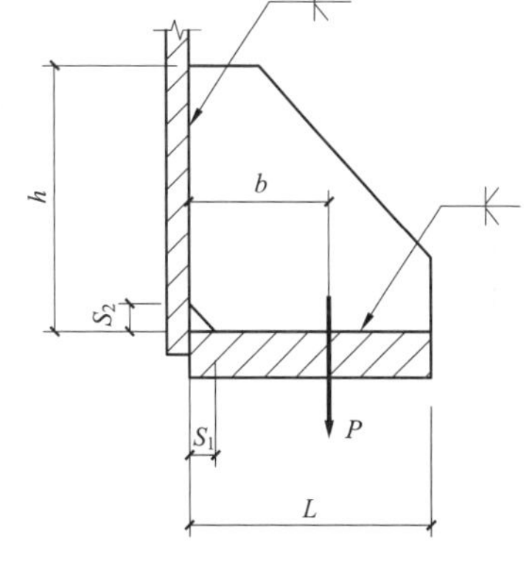

图 3　文献［3］加劲板示意图

水平焊缝

$$\sigma_f=\frac{\alpha N_{tmax}}{t_j\cdot(L-S_1-2t_j)}\leqslant f_t^w \tag{9}$$

竖向焊缝

$$\tau_f=\frac{\alpha N_{tmax}}{t_j\cdot h}\leqslant f_v^w \tag{10}$$

$$\sigma_f=\frac{5\alpha N_{tmax}b}{t_j\cdot(h-S_2-2t_j)^2}\leqslant f_t^w \tag{11}$$

$$\sqrt{\sigma_f^2+3\tau_f^2}\leqslant 1.1f_t^w \tag{12}$$

文献［5］中没有提到加劲板的形式，只是提到刚接法兰的加劲板强度按平面内拉、弯计算，拉力大小按三边支承板的两固结边支承反力计，拉力中心与螺栓对齐。加劲板与法兰板的焊缝、加劲板与筒壁焊缝按上述同样受力分别验算。这与文献［3］的方法基本相同。

文献［2］给出的法兰加劲板形式见图 4，文献［4］给出的法兰加劲板形式见图 5，要求加劲板与法兰板和构件的焊缝为角焊缝。对加劲板外部切角的大小和角度没有具体规定，竖向尺寸和厚度由加劲板与构件连接一侧的抗剪和抗弯强度确定，加劲板水平尺寸没有计算。

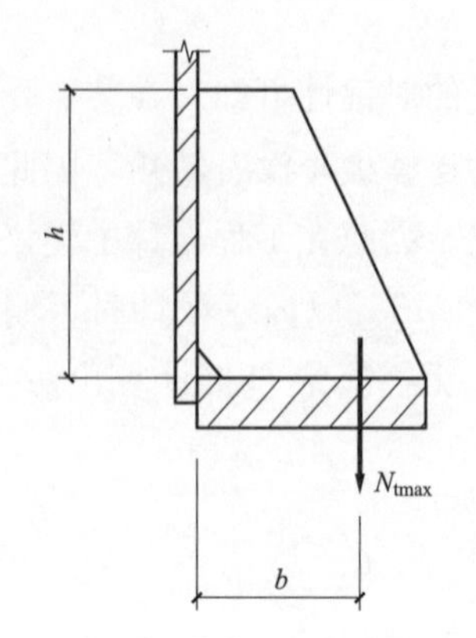

图 4　文献［2］加劲板示意图

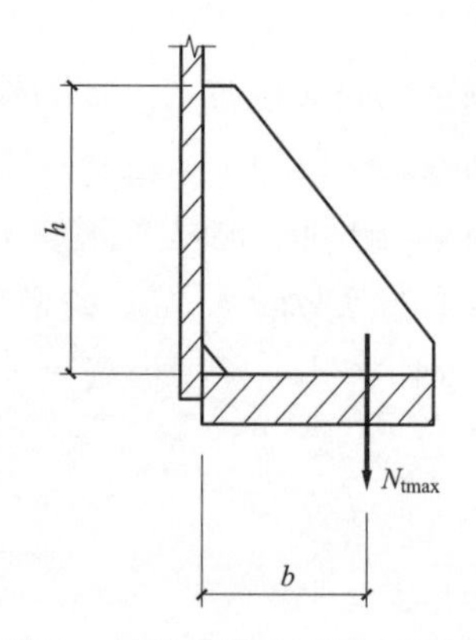

图 5　文献［4］加劲板示意图

计算方法如下

$$\tau=\frac{N_{\mathrm{tmax}}}{th}\leqslant f_{\mathrm{v}} \tag{13}$$

$$\sigma_{\mathrm{f}}=\frac{5bN_{\mathrm{tmax}}}{th^{2}}\leqslant f \tag{14}$$

文献［1］对加劲板形状没有规定，加劲板水平尺寸没有计算，竖向高度和厚度计算公式如下

$$t\geqslant\sqrt{\frac{5bN_{\mathrm{tmax}}}{h^{2}f}} \tag{15}$$

$$\frac{h}{t}\leqslant 13\sqrt{\frac{235}{f_{\mathrm{y}}}} \tag{16}$$

该方法是把文献［2］、［4］方法中的正应力公式变化后开根号得到的，这样计算出的加劲板的高度和厚度都较小，另外式（15）的量纲不对，左边 $t$ 的量纲为［长度］，右边量纲为$\sqrt{[长度]}$。

文献［6］没有给出法兰加劲板的具体计算，但给出了处理构造要求：加劲板的厚度不宜小于长度或宽度的 1/15。加劲板与法兰板的连接、加劲板与钢管壁的连接应采用双面角焊缝。加劲板与法兰板、管壁三向交汇处加劲板应有 1/4 圆弧切口，其半径不应小于加劲板厚度的 1.5 倍，也不宜小于 20mm。加劲板的形状见图 6。对加劲板外部切角的大小和角度没有具体规定。但从图示上看加劲板形状更接近矩形。

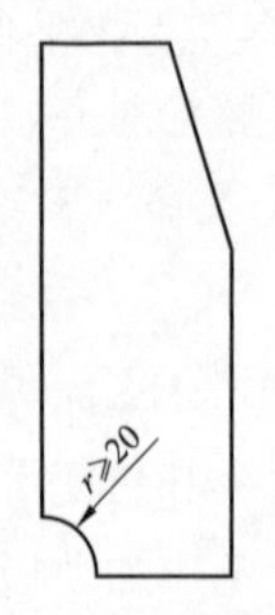

图 6　文献［6］加劲板示意图

综上所述，文献[1-4]按照加劲板的强度来确定加劲板的尺寸，大多没有考虑加劲板的具体形状（虽然有图示，但没具体要求），然而加劲板的形状对强度的影响是比较大的。

文献［9］中建议与法兰连接加劲板类似的外伸端板连接加劲板如果采用三角形加劲板水平宽度和竖向高度的比值应为 1/2，按水平宽度计算的加劲板屈服强度要乘以屈服系数 0.576。文献［7］、［8］在 T 形牛腿和柱脚加劲板中也提到三直角角形加劲板一条直角边承受荷载 $P$，加劲板屈服承载能力计算方法为

$$P_y = k_y f_y l t \tag{17}$$

屈服系数

$$k_y = 1.39 - 2.20(L/h) + 1.27(L/h)^2 - 0.25(L/h)^3 \tag{18}$$

当加劲板水平宽度和竖向高度的比值应为 1/2 时，$k_y = 0.576$。也就是这种情况三角形板的承载力只有受力边抗拉强度的 57.6%，如果我们采用三角形加劲板就必须考虑屈服系数。

文献［7］中还给出了可以不按三角形加劲板计算的加劲板外形限值，如图 7 所示，加劲板竖向高度大于水平宽度，而且要求加劲板的平行于管壁的自由边垂直长度要大于加劲板水平长度，加劲板切角后另一个自由边的长度不小于 25mm。这样加劲板可以按矩形板计算，按水平边和竖向边分别计算其强度，如果达不到要求就只能按三角形计算。

如果采用矩形加劲板设计，作者建议采用图 7 的构造形式，计算方法如下：

水平边强度

$$\sigma = \frac{\alpha N_{\text{tmax}}}{t_j \cdot (L - r)} \leqslant f \tag{19}$$

竖向边强度

$$\tau = \frac{\alpha N_{\text{tmax}}}{t_j \cdot (h - r)} \leqslant f_v \tag{20}$$

$$\sigma = \frac{5\alpha N_{\text{tmax}} b}{t_j \cdot (h - r)^2} \leqslant f \tag{21}$$

$$\sqrt{\sigma^2 + 3\tau^2} \leqslant 1.1 f \tag{22}$$

如果采用三角形加劲板，建议采用图 8 的构造形式，加劲板水平宽度与加劲板竖向高度的比值取 1/2，加劲板计算如下

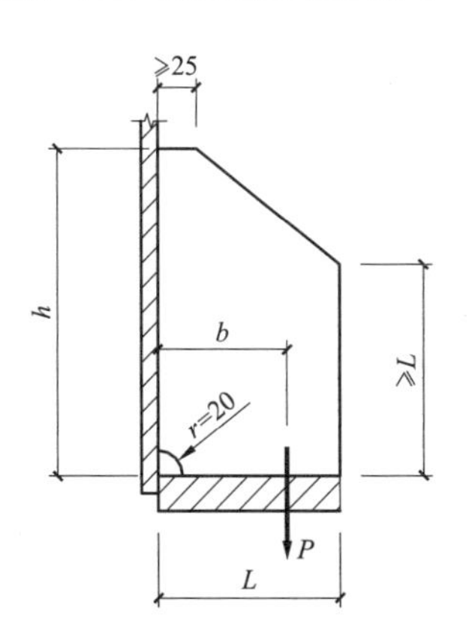

图 7　按矩形加劲板计算示意图

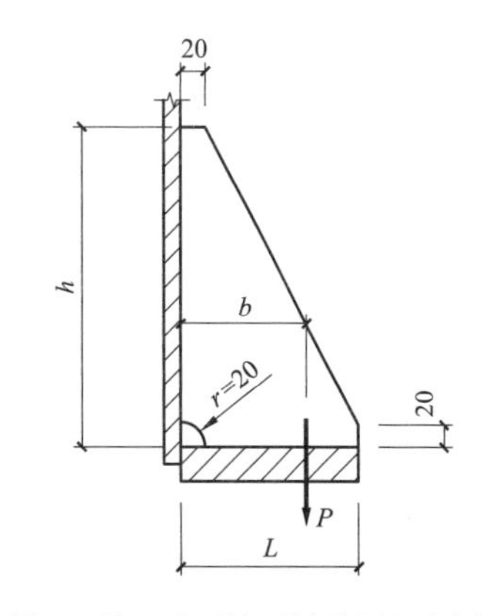

图 8　按三角形加劲板计算示意图

$$\frac{\alpha N_{\text{tmax}}}{0.576t_{\text{j}}\cdot(L-r)}\leqslant f \tag{23}$$

两种情况求得的板厚还应满足下式

$$\frac{L}{t_{\text{j}}}\leqslant 15\sqrt{\frac{235}{f_{\text{y}}}} \tag{24}$$

无论按矩形板还是三角形板设计，加劲肋与法兰和构件之间均采用双面角焊缝连接，焊缝强度要高于加劲板强度。

## 3 实例

220kV 勤丰变电站采用垂直出线形式，垂直出线构架采用 D800×8 圆钢管，受拉刚性法兰连接，钢管材料 Q235，按钢管的抗拉承载力设计抗拉连接法兰，钢管拉力设计值从 STAAD 中导出，控制工况下拉力设计值取 4279kN，螺栓选用 8.8 级大六角头螺栓，螺栓数目为 32 个，需要单个螺栓承载力大于 133.7kN，选用 M24 螺栓，单个螺栓抗拉承载力 141.2kN。钢管外径 800mm，螺栓中心线直径 900mm，法兰外轮廓直径 980mm。在法兰设计时，法兰板的宽度比较固定，基本是由螺栓布置构造要求确定的，比如螺栓中心线到法兰外边缘距离不小于 1.5 倍螺栓直径，计算中按 40mm 取值；螺栓中心线到管壁边缘要有这足够的操作空间，方便施工，因此取 2 倍的螺栓直径 50mm。

法兰板计算对比见表 3。

**表 3　　　　法兰板三种不同方法计算对比**

| 螺栓到钢管外壁距离（mm） | 50 | | |
|---|---|---|---|
| 螺栓到法兰外边距离（mm） | 40 | | |
| $L_{\text{x}}$（mm） | 88 | | |
| $L_{\text{y}}$（mm） | 90 | | |
| $L_{\text{y}}/L_{\text{x}}$ | 1.023 | | |
| | 三边简支模型 | 两边固支模型 | 本文推荐方法 |
| 等效均布荷载 $q$（$\text{N/mm}^2$） | 17.8 | 18.2 | 18.2 |
| 弯矩系数 | 0.112 85 | 0.0842 | 0.10 |
| 弯矩（N·mm） | 15 555.61 | 11 867.22 | |
| 法兰板厚度计算值（mm） | 19.02 | 16.61 | 18.33 |
| 法兰板厚度取值（mm） | 20 | 18 | 20 |

可见在 $L_{\text{y}}/L_{\text{x}}=1.023$ 时，两边固支模型计算的法兰板厚度最小，三边简支模型得到的法兰板厚度最大，按照本文推荐的方法计算，所得出的计算结果在两者之间。

计算结构与前面分析的弯矩系数的变化相一致，那个模型的弯矩系数更大得到的板厚就更大：$L_{\text{y}}/L_{\text{x}}$ 在 0.7 以下时按两边固支一边简支扇形板得到的弯矩系数更大，$L_{\text{y}}/L_{\text{x}}$ 在 0.75 以上时按三边简支矩形板得到的弯矩系数更大。

加劲板计算对比结果见表 4。

表 4　　法兰加劲板不同方法计算对比

| | 文献 [1] | 文献 [2]、[4] | 文献 [3] | 本文矩形板 | 本文三角形板 |
|---|---|---|---|---|---|
| 螺栓拉力 (kN) | 141.2 | 141.2 | 141.2 | 141.2 | 141.2 |
| 螺栓到钢管外壁距离 (mm) | 50 | 50 | 50 | 50 | 50 |
| 加劲肋形状 | 未明确 | 未明确 | 未明确 | 矩形 | 三角形 |
| 加劲板拉力分配系数 | 1.0 | 1.0 | 0.85 | 0.85 | 0.85 |
| 水平宽度 $B$ 或 $L_x$ (mm) | 90 | 90 | 100 | 90 | 90 |
| 切角 $S_1$、$S_2$ 或 $r$ (mm) | 未明确 | 20 | 20 | 20 | 20 |
| 竖向高度 (mm) | 90 | 150 | 175 | 185 | 180 |
| 计算加劲板厚度 (mm) | 4.5 | 9.7 | 11.6 | 7.97 | 13.8 |
| 厚度控制公式 | 式 (15) | 式 (14) | 式 (9) | 式 (19) | 式 (23) |
| 实际加劲板厚度 (mm) | 6 | 10 | 12 | 8 | 14 |

法兰板尺寸确定之后加劲板的水平宽度就定了，本例中加劲板水平宽度为 90mm。文献 [1] 的加劲板竖向高度是假定与水平宽度相同取 90mm，再由式 (15) 计算求得板厚。

文献 [2]、[4] 采用的式 (13)、式 (14)，如果保证抗剪和抗弯同时到达设计强度，钢材抗剪强度是抗拉强度的 0.581 倍，加劲板竖向高度应该是螺栓到管壁外边缘距离 $b$ 的 2.9 倍左右，本例中 $b=50$mm，所以取竖向高度为 150mm，再用式 (13)、式 (14) 分别计算板厚。

文献 [3] 和本文的矩形加劲板都是由加劲板水平部分确定板厚，再由公式确定加劲板竖向高度。文献 [3] 方法计算中水平宽度调整为 100mm，原因是水平焊缝计算时要算对接焊缝的净截面，要减掉切角和两个板厚，加上焊缝抗拉强度仅为钢材强度的 85%，当水平宽度为 90mm 时，会出现无论多厚的板都无法满足式 (9) 的要求的情况，必须加大。

本文的三角形加劲板要求竖向高度是水平宽度的 2 倍，水平宽度已知的情况下，只需要由式 (23) 直接确定板厚即可。

可以看出关于加劲肋的计算，如果采用矩形加劲板计算方法，加劲板厚度比较小，高度基本是宽度的 2 倍，如果厚度加大高度还可以降低，比如厚度取 10mm 高度可以降到 160mm。如果采用三角形加劲板计算方法，加劲板高度取宽度的 2 倍，加劲板厚度较大。文献 [1-4] 中没有明确加劲板是三角形还是矩形，但可以看出文献 [2]、[4] 的方法得到的加劲板厚度更接近矩形加劲板计算结果。文献 [3] 方法得到的加劲板更接近三角形加劲板计算结果，如果三角形加劲板宽度取 100mm，其厚度计算值为 12.1mm。文献 [1] 的方法得到的加劲板太小了，应该是不能用于实际工程的。

## 4　结语

通过对不同文献中的刚性法兰计算方法的比较得到如下结论：

(1) 法兰板按两边固支一边简支的扇形板更加符合法兰板的受力情况。

(2) 按两边固支一边简支的扇形板模型计算的法兰板厚度可按式 (8) 计算。

（3）法兰加劲板的设计应该考虑加劲板的形状是矩形还是三角形，如果采用矩形节点板，可按水平边和竖向边分别强度计算，见式（19）～式（22）；如果采用三角形加劲板，应按式（18）考虑屈服系数，设计时，竖向高度应为水平宽度的2倍，按式（23）计算。

## 参考文献


[1] DL/T 5457—2012《变电站建筑结构设计技术规程》.

[2] DL/T 5130—2001《架空输电线路钢管杆设计技术规定》.

[3] DL/T 5254—2010《架空输电线路钢管塔设计技术规定》.

[4] 中南电力设计院编. 变电构架设计手册 [M]. 2006 Design Manual for Structural Gantry of Switchyard 湖北科学技术出版社：2006.

[5] GB 50017—201X《钢结构设计规范》（征求意见初稿）.

[6] GB 50017—201X《钢结构设计规范》（报批稿）.

[7] 赵熙元，等. 建筑钢结构设计手册. 冶金工业出版社：1995.

[8] 陈绍蕃. 钢结构设计原理（第三版）. 科学出版社：2005.

[9] 赵伟，童根树. 外伸端板连接端板加劲板设计与有限元研究. 沈阳建筑大学学报（自然科学版），2005，Vol. 21，No. 6.


## 作者简介：


张弘（1962—），女，硕士，高级工程师，设计中心主任，主要从事变电站及系统规划研究、咨询等。

方瑜（1981—），男，大学，高级工程师，土建室主任工程师，主要从事变电站土建设计工作。

高亚栋（1978—），男，研究生，高级工程师，变电室主任，主要从事变电站电气设计与管理工作。

吴祖咸（1983—），男，研究生，高级工程师，土建室专职，主要从事变电站土建设计工作。


# Comparison of Design Method of Flange


ZHANG Hong，FANG Yu，GAO Yadong，WU Zuxian

(State Grid Zhejiang Electric Power Company，310014，China)



**Abstract**：Design of tube structure in Substation the different power industry codes for rigid flange design methods are summarized. Mainly compared the design method and structural detail of flange and stiffening plate. According to ordinary steel structure design method of stiffening plate a practical design method is carried out as a reference for designers.



**Key words**：steel pipe structure，rigid flange，flange plate，stiffeningplate，design

# 户内变电站主变压器室采用双层消音壁降噪的研究应用

张晓镭，张耀飞，薛　凯
（国网山西电力设计研究院，山西省太原市　030002）

**摘　要：** 近年来，我国经济建设飞速发展，城市建设快速壮大，电力需求矛盾日益凸显，根据电力现状、发展规划和地区负荷增加等情况，随着电力需求，建设大量的城市变电站势在必行，影响周围居民的变压器噪声问题也随之出现，户内变电站噪声治理迫在眉睫，科学有效的防治措施急需研究制定。

针对户内变电站的主要噪声源主变压器，采用在变压器室内墙做双层消音壁的方法，从消音材料、结构形式、施工工艺等多方面研究，结合现场实际施工情况，最终设计出主变压器室消音墙的施工方案，显著降低噪声强度，以达到解决城市户内变电站的噪声扰民问题。

**关键词：** 户内变电站；主变压器室；双层消音壁；降噪

## 0　引言

随着城市建设的快速发展，城市的建设进入了快车道，城市区域扩大、居住人口增多，用电负荷大幅度增加，原有电网已无法满足要求，城市中户内式变电站不断增多，工业和居民用电量增长很快。特别是夏季的用电高峰期间，变电站主变压器在大负荷、连续高温情况下，产生的噪声较大，连续时间长，尤其是居民密集区的户内变电站的噪声引起的居民投诉颇多，因变电站噪声等影响而引起的民事纠纷增多，同时也给城市新建变电站的规划增添难度，如何解决好城市变电站噪声问题已是当前城市电网建设亟需破解的一道难题。

为贯彻“两型三新一化”及“全寿命周期”理念，以节能和环保为中心，通过消声、降噪等技术手段，优化噪声治理措施，将城市户内变电站变压器运行时产生的噪声合理衰减，降低到《工业企业厂界环境噪声排放标准》，为电网规划和建设提供更大选择，为变电站周围创造一个良好的环境，达到人与环境的和谐统一。

## 1　国内外研究水平综述

前些年，我国陆续修建了一些城市户内变电站，限于当时的技术条件、设计工艺和降噪材料，不能从根本上解决变电站噪声问题。

户内变电站噪声来源主要为变压器运行时产生的噪声，当前国内外对变压器噪声的控制措施有：选用优质硅钢片减小振动［噪声可降低 2～4dB（A）］；改变铁芯结构采用全斜交错接缝［噪声可降低 3～5dB（A）］；增加变压器油箱壁厚减小振动以减小噪声；在变压器周围 1m 以内设置若干噪声发声器，使之发出噪声与变压器噪声相互抵消等。

## 2 项目的理论和实践依据

### 2.1 变电站噪声产生的原因

变电站的主要噪声源是变压器（电抗器）等设备铁芯磁致伸缩，线圈电磁作用振动等产生的噪声和冷却装置运转时产生的噪声。特别是大型变压器及其强迫油循环装置中潜油泵和风扇所产生的噪声，并随变压器容量增大而增大。

另外在高压和超高压变电站内，高压进出线、高压母线和部分电器设备电晕放电声也是噪声源，高压室抽风机开启时运转声也是高压室内的又一噪声源。高压断路器分合闸操作及其各类液压、气压、弹簧操作机构储能电机运转时的声音也是间断存在的噪声源。

### 2.2 噪声治理基本原理

噪声的特点是与噪声源同步产生，同步停止，噪声污染在噪声周围的局部范围，随着距离的增大或局部环境条件（如声屏障等）的影响而较快减弱。控制噪声的主要方法，除了降低噪声源所发出的噪声，更重要的是在噪声到达人的耳膜之前，采取阻尼、隔振、吸声、隔声、消声等合理措施，尽量减弱或降低声源的振动，或将传播中的声能吸掉，或减弱对耳膜等作用，从而达到控制和治理噪声的目的。

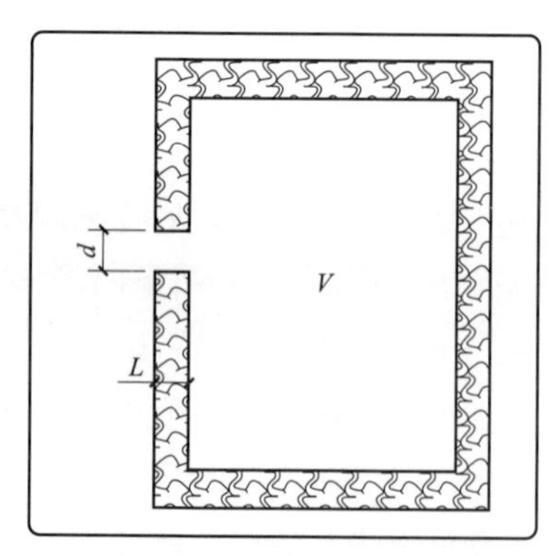

图1 单个亥姆霍兹共振器

依据户内（或户外）变电站的变压器及风机运行时的噪声频率特性，而采用一种单层或双层亥姆霍兹共振结构的吸声（板）屏，如图1所示。

单个亥姆霍兹共振器含有容积为 $V$ 的空腔，侧板开有直径为 $d$ 的小孔，孔径长 $L$。

亥姆霍兹共振结构吸声器原理：当共振器内部空气受到外界波动的强制压缩时，共振器内的空气会发生振动性的运动，而空腔内的空气对之产生恢复力。在声波波长远大于共振器几何尺度的情形下，可以认为共振器内空气振动的动能集中于共振器内空气的运动，势能仅与腔体内空气的弹性形变有关。空气有效质量和腔体内空气弹性组成的一维振动系统，因而对施加作用的波动有共振现象，其固有频率计算公式如式（1）所示

$$f_0=\frac{c}{2\pi}\sqrt{\frac{S}{(L+0.8d)V}} \tag{1}$$

式中：$f_0$为亥姆霍兹共振器的最低共振频率，Hz；$c$ 为声速，m/s；$S$ 为管道的截面积，$cm^2$；$d$ 为共振器管道的直径，cm；$L$ 是共振器管道的长度，cm；$V$ 是空腔的容积，$cm^3$。在强度为一定的振动作用下，在这个频率时，共振器内空气的振动速度达到

最大，消音效果最强。相关技术参数见表1，表2。

**表1　　单层亥姆霍兹共振结构吸声（板）屏吸声系数**

| 频率（Hz） | | | 100 | 125 | 160 | 200 | 250 | 320 | 400 |
|---|---|---|---|---|---|---|---|---|---|
| 吸声系数 | 腔深 | 5cm $P=1\%$ | 0.06 | 0.05 | 0.05 | 0.11 | 0.29 | 0.36 | 0.61 |
| | | 10cm $P=1\%$ | 0.24 | 0.24 | 0.33 | 0.58 | 0.71 | 0.82 | 0.98 |
| 频率（Hz） | | | 500 | 630 | 800 | 1k | 1.25k | 1.6k | 2k |
| 吸声系数 | 腔深 | 5cm $P=1\%$ | 0.87 | 0.99 | 0.82 | 0.78 | 0.44 | 0.20 | 0.12 |
| | | 10cm $P=1\%$ | 0.96 | 0.84 | 0.46 | 0.40 | 0.14 | 0.07 | 0.29 |

**表2　　双层亥姆霍兹共振结构吸声（板）屏吸声系数**

| 频率（Hz） | | | 100 | 125 | 160 | 200 | 250 | 320 | 400 |
|---|---|---|---|---|---|---|---|---|---|
| 吸声系数 | 腔深 | 前3后7 $P=2.5+1$ | 0.25 | 0.26 | 0.43 | 0.60 | 0.71 | 0.86 | 0.83 |
| | | 前8后12 $P=2+1$ | 0.44 | 0.43 | 0.75 | 0.86 | 0.97 | 0.99 | 0.97 |
| 频率（Hz） | | | 500 | 630 | 800 | 1k | 1.25k | 1.6k | 2k |
| 吸声系数 | 腔深 | 前3后7 $P=2.5+1$ | 0.92 | 0.70 | 0.53 | 0.65 | 0.94 | 0.65 | 0.35 |
| | | 前8后12 $P=2+1$ | 0.93 | 0.93 | 0.96 | 0.64 | 0.41 | 0.30 | 0.15 |

本方案采用双层消音壁吸声墙吸声原理性能计算：

由于吸声墙是双层穿孔板结构，可以近似采用双层微穿孔板的公式计算其吸声性能。双层穿孔板串联等效电路图如图2所示。

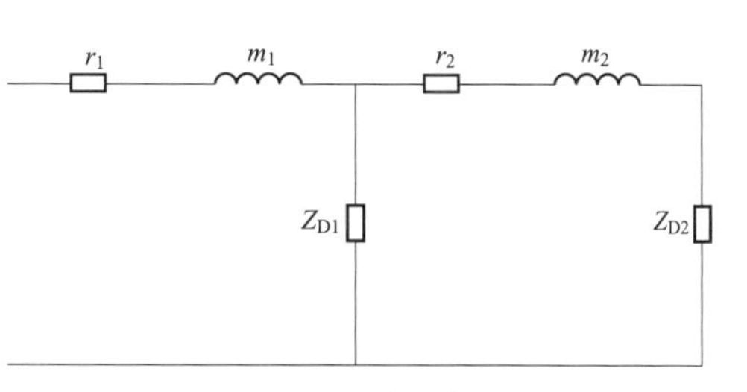

图2　双层穿孔板串联等效电路图

其中，$r_1$、$r_2$为两层微穿孔板的相对声阻；$m_1$、$m_2$分别为两层微穿孔的相对声质量；$z_{D1}$、$z_{D2}$为两层空腔的相对声阻抗。串联后的相对阻抗计算公式如式（2）所示

$$z=r_1+jwm_1+\frac{(r_2+jwm_2+z_{D2})z_{D1}}{r_2+jwm_2+z_{D2}+z_{D1}} \tag{2}$$

其中

$$r_i=\frac{0.335t_i}{r_i d_i^2}\left(\sqrt{1+\frac{X_i^2}{32}}+\frac{\sqrt{2}X_i di}{32t_i}\right)$$

$$m_i=0.294(10)^{-3}\frac{t_i}{r_i}\left(1+\frac{1}{\sqrt{9+X_i^2/2}}+\frac{0.85d_i}{t_i}\right)$$

$$X_i = \sqrt{\frac{w}{\mu}} \frac{d_i}{2}$$

$$Z_{Di} = -jcdg(wD_i/c_0)$$

式中：$\eta_0$、$d_i$、$\gamma_i$、$\rho_0$、$c_0$、$t_i$ 分别表示空气黏滞系数、小孔直径、穿孔率、空气密度、空气声速和微穿孔板的厚度。正入射吸声系数可用式（3）计算

$$\alpha(f) = \frac{4\mathrm{Re}(z)}{[1+\mathrm{Re}(z)]^2 + [\mathrm{Im}(z)]^2} \tag{3}$$

双层消音壁两层板厚度分别为 0.8、0.8mm，穿孔直径为 0.5、3mm，穿孔率为 1%、3%，空腔分别为 50、30mm，代入上式得到吸声曲线如图 3 所示。

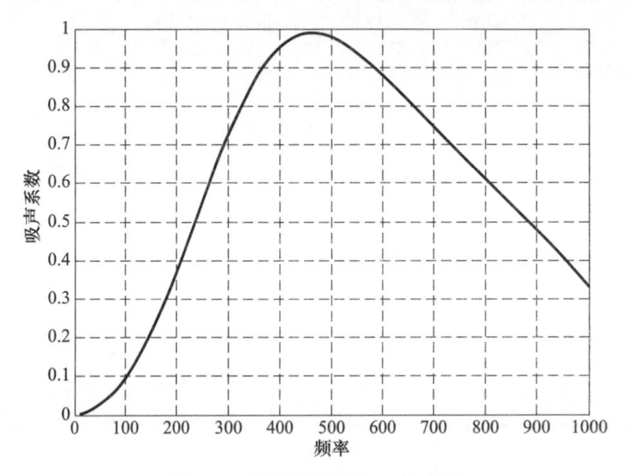


图 3　双层消音壁吸声曲线图

## 3　项目研究内容和实施方案

### 3.1　研究内容

根据城市户内变电站的噪声特点、噪声水平、变电站类型及其所处的位置和周围敏感点等具体情况，结合实际情况进行分析控制噪声。

变电站的噪声主要是变压器运行时产生的噪声。这种噪声主要是由硅钢片的磁致伸缩和绕组中的电磁力引起的。冷却装置风扇也能引起噪声。为降低变压器噪声对环境的影响，可从三个方面采取措施：一是降低变压器本身的噪声；二是在变压器外部采取消声或隔声的措施；三是采用自然通风和强排风相结合的办法，达到节能环保的目的。

变电站的噪声治理根据噪声特性、变电站类型及其所处位置、噪声水平、周围敏感点等具体情况，采用不同的治理技术。从声源和传播途径等多个方面进行考虑，结合实际情况进行。通过此次对变电站环境噪声治理措施的研究，掌握大量有效数据，为以后新建变电站的噪声治理提供技术依据，解决大部分市区内变电站的噪声问题。

重点考虑户内主变压器室消声墙吸声、隔声技术，跟踪监测，根据治理效果进行总结推广。

## 3.2 主要技术原则

变电站降噪应根据变电站的特点，按以下原则开展工作：

(1) 在变电站降噪设计成果和经验基础上，采用模块化设计研究方法；

(2) 遵循“两型一化”、“两型三新”原则和要求；

(3) 运用全寿命周期管理理念和方法；

(4) 应用新技术、新设备、新材料、新工艺等科研创新成果；

(5) 总结分析变电站降噪设计建设成果和经验。

## 3.3 实施方案

### 3.3.1 工艺标准

双层复合吸声墙板是依据户内（或户外）变电站的变压器及风机运行时的噪声频率特性，而采用一种单层或双层亥姆霍兹共振结构的吸声（板）屏。吸声屏的穿孔率、孔径及空腔厚度分别进行了优化设计，是一种十分理想的辅助消声改朝换代产品。

(1) 主变压器吸声墙板从骨架到面板全部采用金属材料制成，能耐高温和气流（或内力）的冲击，耐潮湿、即便空气中含有大量的水分，也能照常工作，吸声性能优良，防火、防潮、不变形、不改性、不霉烂、无毒无味、要求牢固，外观凹凸相间，平整度立体感都较好。

(2) 双层复合吸声墙板的高度 2000mm，用板厚度为 0.8mm。沿主变压器室内墙敷设安装一周，安装高度在 10 000mm，即 5 块板高，既降低了噪声，又起到了装修效果。

(3) 双层复合吸声墙板的下部可与接地预埋相连，从而使整个主变压器内墙产生吸声和屏蔽，电场、磁场的感应强度明显减弱，能有效吸声 8dB。

### 3.3.2 施工要点

(1) 主变压器吸声墙板应根据设计要求和轴间距离进行合理排版，并应具备吸声降噪功能，安装后环境噪声应达到设计降噪要求降低 8dB。

(2) 双层复合吸声墙板根据二次设计排版要求，在工厂制作成标准模块板和部分非标板，经过安装及加装凹凸式压条，具有较强的立体感，颜色采用白灰彩镀，效果更佳。

(3) 双层复合吸声墙板用材厚度为 0.8mm，中间填放龙骨加强，双层穿孔组成的两个迷宫加龙骨使声波来回做活塞运动而发热降噪。

(4) 双层复合吸声墙板应选用优质彩镀板生产。制作、安装应选用有丰富经验的专业技工队伍，同时必须保证墙板安装的科学性，做到安全、可靠、牢固。每平方米墙板不少于八颗射钉。

(5) 双层复合吸声墙板出厂前要做好质检，到达工地后要进行复检，确保原版的平整与美观，施工时要按二次设计要求，做到外形美观，吸声效果达标。

(6) 设计标准工艺如图 4 所示。

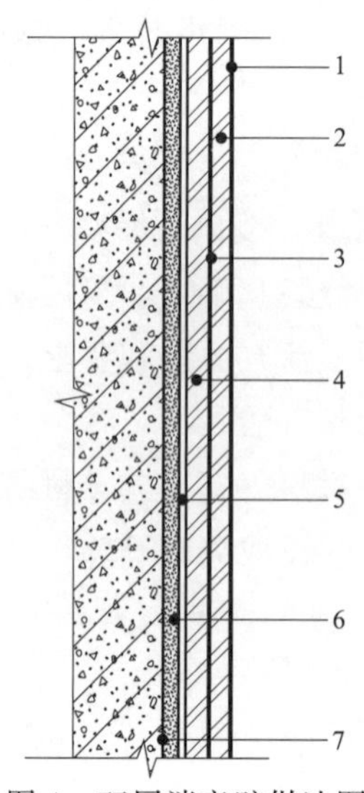


图 4　双层消音壁做法图

1—0.8mm 厚微孔板（1）；2—轻钢龙骨搭建空腔及吸声陷阱 30mm；
3—0.8mm 厚微孔板（2）；4—轻钢龙骨搭建空腔及吸声陷阱 50mm；
5—刷素水泥浆一道；6—8mm 厚 1∶1∶6 水泥石膏砂浆打底扫毛或划出纹道；
7—3mm 厚外加剂专用砂浆打底刮糙或专用界面剂一道甩毛（甩前喷湿墙面）

## 4　结论

通过对相关方案的研究和资料搜集，从消音材料、结构形式、施工工艺等多方面考虑，结合太原地区某户内变电站现场实际应用，最终设计出主变压器室消音墙的技术施工方案，变压器消音墙采用后的有益效果是：①降噪明显，变电站的变压器室可降噪 8dB，降噪达标；②简单易行；③有电磁屏蔽作用，变压器室外的电磁场感应强度明显减弱；④有装饰美化作用。

户内变电站主变压器室设置消音墙是必要的，技术方案也是可行的，应大力推广该技术，将城市户内变电站变压器运行时产生的噪声合理衰减，降低到《工业企业厂界环境噪声排放标准》，为电网规划和建设提供更大选择，为变电站周围创造一个良好的环境，达到人与环境的和谐统一。

## 参考文献

[1]　刘振亚. 国家电网公司基建部. 国家电网公司输变电工程通用设计 [M]. 北京：中国电力出版社，2011.

Liu Zhenya. the construction department of the state grid company. National grid power transmission and transformation project general design [M]. Beijing: China power press, 2011.

[2]　金淋芳. 城市全户内变电站主变压器室通风降噪研究 [J]. 供用电，2010.

Jin Linfang. City all indoor substation main transformer room ventilation noise reduction research [J]. Power supply, 2010.

[3] 王红宾，高纪云. 主变压器室降噪措施及新技术探讨 [J]. 技术与市场，2012.
Wang Hongbin, Gao Jiyun. The main transformer room noise reduction measures and new technology to explore [J]. Journal of technology and market, 2012.

[4] 张宝星. 主变压器室内降噪改造探讨. 广东输电与变电技术，2010.
Zhang Baoxing. Main transformer interior noise reduction transformation. Guangdong power transmission and substation technology, 2010.

**作者简介：**

张晓镭（1971—），男，本科，高工，模块化变电站装配式建构筑物应用研究。
张耀飞（1982—），男，硕士，高工，模块化变电站建筑技术研究。
薛凯（1989—），男，硕士，工程师，模块化变电站建筑技术研究。

## Research and Application on Double Deadening Wall to Reduce The Noise of Main Transformer Room of Indoor Substation

ZHANG Xiaolei, ZHANG Yaofei, XUE Kai
(Economic And Technical Research Institute of SEPC of SGCC Taiyuan City, Shanxi Province, China; 030002)

**Abstract**: In recent years, the rapid development of urban construction has brought many problems, such as urban area expansion, population increase, the electricity demand increase, indoor substation increase etc. in this circumstance, it is difficult for the existing power grid to meet the requirements. Especially during the load peak in summer, under the condition of heavy load and continuous high temperature, transformers produced a lot of continuous noise. When the substation is located in resident concentration areas, complaints and civil disputes about substation noise would increase by a large margin. Besides, the planning of new substation would also be influenced. Therefore, how to solve the problem of the city substation noise has become a difficult problem for power grid construction.

Aiming at the main noise source of indoor substation main transformer, this paper adopted sound attenuation in the transformer room wall. considering the deadening, structure form and construction technology etc, a deadening wall construction scheme has been designed combined with actual construction situations. This method will significantly reduce the noise intensity, thus solve the urban indoor substation noise problem.

**Key words**: indoor substation; main transformer room; double deadening wall; reduce the noise

# 智能变电站采用装配式结构体系的设计要点

刘　涛，利相霖

（国网辽宁省电力公司经济技术研究院，辽宁省沈阳市　110015）

**摘　要**：装配式结构体系，主要采用高强的钢结构为骨架，以轻质保温、易于安装的 ALC 板为围护体系来建造轻型装配式的“两型一化”变电站，避免了施工过程中大部分的湿作业，实现快捷化建造，使现场文明施工提高到更高的层次。

**关键词**：装配式结构体系；钢结构；ALC 板；“两型一化”

## 0　引言

变电站的建造长期以来沿用了就地采购砂石、砖块、钢筋、水泥等建筑材料，现场绑扎钢筋、立模、拌制混凝土、浇筑、养护、砌筑填充墙并粉刷等传统模式。这种作业因建造队伍的技术水平参差不齐而使工程质量很不均衡，同时施工周期较长，现场文明管理难度较大，与国家电网公司建设“两型一化”变电站的要求存在一定差距。

装配式结构体系是深入贯彻落实国家电网公司“两型一化”建设要求的一项重要创新。变电站的设计有别于传统的变电站设计，其总平面布置、电气工艺布置、建筑设计、结构选型、建筑构造等都与传统变电站有较大的不同。装配式智能变电站建筑具有高效率、高质量、节能环保的优点，同时可实现工厂化生产、标准化施工、减少现场湿作业和节约构件运输费用等。当构件形成规模化生产后，还具有较高的经济性，完全符合今后电网建设发展的需求。

## 1　ALC 板介绍

装配式结构体系的墙面、屋面等围护结构材料均采用蒸压轻质加气混凝土预制板，它是以生石灰、硅砂、水泥为原料，以铝粉为发泡剂，经过一系列工艺流程，最后在高温、高压蒸汽养护下获得的多孔硅酸盐制品。

ALC 板内配有一定数量的钢筋网片，板内网片可根据需要配以单层或双层。配筋大小根据荷载大小经计算确定。截面形式有 C 型板、TU 板和变截面板 3 种。ALC 板是一种性能优越的新型轻质建筑材料，广泛应用于工业民用建筑领域。

## 2　规格参数

ALC 板的宽度可选范围为 300～600mm；通常以 600mm 为模数来选用 ALC 板。有 7 种板厚供设计选择见表 1。

表 1　　ALC 板规格尺寸与适用部位

Tab. 1　　Board size and applicable parts

| 型号 | 宽度(mm) | 厚度(mm) | 长度(m) | 级差(mm) | 承载能力($kN/m^2$) | 适用部位及做法 |
|---|---|---|---|---|---|---|
| 薄型板 | 600 | 50 | | 25 | 不受力 | 如钢梁、柱的防火包裹、外墙保温、轻型屋面等 |
| 屋面板 | 600 | 75～200 | 1.8～5.2 | 10 | 受荷载为0.8～2.2 | 顺坡放置时设置轻钢檩条，横坡放置时设置在屋面梁上 |
| 外墙板 | 600 | 100～20 | 3.5～6.5 | 10 | 受风荷载为0.8～3.0 | 外墙板放置方式有横放和竖放 2 种 |

## 3　轻钢结构与混凝土结构比较

### 3.1　技术比较

轻钢结构与混凝土结构相比具有轻质高强、空间布置灵活、较强的抗震能力、工厂化生产、标准化施工等诸多优点，但混凝土结构在防火，耐久性方面有明显优势，因此钢结构的防腐和防火问题，在设计、制作、防护、安装时必须引起足够的注意。

### 3.2　经济比较

经统计分析，同等条件下钢筋混凝土结构常规方案的每平方米工程造价为 1400 元左右，而轻型装配式钢结构的每平方米工程造价为 1899 元。当前轻型装配式钢结构的每平方米工程造价高于混凝土结构，主要因为建筑内、外墙板、楼板、防火等构的成本较高。此外，我国劳动力价格低廉，属于技术密集型的钢结构体系，在节约劳动力方面的优势显示不出来。如果定型化、批量化建造，则可以在一定程度上降低材料成本。钢结构工程可以缩短工期，相应的工程贷款利息和管理费用大为节省，可以用来弥补较高的建安费。

## 4　装配式结构体系的设计要点

### 4.1　装配式围墙

装配式围墙可以实现围墙的标准化设计、工厂化加工、机械化安装，达到高效率、高质量、经济环保的目的，缩短了围墙建设的周期。相对于传统砖砌围墙的主要优势在于实行工厂化生产，质量、效率有保证。装配式构件生命周期长，具有回收利用价值，符合“两型一化”的建设要求。

现场拼装施工，所有钢构件需热镀锌，安装时将板的两端嵌入钢柱，围墙板与钢柱翼缘间的缝隙采用定制的硬塑料楔子固定、发泡材料填塞，密封胶封口。基础为现浇独立混凝土杯口基础，采用微膨胀细石混凝土二次灌注，基础间不设连梁。装配式钢柱 ALC 板围墙技术指标见表 2。

表 2　　装配式钢柱 ALC 板围墙技术指标

Tab. 2　　Prefabricated steel column ALC board fence technical indicators

| 项　目 | 技术指标 | 性　能 |
|---|---|---|
| 围墙 | 高度 | 2.5m |
| | 钢柱间距 | 4.0m |
| | 计算确定热轧 H 型钢选择 | HW125×125 |
| | 角柱选用 | [12.6 槽钢 |
| | 每档柱距有 | 4 块 ALC 板 |
| ALC 板材 | 宽度 | 600mm |
| | 厚度（板内双面配筋） | 100mm |
| 装饰板 | 厚度 125mm，板内双面配筋 | 顶部一块为刻有条形花纹板 |
| 力学性能 | 柱顶水平位移限值 | 墙高/100 |
| | 基本风压 | 0.4kN/m$^2$ |

## 4.2　轻型装配式房屋

### 4.2.1　结构体系

（1）横向框架和纵向框架。

轻钢结构的横向框架由梁柱组成，可以有多种形式：单跨与多跨；单坡、双坡与多坡。轻钢结构的纵向框架由纵梁、柱、刚性系杆、柱间支撑组成，纵向框架中的纵梁、刚性系杆和支撑构件与柱做成铰接连接。二次设备及功能用房室为一单层双跨建筑，两跨不等，屋脊在中柱轴线上。室内净空高度呈南高北低的态势。南北两部分用内隔墙分隔。

（2）结构布置。

二次设备及功能用房室结构形式为装配门式刚架轻型钢结构。横向是二跨门式刚架（见图 1），梁、柱截面均为等截面，均选用 HM300×200（截 面尺寸 294mm×200mm×8mm×12mm），中间摇摆柱选用 HM250×175（截面尺寸 244mm×175mm× 7mm×10mm）。

图 1 中，A、C 柱底端均为固结，中间摇摆柱上下端均为铰接，横向梁柱连接处均为固结。纵向为 5 等跨排架结构（见图 2），纵向梁柱均为铰接，并在 4、5 轴之间设置一道柱间支撑，对应于柱间支撑开间内设置屋面横向水平支撑（见图 3），柱间支撑和屋面横向水平支撑组成一个几何不变体系，保证了整个结构物的稳定。图 3 中，连系梁 LL1 为 HM200×150（截面尺寸为 194mm×150mm× 6mm×9mm）。

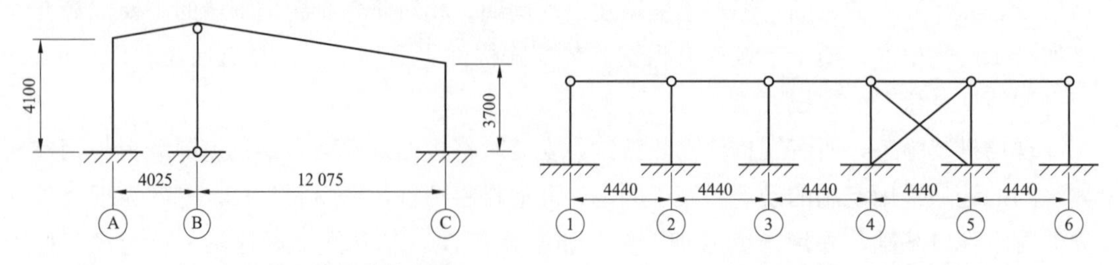


图 1　二次设备室横向结构计算简图

图 2　二次设备室纵向结构计算简图

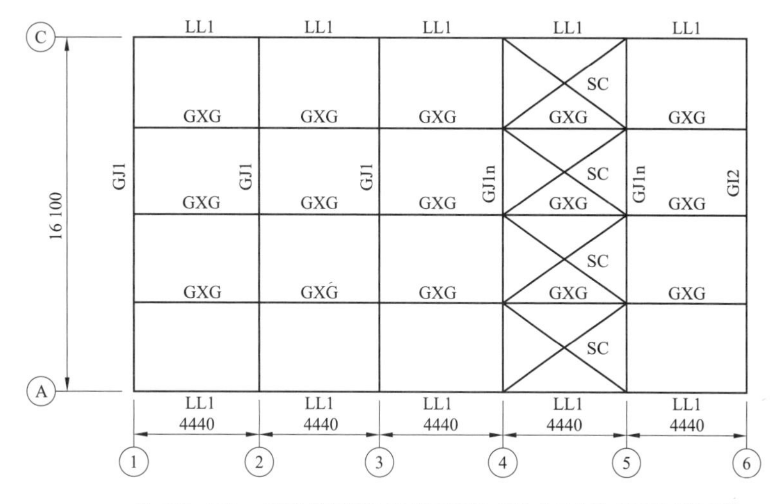


注: GJ1、GJ1n、GJ2为横向刚架, LL1为连系梁, SC为水平支撑, GXG为刚性系杆。

图3　屋面结构平面布置图

（3）支撑体系。

屋面支撑和柱间支撑构成了整个结构的支撑系统，支撑系统保证了结构框架形成稳定的空间体系。屋面支撑由交叉支撑杆件、纵向刚性系杆以及刚架梁构成。一般在设置柱间支撑的开间同时布置屋面水平支撑。此支撑系统形成沿刚架跨度方向的桁架体系，所以又称为屋面横向水平支撑。柱间支撑 ZC 是用 $\phi$20mm 的圆钢制成，一头焊在连接板上，另一头制成 M20mm 的螺纹，丝长 200mm，将相同的两根圆钢用花篮螺栓连接。刚性系杆 GXG 为 $\phi$89mm×4mm 的圆形钢管。

**4.2.2　围护系统**

（1）墙体（见图4）。

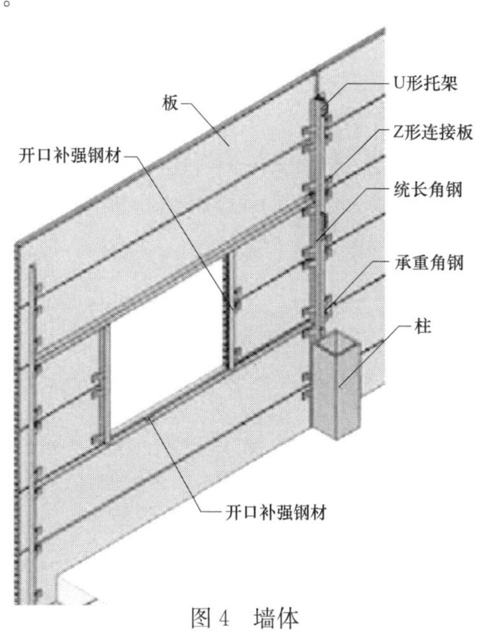


图4　墙体

外墙墙体自±0.00mm 以上采用 ALC 板 150mm 厚横放。用钩头螺栓钩在柱子上。在门两侧需立小钢柱，采用 14 号槽钢，上与钢连系梁连接，下与基础梁连接，一方面固定门樘，另一方面固定墙板。为了尽量少切割 ALC 板，门窗的高度尽可能是 600 的整倍数。通风机采用无振动的型号可直接安装在墙板上，用角钢框与墙板固定。±0.00mm 以下墙体采用 240mm 厚的灰砂砖砌筑。内隔墙也采用 ALC 板 100mm 厚竖放。下用专用配件与地面固定，上与钢梁连接。

(2) 屋面。

屋面板采用 125mm 厚的 ALC 板，与屋脊平行铺设，直接搁置在门式钢架梁上。檐口处的一块 ALC 板与钢梁的连接是依靠焊在钢梁上的钩头螺栓相连。其余的 ALC 屋面板在板缝的端头，于钢梁上焊一块穿筋压片，与板缝内设置的通长 $\phi$8mm×600mm 接缝钢筋连接，再用填缝砂浆填实。女儿墙也用 ALC 板，为了女儿墙的稳定在屋面梁上立矩形 HW100mm×100mm 的小钢柱。

#### 4.2.3 钢结构防腐与防火

(1) 钢构件的防腐。

采用具有抗腐蚀能力强的耐候钢；在钢材表面用金属镀层保护，如电镀锌、热浸锌、热喷锌等，称为镀层防腐法；在钢材表面涂以非金属保护层，即用涂料将钢材表面保护起来，使之不受大气有害介质的侵蚀，称为涂层防腐法。当前涂层防腐是最普遍、最常用的方法。适用性强，操作方便，但耐久性较差，经过一段时间需要进行维护。质量等级应符合 GB/T 8923 系列的规定。

(2) 钢结构防火。

在钢构件表面喷涂防火涂料，采用轻质防火厚板将钢构件包裹，复合保护，即紧贴钢构件用防火涂料或其他隔热防火材料，外用防火薄板包覆。其中喷涂防火涂料保护法的重量轻、施工较简便，适用于隐蔽结构和裸露的钢梁、柱、斜撑等钢构件。

## 5 结束语

变电站轻钢结构与普通工业厂房的轻钢结构在结构体系上并无明显差别，但由于变电站建筑本身的特殊性决定了变电站建筑中轻钢结构的围护系统，应选用防火、保温、隔热、防水效果好的轻型墙体材料。ALC 板既具备防火、保温、隔热等优良的建筑物理性能，又可以定型化设计、工厂化生产，适合于装配式施工建造，与轻钢结构配合建造变电站，能够真正体现轻型装配式体系的轻质、快速、布置灵活等一系列优点。可以实现资源节约型、环境友好型以及工业化的建设要求，符合国家电网公司提出的“两型一化”的建设思路。此类体系的应用，在工厂化生产、标准化施工、建设周期、节能环保等方面体现出明显的优势。

## 参考文献

[1] 刘亚非，等. 预制混凝土装配式整体厂房结构施工实践. 施工技术，2006 (3).

［2］ 涂雪松．全预制装配式结构体系设计与建造技术研究．东南大学，2008.
［3］ 刘晓，王兵．钢框架住宅的发展趋势［J］．钢结构，2003（4）.
［4］ 任讯波，王向军．多层钢框架设计简述［J］．陕西建筑，2006（9）.
［5］ 国家电网公司．国家电网公司输变电工程典型设计：66kV 分册［J］．北京：中国电力出版社，2009.
［6］ 国家电网提速“两型一化”变电站建设［J］．电气世界，2007（11）.
［7］ 沈祖炎，李元齐．促进我国建筑钢结构产业发展的几点思考［J］．建筑钢结构进展，2009.11（4）：15－21.
［8］ 装配式钢结构住宅建筑的技术研发和市场培育［J］．住宅产业，2012（12）：32－35.
［9］ 装配式结构体系的发展与建筑工业化［J］．重庆建筑大学学报，2004，26（5）：131－136.

**作者简介：**

刘涛（1979—），男，大学本科，高级工程师，国网辽宁省电力公司经济技术研究院，变电土建设计。

利相霖（1983—），男，大学本科，工程师，国网辽宁省电力公司经济技术研究院，变电设计。

## Intelligent substation adopts modular design points of the structure system

LIU Tao，LI Xianglin

(State Grid Corporation of Liaoning Economy Institute of Technology，Shenyang，Liaoning Province，115000)

**Abstract**：prefabricated structure system，mainly USES the adoption of high strength steel structure as the skeleton，with lightweight insulation，easy to install the ALC board for retaining system to build light “two type” of prefabricated substation，avoids most of the construction process of wet operation，realizing high-speeding construction，make the scene at a higher level of civilization construction.

**Key words**：prefabricated structure system，steel structure；ALC board；“Two type”

# 基于 220－B－2 通用设计方案 220kV 构架选型及优化研究

曾爱民，赖华勇，田冬冬
（国网江西省电力公司经济技术研究院，江西省南昌市　330043）

**摘　要**：基于国家电网公司输变电工程 220－B－2 通用设计方案，利用空间计算分析软件对原分散式的 220kV 配电装置构架布置进行优化设计，提出了大联合构架设计方案，并与原方案进行了技术经济对比。结果表明采用大联合构架设计方案能够有效减少工程用地，降低工程造价。

**关键词**：变电构架；空间计算分析；结构优化

## 0　引言

随着国家电网公司基建领域“两型三新一化”建设工作的深入开展，“三通一标”标准化成果近几年工程中得到大量实践应用，也在不断滚动修编，部分通用设计方案还有一定的优化空间。笔者在电网建设 220－B－2 通用设计方案[1]应用中，结合方案的设备特点对原分散式的 220kV 配电装置构架布置进行联合设计，充分发挥联合布置构架结构优点和高强钢材强度，达到优化总平面布置和技术指标、减少工程用地、降低工程造价等目的。期冀通过提高变电设计技术水平，对变电站通用设计整体推广应用取得较好的经济效益和社会效益。

## 1　结构布置方案

采用 220－B－2 变电站设计方案，220kV 配电装置采用双母线单分段接线，构架布置采用 18m 高进、出线构架与 14m 高母线构架各自独立布置，共安排 8 回出线。采用 2 回出线合并设计布置，共 2 组 2 榀 25m 宽构架，两组间距 11m 为分段位置；内侧布置 6 组连续两跨 13m 宽母线构架；跨线档距 45m，场地纵向尺寸为 55.5m，如图 1 所示。

大联合构架设计方案，在原方案基础上，保持进、出线构架梁宽度与高度不变；母线构架高度不变，取消母线梁外侧构架柱，两跨母线梁延长至 19m 宽，与进、出线构架联合；进、出线构架间分段位置处设置联系梁，取消一侧构架端撑。跨线档距为 38m，场地纵向尺寸为 51.5m，如图 2 所示。

大联合构架设计采用进出线构架与母线构架整体联合，通过母线钢梁和联系梁连接使整体构架刚度增强，受力更趋合理；同时减少母线构架柱和一侧构架柱端撑，节省构架钢材和基础砼用量，布置更为紧凑，减少占地面积 488m$^2$（合 0.73 亩）。

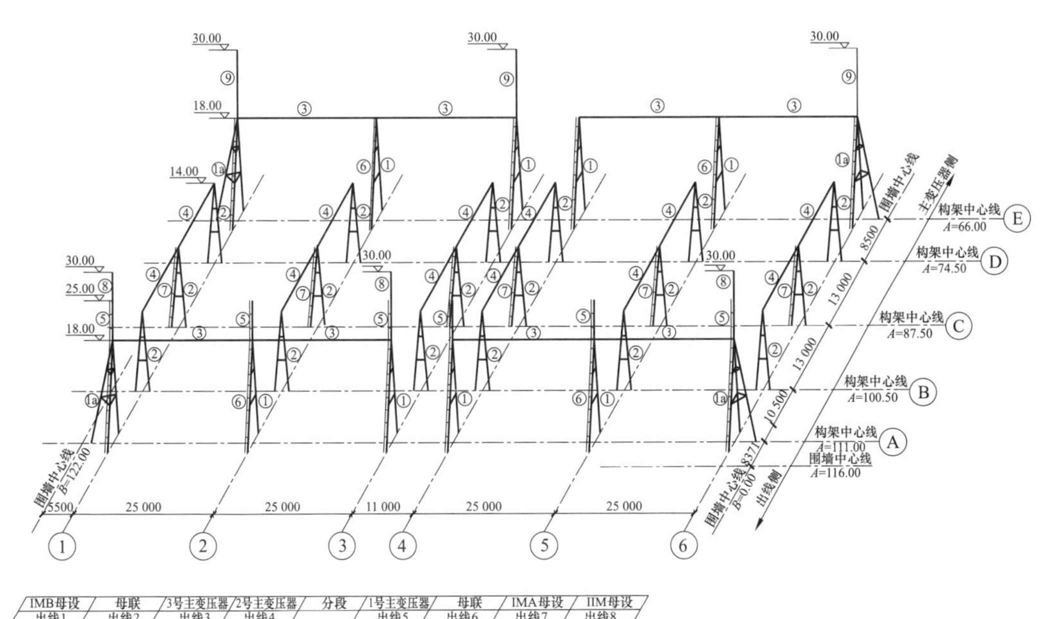


图 1　220－B－2 方案

Fig. 1　220－B－2 design

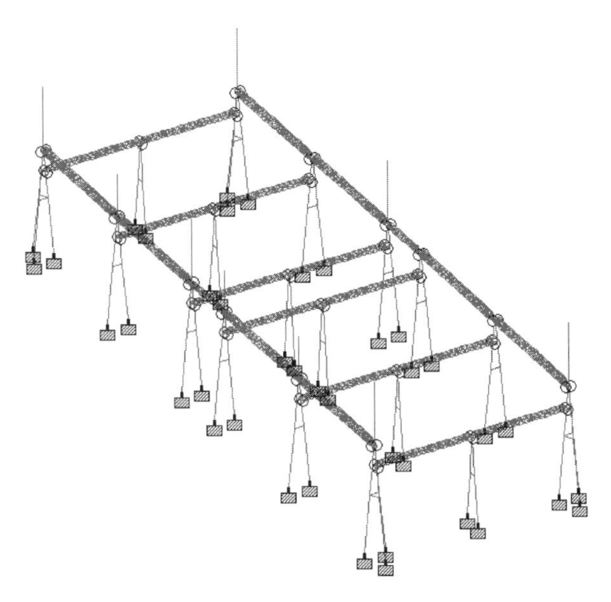

图 2　大联合设计方案

Fig. 2　Joint framework design

## 2　结构荷载资料

原 220－B－2 方案 220kV 经重新选型及优化后，最大张力的母联间隔构架档距和导线张力（标准值，余同）变化情况如表 1（$H_1$、$V_1$、$T_1$ 分别表示水平拉力、垂直荷重、侧向风压）。

表 1 导 线 张 力

Tab. 1 Wire tension

| 荷载状态 | 45m 档（kN） | | | 38m 档（kN） | | |
|---|---|---|---|---|---|---|
| | $H_1$ | $V_1$ | $T_1$ | $H_1$ | $V_1$ | $T_1$ |
| 最大覆冰 | 10.61 | 0.34 | — | 7.78 | 0.32 | — |
| 最大风速 | 9.24 | 0.30 | 0.96 | 6.81 | 0.28 | 0.83 |
| 最低气温 | 7.17 | 0.25 | — | 5.33 | 0.23 | — |
| 施工安装 | 6.67 | 0.25 | — | 5.12 | 0.24 | — |
| 三相上人 | 11.15 | 0.29 | — | 8.36 | 0.28 | — |
| 单相上人 | 13.29 | 0.32 | — | 10.02 | 0.30 | — |

由表 1 可看出，随着导线档距由 45m 减为 38m，导线张力和垂直荷重都相应减小，最大张力减小约 3kN/相，对构架梁主材有较大影响。

建模计算时出线张力按 10kN/相、地线张力标准值按 5kN/根、垂直荷重 3.5kN 考虑。25m 母线重量（含绝缘子串重量）为 10.8kN/相；11m 母线重量（含绝缘子串重量）为 8.8kN/相。

## 3 结构选型方案

### 3.1 构架柱

根据大联合构架受力特点，构架柱采用 A 型直缝钢管柱结构，采用分段加工制作法兰连接，方便运输和现场施工安装。构架柱采用与插入式杯口基础二次浇筑，柱脚按固接设计。

（1）进出线构架柱：构架柱顶标高 18m，埋深及插入杯口深度共 1.75m，计算总高度 19m；A 型柱底根开 4m，顶板柱距 0.22m。设计根开与柱高之比约 1/5，大于 1/7。

（2）母线构架柱：构架柱顶标高 14m，埋深及插入杯口深度共 1.2m，计算总高度 14.45m；A 型柱底根开 3.4m，顶板柱距 0.20m。设计根开与柱高之比约 1/5，大于 1/7。

### 3.2 构架梁

联合构架钢梁为格构式钢梁，均采用正三角形截面桁架布置，主材采用 20 号无缝钢管，法兰连接，腹杆为角钢与主材节点板螺栓连接。钢梁和柱头连接采用螺栓连接，按铰接设计，螺栓为 6.8 级及 4.8 级。

（1）进出线梁：钢梁跨度 25m、截面高 1.3m，宽 1.3m，梁端考虑与柱顶板连接尺寸合理，梁端宽收缩至 1m；内外侧均安排 2 回进出线悬挂点，同回路导线间距为 3.5m，离梁端距离 3m，同跨相邻两回间距 5m。钢梁高跨比约 1/19，大于 1/25。

（2）联系梁：钢梁跨度 11m，考虑联合构架梁刚度的连续性，截面高 1.3m，宽 1.0m。钢梁高跨比约 1/8.5，大于 1/25。

(3) 母线钢梁：钢梁跨度为19m，截面高1.0m，宽1.0m；采用V型挂点布置，管母中心间距3.5m，离母线构架柱端3m，离进出线构架端9m，同管母悬挂点间距2m，相邻相悬挂点距离为1.5m，钢梁高跨比约1/19，大于1/25。

### 3.3 地线柱及柱上避雷针

构架柱顶板上设置地线柱，按8m高设计，采用直缝钢管单柱结构；部分地线柱顶附4m高避雷针，采用20号无缝钢管。

地线柱底部与构架柱顶板采用法兰连接；避雷针与地线柱采用法兰连接。

## 4 大联合构架设计工况分析

大联合构架进出线梁均考虑单侧挂线的终端构架设计，大联合构架按如下三种承载力极限状态情况设计[2]。

(1) 运行工况：按各间隔的实际最大荷载（最低温、最大风、最大覆冰时）对构架及基础计算；

(2) 安装工况：按各间隔的施工安装荷载对构架及基础计算；

(3) 检修工况：按一个间隔的三相上人荷载与其他间隔施工安装荷载对构架及基础计算。

构架整体计算按风速10m/s，并计算温度作用。

进出线钢梁不计外侧挂线，既是施工挂线时的一种常态，也因为钢横梁张力差最大，对整体构架及基础为最不利受力状态。

横梁上不附加荷载；柱顶地线柱、避雷针的荷载按水平力及弯矩附加。

## 5 钢梁设计工况分析

### 5.1 进出线钢梁

为了全站进出线钢梁加工、安装的方便，对跨度、用途相同的钢梁进行归并，对其钢梁尺寸、主材规格统一。考虑以下各种工况进行设计验算[3]。

(1) 运行工况：a双侧挂线——内侧最大荷载、外侧出线荷载（此工况为最大垂直荷载，对上弦杆截面有影响）。b单侧挂线——选内侧、外侧中最大荷载（此工况为最大水平张力，对下弦杆截面有影响）。

(2) 安装工况：a双侧挂线——内侧施工安装荷载（考虑靠近梁中的边相紧线产生的垂直荷载）、外侧出线荷载（此工况为挂线点最大荷载，对上弦杆、竖杆截面有影响）。b单侧挂线——内侧施工安装荷载（考虑靠近梁中的边相紧线产生的垂直荷载）、外侧不出线（出线紧线滑轮不考虑安装在站内出线钢梁，在施工图设计中明确说明）。

(3) 检修工况：a双侧挂线——内侧一回三相上人荷载、另一回施工安装荷载；外侧出线荷载（此工况对上弦杆、竖杆截面有影响，与运行工况a进行比较）。b单侧挂线——内侧一回三相上人荷载、另一回施工安装荷载；外侧不出线（此工况对下弦杆截面有影响，与运行工况b进行比较）。

### 5.2 母线钢梁

母线钢梁跨度、用途相同，对中间梁和边梁进行归并，钢梁尺寸、主材规格统一。联合构架设计时母线钢梁考虑按运行工况条件设计计算，运行工况下，全梁安装完成管型母线，按V型挂线方式，考虑母线及绝缘子垂直荷载为：不计风载对母线的侧向影响。

钢梁设计时另附加上人检修的2kN人与工具垂直荷载验算。

### 5.3 联系梁

联系梁仅考虑在联合构架中增强沿排架方向构架整体刚度，传递水平方向荷载，考虑上人检修的2kN人与工具垂直荷载设计验算。

## 6 结构计算软件

本文采用BENTLEY软件（北京）有限公司的STAAD/CHINA钢结构设计与分析软件进行分析，通过空间结构分析计算，反映构架结构的真实受力状况，通过对计算结果的分析比较，甄别出危险构件、偏安全构件，使钢结构发挥其强度，优化钢构件配置，达到降低总用钢量、提高构架的整体安全度目的。

## 7 材料用量比较

大联合构架方案优化计算后，主材规格、材料用量与原方案统计比较见表2。

表2 技术经济比较

Tab. 2 Technical and economic comparison

| 项　　目 | 原方案 | 大联合方案 |
|---|---|---|
| 构架柱1主材 | $\Phi$450×9 | $\Phi$400×10 |
| 母线构架柱主材 | $\Phi$450×9 | $\Phi$400×10 |
| 构架横梁主材 | $\Phi$140×6 | $\Phi$133×6 |
| 母线横梁主材 | $\Phi$102×6 | $\Phi$133×6 |
| 材料用量（含连接件，不含爬梯） | 204.34t | 153.8t |

## 8 结语

本文基于国家电网公司输变电工程通用设计220－B－2方案，对原分散式的220kV配电装置构架布置进行重新选型，提出了大联合构架设计方案，充分利用联合构架布置结构优点和钢材强度，优化了构架柱、梁的材料规格。空间计算分析优化结果与原方案比较表明，220－B－2方案采用联合构架布置方案对达到技术可行、经济合理和有利于节约资源等工程建设目标更为有利。

## 参考文献

[1] 刘振亚. 国家电网公司输变电工程通用设计［M］. 北京：中国电力出版社，2011.

LIU Zhenya. the State Grid Corporation Power Transmission Project General Design [M]. Beijing：China Power Press，2011.
[2] 中南电力设计院. 变电构架设计手册 [M]. 武汉：湖北科学技术出版社，2006.
Central Southern China Electric Power Design Institute. Design Handbook of Substation Framework [M]. Wuhan：Hubei Science and Technology Press，2006.
[3] DL/T 5457—2012 变电站建筑结构设计技术规程 [S]. 北京：中国计划出版社，2012.
DL/T 5457—2012 Technical Code for the Design of Substation Buildings and Structures [S]. Beijing：China Planning Press，2012.

**作者简介：**

曾爱民（1965—），男，大学本科，高级工程师，一级注册结构工程师，主要研究方向为变电土建。

赖华勇（1987—），男，硕士，工程师，主要研究方向为变电站土建设计。

田冬冬（1986—），男，大学本科，注册电气工程师，主要研究方向为变电站电气一次设计。

## Research on Structure Selection and Optimization of 220kV Substation Framework Based on General Design 220－B－2

ZENG Aimin，LAI Huayong，TIAN Dongdong
(State Grid Jiangxi Electric Power Company Economic Research Institute，
Nanchang，Jiangxi 330043，China)

**Abstract**：Based on 220－B－2 of the State Grid Corporation power transmission project general design，using spatial analysis software BENTLEY，this paper develops optimization design to the original proposal with distributed arrangement of 220kV substation framework and establishes a large joint framework design. Finally，a technical and economic comparison shows that the large joint framework design can effectively reduce land use area and project cost.

**Key words**：substation framework；finite element analysis；structure optimization

# 变电站设备预制舱配送式基础的研究

李光应[1]，蔡月漫[2]

（1. 国网新疆经济技术研究院设计中心，新疆乌鲁木齐市　830000；
2. 国网新疆电力公司昌吉供电公司，新疆昌吉市　831100）

**摘　要**：现今，设备预制舱（Equipment prefabricated cabin）的运用越来越广泛，但是预制舱基础依然采用传统的混凝土现浇基础或砖砌基础，施工复杂，且在恶劣环境下施工困难。现通过对预制舱基础的受力分析、承载力计算、基础模块化等方面进行研究，使基础也能进行配送；配送式基础（Distribution type foundation）也称预制装配式基础（Prefabricated foundation），可通过工厂生产预制、现场拼接安装两个阶段建设完成，可缩短施工工期，减少噪声，保护变电站周围的生态环境，且能在不同气候条件和地质条件下使用，与预制舱相结合，达到变电站整体装配的目的。

**关键词**：预制舱；预制基础；模块化组装；整体配送

## 0　引言

变电站设备预制舱技术已趋于成熟，摒弃传统建筑物及设备构支架；但是，基础依然使用传统“湿法”施工，若预制舱基础也能配送，通过工厂生产预制、现场拼接安装两个阶段建设，基础采用标准模块组装，施工简单方便，大大缩短建站周期，保护了变电站周围的生态环境。进一步推动变电站标准化建设。

## 1　预制舱装配式基础设计依据

### 1.1　根据基础设计相关规范分析

基础是建筑物和构筑物的组成部分，它承受建筑物的荷载，并将荷载传给地基，保证上部结构的安全和稳定；所以只要保证基础可以承受上部荷载，在规定的年限内安全使用，那么基础在埋深、形式上是可以多变的。

### 1.2　预制基础与传统基础的对比

#### 1.2.1　实际运用方面

预制基础与传统现浇基础在实际运用方面相比较而言，预制基础有以下优点：

（1）安装工期短——由于基础在工厂制作完毕，运到现场后，仅需对施工现场的地基稍作处理，即可拼接安装，大大缩短了现场浇筑的时间。

（2）可重复利用——由于基础为工厂预制现场拼装，可以周转使用，利用率高，摊销费用低。

（3）产品质量高——由于产品为工厂化生产，生产、制作、养护的条件优越，实现了专业化流水作业，预埋件定位准确，因而产品具有较高的质量。

（4）基础底面截面形式合理，基础底面积大，基底附加应力较小，对基础地基承载力特征值要求不高，一般只需大于等于120kPa即可。

（5）符合文明施工与环境保护的要求——现场拼装没有噪声、没有扬尘，对周围居民影响小；产品现场整块拼装，便于施工现场组织，较易实现保持施工现场良好的作业环境、卫生环境、工作秩序和规范施工现场的场容，保持作业环境整洁卫生的要求；保证职工的安全和身心健康。

（6）混凝土预制拼装基础利用率高。由于设计成多用组合式，可用于不同形式的条基，使基础的利用率高达100%。

#### 1.2.2 成本方面

目前，国内已建成的变电站受站址地质情况等条件制约，基础均采用现浇混凝土。现浇基础存在混凝土现场施工工程量较大、工期较长、易受气候等因素影响、施工用水、用地较多、寿命终期场地处理费用较高等问题。在2009年福建省电力勘测设计研究院发表的《引入LCC分析装配式变电站应用预制基础的探讨》中，通过全寿命周期成本（LCC）的探讨，结合工程实例，对现浇基础和预制基础进行LCC比较分析，得出预制基础在特定条件更经济的结论。这对实现变电站采用预制基础，从而使变电站的装配式方案在地下部分也能实现工厂化加工、机械化施工、环保施工、节约施工提供了依据，在工期控制，成本控制等方面也有重要意义。

### 1.3 综合分析

装配式基础通过对传统基础优化分块，实现了工厂化流水线生产，质量有可靠的保证，从根本上消除了现场生产湿作业及质量无法保证的弊端，使块与块之间实现无缝隙连接，螺栓定位精确，整体性能好，并根据市场上不同预制舱的不同型号，实现一基多用。

综上所述，可以明确地看到实现预制基础的必然性和必要性，预制装配式基础的优势是明显的，变电站的上部结构荷载都不大，并且结构构件与结构构件之间并不是一个整体，而且主要的荷载为竖向荷载；地震作用以剪切力为主，由于自重小，所以承受的地震作用力也小，侧向力可以忽略不计，所以可以忽略侧向滑移的影响；因此，只要装配式的基础可以支承上部结构，在规定年限内安全使用，那么装配式基础的使用是完全可行的。

## 2 装配式基础设计与施工

### 2.1 基础截面设计

#### 2.1.1 截面计算荷载的选择

根据预制舱及屏柜总重量，将面荷载转换为线荷载分布于四周基础，取1m为计算单元，用于计算基础截面尺寸。

**2.1.2　确定基础埋置深度**

根据《建筑地基基础设计规范》(GB 50007—2011)，季节性冻土地区基础埋深宜大于场地冻结深度；对于深厚季节冻土地区，基础最小埋深计算如式（1）所示

$$d_{min} = Z_d - h_{max} \tag{1}$$

式中：$d_{min}$为基础设计最小埋深，m；$Z_d$为场地冻结深度，m；$h_{max}$为基础底面下允许冻土层最大厚度，m。

在地基土不具有冻胀性或通过换填不冻胀土使基础不受冻胀影响时，基础可以浅埋，这样可以减小基础模块的体积及重量，方便制作和施工。

**2.1.3　确定地基承载力特征值**

在计算基础宽度时，地基承载力需要进行修正，修正计算如式（2）所示

$$f_a = f_{ak} + \eta_b \gamma (b-3) + \eta_d \gamma_m (d-0.5) \tag{2}$$

式中：$f_a$为修正后的地基承载力特征值，kPa；$f_{ak}$为地基承载力特征值，kPa；$\eta_b$、$\eta_b$为基础宽度和埋深的地基承载力修正系数；$\gamma$ 为基础底面以下土的重度，地下水位以下取浮重度，$kN/m^3$；$\gamma_m$为基础底面以上土的加权平均重度，地下水位以下取浮重度，$kN/m^3$；$b$ 为基础底面宽度，m；$d$ 为基础埋置深度，m。

**2.1.4　确定基础的宽度、高度**

基础采用无筋扩展基础，基础底面宽度计算如式（3）所示。基础台阶高度计算如式（4）所示

$$b \geqslant \frac{F_k}{f_a - \gamma \times h} \tag{3}$$

$$H_0 \geqslant \frac{b-b_0}{2\tan\alpha} = \frac{b_2}{[b_2/H_0]} \tag{4}$$

式中：$b$ 为基础底面宽度，m；$F_k$为相应于荷载效应标准组合时，上部结构传至基础顶面的竖向力值，kN；$\gamma$ 为基础及基础上的土重的平均重度，$kN/m^3$；$h$ 为计算基础自重及基础上的土自重时的平均高度，m；$H_0$为基础台阶高度，m；$b_0$为基础台阶顶面墙体宽度，m；$b_2$为基础台阶宽度，m；$\tan\alpha$ 为$b_2$：$H_0$。

**2.1.5　软弱下卧层强度验算**

如果在地基土持力层以下的压缩层范围内存在软弱下卧层，则需按下式验算下卧层顶面的地基强度，如式（5）所示

$$p_z + p_{cz} \leqslant f_{az} \tag{5}$$

式中：$p_z$为相应于荷载效应标准组合时，软弱下卧层顶面处的附加应力值 kPa；$p_{cz}$为软弱下卧层顶面处土的自重压力标准值，kPa；$f_{az}$为软弱下卧层顶面处经深度修正后的地基承载力特征值，kPa。

## 2.2　基础模块设计

根据计算出的基础截面尺寸，考虑运输和吊装，单个模块不宜过大原则，设计计算出模块尺寸、连接螺栓个数、大小、位置，在工厂制作成标准模块，在模块中预留螺栓

拼接洞口，模块运到现场后用螺栓拼接成整体。基础转角模块示意如图 1 所示，基础直段模块示意如图 2 所示，基础组装示意如图 3 所示。

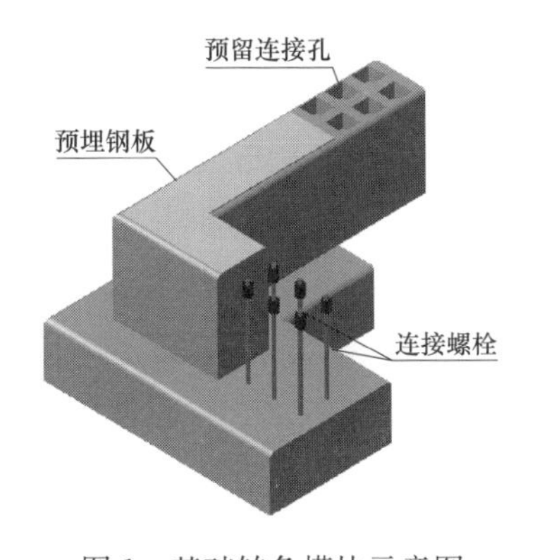


图 1　基础转角模块示意图
Fig. 1　Base corner module diagram

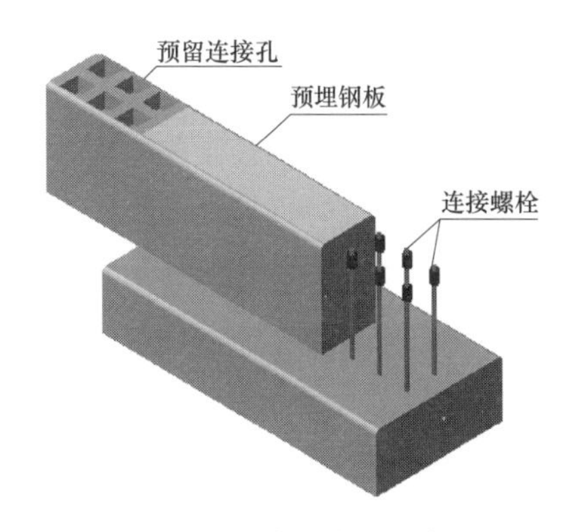


图 2　基础直段模块示意图
Fig. 2　Base on linear module diagram

预制基础在工厂制作，保证了基础质量，由于是模块化组装，施工更方便，工艺更标准，效果更美观。

### 2.3　基础预制成品的运输

基础在运输过程中应注意以下几点：

（1）减少预制件的装、卸次数，降低对成品的损坏。

（2）保证施工人员安全，降低对预制件的损坏，装、卸过程必须施工吊车。

（3）起吊时应使用预埋吊环或专用吊板，严禁用钢丝绳“兜”吊预制件，以免损坏预制件的棱角。

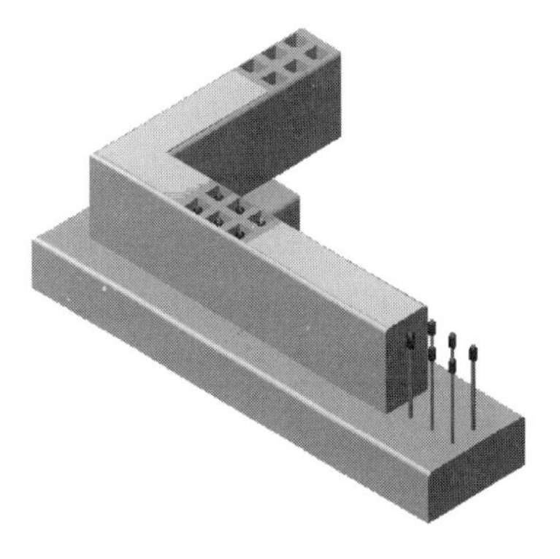

图 3　基础组装示意图
Fig. 3　Base assembly diagram

（4）装车前应在车厢或货架底部垫好枕木，避免预制成品与货箱直接接触而损坏。

（5）装好车后应绑扎牢固、可靠，并采取防止预制件滑动、滚动的措施。预制件之间、预制件与车体之间应采取防碰撞措施，保护其棱角。对法兰螺栓、基础螺栓及地脚螺栓采取保护措施，防止其变形、丝扣损坏，从而影响施工安装质量。

（6）运输路途中，应根据路况条件和行驶距离，定期检查绑扎索具是否完好，有无损伤情况；绑扎措施是否可靠。

（7）施工现场具备条件的可直接将基础预制件运至施工塔位，不具备条件的，可选择中转站进行二次转运。

（8）卸车时使用吊车，严禁采用撬杠直接将预制件翻下，造成预制件棱角、螺栓及地表植被的破坏。

（9）预制件的堆放应定置化，合理选择摆放位置，并在此区域内原地表铺垫土层或铺草垫加盖钢板和木板，以保护植被。

## 2.4 基础吊装

基础在吊装过程中应注意以下几点：

（1）基础吊点采用2根$\phi$19.5×12m的钢丝绳，分别挂基础吊环上，2根吊点的两个端头挂在吊车的吊钩上。

（2）在吊点绑扎处加垫较硬的木板，以保护基础的棱角和钢丝绳。

（3）吊点绑扎完成后，启动吊车，先将其吊离地面，检查吊点绑扎牢固可靠后，将基础吊至预埋槽内，挂扣露出地面，注意防护。

（4）基础找正基础的安装精确与否，将直接影响到装配式预制基础的整体精度，因此，基础的找正非常关键，不仅要求基础中心点与基坑中心点重合，而且两者的中心轴线也应重合。

（5）安装完毕后按照设计说明进行防腐处理。

（6）土壤回填时满足压实强度系数。

# 3 结语

预制舱采用配送式基础，制作、安装简捷，现场拼装工期短，可重复使用，通过不同的拼装方案可能性满足各种常用预制舱基础，实现一基多用，有利于构建资源节约型、环境友好型社会，完全符合国家节能、减排建设方针，具有很高的经济效益、社会效益和环境效益，值得推广应用。在当今建筑业讲究科学发展的进程中，环保节能产品始终是建筑业发展追求的目标，而预制拼装基础正是实现该目标的一项事业。

## 参考文献


[1] 马杰超，程志勇. 装配式基础施工工艺的研究 [J]. 价值工程，2013，(32).
Ma Jiechao，Cheng Zhiyong. Prefabricated foundation construction technology research [J]. Value engineering，2013，(32).

[2] 陈杨波，傅洁浩. 装配式箱变基础的设计及应用 [J]. 江苏建筑，2012，(5).
Chen Yangbo，Fu Jiehao. Based the design and application of precast box change [J]. Jiangsu building，2012，(5).

[3] 李玉润. 变电站土建基础设计及处理技术分析 [J]. 华中电力，2013，(11).
Li Yurun. Substation civil foundation design and processing technology analysis [J]. Journal of central China electric power，2013，(11).

[4] 力晓伟. 装配式变电站土建设计研究 [J]. 工程建设标准化，2015，(11).
Li Xiaowei. Prefabricated substation construction design research [J]. Journal of engineering construction standardization，2015，(11).

[5] 刘奇俊，张志勇，王刚. 绿色装配式变电站建筑设计研究 [J]. 低碳世界，2014，(23).
Liu Qijun，Zhang Zhiyong，Wang gang. Green prefabricated substation construction

design research [J]. Low carbon world, 2014, (23).
[6] 高峰. 装配式变电站设计的实践运用 [J]. 科技创业家, 2013, (19).
Gao feng. The practice of the prefabricated substation design using [J]. Science and technology entrepreneurs, 2013, (19).
[7] GB 50007—2011 建筑地基基础设计规范 [S]. 北京：中国建筑工业出版社, 2011.
GB 50007—2011building foundation design specification [S]. Beijing: China building industry press, 2011.
[8] GB 50009—2012 建筑结构荷载规范 [S]. 北京：中国建筑工业出版社, 2012.
GB 50009—2012 load code for the design of building structures [S]. Beijing: China building industry press, 2012.
[9] GB 50010—2010 混凝土结构设计规范 [S]. 北京：中国建筑工业出版社, 2010.
GB 50010—2010 concrete structure design code [S]. Beijing: China building industry press, 2010.
[10] GB 50017—2003 钢结构设计规范 [S]. 北京：中国建筑工业出版社, 2003.
GB 50017—2003 steel structure design specification [S]. Beijing: China building industry press, 2003.

**作者简介：**

李光应（1988—），男，本科，助理工程师，变电站土建设计。
蔡月漫（1986—），女，本科，助理工程师，变电站运行维护。

## Prefabricated substation equipment distribution type foundation research

LI Guangying[1], CAI Yueman[2]
(1. Its economic and technical institute design center in xinjiang, the xinjiang urumqi 830000;
2. Its electric power company in xinjiang changji power supply company, xinjiang changji, 831100)

**Abstract**: nowadays, equipment the use of prefabricated tank is more and more widely, but the prefabricated tank is still using the traditional cast-in-situ concrete foundation or brick foundation, construction is complex, and difficult in harsh environment construction. Through analyzing the stress of the prefabricated tank foundation, bearing capacity calculation, module assembly and so on, make the foundation also can undertake distribution; Distribution type foundation is also called the prefabricated foundation, through the factory prefabrication, the

scene splicing installation construction of two phases, can shorten the construction period, reduce noise and protect the ecological environment around the substation, and can be used in the different climatic conditions and geological conditions, combined with prefabricated cabin, achieve the goal of whole assembly substation.
**Key words**: prefabricated tank; Prefabricated foundation; The module assembly; The overall distribution

# 三维虚拟现实技术在智能变电站中的应用研究

陈仲伟[1]，黄　来[2]，王逸超[1]，徐志强[1]，肖振锋[1]
（1. 国网湖南省电力公司经济技术研究院，湖南省长沙市　410004；
2. 国网湖南省电力公司，湖南省长沙市　410007）

**摘　要：**针对当前智能电网的不断发展，提出了将三维虚拟现实技术应用于智能变电站的构想。通过建立智能变电站三维虚拟现实平台，将变电站、站内设备及其周边地理信息数字化数据和其他多源（包括影像、PMS 平台、GIS 平台、业务）数据集成，为智能变电站设计、运维、决策、培训提供直观的参考。

**关键词：**智能变电站；虚拟现实；辅助决策

## 0　引言

科技的发展为人们的生活、学习和工作提供了更好地服务，人们已经进入了数字化时代，尤其是三维虚拟现实技术的诞生，已经逐渐广泛地应用于各个领域，尤其是在变电站这种有着特殊要求的建筑中，三维虚拟现实技术为变电站的建设和管理提供了极大的便利[1]。

三维虚拟现实技术相较于传统的二维平面结构图而言，能够直观的反应设备间的拓扑关系以及设备的结构信息，为智能电网的智能化管理提供坚实的基础和平台。然而，在电力行业内的虚拟现实技术应用中，虚拟场景与真实场景存在较大误差，这直接影响了智能化管理的可靠性，使得虚拟现实技术的引入对实际的建设和管理工作缺乏实际的指导意义[2-6]。

## 1　智能变电站三维虚拟现实平台

智能变电站三维虚拟现实平台是通过高仿真、高速度、高精度的三维激光扫描技术，实现对变电站和站内设备及其周边地理信息进行精细化建模，然后集成多源（包括影像、三维模型、业务）数据，客户端可实现日常管理的辅助决策、特定业务场景的专题分析以及虚拟现实的数字化展现等操作。智能变电站三维虚拟现实平台具体分为四个层面：一是采集层面，通过三维激光扫描技术实现智能变电站“点云图”创建、虚拟现实模型创建、电力设备台账三视图创建。二是展示层面，通过接口导入电力系统现有设备台账信息（设备台账信息、电力二次图拓扑信息等等）、运行信息（设备状态监测信息、调度实时信息、电量信息、温度信息、开关状态信息等）、业务信息（设备状态检修信息、设备资产全寿命评估信息等），实现三维模型“电力拓扑图”和“物理拓扑图”的三维模型化创建和展示。三是互动层面，通过三维模型化展示，实现基于三维图形的

“图数互动”。基于图形位置信息、拓扑信息、物理距离信息等信息，查看对应设备信息；基于设备信息，查看三维图形的虚拟效果；基于统计专题，查看图形和数据的分部状态。四是控制层面，通过对三维模型的虚拟操作，实现对真实世界的模拟操作。

## 2　智能变电站三维虚拟现实平台在设计及资料管理中的应用

变电站在改造和扩建设计过程中，需要提供精准的基建、站内设备信息作为建设依据。由于原设计图纸与实际竣工图纸均存在不同程度的偏差，现场勘查需要消耗较高的人力和时间成本，同时，由于变电站改造前各设备、房屋已固定位置，必须获取精准的设备尺寸、间距等信息，否则后续可能存在对新设备运输安装顺利开展，造成不便施工、安装等情况。业务部门需要基于站内精准的三维模型，提供站内二三维基建图纸和设备规格参数信息，减少人员现场勘查次数，降低实际工程与设计图之间的误差。改造后的三维设计图纸可指导施工安装，避免出现设备不能安装、施工器具不能摆放等情况。变电站改造完成后，实现对变电站基建数据、站内一、二次设备的量测存档工作，能提供较为精准变电站各维度多角度的数字化图纸，用于对现有日常管理工作。

建立好的智能变电站三维虚拟现实平台可以支持站内部三维模型的信息管理功能，包括通用模型功能、定制模型编辑和任务管理。支持在站内三维场景内的各种长度、面积、体积的量测功能，包括：空间距离量测、水平距离量测、垂直距离量侧、地表距离量测、投影面积量测和地表面积量测等功能。支持变电站内部三维模型专题图管理的相关功能，包括站内设备拓扑关系图、站内电网拓扑沿布图、站内电网运行环境专题图、站内电网运行准实时信息专题图、历史接线图和站内在线监测布点图等。在三维场景中，展示变电站设备及周边地形环境，包括变电站展现、高亮显示、站内设备台账查询和设备名称动态标注等功能。同时支持站内三维场景浏览及相关操作功能，包括三维浏览基础操作、鹰眼图、粒子特效展示、图形/三维场景输出和设备导航功能。在三维场景内，鼠标移动至设备上，自动弹出对话框显示设备名称。支持通过点击站内设备实现站内设备台账信息查询。支持在设备三维模型台账属性中管理设备电系铭牌信息，包括铭牌编号、铭牌名称、设备类型、电压等级、所属电站、所属间隔等信息。支持用户通过二三维一体化展示功能，实现二维、三维之间的联动，包括二三维联动、二三维设备定位、导航树定位和二三维数据叠加展示等功能。支持对已经完成建模的三维模型，进行三视图纸导出、归档和展示。

## 3　智能变电站三维虚拟现实平台在辅助决策中的应用

智能变电站三维虚拟现实平台集成的各种数据，可以指导智能变电站的辅助决策。

### 3.1　检修计划安排管理辅助决策

根据状态检修评级范围，获取目标设备总体状态评级、多维分析结果及健康状态等级，为检修计划的安排管理提供辅助决策支撑。一是检修过程多维分析：支持对目标设备进行综合多维分析，从检修日期、工作类型、运维单位、设备类型、电压等级、是否停电构建多维分析模型，实现对检修计划及实际完成情况的多维数据分析。二是检修过程分析：支持按照设备类型、时间、是否停电、工作类型、电压等级对检修计划数、实际数、完成率进行统计分析并分析检修情况的变化趋势。围绕设备类型、时间、是否停电、工作类型、电压等级对检修结果的总数、合格数、不合格数、异常数、合格率、异常率进行统计分析并分析检修结果的变化趋势，为业务分析决策提供辅助依据。

### 3.2 大修技改项目管理辅助决策

基于精准的三维模型，围绕目标对象（如变电站、站内重要设备等）按照大修技改管理要求，引入多源数据，从计划信息、项目情况、资金情况、改造规模及改造成果等维度提供支持大修技改项目辅助决策的信息支撑。主要功能包括以下三点。一是多源数据的接入：支持按照单位、电压等级、按照立项单位、电压等级、项目类别、计划年份、投资规模等常用条件及自定义查询条件，组合查询指定时间段内项目情况，能够查看查询结果的详细信息。围绕目标对象，依据设备状态特征量和状态评价相关导则标准，结合设备健康状态的各指标项数据进行分析评价，在数字模型上，用多种形式展现设备总体健康状态等级。二是计划及执行情况分析：针对大修技改项目计划安排及执行情况，从计划安排的合理性、准确性等方面，分析大修技改项目立项未执行技改大修原则规范的情况。与主要设备的状态评估结果及可靠性指标、故障缺陷数据进行关联分析，统计分析大修技改项目的资金分布，与设备关联对应情况。三是辅助决策分析：结合已有的信息数据和历史大修技改项目管理数据，包括资产性质、项目分类、专业类别、专业小类、大修目的、电压等级、重要程度、调整操作、目前形象进度、项目名称、费用区间的常用条件，组合查询大修技改计划信息，进行综合系统分析，找出其中规律，为技改大修项目的立项、总投资（资金）额度、进度制定等提供辅助决策功能。

## 4 智能变电站三维虚拟现实平台在专题分析中的应用

智能变电站三维虚拟现实平台集成的各种数据，可以进行专题分析。

### 4.1 可进行变电站的设备缺陷分析

设备缺陷管理是生产管理的重点，缺陷的特点、规律、表现形式和趋势变化的研究能够促进缺陷处理水平明显提高。通过运用“大数据”技术手段，对变压器和断路器缺陷明细数据获取、分析、过滤、处理，应用比对、关联、聚合、影响度等方式，利用“盒须图、概率曲线”等方法，对缺陷特征关联关系开展研究，并在此基础上，开展缺陷处理时长、重复性缺陷的相关研究分析，提升设备治理的精准度，为设备精益化运维提供参考。主要缺陷分析包括以下三点。一是设备缺陷故障特征分析：对公司设备缺陷整体情况进行分析，统计分析易发、高发缺陷设备，整体掌握缺陷分布特征。通过获取、清洗、处理缺陷位置、设备名称、所属系统、缺陷等级、缺陷类型、确认时间、处理时间、处理过程、发生原因等缺陷故障字段数据，用方差分析、交叉验证等方式，分析易发、高发缺陷故障分布特征。同时将缺陷发生时间、缺陷部件、缺陷类型、缺陷原因等数据进行预处理，通过时序关联算法，构建主设备缺陷类型的前后关联关系。二是设备缺陷处理时长分析：依据公司设备缺陷处理时长标准规定，分析研究设备不同类型缺陷实际处理时长，定位和发现运行设备发热点，从设备缺陷处理时长角度，分析公司缺陷处理的总体情况、分析设备缺陷管理趋势、分析运行单位的设备管理水平；从各单位设备缺陷延期申请情况，分析各单位生产管理中存在的问题；在设备缺陷处理时长分析过程中，发现总结数据质量问题，为运检系统优化提升提供参考依据。三是设备重复性缺陷分析：全面评估公司系统设备重复性缺陷情况，深入挖掘设备重复性缺陷发生规律，对设备重复性缺陷进行全景展示和汇总分析，对一般、严重、危机类缺陷设备重复性缺陷开展专项分析，从厂商、时间、频次、设备等角度研究缺陷的分布情况，找到各主要设备系统重复发生的特征规律，从系统设计改进、缺陷处理水平、备品备件质量等方面，促进生产精益化管理。

### 4.2 事故抢修分析

事故抢修不同于日常运检管理，通常针对线路和设备在运行发生的紧急故障或严重缺陷等问题，具有时间紧、任务急、影响不确定性等特征。开展对事故抢修的过程和结果分析在确保电力正常运行的管理中是必不可少的环节，有效的分析结果能够减少事故抢修的发生频率，同时也能为现场抢修作业提供方案参考。主要事故抢修分析包括以下三点。一是建立事故抢修专题资源池：针对设备运行中产生的事故的突发性和产生原因多样性，建立事故抢修专题库，从设备属性、事故产生原因、事故解决方案、解决时长、事故期间产生的影响等多种业务管理维度建立事故抢修专题库，形成具有参考分析价值的数据资源池。二是事故抢修共性分析：对事故进行共性点分析，针对关键点重合的事故抢修案例从设备属性、产生原因、解决方案等维度进行分析，分析找出规律，形成可指导事故解决的参考依据。三是事故抢修全过程分析：围绕事故产生及解决全过程，从响应时长、解决成本、社会影响、设备自身参数等管理维度开展分析，为事故级别及抢修方案合理性，成本控制、设备改进、舆情导向评估提供科学依据。

## 5 智能变电站三维虚拟现实平台在培训中的应用[3]

基于三维模型图，搭建逼真的视、听、触觉为一体的虚拟环境，形成变电站三维可视化培训平台，形象直观展现站内日常运行管理、设备操作等培训管理。主要功能如下：

### 5.1 培训场景模拟操作管理

支持根据应用场景及任务的不同，灵活的配置站内设备各项参数，并依据相关已知参数自动地生成相关的虚拟培训场景。支持用户在该场景中进行电力知识的学习及仿真操作演练。

### 5.2 培训评级考核管理

支持对将变电站维修知识、电力安全操作规程、电力系统“五防”规则、设备维修规则等理论知识进行信息化处理，并以此为基础制定一套虚拟培训及演练规则，实现对培训及演练过程的智能评价。

## 6 结论

通过三维虚拟现实技术建立的智能变电站三维虚拟现实平台，将各种数据组合构建成的智能变电站工程中的应用，可以为设计、运维、决策部门提供直观的参考，同时为近一步完善方案提供有用的工具。通过虚拟现实技术对数据的整合，将复杂、专业的数据通过虚拟现实技术直观地反映出来，更利于沟通，发现问题，提供意见，提高效率。为智能变电站管理提供最有效的辅助手段。

### 参考文献


[1] 杨珀，胡育蓉，罗沙．变电站三维虚拟现实系统的研究及应用［J］. 科技创新导报，2015（13）：36.

[2] 王艳芳. 变电站事故三维仿真系统的研究与实现［D］. 华北电力大学，2012.

[3] 曲朝阳，侯嵩林，张玉萍，张剑虹，辛鹏. 变电站三维可视化培训平台的实现［J］. 东北电力大学学报，2014（03）：75－79.

[4] 肖建锋. 基于虚拟现实技术的数字化变电站管理系统［D］. 华北电力大学（河北），2006.

[5] 张富刚，李建，乔辉丽，刘华伟，张茨群，张小涛，车晓涛，肖红玉，栾向阳. 三维实景技术在变电站可视化信息管理中的应用［J］. 煤炭技术，2011（03）：257－259.

[6] 朱凯进. 虚拟现实技术在变电站设计中的应用研究［D］. 浙江大学，2012.


### 作者简介：


陈仲伟（1984—），男，博士，高级工程师，主要研究方向为智能电网。

黄来（1979—），男，博士，高级工程师，主要研究方向为智能电网。

王逸超（1988—），男，博士，高级工程师，主要研究方向为智能电网。

徐志强（1975—），男，博士，高级工程师，主要研究方向为电力通信。

肖振锋（1985—），男，博士，高级工程师，主要研究方向为电力通信。


# Research on the application of 3D virtual reality technology in smart transformer substation


CHEN Zhongwei[1], HUANG Lai[2], WANG Yichao[1], XU Zhiqiang[1], XIAO Zhenfeng[1]

(1. State Grid Hunan Economic Power Corporation Economic & Technical Research Institute, Changsha 410004 China;

2. State Grid Hunan Electric Power Company Changsha 410007 China)



**Abstract**: In view of the development of the smart grid, the idea of applying 3D virtual reality

technology to smart transformer substation is proposed. Through the establishment of three-dimensional virtual reality platform of smart transformer substation, the substation, station equipment and its surrounding geographic information and other multi-source data integration (including images, PMS platform, GIS platform, business). It refers to design, operation and maintenance, decision-making, training of the smart transformer substation.
**Key words**: intelligent substation; virtual reality; assistant decision

# 新一代智能变电站优化设计方案研究

耿　芳[1]，兰春虎[1]，王笑一[2]，张晓虹[1]，张　梅[1]
（1. 国网天津市经济技术研究院，天津市河东区　300170；
2. 国网客户服务中心，天津市东丽区　300000）

**摘　要：**文章以某220kV新一代智能变电站设计为例，对变电集成优化设计进行了深入研究。从主接线优化、平面布置、各级配电装置平面布置、设备选择、光电缆敷设优化、二次设计集成优化等多角度进行论述，提炼新一代智能变电站集成优化设计的核心技术，为后续智能变电站设计拓展思路，提升水平。

**关键词：**新一代智能变电站；集成；优化；设计

## 0　引言

新一代智能变电站的建设目标是“系统高度集成、结构布局合理、装备先进适用、经济节能环保、支撑调控一体”，为智能变电站建设的各个环节提出了新的要求。文中以某220kV新一代智能变电站为例，对新一代智能变电站集成优化设计进行深入研究探讨。

## 1　工程总体规模介绍

（1）工程终期规模。电压等级220/110/35kV，主变压器3×240MVA，220kV进出线12回，110kV出线15回，35kV出线18回。

（2）工程本期规模。主变压器2×180MVA，220kV进出线6回；110kV出线10回，35kV出线12回。

原则参考通用设计220－A2－3方案进行布置并进行局部优化。该变电站采用半户外布置形式，主变压器及中性点设备，架空出线避雷器布置于户外，其他配电装置布置于户内。

## 2　新一代智能变电站一次设计集成优化

### 2.1　主接线优化

依据相关规程规定，各电压等级的主接线形式可根据出线规模、变电站在电网中的地位及负荷性质确定，当满足运行要求时，宜选择简单接钱。

根据该变电站实际接线情况，本站遵循新一代智能变电站设计原则，取消220、110kV主变压器进线侧隔离开关，取消220kV出线侧隔离开关，取消110kV无T接线路的出线侧隔离开关。

隔离开关的取消，能够从根本上提高设备运行的可靠性，能在一定程度上缩减设备尺寸，实现变电站紧凑化布置。

## 2.2 一次设备高度集成

电气设备选择在遵循通用设计应用目录的基础上，使用高度集成的一次、二次设备，能够最大程度实现工厂内规模生产、集成调试、模块化配送，减少现场安装、接线、调试工作，一次设备本体与智能控制柜之间二次控制电缆采用预制电缆连接，提高建设质量、效率。

(1) 智能高压开关设备。通过GIS厂家完成智能控制柜内部各智能组建的组装，实现厂内接线，厂内调试，智能控制柜与本体一体化运输和吊装，可减少现场接线和联调，缩短工期，提高效率。智能终端、合并单元、监测IED应按工程本期规模按间隔配置。

(2) 高压开关柜。35kV/10kV开关柜二次设备与开关柜一体化集成优化设计，便于后期布置的美观和运维检修的便利性。

## 2.3 无功补偿优化

结合通用设计方案，本工程每台主变压器补偿4组10Mvar并联电容器组，共计12组。考虑优化变电站平面布置方案的需求，本站对无功补偿模块进行优化，在满足电压波动及运行要求的前提下，通过实际负荷计算，合理选择无功分组容量。最终本站每台主变压器配置3组电容器组（即2×10+20Mvar），本期每台主变压器配置2组电容器组（即10+20Mvar）。

通用设计方案中，采用并联电容器组带干式空心并联电抗器，每台10Mvar电容器占地为13m（长）×8.5m（宽），不考虑两侧通道时至少需要整个变电楼设备长度为8.5×9=76.5m，且需要考虑剩余3组的布置问题；优化分组方案后，加之改用占地面积更少的带铁芯电抗器的电容器组，优化后每组10Mvar电容器组占地为13m（长）×7m（宽），每组20Mvar电容器组占地为13m（长）×7.5m（宽）；不考虑两侧通道时至少需要整个变电楼设备长度为7×6+7.5×3=64.5（m），且已经全部考虑9组电容器的布置问题，不再需要额外空间。

电容器组合理分组的优化，满足变电站无功补偿及投运要求的同时，实现了变电站紧凑化布置。

## 2.4 平面布置优化

该站电气总平面布置本着减少变电站占地面积，以最少土地资源达到变电站建设要求的原则进行合理设计。合理利用站区环境和站外道路，优化站内道路，缩减变电站纵向尺寸和横向尺寸，从而减少围墙内占地面积。

(1) 应用模块化集成设计理念。本工程应用了变电站模块化集成设计新理念，实现平面布局优化。严格按照工厂预制现场装配的理念设计，一次设备本体加智能组件的方式实现一次设备智能化，智能组件统一由一次设备厂家场内集成，体现模块化设计的高效；电气装置的布置方式采用“单元”布置方式，一台主变压器所带设备成“单元”分区就近布置，并满足二次接线的要求。开关设备同无功补偿设备分区明确，充分体现电气布置模块化。一二次设备高度集成，现场只需完成合并单元及保测装置至二次设备室的相关交直流电源电缆及光缆的敷设，全站电缆大幅减少，电缆敷设、电缆施工接线的工作量相应减轻，缩短电缆施工安装周期，节约工程造价。

(2) 优选小型化设备。设备是影响变电站占地指标的关键因素。本工程优选小型化、紧凑型设备，并对全站布局进行优化，以实现变电站紧凑化布置。本站 220kV GIS 电缆出线间隔宽度为 2.8m，其他间隔为 1.8m，整个 220GIS 室布局紧凑合理，放置于 220 配电装置楼二层，优化后的 9 组电容器放置于 220 配电装置楼一层；本站 110kV GIS 间隔宽度为 1m，35kV 采用金属铠装 $SF_6$ 充气柜，出线柜宽 0.6m，受总及分段柜宽 0.8m，相对于常规 1.2m（1m）的空气绝缘柜大大节省占地面积。优化后全站综合楼为 55m（长）×10.2m（宽）。优化后全站总建筑面积（3633.24$m^2$）较通用设计（5327.51$m^2$）优化了 39.3%，优化后全站围墙内占地面积（5829$m^2$）较通用设计（7740$m^2$）优化了 24.7%。

(3) 整合全站功能用房。该变电站设计融入变电站紧凑化布局设计思想，按照无人值守变电站标准将变电站房间数量和项目标准化。全站仅设置安全工具间，资料间，卫生间，泵房。减少附属房间配置，优化全站布局。

### 2.5 光、电缆敷设优化

本站电缆的敷设采用成品电缆槽盒，方便土建施工，提高施工效率。电缆沟采用成品复合沟盖板和装配式电缆沟，减少现场浇筑施工量和时间。通过使用隐藏式电缆沟系统在安全、方便的前提下，站内无明露沟、盖板，全站外观简洁，突出工业化。

### 2.6 绿色建筑节能环保

本站建筑电气设计过程中融入绿色建筑理念，以绿建三星标准进行变电站辅助电气设施相关的设计。首选低能耗、低噪声的电气设备，充分利用太阳能、风能等新能源条件，实现变电站能够接入清洁能源的条件。实现新一代智能变电站的“更节能”、“更低碳”、“更环保”。

## 3 新一代智能变电站二次设计集成优化

### 3.1 实际工程优化方案

(1) 站域保护控制系统通过网采网跳方式采集站内信息，集中决策，实现备投、主变压器过负荷联切、低频低压减负荷等紧急控制功能；实现 110kV 间隔单套保护的冗余配置功能；优化主变压器低压后备保护功能，实现 35kV/10kV 简易母差功能。同时支持不同运行方式下控制保护策略的自适应功能。

(2) 二次设备在线监测以公用测控装置为主 IED，实时监测二次设备自检及自诊断信息。

(3) 考核计量点设备采用保护测控计量一体化装置，电量信息通过网络传递，省去电能表，更加节省空间。

### 3.2 衍生的集成优化前沿理念

#### 3.2.1 屏柜机架一体化

现有二次设备屏柜组合方案都是建立在单体屏柜的构架基础之上的，故而存在运输时整体强度、空间利用、预留远期接口等问题。笔者从以模块为单位的角度出发，不再考虑单体屏柜组合的模式，采用一体化机架作为模块整体结构的基础。在此基础上，重新分配二次装置安装空间及接线方式，实现装置的即插即用；单独设置对外光电缆接口，通过使用预置光电缆，真正实现现场零施工；结合前接线理念，优化模块内的走线路径，解决预留间隔设备后期安装的问题等。

主要优势如下：

(1) 以模块为单位整体设计。摆脱单体屏柜的结构局限，整体设计模块内的空间分布，进一步优化安装接线空间和装置运行环境。设备布置如图 1 所示。

(2) 采用一体化机架作为模块主体结构。为模块结构的整体强度加强，为运输安装提供便利条件。避免单体屏柜再组合在运输、安装等阶段引起的一系列问题。一体化机架方案如图 2 所示。

图 1　设备布置示意图

Fig. 1　The diagram of the equipment layout

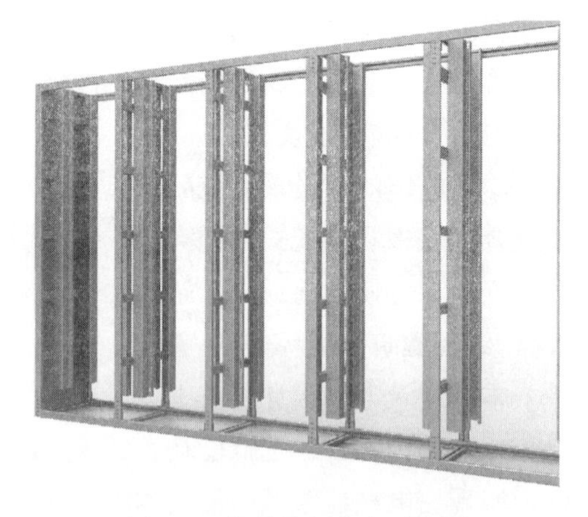

图 2　一体化机架方案示意图

Fig. 2　The diagram of the integration frame

(3) 优化设备散热条件。采用冷通道封闭系统进行散热，“先冷设备，后冷环境”，实现冷热空气分离有序流动，提高空调冷量利用率，降低耗能。机架内制冷空气流动如图 3 所示。

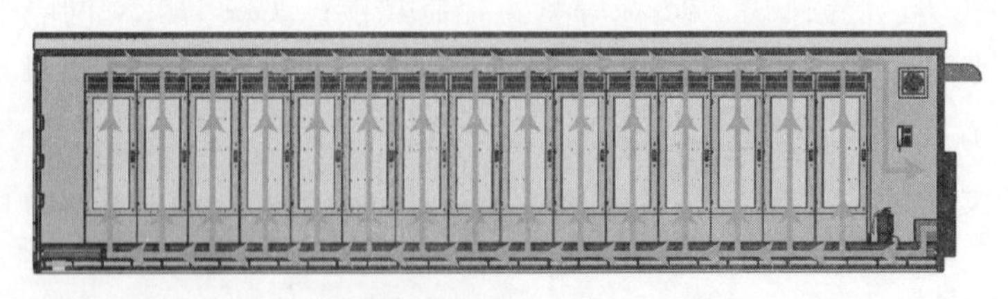

图 3　机架内制冷空气流动示意图

Fig. 3　The diagram of the air flow refrigerration

(4) 优化二次设备室布置。结合“前接线、前显示”设计理念，实现“背靠背+背靠墙”的布置方式，节省二次设备室占地面积。

### 3.2.2 设备多功能整合

(1) 技术可行性。

合并单元和智能终端一体化装置采用功能独立的两块 CPU，CPU 选用实时性处理能力强大的 PowerPC 和 FPGA。两块 CPU 中，一块用于智能终端的处理，一块用于合并单元的处理，功能独立的设计可以有效防止当采样环节 CPU 故障导致该间隔主保护退出时，跨间隔保护对该间隔的故障切除，保证智能终端的优先可靠性。

合并单元和智能终端一体化后，隔刀位置信号可以在装置内与智能终端实现数据共享，则合并单元无需为了获取位置信号进行电压切换和上传装置告警信号再占用 1 个 GOOSE 交换机光接口，节约了交换机和装置 2 个光接口，简化了网络接线。在高电压等级变电站中，当智能操作箱和合并单元均需和多个保护装置点对点连接时，节省的光接口数量更可观。

合并单元与智能终端合一装置，可采用 FPGA 直接发送报文，报文延时输出抖动不大于 1μs，以保证插值再采样同步的精度；采用分时报文发送技术，使得 SV 报文和 GOOSE 报文在同一光缆传输时，SV 报文发送时刻不受 GOOSE 报文影响，并仍支持间隔层设备插值再采用同步；采用 100M 以太网接口和硬件解码技术，具备 100M 线速数据处理能力，保证通信流量满负荷时 GOOSE 相应的实时性和可靠性。

智能终端只需适当采取增加开入量、采用 CC 插件对网口进行扩展等措施，即可将测控装置集成到智能终端。

(2) 三合一装置优势。

将智能终端、合并单元、测控三个功能单元整合为一个装置，可避免信息重复采集，智能终端与合并单元共享硬件平台，减少信息交互，在线监测的参量采集范围将更加广泛，提高可靠性，减少交换机端口及接线；减少智能控制柜体积；节省光缆；减少柜内设备功耗，减少设备的发热量，有利于柜内保持合适的温度环境；节省投资，减少运行维护工作量，降低变电站全寿命周期运行成本。

### 3.2.3 故障录波器及网络分析仪一体化

方案预期效果：网络报文记录及故障录波分析一体化装置对全站各种网络报文进行实时监视、捕捉、存储、分析和统计。装置具备变电站网络通信状态的在线监视和状态评估功能。对报文的捕捉安全、透明，不对原有的网络通信产生任何影响。能实现对过程层 SV 网络报文、过程层 GOOSE 网络报文、站控层 MMS 网络报文的传输过程进行监视和捕捉。一体化装置能与变电站内继电保护运行及故障信息管理子站或直接与监控系统连接，向子站或监控系统提供的信息包括：故障录波的启动信号、启动时间、启动原因。便于了解故障时系统的运行情况，分析继电保护和安全自动装置在事故过程中的动作行为及事故原因，迅速判定线路故障点位置和故障性质。装置能记录所有过程层SV、GOOSE网络报文，站控层MMS报文具备暂态录波分析功能与网络报文分析功能，分析结果上传至站控层主机兼操作员工作站。

### 3.2.4　一体化业务平台

目前，监控系统中子系统名目繁多、建设独立、集成度低，成为了困扰运维人员的大问题。

一体化业务平台理念提出：通过标准化平台接口支持第三方扩展应用模块的接入，实现高级应用功能的专业化和实用化。

一体化业务平台包括硬件与部署、数据存储与管理（全景数据中心）、公共服务、基础平台应用等功能。综合数据中心全面支撑变电站的三大类核心应用，同时具有标准、开放、可靠、安全的技术特征和良好的适应性，可满足调控中心、运行单位、设备评估中心等上级系统对变电站数据的处理要求。一体化业务平台部署架构如图4所示。

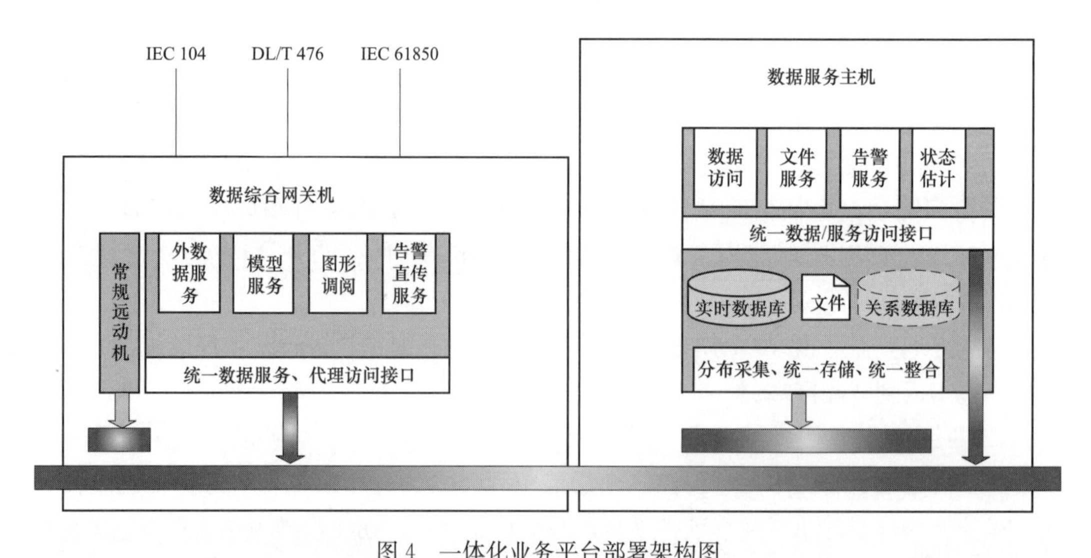


图4　一体化业务平台部署架构图

Fig. 4　The diagram of the integrated service platform

一体化业务平台将应用封装为“大对象”，包括业务逻辑（一组进程）和支撑该业务逻辑的实时数据库。实时库是表的容器，放在应用空间中，可以分区。这种方式有四大优点，一是增减应用时，只需同时增减其相应的实时库，而对平台上的其他应用没有影响，达到了应用“即插即用”的目标；二是应用模型的修改只会对本应用有影响，对其他应用没有影响；三是实时库分区，可实现数据共享而对实时库某种粒度的分割。若应用模型数据相同，或实时库分区相同，数据库之间可以相互克隆，达到快速建立应用的目的；四是应用实时库具有清晰的边界，可实现应用与数据高度封装与专用。一体化信息平台如图5所示。

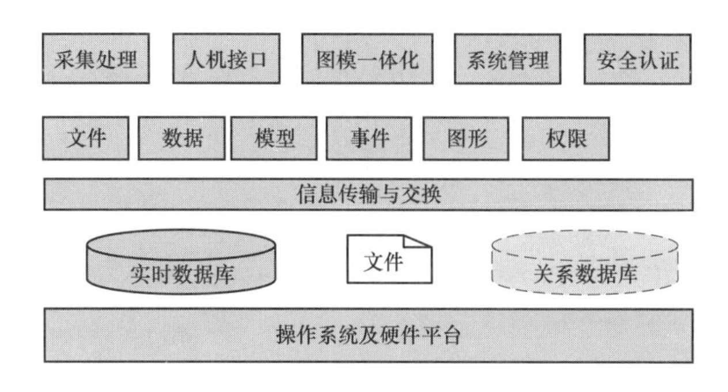


图5　一体化信息平台层次图
Fig. 5　The hierarchy chart of the integrated service platform

## 4　结语

本文以某220kV新一代智能变电站电气一次、二次集成优化设计内容进行研究探讨，总结归纳新一代智能变电站集成优化设计技术特点，并提出新一代智能变电站向更集成、更优化发展的理念和方向。通过优化创新，使变电站具备科技含量高、资源消耗低、建设周期短、运行可靠性高的特点。随着示范工程的实践和设备生产水平的提高，今后需努力将集成优化设计更加细化，并逐步标准化、规范化，从而进一步提高设计方案的技术经济合理性。

## 参考文献

[1]　宋璇坤，李敬茹，肖志宏，林弘宇，李震宇，邹国辉，黄宝莹，李勇. 新一代智能变电站整体设计方案. 电力建设，2012. 11，33（11）：1-6.
SONG Xuankun，LI Jingru，XIAO Zhihong，LIN Hongyu，LI Zhenyu，ZOU Guohui，HUANG Baoying，LI Yong. Whole Design Proposal of Intelligent Substation. Electric Power Construction，2012.11，33（11）：1-6.

[2]　史京楠，胡君慧，黄宝莹，杨小光. 新一代智能变电站平面布置优化设计. 电力建设，2014.04，35（4）：31-34.
SHI Jingnan，HU Huijun，HUANG Baoying，YANG Xiaoguang. Layout Optimization Design of Intelligent Substation. Electric Power Construction，2014.04，35（4）：31-34.

[3]　国家电网公司. 国家电网公司输变电工程通用设计：110（66）～500kV变电站分册[S]. 北京：中国电力出版社，2011.

[4]　DL/T 5218—2012 220kV～750kV变电站设计技术规程[S]. 北京：中国电力出版社，2011.

[5]　DL/T 5103—1999 35kV～110kV无人值班变电站设计技术规范[S]. 北京：中国电力出版社，1999.

[6]　柳国良，张新育，胡兆明. 变电站模块化建设研究综述[M]. 电网技术，2008，32（14）：36-38.

LIU Guoliang, ZHANG Xinyu, HU Zhaoming. Summarize on Substation Modular Building Research [M]. Power System Technology, 2008, 32 (14): 36-38.
[7] 曹亮，陈小卫，肖筱煜. 新一代智能变电站二次设备集成方案. 电力建设，2013.06，34 (6)：26-29.
CAO Liang, CHEN Xiaowei, XIAO Xiaoyu. Secondary Equipment Integration Scheme of Intelligent Substation. Electric Power Construction, 2013.06, 34 (6): 26-29.

**作者简介：**

耿芳（1985—），女，硕士研究生，工程师，主要研究方向为电力系统规划，变电一次设计。

兰春虎（1986—），男，硕士研究生，助理工程师，主要从事变电二次设计工作。

王笑一（1984—），男，硕士研究生，工程师，主要研究方向为城市电网规划设计，用电客户服务管理。

张晓虹（1987—），女，硕士研究生，工程师，主要研究方向为变电一次设计。

张梅（1990—），女，硕士研究生，工程师，主要研究方向为变电一次设计。

## The integration and optimization design for a new generation smart substation

GENG Fang[1], LAN Chunhu[1], WANG Xiaoyi[2], ZHANG Xiaohong[1], ZHANG Mei[1]

(1. Economic and Technical Research Institute, Tianjin Electric Power Company, State Grid, Hedong District 300170, Tianjin;

2. North Area, Customer Care Center, State Grid, Dongli District 300000, Tianjin)

**Abstract**: This paper discussed the integration and optimization design of a new generation smart substation in the bases of a 220kV smart substation. In the same time, Makes a deep research on the optimization of main connection, layout of total plane and plane layout of distribution device of each voltage grade, equipment selection, optical cable layout, the optimization of the secondary design. On the basis above, this paper concludes the technical characteristics and the development trend of smart substation integration and optimization design, proposes subsequent striving direction. In sum, the paper possesses higher utility value and technical superiority.

**Key words**: smart substation; integration; optimization; design

# 湖南省变电工程建设场地征用与清理费用研究

张　莎，钟　哲
（国网湖南省电力公司经济技术研究院，湖南省长沙市　410000）

**摘　要：** 对已投产变电工程建设场地征用与清理费进行统计和研究，分析建场费的构成，地区差异和电压等级差异，并对征地文件和历史数据进行研究，建立土地征用费测算模型，为可研投资估算、初设概算的编制和评审工作，以及征地合同价格拟定工作提供参考；对建场费管理工作进行调研，总结电力工程建场费管理工作中的主要问题，提出工程项目各阶段加强建设场地征用及清理费用管理的措施和建议。

**关键词：** 建设场地征用与清理费；测算模型；土地征用；迁移补偿；青苗补偿

## 0　引言

改革开放以来，我国经济以及电网规模均保持着快速发展的趋势，特别是进入 21 世纪以后，伴随着经济的腾飞，我国电网规模每年都以超过 10％的速度迅速发展。

湖南省电网建设速度进一步加快，新建输变电工程陆续开工并投入运行。2015 年湖南省电力公司电力建设投资超过 130 亿元。随着经济社会的发展，电网安全稳定运行要求的提高及对环境、土地的重视，电力工程建设场地征用及清理工作难度日益加大，费用不断上涨，并逐渐成为电力工程造价上涨的主要因素。在此背景下，发现征地过程中的突出问题，研究解决征地相关问题的策略，优化建设场地征用与清理费用管理，有利于电力建设的稳步推进，有利于国家经济发展和社会稳定。因此，开展电力工程建设场地征用与清理费用的研究是非常必要的。

本文对湖南省变电工程建设场地征用与清理费进行统计和分析，建立土地征用费测算模型，总结电力工程在建设征地过程中存在的问题，提出工程项目各阶段加强建设场地征用及清理费用管理的措施和建议。

## 1　历年变电工程建场费总体情况

### 1.1　变电工程建场费总体情况

本文共收集了湖南省电力公司管辖范围内 14 个市州，2011～2013 年期间竣工投产的 35～220kV 变电工程 111 项，征地面积 1521.054 亩，建场费合计 22 721.085 万元，单位建场费为 14.938 万元/亩，见表 1。其中：35kV 变电工程征地面积 173.37 亩，110kV 变电工程征地面积 543.18 亩，220kV 变电工程征地面积 804.49 亩。

湖南省电力公司管辖范围内变电工程，从 2011 年的 12.433 万元/亩上涨到 2013 年的 16.743 万元/亩，年均涨幅为 16.4％。

表 1　　2011～2013 年湖南省电力公司变电工程单位建场费趋势分析

Tab. 1　Analysis on unit land construction fee trend of power transformation projects of Hunan Electric Power Company between 2011 and 2013

| 年份 | 征地面积（亩） | 建场费（万元） | 单位建场费（万元） | 涨幅 |
|---|---|---|---|---|
| 2011 | 509.196 | 6330.776 | 12.433 | — |
| 2012 | 480.171 | 7488.273 | 15.595 | 25.43% |
| 2013 | 531.687 | 8902.036 | 16.743 | 7.36% |
| 合计 | 1521.054 | 22 721.085 | 14.938 | — |

## 1.2　变电工程建场费分析结论

在对样本进行统计分析的基础上，得到如下结论：

(1) 2011～2013 年期间，单位建场费逐年上涨。鉴于国家土地资源的有限性，征地成本不断提高；随着地区经济的发展和人民生活水平的提高，站区征用地范围内的原有建筑物、构筑物、电力线等设施的迁移补偿标准明显提高，导致迁移补偿费增加；各地区陆续发布了征地补偿和青苗补偿的新标准，新标准充分考虑了未来农业产量提高、农产品价格上涨和被征地农民社会保障水平提高等因素，因此与旧标准相比有了较大幅度的提高。

(2) 各市州中，变电工程单位建场费最高的是长沙，为 19.464 万元/亩；最低的是湘西，为 8.43 万元/亩。2011～2013 年湖南省电力公司各市州变电工程单位建场费排序如图 1 所示。张家界地区 2011～2013 年无投产的新建变电工程，因此不在统计范围内。因各地区经济发展水平和物价水平相差较大，各市州人民政府颁布的征地赔偿政策、标准各不相同，导致建场费呈现地区差异。

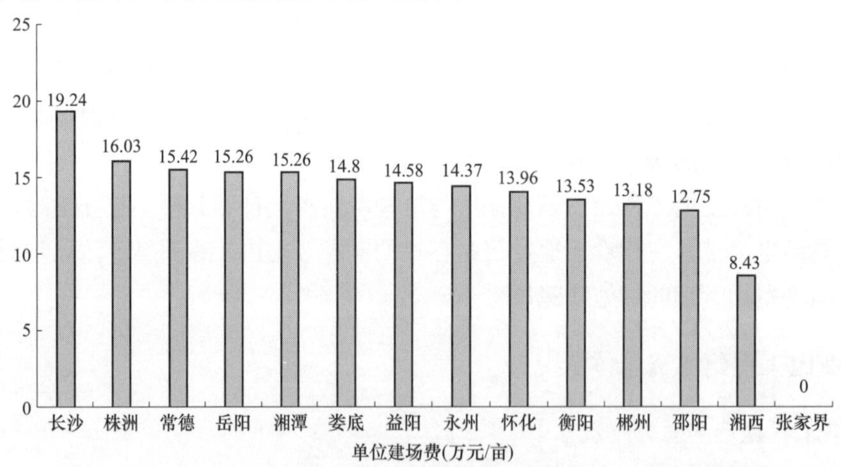


图 1　2011～2013 年湖南省电力公司各市州变电工程单位建场费排序

Fig. 1　Rank of each city's power transformation projects unit land construction fee of Hunan Electric Power Company between 2011 and 2013

(3) 湖南省各区域间，变电工程单位建场费最高的是湘东地区（长沙、株洲和湘潭地区），为 17.21 万元/亩；最低的是湘西地区（怀化、湘西地区），为 11.17 万元/亩。2011～2013 年湖南省电力公司各区域变电工程单位建场费排序如图 2 所示。

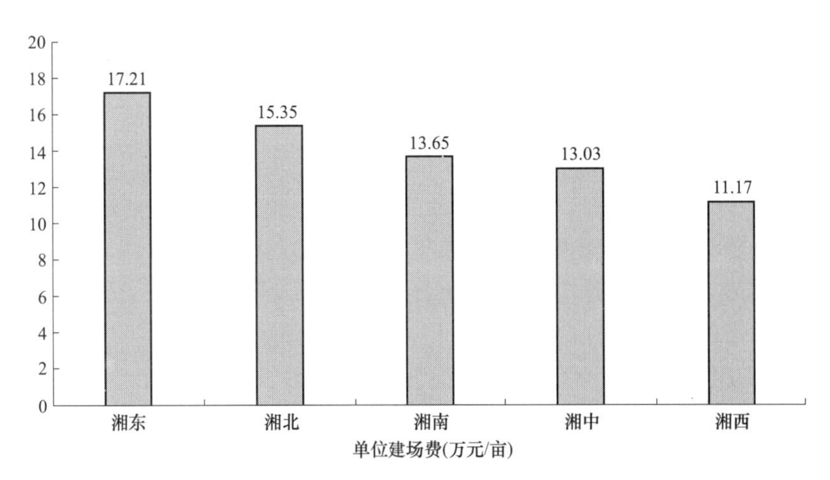


图 2　2011～2013 年湖南省电力公司各区域变电工程单位建场费排序

Fig. 2　rank of each region's power transformation projects unit land construction fee of Hunan Electric Power Company between 2011 and 2013

(4) 同一地区不同站址单位建场费存在较大差异：市区、经济开发区较高，县、镇及以下较低。因城市、经济开发区、县、镇、村的经济发展水平不一致，不同的市、县的征地补偿、青苗赔偿和税、费的计算标准各不相同，所以存在同一地区征地单价相差较大的现象。

(5) 各电压等级变电工程单位建场费存在差异。220kV 变电工程较高，平均单价为 20.3 万元/亩；110kV 变电工程较低，平均单价为 14.34 万元/亩；35kV 变电工程最低，平均单价为 13.0 万元/亩。2011～2013 年湖南省电力公司各电压等级变电工程单位建场费排序如图 3 所示。

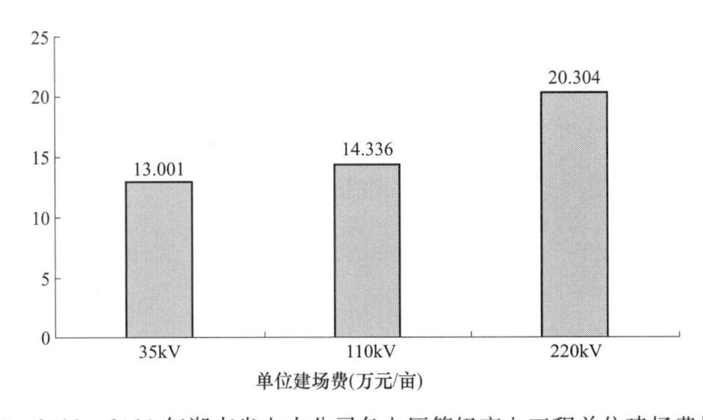


图 3　2011～2013 年湖南省电力公司各电压等级变电工程单位建场费排序

Fig. 3　rank of each voltage class's power transformation projects unit land construction fee of Hunan Electric Power Company between 2011 and 2013

经过对工程结算资料的详细分析，发现各电压等级变电工程单位建场费存在差异的主要原因是，与高电压等级变电站相比，低电压等级变电站占地面积较小，选址相对容易，可有针对性地选择赔偿难度小的区域。

## 2 测算模型及应用

土地征用费计算公式为

$$\text{土地征用费}=\sum_{i=1}^{4}(TB_{\mathrm{i}}+AB_{\mathrm{i}}+QB_{\mathrm{i}}+FB_{\mathrm{i}}+SBZ_{\mathrm{i}}+XYS_{\mathrm{i}}+GDK_{\mathrm{i}}+GDZ_{\mathrm{i}}+SZH_{\mathrm{i}}+SJJ_{\mathrm{i}}+CJP_{\mathrm{i}}+ZCF_{\mathrm{i}}+BJY_{\mathrm{i}}+BKY_{\mathrm{i}})\times S_{\mathrm{i}} \quad (1)$$

式中：征地面积为$S_{\mathrm{i}}$。土地补偿费单价为$TB_{\mathrm{i}}$，安置补助费单价为$AB_{\mathrm{i}}$，青苗补偿费单价为$QB_{\mathrm{i}}$，附属设施补偿费为$FB_{\mathrm{i}}$，被征地农民社会保障资金单价为$SBZ_{\mathrm{i}}$，新增建设用地土地有偿使用费单价为$XYS_{\mathrm{i}}$，耕地开垦费单价为$GDK_{\mathrm{i}}$，耕地占用税单价为$GDZ_{\mathrm{i}}$，森林植被恢复费单价为$SZH_{\mathrm{i}}$，水利建设基金单价为$SJJ_{\mathrm{i}}$，城市基础设施配套费单价为$CJP_{\mathrm{i}}$，征地拆迁服务费单价为$ZCF_{\mathrm{i}}$，边角余料费单价为$BJY_{\mathrm{i}}$，不可预见费单价为$BKY_{\mathrm{i}}$。地类为水田时，$i$ 取 1；地类为旱地时，$i$ 取 2；地类为林地时，$i$ 取 3；地类为园地时，$i$ 取 4。

上述测算模型在编制可研投资估算和初设概算时可应用到建设场地征用及清理费的计列中，在签订征地委托合同时也可以运用此模型对征地合同金额进行计算，测算模型具有较强的指导意义和可操作性。编制人员可根据变电站征地面积，被征用土地的地类，青苗种类、工程所在地所处的区域，站内建筑物面积，工程所在地是否属于收费文件规定的征收范围等具体情况计算变电工程的土地征用费；根据预计的施工场地租用情况计算施工场地租用费；根据所征用土地范围内的机关、企业、住户及有关建筑物、构筑物、电力线、通信线、铁路、公路、沟渠、管道、坟墓等情况计算迁移补偿费；根据所征用土地范围内原有的建筑物、构筑物等有碍工程建设的设施情况计算余物清理费。

在征地合同签订阶段，因设计深度加大，设计文件对被征用土地的特征描述得很详尽，建设场地征用及清理费可根据测算模型进行计算。

根据 2011～2013 年已投产项目建场费的统计结果，长沙地区单位建场费系数取 1.0，各地区单位建场费系数如表 2 所示。

**表 2　各地区单位建场费系数**

**Tab. 2　Unit land construction fee coefficient of each city**

| 地区 | 系数 | 地区 | 系数 |
|---|---|---|---|
| 长沙 | 1.0 | 益阳 | 0.75 |
| 株洲 | 0.82 | 常德 | 0.86 |
| 湘潭 | 0.66 | 娄底 | 0.76 |
| 衡阳 | 0.70 | 郴州 | 0.81 |
| 邵阳 | 0.66 | 永州 | 0.74 |
| 岳阳 | 0.89 | 怀化 | 0.72 |
| 张家界 | — | 湘西 | 0.77 |

根据 2011～2013 年已投产项目建场费的统计结果，湘东地区单位建场费系数取 1.0，各区域单位建场费系数如表 3 所示。

根据2011～2013年已投产项目建场费的统计结果，220kV地区单位建场费系数取1.0，各电压等级建场费系数如表4所示。

表3　各区域单位建场费系数

Tab. 3　Unit land construction fee coefficient of each region

| 区域 | 湘东 | 湘北 | 湘西 | 湘南 | 湘中 |
| --- | --- | --- | --- | --- | --- |
| 系数 | 1.0 | 0.99 | 0.86 | 0.85 | 0.76 |

表4　各电压等级单位建场费系数

Tab. 4　Unit land construction fee coefficient of each voltage class

| 电压等级 | 220kV | 110kV | 35kV |
| --- | --- | --- | --- |
| 系数 | 1.0 | 0.71 | 0.64 |

在编制可研投资估算阶段，因设计深度不够，设计文件对被征用土地的特征描述比较简略，编制人员可根据近期已投产项目的数据和上述地区、区域和电压等级单位建场费系数对新建变电站的建设场地征用及清理费进行估算。

## 3　建设场地征用及清理费用管理工作中的主要问题

部分工程在可研和初设编制阶段，仅按征地政策、文件编制建场费，未考虑政策变化等引起的不可预见费用，造成实际征地费用超过可研或初设批复金额。

部分工程在工程前期，业主或建管单位未积极地与工程所在地地方政府和行业主管部门进行沟通，对电力工程建设的重要性未进行系统的宣传，导致地方政府不支持甚至反对项目的实施，影响了电力工程建设的进程[1]。

部分工程在签订征地合同时，征地合同条款已对征地工作承包范围和风险责任进行了清晰的界定，征地单位在办理结算时，仍以各种理由要求增补项目或提高补偿单价，影响了工程结算的进度[2]。

## 4　加强建设场地征用及清理费用管理的措施和建议

### 4.1　可研阶段的建场费管理

在项目可行性研究阶段，业主或建管单位应重视项目选址工作，负责项目选址的技术人员应熟悉不同地类、不同青苗种类以及工程所在地处于不同区域的补偿标准差异，掌握工程所在地不同区域的税费标准差异，了解征地税费的征收范围，以及不同房屋种类及杆线种类等的迁移补偿标准差异。业主或建管单位应监督设计单位充分考虑征地和青苗赔偿的成本费用、征地拆迁难度以及工程所在地民风民俗情况，在建筑工程等其他成本无显著增加的情况下，尽量选择征地、青苗和迁移补偿成本低、征地拆迁难度小的区域，避开征地、青苗和迁移补偿成本高、征地拆迁难度大的区域，优先选择占地面积小，征地成本低的技术方案[3]。

在可研投资估算中应计列一定比例的不可预见费用，作为补偿项目、补偿工作量增加及补偿价格上涨的预备费用。

### 4.2 初设阶段的建场费管理

在初步设计阶段业主或建管单位应监督设计单位进一步优化技术方案，调整平面布置，减少征地面积，降低征地成本。为提高变电工程建场费概算的准确性，业主或建管单位应监督设计单位加强初设深度，根据初设图纸工程量和截止初设评审时间的最新政策文件，重新计算建设场地征用及清理费[4]。

### 4.3 征地实施阶段的建场费管理

（1）取得地方政府的支持，加强与其他行业部门的联系。通过建立互助合作关系，简化审批程序，加快手续办理进程。

（2）深入现场，落实地类及地界划分情况。业主或建管单位应实地考察工程所在地风俗习惯和传统观念，了解周边地区近期征地赔偿的市场价格水平，在征地费用谈判中把握主动权[5]。

（3）及时收集政策文件，熟悉法律和法规。实时掌握最新征地赔偿政策，落实新政策的执行时段，按新的补偿标准和税费文件计算征地费用。

### 4.4 结算阶段的建场费管理

办理工程结算时，业主或建管单位应详细对比征地合同条款和明细表，确认结算时要求增补的项目是否已包含在合同承包范围内，避免重复补偿及征地结算价格超出概算价格的情况出现。应归纳、总结征地过程中发现的新问题、新项目，为后续工程征地工作的顺利开展奠定基础。

## 5 结语

本文通过对湖南省变电工程建设场地征用与清理费用的研究，建立了土地征用费测算模型。在编制和评审可研投资估算、初设概算和签订征地委托合同时可根据变电站征地面积、被征用土地的地类、青苗种类和工程所在地所处的区域等关键因素，利用测算模型或单位建场费系数计算建场费。为保证征地方和被征地方的利益，促使电力工程建设顺利开展，业主和建设管理单位应及时总结征地管理经验，并在项目可研、初设、征地实施和工程结算各阶段采取多方面措施加强建设场地征用及清理费的管理工作。

## 参考文献


[1] 丰中谊. 输变电工程建设场地征用及清理费初探 [J]. 科技风，2013（19）：39－140.
Feng Zhongyi. Primary Exploration of Land Requisition and Clearance Expense of Power Transmission and Transformation Project [J]. Technology Wind，2013（19）：139－140.

[2] 郑燕，宋毅. 线路工程建设场地征用与清理情况现状分析 [J]. 中国电力，2010，19（7）：50－52.
Zheng Yan，Song Yi. Current Situation Analysis on Requisition and Liquidation of Site for Transmission Line Construction Project [J]. Electric Power Technology，2010，19（7）：50－52.

[3] 陈燕. 目前农村土地征用过程中存在的问题与对策分析 [J]. 商品与质量：学术观察，2012 (3)：214.

Chen Yan. Analysis on Strategies and Problems of Rural Land Requisition [J]. Commodity and Quality，2012 (3)：214.

[4] 李敬如. 关于协调电网建设与土地资源利用的对策建议 [J]. 电力技术经济，2009，21 (1)：5-9.

Li Jing-ru. Countermeasures and Suggestions on Balancing between Power Grid Construction and Land Use [J]. Electric Power Technologic Economics，2009，21 (1)：5-9.

[5] 王峰峰. 对变电站建设用地使用权证办理情况的调查及建议 [J]. 电力技术经济，2009，21 (4)：64-68.

Wang Feng-feng. Investigations and Suggestions on Land - Use Right Registration for Power Substations [J]. Electric Power Technologic Economics，2009，21 (4)：64-68.

## 作者简介：

张莎（1977—），女，硕士，高级经济师，研究方向：技术经济。

钟哲（1981—），女，硕士，中级经济师，研究方向：技术经济。

# Research on Land Requisition and Clearance Expense of Power Transformation Projects in Hunan Province

ZHANG Sha，ZHONG Zhe

(State Grid Hunan Electric Power Company Economic & Technical Research Institute，Changsha 410000，China)

**Abstract**：This paper mainly researches on the land requisition and clearance expense of power transformation projects，analyses the composition of land requisition and clearance expense and the difference of district and voltage class. In addition，historical data and land requisition files are studied and the calculating model of land requisition expense is established in this paper，which provide references not only for the compilation and assessment of investment estimation，preliminary design budgetary estimate but also for the formulation of land requisition contract price. At last，this paper summarizes major problems of the management of land requisition and clearance expense based on the investigation and proposes some measures and suggestions to improve the management of land requisition and clearance expense of each construction stage.

**Key words**：land requisition and clearance expense；calculating model；land requisition；resettlement compensation；crop compensation

# 线路部分

# 基于考虑合闸角大小的单相接地故障选线方法

陈　涛

（国网山西省电力公司经济技术研究院，山西省太原市　030001）

**摘　要：**为了提高消弧线圈接地系统单相接地故障选线的准确性，考虑合闸角大小对选线的影响。本文提出一种先检测故障合闸角大小，然后分别采用故障合闸角小时的衰减直流分量法和故障合闸角大时的高频暂态电容电流小波包重构法联合来实现故障选线。经仿真研究表明，这种方法是合理有效的。该方法充分利用了合闸角大小不同时相应的故障特征，再分别启动相应选线判据的自动选线方法，具有较高的选线可靠性。

**关键词：**小电流接地系统；合闸角；选线判据；单相接地故障

## 0　引言

中压配电网的中性点接地经常采用经消弧线圈接地、经小电阻接地及不接地。小电流接地系统发生单相接地故障以后，虽然还可继续运行 1～2h，但若故障处理不及时，非故障相绝缘长时间承受过高的电压，接地电弧持续存在，仍可能使单相接地发展为两相接地故障，影响系统稳定及安全可靠供电。

由于接地电流较小，并且可能是间歇性电弧接地，接地电流不稳定，从而使基于稳态量的选线方式的效果受到限制。而故障之后的暂态电流较大，可达稳态接地电流的几倍甚至上百倍，所以，利用暂态电流特征的选线方法具有更高的准确性和可靠性。

暂态电流的大小受到故障合闸角、过渡电阻、故障位置、接地方式等多种因素的影响。对中性点不接地系统，采用比幅比相等方法，选线准确性是很高的。但对于消弧线圈接地系统，还没有哪一种方法能达到很好的选线效果，因此有必要进行进一步研究[1]。

一般的小电流接地系统单相接地故障发生在相电压峰值附近，是由于绝缘损坏造成的。但操作和实践经验表明，单相接地故障发生在相电压过零附近时的情况也时有发生。

## 1　故障暂态电流特性

中性点经消弧线圈接地系统发生单相接地之后，故障暂态接地电流可包含两个部分：一是暂态电容电流分量；二是暂态电感电流分量。单相接地暂态电流的等效电路如图 1 所示。

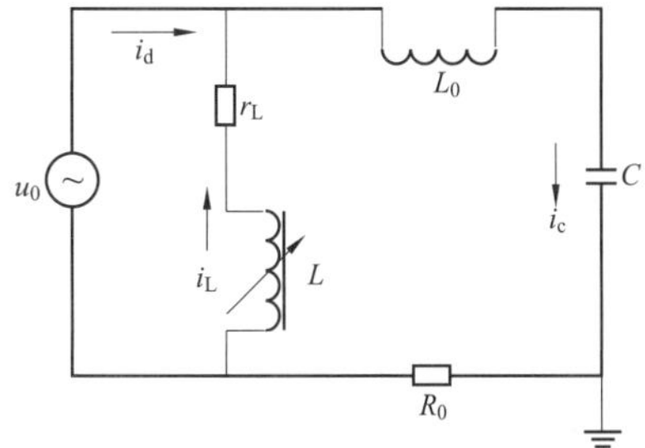

图 1　单相接地暂态电流的等效电路
Fig. 1　Single-phase grounding transient current equivalent circuit

图 1 中，$u_0$为等效零序电源电压，$r_L$为消弧线圈的电阻，$L$ 为消弧线圈的电感，$L_0$为线路及电

源变压器的等效电感，$C$ 为线路及电源的三相对地电容，$R_0$ 为系统的等效电阻（其中包括故障点的接地电阻和弧道电阻）。

### 1.1 暂态电容电流

暂态电容电流的频率较高，在分析接地电流的暂态特性时，由于 $L \gg L_0$，消弧线圈支路可不予考虑。

由图 1 可列出方程

$$R_0 i_c + L_0 \frac{di_c}{dt} + \frac{1}{C}\int_0^t i_c dt = U_m \sin(\omega t + \varphi)$$

因为馈线的波阻抗一般较小，同时故障点的接地电阻通常小于 100Ω，弧道电阻可忽略不计，故一般都满足 $R_0 < 2\sqrt{\frac{L_0}{C}}$ 的条件。所以电容电流具有周期性的衰减振荡特性，其自由振荡频率一般为 300～3000Hz，由上式解得

$$i_c = i'_c + i''_c = I_{cm}\left[\left(\frac{\omega_f}{\omega}\sin\varphi\sin\omega_f t - \cos\varphi\cos\omega_f t\right)e^{-\frac{t}{\tau_c}} + \cos(\omega t + \varphi)\right]$$

其中，$I_{cm} = U_m \omega C$，$\tau_c = \frac{2L_0}{R_0}$，$\omega_f$ 为暂态自由振荡分量的角频率，$\omega$ 为工频角频率。

### 1.2 暂态电感电流

根据暂态过程中消弧线圈的铁心磁通表达式，并考虑 $r_L \ll \omega L$，得到消弧线圈中的暂态电感电流表达式

$$i_L = i'_L + i''_L = I_{Lm}\left[\cos\varphi e^{-\frac{t}{\tau_L}} - \cos(\omega t + \varphi)\right]$$

其中，$I_{Lm} = \frac{U_m}{\omega L}$

由上式可见，$i_L$ 由暂态直流分量和稳态工频分量组成，当电源电压 $\varphi = 0$ 的时刻接地时，$i_L$ 最大。

### 1.3 暂态接地电流

由于暂态电容电流和电感电流的频率相差悬殊，故两者不可能相互补偿。所以，工频状态下的残流、失谐度等概念，在分析暂态电流时均不适用。在暂态的初始阶段，暂态接地电流的特性主要由暂态电容电流的特性所决定

$$i_d = i_c + i_L = (I_{cm} - I_{Lm})\cos(\omega t + \varphi) + I_{cm}\left[\frac{\omega_f}{\omega}\sin\varphi\sin\omega_f t - \cos\varphi\cos\omega_f t\right]e^{-\frac{t}{\tau_c}} + I_{Lm}\cos\varphi e^{-\frac{t}{\tau_L}}$$

而接地电流的幅值与电源电压的初始相角有关。当故障角较小时，暂态初始阶段的接地电流主要由暂态电感电流直流分量决定，高频暂态电容电流分量很小，其持续时间可达 2～3 个工频周波，当 $\varphi$ 较大时，暂态电容电流分量很大，但持续时间很短，为 0.5～1.0 个工频周期。当母线故障时，各线路的衰减直流分量都很小。

## 2 故障选线原理及判据

当接地处零序电压的相角$\theta_{u0}$满足$|\theta_{u0}-90°|\geqslant 30°$或$|\theta_{u0}+90°|<30°$时，$\theta_{u0}\in[-180°, 180°]$，故障点电流中零序衰减直流分量较大，而暂态高频电容电流比重较小，以零序衰减直流分量作为故障特征。当故障角较小时，不管是健全线路还是故障线路，暂态电容电流中的高频自由振荡分量都很小。而流过消弧线圈与接地点的暂态电感电流及其直流分量却很明显，振荡频率在0～50Hz，所以，故障线路零序电流的能量主要集中在低频段。比较各线路零序电流中衰减直流分量的大小，就可以确定故障线路[2,3]。因此，可以分别采用故障合闸角小时的衰减直流分量法和故障合闸角大时的高频暂态电容电流小波包重构法来实现故障选线。算法流程如图2所示。

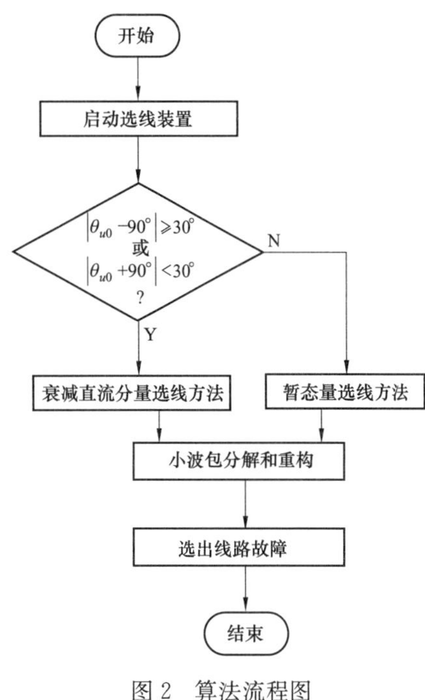


图2 算法流程图

Fig. 2 Flow figure of method

## 3 仿真验证

故障选线的ATP仿真模型如图3所示。

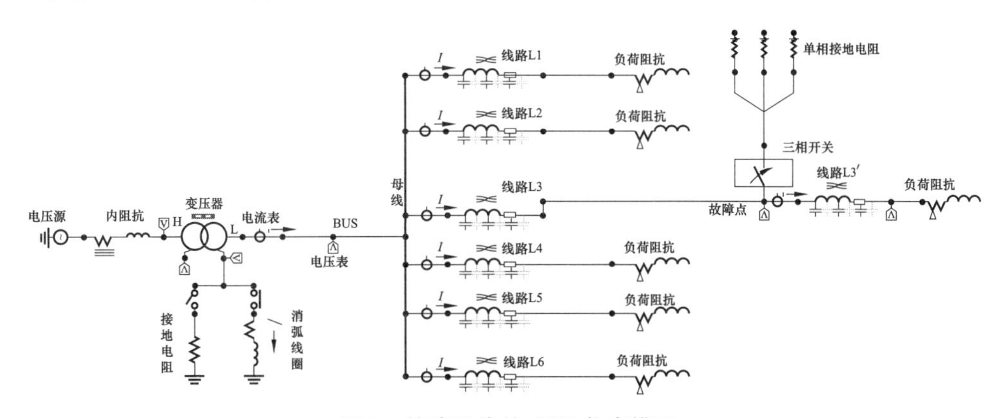


图3 故障选线的ATP仿真模型

Fig. 3 The fault line selection ATP simulation model

用电压源与串联内阻抗模拟无穷大电源系统，变压器为110/10kV的$YY_0$连接，线路长度$L_1=3$km，$L_2=6$km，$L_3=9$km，$L_4=12$km，$L_5=15$km，$L_6=20$km。线路正序阻抗$Z_1=$（0.17+j0.38）Ω/km，线路正序对地导纳$b_1=$j3.045μs/km，零序阻抗$Z_0=$（0.23+j1.72）Ω/km，零序对地导纳$b_0=$j1.884μs/km。负荷都用等效阻抗$Z_L=$（400+j20）Ω代替，消弧线圈等效电感$L_N=8.02$H，消弧线圈电阻$R_N=5$Ω。

### 3.1 电源合闸角较大时的仿真结果

假定故障发生在线路 L3 上距离母线 4km 处，接地过渡电阻为 20Ω，0.02s 的时刻发生单相接地短路。针对暂态量选线问题的特点，选择紧支集正交小波是必要的。在 dbN 小波系中，比较各小波的时域和频域特性来选择最佳小波。综合考虑上述规则，本文基于小波包分解的暂态选线判据，选用频率特性较好的 db10 小波，分解层数选为 5 层。因为暂态电容电流的振荡频率为 300～3000Hz，所以选择采样频率为 6400Hz。当零序电压相角较大时，选择每条线路模极大值所在的频段为故障特征频段（SFB），然后再比较各线路特征频段的模极大值点的大小与极性，选择幅值最大且极性与其他线路相反的为故障线路。如果各线路模极大值点的大小与极性均相差不多，则判定为母线故障。当零序电压初相角较小时，根据分频特性，尺度 5 下频段[5,0]所含信息是 0～100Hz 的信号。对于中性点经消弧线圈接地系统故障零序电流来说，该频段的信号即为低频暂态电感电流及其衰减直流分量。由此，再对该频段的信号进行重构即可得到各线路的衰减直流分量。通过比较各线路零序电流中衰减直流分量和基频分量所占的比重，就可以准确地检出故障线路。各条线路的模极大值分布如表 1 所示。

**表 1　各条线路的模极大值分布**

**Tab. 1　modulus maxima distribution in each line**

| 线路 | SFB | 模极大值的绝对值 |
|---|---|---|
| L1 | [5，11] | 1.442 |
| L2 | [5，9] | 1.936 |
| L3 | [5，11] | −2.608 |
| L4 | [5，12] | 1.942 |
| L5 | [5，11] | 2.096 |
| L6 | [5，11] | 2.150 |

从表 1 可以明显看出，线路 L3 为故障线路，选线结果正确。

### 3.2 电源合闸角较小时的仿真结果（见图 4～7）

图 4、图 5 是低频重构信号的幅值与时间的关系，图 6、图 7 是低频重构信号的功率谱。零序电压初相角较小时，从图可见，线路 L3 的直流分量明显比其他线路要大，因此判定线路 L3 为故障线路，选线结果正确。

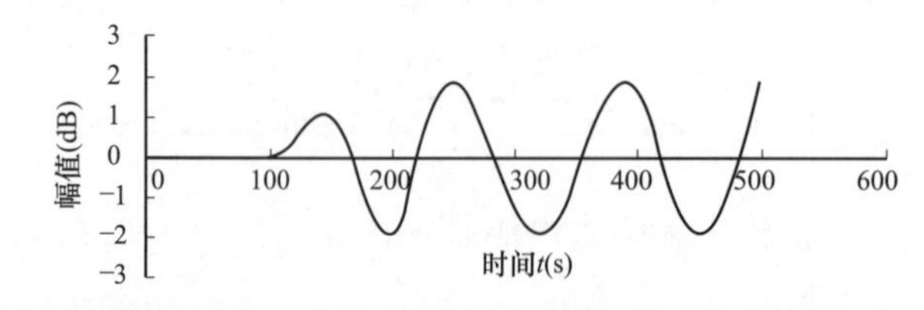


图 4　L1 L2 L4 L5 L6 低频重构信号的幅值与时间关系

Fig. 4　Relations between time and amplitude of low frequency reconstruction signal L1 L2 L4 L5 L6

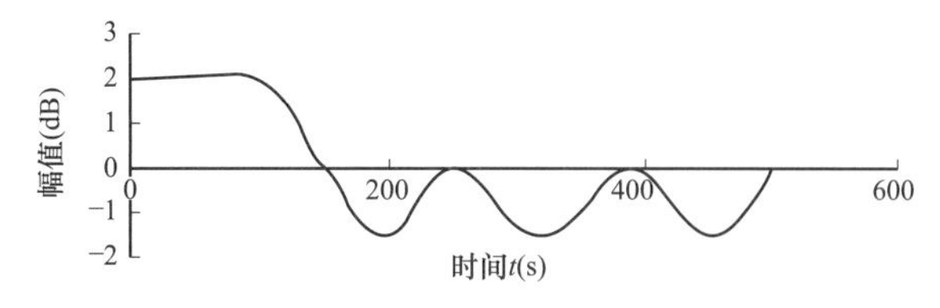


图 5　L3 低频重构信号的幅值与时间关系

Fig. 5　Relations between time and amplitude of low frequency reconstruction signal L3

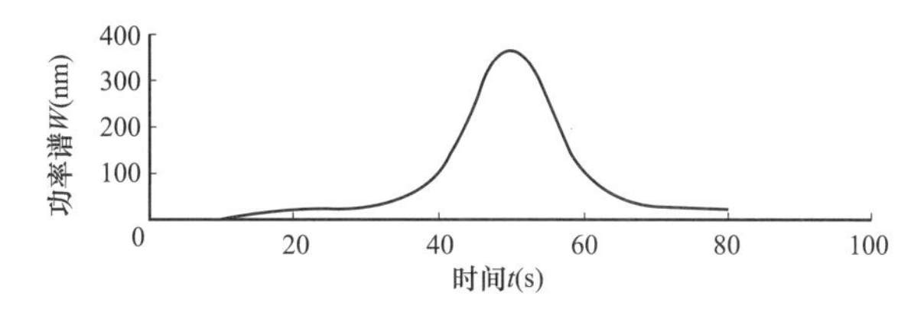


图 6　L1 L2 L4 L5 L6 低频重构信号的功率谱

Fig. 6　Power spectrum of low frequency reconstruction signal L1 L2 L4 L5 L6

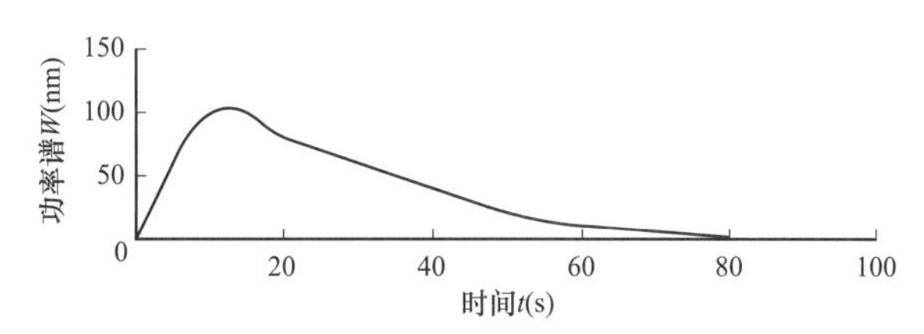


图 7　L3 低频重构信号的功率谱

Fig. 7　Power spectrum of low frequency reconstruction signal L3

## 4　结论

对于经消弧线圈接地系统，当不在电压最大值附近发生单相接地故障时，将会有衰减直流分量产生，且在过零附近更为明显。本文根据这一特性介绍了一种基于衰减直流分量的自适应故障选线方法，它在发生电压过零故障时具有很高的灵敏度。本文方法与暂态量选线方法配合使用可以构成完整的故障选线方案。大量仿真表明该方法在满足其选线方案启动条件时，选线是准确、有效的。

### 参考文献

[1]　赵劲枫，曾祥君，周志飞等. 一种新的融合算法在小电流接地系统故障选线中的应用 [J]. 湖南电力，2009，29 (6)：8-12.

[2]　周登登，刘志刚，胡非等. 基于小波去噪和暂态电流能量分组比较的小电流接地选线新方法 [J]. 电力系统保护与控制，2010，38 (7)：22-28.

[3]　Wang Yaonan，Huo Bailin，Wang Hui，et al. A new criterion for earth fault line selection based on wavelet packets in small current neutral grounding system [J]. Proceedings of

the CSEE，2004，24（6）：54－58.

**作者简介：**

陈涛（1981—），男，山西阳泉人，工程师，2004年毕业于山西大学电子科学与技术专业，现在国网山西省电力公司经济技术研究院设计中心从事线路设计工作。

## Base In Grounding Fault Line-selection Method Considering the Range of Switching Angle

CHEN Tao
（Economic and Technical Research Institute of Shanxi Electric Power Corporation，Taiyuan 030001，Shanxi Province，China）

**Abstract**：In order to improve the accuracy of single-phase-to-earth fault line-selection in the arc suppression coil grounding system，consider the influence of magnitude of the switching angle to line-selection. This paper presents first detecting the range of switching angle and then employing respectively decay DC component method when the fault switching angle is small and high-frequency transient capacitive current wavelet packet reconstruction method when switching angle is large to achieve together fault line-selection. The simulation results show that this method is reasonable and effective. This method takes full advantage of the fault characteristics corresponding to different magnitude of switching angle and then starts the automatic line-selection of the appropriate line selection criterion. Therefore，the method has a high reliability of the line-selection.

**Key words**：small current grounding system；switching angle；line-selection criterion；single-phase grounding fault

# 谈架空输电线路的防雷设计

陈　涛

（国网山西省电力公司经济技术研究院，山西省太原市　030001）

**摘　要：**输电线路的防雷一直是人们所关心问题之一，同时也是困扰安全供电的一个重要难题。由于受到天气影响，雷害事故对电力输电线路造成严重的影响，电线跳闸事故高达50％。架空输电线路的防雷在电力系统中具有重要地位，如果防护措施不当，雷击的过电压波将会对电厂、变电站的电气设备造成损坏，严重威胁电力系统的安全稳定运行。因此，有效解决电线跳闸事故，对输电线路进行有效保护，将成为电力工作人员所要面对的问题。本文主要通过对雷击危害进行分析，对电力输电线路防雷问题进行探讨，并提出合理的意见。

**关键词：**电力；输电线路；防雷

## 0　引言

目前，我国一些架空输电线路或者一些110kV以上的输电线路多建于空旷的地方，有些更会搭建在山上。而这些都是雷电频繁活动的地方，一旦到了多雨、多雷的季节，输电线路很容易会受到雷电的影响。根据相关统计发现，多雷雨季节当中，点击跳闸率高达50％以上，有的地区更会高达75％，虽然近1年来我国受到雷击跳闸次数有所下降，说明了输电线路的建设朝着好的方向发展。然而电力工作人员不能够因此而掉以轻心，雷击对输电线路的安全带来了严重的影响。因此，如何有效制定相关措施，改善电线路的防雷措施，是本文主要探讨的问题。

## 1　雷击对输电线路的危害

输电线路发生雷害主要有两种情况，一种是感应雷，另一种是直击雷。根据目前我国输电线路的实际情况显示，110kV以上的输电线路受到雷击的主要原因尚不明确，导致不能够有效地实行防雷措施，对于输电线路的安全十分不利。另外，由于一些电线路建设在山区中，其受到电击的情况要更加严重。雷击对于输电线路的主要危害就在于直击雷过电压，其破坏性很强，能够引起输电线路绝缘子闪络，并击穿输电线路，最终造成输电线路停电事故发生。

## 2　输电线路防雷的主要原则

关于输电线路受到雷击影响而造成事故主要包括以下几个方面：直击雷过电压作用——输电线路出现闪络现象——闪络现象转为工频电压——输电线路跳闸——输电线路供电终止。从这四个方面看出，输电线路出现事故必须要经过这四个阶段，因此，从这四个阶段入手进行防雷措施，做好四道防线，雷击的影响便会大大减少。下文对这四道防线进行简单讲述：

第一，防止输电线路受到直击雷的攻击；

第二，当输电线路受到直击雷攻击之后电线绝缘体不出现闪络现象；

第三，输电线路出现闪络现象之后不建立工频电压；

第四，不中断电力供应。

## 3 输电线路的安全措施分析

输电线路的防雷安全措施非常重要，电力工作人员应该要采取有效的措施，保障输电线路的安全供电，为输电线路建立有效的屏障，避免雷电的攻击。万一受到雷击的时候，要尽量避免输电线路发生闪络现象，从而有效降低跳闸率。下文主要对防雷措施提出以下几点建议。

### 3.1 降低电路杆塔的接地电阻

防止雷击的主要方法包括降低电路杆塔的接地电阻，因为接地电阻的阻值会影响到杆塔电位的高低，从而影响电压。换句话说，杆塔的接地电阻小，受到雷击时杆塔的电位也就变低，输电线路的过电压变小，从而减少对输电线路的影响，这样能够有效提高输电线路的耐雷击水平。

### 3.2 对雷电参数进行有效分析

对雷电分析的意义就在于对输电线路的等级进行划分，并采取相应的防雷措施。对输电线路进行有效的分析，电力工作人员主要将数据输入到定位系统当中，对当天的雷电活动情况进行有效的记录和分析，从而确定输电线路受到雷击的可能性以及受雷击后跳闸的可能性，并采取相应的措施。

### 3.3 加强输电线路的绝缘，提高输电线路的耐雷击水平

输电线路中绝缘性能会影响到输电线路的耐雷击水平。因此，电力工作人员必须要加强输电线路绝缘子的管理，加强对绝缘子的检测，要对绝缘子的质量进行严格把关，防止因为劣质的绝缘子导致输电线路受到雷击伤害而出现跳闸现象。对于一些已经投入运行的绝缘子，电力部门应该要按照国家的相关规定，对绝缘子进行定期的检测，如出现质量问题要进行及时更换。另外，工作人员还必须要对绝缘子的劣化率进行统计，确保线路能够达到运行标准。

对于一些特殊的地方，如雷击频繁的地区，电力工作人员必须要加强输电线路的绝缘性能，提高输电线路的耐雷击水平。

在一般情况下，输电线路悬垂的绝缘子串大约在 7～8 片，这是满足防雷的基本需求。但要提高输电线路的耐雷击水平，电力工作人员应该提高约 55%的绝缘子承受电压值，并在每串绝缘子中适当增加 1 片，这样能够提高输电线路的耐雷水平，减少雷击后出现跳闸的现象。

此外，合成绝缘子具有重量轻、污染性小、强度高等优点，因此受到电力企业的青

睐。然而，与其他绝缘子相比较发现，合成绝缘子的缺点就在于其防雷性能较差。一般在 110kV 的输电线路上，合成绝缘子耐受电压只有 450～500kV，低于其他绝缘子约 20％，因此，不建议在山区等空旷地方使用合成绝缘子。

### 3.4 设置避雷线

避雷线统称架空地线，它主要的作用是对导线进行屏蔽，对雷击进行分流，从而减少雷电对导线的伤害。一般情况下，避雷线主要在导线上方，对导线成保护状态，是防雷的主要保护设施。正常情况下，110kV 输电线路应该沿着线架进行避雷线的敷设，在一些雷电较为频繁的地方，则应该敷设双避雷线，从而最大程度地对雷电进行分导，避免输电线路因为雷击而发生闪络现象。

另外，对于一些受到接地电阻条件影响的线路，电工人员可以在线路的下方设置一条底线，统称耦合底线。当杆塔受到雷击的时候，耦合底线能够增加对邻近杆塔的分流系数，从而保护输电线路，避免出现闪络现象。

### 3.5 增加线路避雷器

避雷器一定程度上也能够保护输电线路免遭破坏，对于一些雷电活动频繁的地区，除了对接地电阻进行调整之外，还可以设置避雷器。避雷器实际上是电阻的一种，它属于非线性电阻，工作人员将其与绝缘子放置到杆塔上，能够避免绝缘子出现闪络现象。此外，避雷器在雷电直击导线之后，能够有效抵挡雷电对绝缘子的攻击，从而保护输电线路，因此具有良好的效果。

然而，避雷器却具有价格昂贵的缺点，因此，在使用避雷器的时候，工作人员应该要对当地的地形进行详细考虑，合理地选择安装位置，充分运用资金。

### 3.6 设置输电线路自动重合闸装置

当输电线路受到雷击的时候，由于出现瞬间性接地故障，导致发生跳闸现象。针对这种现象，工作人员可以设置自动重合闸装置，帮助线路跳闸之后能够进行自动重合，从而提高线路供电的可靠性。

### 3.7 工作人员加强输电线路保护角的检测

对保护角的校验工作非常重要，工作人员应该根据实际情况，对一些线路保护角偏大的杆塔安装避雷器，从而减少雷击对线路造成的伤害，保证输电线路的供电安全。

### 3.8 保证接地情况良好

除了上述要改善接地电阻之外，电力工作人员还必须要利用杆塔的金属部分，做好自然接地。上文已经提到过，接地情况良好能够有输电线路的安全运行。架设避雷器、避雷针等避雷措施只能够一定程度上提高对雷电的分流，如果接地情况不理想，会导致电流泄导不流畅，最终造成输电线路的损害。因此，做好接地工作是非常重要的。

## 4 结论

随着社会的不断发展，对输电线路的要求变得越来越高。输电线路的防雷是一项较为复杂和重要的工作。工作人员必须要不断深入实践、将理论和实践相结合，做好输电线路的防雷工作，以保证输电线路供电的安全性。为人们提供更好、更稳定、更安全的电力供应。总之，输电线路的防雷保护，必须在对雷击原理充分认知的基础上，根据地区特点选择适当的防雷措施，才能取得一定的成效，从而确保电力系统的安全稳定运行。

## 参考文献


［1］ 任艳阳．浅议电力输电线路防雷问题［J］．科技与管理．2013．01（01）．

［2］ 陈文旺．浅谈电力系统输电线路与防雷措施［J］．机电信息．2009．32（36）．

［3］ 周浩，余宇红．我国发展特高压输电中一些重要问题的讨论［J］．电网技术，2005（12）．

［4］ 易辉，崔江流．我国输电线路运行现状及防雷保护［J］．高电压技术，2001（06）．

［5］ 丁颂声．浅谈高压输电线路的防雷［J］．科技资讯，2007（10）．


## 作者简介：


陈涛（1981—），男，山西阳泉人，工程师，2004年毕业于山西大学电子科学与技术专业，现在国网山西省电力公司经济技术研究院设计中心从事线路设计工作。


# Lightning Protection Design of Overhead lines


CHEN Tao

（Economic and Technical Research Institute of Shanxi Electric Power Corporation，Taiyuan 030001，Shanxi Province，China）



**Abstract**：To design lightning protection for overhead lines is always a concerned topic and also a thorny problem. Lightning accidents have great influence on normal operation of overhead lines，and lead tripping rate up to 50％. Lightning protection devices on overhead lines play a quiet important role，if not take good care of this important part，devices in power plant and substations will be vulnerable to lightning damage，the security and steady operation of the power system will also become worse. According to above statements，to solve tripping problems of lines and protect lines efficiently means a lot. This paper illustrates the harm of lightning；discusses the methods of lightning protection；and proposes series of reasonable measures.



**Key words**：electric power；overhead lines；lightning protection

# 耐张铝合金导线应用中的问题及解决办法

赵云超，宋晓刚，李　志
（国网吉林省电力有限公司松原供电公司，吉林省松原市　138000）

**摘　要：** 耐张铝合金导线以其优越的自身特点，得到了广泛应用，耐张铝合金导线在松原地区线路改造换线过程中，存在风偏角过大的问题，导致导线与塔身间安全距离不够，作者分析了影响导线风偏角的影响因素，并提出了解决办法。

**关键词：** 耐张铝合金导线；风偏角

## 0　引言

随着我国经济的快速发展，对电力的需求急剧增长，对送电线路要求向大电流、超高压方向发展，这就要求增大导线的输电容量（允许载流量）。而导线的允许电流是与允许温升、导线直径和电导的平方根成正比的。要达到较大容量，可以增加导线外径（增大标称截面积）和降低导线电阻，但导线电阻不可能无限制降低，增加导线外径会大大增加杆塔的水平、垂直和纵向荷载，从而加大单基铁塔的尺寸和重量，相应的基础工程量、线路走廊也大为增加，因此这两种方法在目前是不可行的。而将导线的允许工作温度提升是可行的，并且较为经济 。但当输电线大容量传输时 ，导线工作温度急剧上升，普通钢芯铝绞线（LGJ）中使用的电工硬铝线在不到100℃时即开始软化，导线强度损失较大，运行安全得不到保证，因此需要一种可以耐受高温，且在高温运行情况下强度损失较小的导线。耐热铝合金导线的研究和应用就是在这种背景下产生的。耐热铝合金导线是在普通铝合金中填加锆、钇等元素，提高铝的再结晶温度、蠕动强度及耐热性能，使其长期工作温度可达 150℃，载流量较相同规格铝线提高 40％～50％，抗拉强度达 180MPa 以上。国际上耐热铝合金导线的开发和应用已有数十年历史，美国 20 世纪 50 年代提出在铝中填加少量锆以提高耐热性，日本 60 年代进行系统的研究，并开发出工作温度为 150℃，导电率为国际标准韧炼铜 58％（IACS）的耐热铝合金导体。东京电力公司目前运行的超高压电网大量采用了耐热铝合金导线等综合技术措施，单回线输送功率已达到自然功率的 2～3 倍，同塔双回 500kV 送电线路输送能力可达到 6000MW，且输送功率基本不受系统稳定限制。

## 1　耐热铝合金导线在的发展和应用[1]

20 世纪 20 年代，美国瑞士和德国率先将铝合金导线应用于高压输电线路，50 年代，法国和日本也相继应用 60 年代初期，我国开始研制铝合金导线，由于众多原因，这种导线在我国的研制应用和推广受到影响。20 世纪 30 年代，国外开始研究耐热导线，而到 60 年代我国才开始相关的研究，同时进行铝合金导线的研究 20 世纪 60 年代，日本在开发和研究耐热导线方面取得较大进展，开发出耐热铝合金导线并实际应用于输电线路中与此同时，美国和加拿大对耐热铝合金的材料技术进行研究，开发出了别具特色的钢芯软铝绞线且得到了大量应用。80 年代，日本的耐热铝合金导线已形成较为完善的系列，包括钢芯耐热铝合金绞线、钢芯超耐热铝合金绞线钢芯、高强度耐热铝合金绞线铝包钢芯耐热铝合金绞线、铝包钢芯超耐热铝合金绞线以及铝包钢芯高强度耐热铝合金绞线[2]。日本已成为世界上该领域技术领先的国家。至 90 年代，日本的 500kV 输电线路的输电导线已经全部使用耐热铝合金导线。20 世纪末，日本已经大量使用钢芯 60%导电率耐热铝合金绞线（60TACSR）代替普通钢芯铝绞线（ACSR），现在的使用量已经达到全国输电线路总长的 80%。美国、加拿大、法国在输电线路上使用耐热铝合金导线也有 70%之多。近几十年，东南亚地区耐热铝合金导线的使用量也有不小的增长。

20 世纪 80 年代，上海电缆研究所曾开发过 58%和 60% IACS 的耐热铝合金导线，但应用较少。90 年代，我国开发出高强度耐热铝合金并建成专业化生产车间 2001 年山东从日本引进技术，生产耐热铝合金导线我国应用耐热铝合金导线已有 20 多年历史，1986 年首先在安徽繁昌 500kV 变电站应用国产 1440mm$^2$ 钢芯 58%导电率耐热铝合金绞线（NRLH58GJ），取得了明显的技术效果和经济效益。耐热铝合金导线用在各类线路改造工程中，不仅节约了大量工程投资，而且提高了输电容量（40%～60%），产生了明显的经济效益。目前，我国 220 kV 以上的大跨越输电线路由于其强度的特殊要求，大多采用国产的钢芯铝合金导线，仅少数几条大跨越输电线路为了兼顾强度和载流量要求，采用了进口的耐热铝合金导线[3]。

## 2　耐热铝合金导线的特点

### 2.1　导线材料特点

作为架空输电线路的导线，有 2 个基本要求：一是必须要有良好的导电率；二是必须具有一定的机械强度以支持其自身的重量及外来的自然荷载（风荷载冰荷载）。在中国输电线路中应用最为广泛的是钢芯铝绞线[4]，导电基体为电工硬铝。多年的运行实践证明，其具有稳定的机械电气性能，施工运行和维护方便，能够较好地适应中国大部分地区的输电线路随着中国国内电力工业新材料和新工艺的飞速发展，导线制造厂不断开发出具有高导电率的新型导线，其中最具代表性的为铝合金芯铝绞线、钢芯高导电率硬铝绞线、中强度铝合金绞线类节能型导线，此 3 类导线的铝铝合金导体材料性能不同，导电率也有所不同，各种型号导线用导体的性能对照见表 1。

### 2.2　导线技术性能分析

输电线路的导线技术性能主要包括电气性能机械性能，通过对同截面导线的技术性能对比可了解 3 类节能导线在技术性能上的差异[5]（见表 2）。

表 1　　导线用导体的性能对照

Tab. 1　　Comparition of conducting performance of conductors

| 序号 | 导线类型 | 材料性质 | 导电率（IACS）（%） | 抗拉强（MPa） | 延伸率（%） |
|---|---|---|---|---|---|
| 1 | 钢芯铝绞线 | 电工硬铝 | 61 | >160 | 1.5～2.0 |
| 2 | 铝合金芯铝绞线 | 高强度铝合金 LHA1 | 52.5 | 315～325 | >3 |
|  |  | 高强度铝合金 LHA2 | 53 | >295 | >3.5 |
| 3 | 钢芯高电导率硬铝绞线 | 高导电率电工硬铝 | 63 | >165 | 1.5～2.0 |
| 4 | 中强度铝合金绞线 | 金绞线铝镁硅合金 | 58.5 | 230～250 | 冷（热）2（3.5） |

表 2　　JL/G1A－630/45 节能导线技术参数

Tab. 2　Technical parameters of L/G1A－630/45 and threetypes of energy saving conductors

| 导线名称 | | 钢芯铝绞线 | 钢芯高导电率硬铝绞线 | 铝合金芯铝绞线 | 中强度铝合金绞线 |
|---|---|---|---|---|---|
| 导线型号 | | JL/G1A－630/45 | JL（GD）/G1A－630/45 | JL/LHA1－465/210 | JLHA3－675 |
| 根/直径（mm） | 铝 | 45/4.22 | 45/4.22 | 42/3.75 | 61/3.75 |
| | 钢（铝合金） | 7/2.81 | 7/2.81 | 19/3.75 | |
| 截面积（$mm^2$） | 铝 | 629.4 | 629.4 | 463.88 | 673.73 |
| | 钢（铝合金） | 43.41 | 43.41 | 209.85 | |
| 总截面 | | 672.81 | 672.81 | 673.73 | 673.73 |
| 外径（mm） | | 33.75 | 33.75 | 33.75 | 33.75 |
| 单位质量（kg/km） | | 2079.2 | 2079.2 | 1860.0 | 1860.0 |
| 额定抗拉力（kN） | | 150.45 | 150.45 | 137.02 | 161.69 |
| 弹性模量（GPa） | | 63 | 63 | 55 | 55 |
| 线膨胀系数 $10^{-6}$（1/C） | | 20.9 | 20.9 | 23 | 23 |
| 20℃ 直流电阻（Ω/km） | | 0.045 91 | 0.044 45 | 0.044 72 | 0.044 70 |
| 拉重比（km） | | 7.38 | 7.37 | 7.51 | 8.86 |

## 2.3　导线载流量分析

导线载流量是衡量输电线路输送能力的一项重要指标[6,7]。在载流量计算中环境温度为最高气温月的最高平均气温。根据当地气象统计资料环境温度取 35℃ 日照强度 1000W/$m^2$ 风速 0.5m/s，导线表面辐射、吸热系数均取 0.9，各种导线载流量见表 3。

表 3　　导 线 载 流 量

Tab. 3　　Current carrying capacity of conductors

| 导线名称 | | 钢芯铝绞线 | 钢芯高导电率硬铝绞线 | 铝合金芯铝绞线 | 中强度铝合金绞线 |
|---|---|---|---|---|---|
| 导线型号 | | JL/G1A－630/45 | JL（GD）/G1A－630/45 | JL/LHA1－465/210 | JLHA3－675 |
| 允许载流量 | 70℃ | 870 | 881 | 894 | 894 |
| | 80℃ | 1054 | 1067 | 1086 | 1086 |

3 种节能导线的载流量[8,9]均比钢芯铝绞线高相应的导电能力也比钢芯铝绞线强。

### 2.4 导线风偏角

风偏角可以按照以下公式计算

$$\varphi=\arctan\left(\frac{P_{\mathrm{I}}/2+Pl_{\mathrm{H}}}{G_{\mathrm{I}}/2+W_{1}l_{\mathrm{H}}+\alpha T}\right)$$
$$=\arctan\left(\frac{P_{\mathrm{I}}+Pl_{\mathrm{H}}}{G_{\mathrm{I}}/2+W_{1}l_{\mathrm{V}}}\right)$$

式中 $\varphi$——悬垂绝缘子串风偏角，(°)；

$P_{\mathrm{I}}$——悬垂绝缘子串风压，N；

$G_{\mathrm{I}}$——悬垂绝缘子串重力，N；

$P$——相应于工频电压、操作过电压及雷电过电压风速下的导线风荷载，N/m；

$W_1$——导线自重力，N/m；

$l_{\mathrm{H}}$——悬垂绝缘子串风偏角计算用杆塔水平档距，m；

$l_{\mathrm{V}}$——悬垂绝缘子串风偏角计算用杆塔垂直档距，m；

$\alpha$——塔位高差系数；

$T$——相应于工频电压，操作过电压及雷电过电压电压气象条件下的导线张力，N。

根据松原地区资料及导线、绝缘子参数，基本风速为 28 m/s 时各种导线的摇摆角见表 4。

**表 4 导 线 风 偏 角**

**Tab. 4 Swing angle of conductors**

| 导线名称 | 钢芯铝绞线 | 钢芯高导电率硬铝绞线 | 铝合金芯铝绞线 | 中强度铝合金绞线 |
|---|---|---|---|---|
| 导线型号 | JL/G1A-630/45 | JL（GD）/G1A-630/45 | JL/LHA1-465/210 | JLHA3-675 |
| 大风摇摆角 | 41.77 | 41.78 | 44.91 | 44.91 |
| 操作摇摆角 | 16.79 | 16.79 | 18.61 | 18.61 |
| 雷电摇摆角 | 7.64 | 7.64 | 8.51 | 8.51 |

## 3 耐张铝合金导线应用中的问题及解决措施

### 3.1 耐张铝合金导线在松原地区应用中问题

在松原地区，已有的 66kV 线路皆为钢芯铝绞线，随着松原地区用电负荷增长，个别线路存在过载现象，由于钢芯铝绞线耐热性能差，过载导致的高热严重影响线路的安全运行。根据第 2 章节的论述，在相同的导线截面积下，耐张铝合金导线比钢芯铝绞线载流量要大，并且耐高温。鉴于此，松原地区 66kV 过负荷线路（导线为钢芯铝绞线）选择同等线径的耐张铝合金导线，原有金具可以得到充分利旧，减少了投资。但在应用过程中，由于耐张铝合金导线较轻，从在风偏较过大问题，造成导线距塔身安全距离不够问题。

### 3.2 解决措施

为解决由于耐张铝合金导线轻，摇摆角大问题，可通过以下几种方法解决：

（1）调整杆塔位置 ，高度或换用允许摇摆角较大的杆塔。

（2）增加导线悬挂点的垂直负荷，以减小摇摆角。如单联悬垂绝缘子串改为双联，或加挂重锤。

（3）改变绝缘子串的悬挂与组装形式，缩短绝缘子串的摆动长度，或限制绝缘子串的摇摆角。

（4）经过计算，增加横担长度，或将直线塔更换为转角、耐张塔。

## 4 结论

在松原地区，耐张铝合金导线在66kV线路改造工程中得到广泛的应用，对耐张铝合金导线的推广具有深远的意义。

### 参考文献


［1］ 范金华. 两型三新线路工程建设管理探索［J］. 华东电力，2009，（8）：1250-1252.
FAN Jin-hua. Discussion on the management of transmission line construction with new features［J］. East China Electric Power，2009，（8）：1250-1252.

［2］ 余虹云. 耐热导线应用技术［M］. 北京：中国电力出版社，2008.

［3］ 尤传永. 架空输电线路钢芯软铝绞线的应用研究［J］. 电力建设，2006，27（5）：1-4.
YOU Chuan-yong. Study on application of aluminum conductor steel supported/trapezoidal wire for overhead transmission lines［J］. Electric Power Construction，2006，27（5）：1-4.

［4］ 叶鸿声. 中强度全铝合金导线在输电线路中的应用［J］. 电力建设，2010，31（12）：4-19.
YE Hong-sheng. Application of moderate-strength all aluminum alloy conductor in transmission lines［J］. Electric Power Construction，2010，31（12）：14-19.

［5］ 刘斌，党朋，季世泽. 型线同心绞架空导线技术发展与应用［J］. 电线电缆，2008，3（6）：9-12.
LIU Bin，DANG Peng，JI Shi-ze. The development and application of the formed wire concentric-lay-stranded overhead conductors［J］. Electric Wire & Cable，2008，3（6）：9-12.

［6］ 胡海瑞，叶翔，江全才，等. 660kV直流输电线路的导线选择［J］. 中国电力，2011，44（12）：26-31.
HU Hai-rui，YE Xiang，JIANG Quan-cai，et al. Conductor selection of 660kV DC transmission lines［J］. Electric Power，2011，44（12）：26-31.

［7］ 孙涛，朱任翔，高振，等. 宁东—山东660kV直流输电示范工程的导线选型［J］. 中国电力，2011，44（4）：35-39.
SUN Tao，ZHU Ren-xiang，GAO Zhen，et al. Bundle conductor type selection for Ningdong-Shandong a 660 kV DC project［J］. Electric Power，2011，44（4）：35-39.

［8］ 蒋兴良，林锐，胡琴，等. 直流正极性下绞线电晕起始特性及影响因素分析［J］. 中国

电机工程学报，2009，29（34）：108－114.
JIANG Xing-liang，LIN Rui，HU Qin，et al. DC positive corona inception performances of stranded conductors and its affecting factors [J]. Proceedings of the CSEE，2009，29 (34)：108－114.
[9] JCS 0374—2003 裸线载流量计算方法 [S].

**作者简介：**

赵云超（1979—），男，工程师，主要从事送电设计。
宋晓刚（1986—），男，工程师，主要从事电力系统规划设计。
李志（1972—），男，工程师，主要从事电力系统规划设计。

## Tension Aluminum Line Conductor Problems and solutions

ZHAO Yunchao，SONG Xiaogang，LI Zhi
(Songyuan City，Jilin Province)

**Abstract**：Strain aluminum line，its superior characteristics of its own，it has been widely used. In this paper，aluminum wire line renovation tension in Songyuan process. Swing angle of conductors is too large，leading to a safe distance between the wires and the tower is not enough problems，and proposed solutions.

**Key words**：Tension Aluminum Line；Swing angle of conductors

# 高压输电线路电气设计探讨与完善

袁纪光
（吉林省长春电力勘测设计院有限公司，吉林省长春市　130062）

**摘　要**：通过对高压输电线路电气设计中存在的问题进行分析，并提出一些措施，期望能更好地促进高压输电线路电气设计方法的发展应用。

**关键词**：现代建设；建筑电气；电气设计

## 0　引言

国民经济快速发展的同时，我国的基础电力设施建设也取得了一定的进步，人们对于工程设计的要求越来越高，尤其重视电气设计的便捷化、实用化、安全化、舒适化。电气设计是一项十分复杂且重要的工作，主要是为居民、商业及工业提供输电、变电及配电服务，关系着人民群众的用电安全。所以，对电气设计工作中的相关问题进行一定的研究具有非常重要的现实意义和作用。设计人员在实际工作中重视相关问题并进行研究，才能够对电气设计中出现的相关问题准确控制，在了解根本原因的前提下，及时找到有效的对应策略，解决电气设计中存在的各项问题，提高自身电气设计工作质量和专业素养。

## 1　高压输电线路设计的基本原则

### 1.1　路径优化原则

设计输电线路时应该对线路路径采用优化的措施，对于自然条件恶劣、雷电闪击过多的区域要做到适当地规避，以合理的路径来避免可能出现的自然灾害和次生灾害，实现输电线路的总体稳定。

### 1.2　环保原则

设计输电线路时应该考虑输电线路工程对周边自然环境的影响，要控制输电线路对自然环境和生物系统的破坏作用，要避免大规模地砍伐和开方，降低输电线路的噪声和辐射，实现输电线路的绿色运行。

### 1.3　系统安全原则

设计输电线路时应该从地形、地质、线路形态等方面入手，确保输电线路系统的实质安全，做到在控制输电线路建设成本的同时，实现输电线路的安全，进而避免输电线路因内外因素影响而出现的安全问题和安全事故。

## 2　高压输电线路电气设计的完善

### 2.1　线路的路径选择

在设计高压输电线路时，设计人员必须选择最为科学、最合理的线路路径。科学合理的选择线路路径是完成高压输电线路设计工作中重要环节。在选择线路路线时，还需要考虑到当地区域所具备的实际条件：当地的气象特征、良好的水源、适宜的地质等。在选择好线路路径后，需要考虑高压输电线路所在地的周边开发建设；还应该根据我国相关的法律法规为根本出发点，选择适宜的高压输电线路的路径。就高压输电线路电气设计而言，最好的路径需要具备地质优良、转角少、少曲折、路径较短等方面的优点，并且具备适宜的自然条件和便利的交通环境。

### 2.2 输电电压的确定

因为受电端部分会需要一个明确的受电端电压，但是在输配电或者是输变电的过程中，线路阻抗会随着输送线路的增加而升高，因此在线路上的压降就会增大，以至于当到达用户受电端时低于所需电压，导致输电配电不成功。一定的电压等级线路与其送电能力相关。电压等级越高，输电半径相对较大及高压等级线路的输电半径大于中高压电网线路输电半径。另外，线路中电力负荷越多，输电半径越小。综上，输电电压的确定取决于输电电压等级和用户终端密集度。

### 2.3 输电线路抗冰设计

对于高压输电线路，要根据不同地区的气象信息，对线路的抗冰性能做好线路设计，争取做到保证线路运行安全稳定又相对节省工程造价。因为各地区的气象条件不同，冰厚也不相同，因此，要采取不用的冰厚设计值。在设计过程中，要对输电线路所经地区的地形地质情况、风向以及湿度进行综合性分析，科学合理地确定冰厚设计值。抗冰所采取的措施通常采用重型抗冰塔和加强导线。在重冰区要相隔一段距离就设置一个基抗串耐张塔，导线要采用机械强度较高的材质。为防止由于线路不平衡的张力作用和脱冰振动对导线造成损伤，要用预绞丝护线条保护导线。抗冰设计的一个重要方面是防止绝缘子冰闪，增大爬电距离和增大绝缘子串长度，改善绝缘串的伞型结构。在绝缘子表面涂上防水材料可以很大程度上降低覆冰绝缘子漏电的可能性。

### 2.4 采用中性点非直接接地方式

中性点非接地方式是指输电线路中性点不接地或经消弧线圈接地方式。由于输电线路对地有电容性泄露作用，中性点非直接接地系统中一相导线落雷闪络接地时，接地点相电流属容性电流。如果雷电流不太大（或是感应过电压），一般只发生单相接地。由于中性点非直接接地系统，系统的接地电流数值不太大，闪络电弧有可能自己熄灭。根据运行经验显示，由于雷击导致的单相接地故障大部分都可以自动消除，不会引起相间短路和跳闸，因而不会引起供电中断。但线路越长，接地点电流就越大，以致完全有可能使接地电弧不能自行熄灭而引起线路跳闸。为降低接地电流，可在中性点加装消弧线圈，以使接地相电流中增加一个感性分量，它和装设消弧线圈前的电容性分量相抵消，减少了接地相的电流。对雷电的活动比较多，而接地电阻却又难以减小的地方，通常可以考虑选用中性点不接地的方式或者经消弧线圈接地。为了充分发挥中性点非接地系统的优点。

### 2.5 加大线路绝缘

由于线路的某些地段需要选用大档距的杆塔，所以杆塔落雷的可能性就增大了。高塔遭雷击时塔顶的电位和感应过电压都很高，而且受到的绕击可能性也较大。为了降低线路的跳闸率，就可以增加绝缘子串的片数，增加大档距跨越避雷线与导线间的距离，加强线路的绝缘。

### 2.6 高压输电线路铁塔结构设计

高压输电铁塔是电力部门主要的电力传输工具，随着我国经济的迅速发展，铁塔的需求量也在逐渐增加。在高压输电线路铁塔结构设计选型过程中，随着计算机容量的扩大，铁塔电算速度加快，机时明显缩短。只要优化过程编制合理，设计参数选择恰当，先编好一个塔的基本电算数据，全部优化过程最多可在一天内完成。用动态规划与满应力计算相结合，将铁塔几何尺寸、结构布置优化和杆件强度及稳定计算同时应用于送电线路铁塔设计也成为现实。加之基础设计程序化，甚至可扩大到铁塔和基础同时进行方案优化设计，其优越性比凭借经验和判断进行设计的传统方法日益显著。

### 2.7 新型节能金具

输电线路中的金具节能问题已经引起极大关注。通过大量实验证明，铝合金金具线夹节能效果明显，在发达国家已普遍采用，在我国也已引起有关部门的高度重视，在部分供电部门开始应用，在技术上已经过关。节能金具结构先进，减少营运维修频率，大幅度节约了线路维修费用，但金具价格为传统金具的数倍，如果将其节能效果计算进去，一般 2 年左右就可以收回全部投资，而且长此以往将会产生巨大的经济效益。

## 3 结语

总而言之，高压输电线路电气设计方案需要切合实际，设计方案时需要满足电网建设的需求。如若设计方案脱离现实，是对电气工程建设的不负责，既无法保障电气设计的安全性，也无法满足我国电网发展的实际需求。因此，对高压输电线路进行科学合理的设计对于我国电网输电来说是非常重要的。只有在施工过程中结合实际地质、天气、水源等因素，不断地改善和修改设计方案，最终设计出最合理、最专业、最科学、最安全、最稳定的施工方案，才能确保我国电网输电工作能够安全有效地实施。

## 参考文献


[1] 尹志光. 浅谈高压输电线路设计工作中应注意的要点 [J]. 科技与企业，2014，(24)：121.

Yin Zhiguang. Key points in the design of high voltage transmission line [J]. technology and enterprise，2014，(24)：121.

[2] 程显涛. 高压输电线路电气设计探讨 [J]. 中国新技术新产品，2015，(01)：18.

Cheng Xiantao. Discussion on electrical design of high voltage transmission lines [J]. China new technology and new products，2015，(01)：18.

[3] 李阳，王少华. 高压输电线路防雷措施改进研究 [J]. 科学中国人，2015，(03)：15.
Wang Shaohua，Li Yang. Improvement of lightning protection measures for high voltage transmission lines [J]. scientific Chinese，2015，(03)：15.
[4] 向树明. 高压输电线路设计与施工技术探析 [J]. 科技风，2014，(24)：117.
To the tree Ming. Design and construction technology of high voltage transmission lines [J]. science and technology，2014，(24)：117.

**作者简介：**

袁纪光（1985—），男，大专学历，线路电气专责，研究方向高压输电工程线路电气。

## Discussion and improvement of electrical design for high voltage transmission lines

YUAN Jiguang
(Jilin Chang Chun Electric Power Survey&Design Institute Co.，Ltd Changchun Jilin 130062)

**Abstract**：By the analysis of the problems in the electrical design of high voltage transmission lines，some measures are proposed to promote the development and application of high voltage transmission line electrical design method.

**Key words**：Modern construction；Electrical construction；Electrical design

# 基于 AHP－SVM 在 500kV 线路路径选择的应用

张祖瑶

（国网吉林省电力有限公司经济技术研究院，吉林省长春市　130061）

**摘　要：** 本文对向阳至龙凤输电线路工程的现状进行分析，建立了一套输电线路工程选取综合评价指标体系，由于输电线路工程综合评价涉及因素多，为使主观和客观结合，利用 AHP 确定各个评价指标的权重，将支持向量机分类方法引入输电线路工程项目综合评价中，并以向阳至龙凤输电线路工程为实例进行实证研究，对其进行综合评价。从而提高了评价的科学性，该项目研究为提高吉林西部电网的供电能力及供电可靠性。

**关键词：** 层次分析法；支持向量机；路径选择

## 0　引言

本工程所涉及的白城市和松原市是吉林省经济发展较快的地区，同时也是近年来经济发展最活跃的地区，线路路径的选择需兼顾城市规划、环保、军事设施、国土资源、航空、文物等诸多因素，开展工作的难度较大。根据吉林省西部电网的总体规划和 500kV 线路的路径选择原则，对向阳至龙凤 500kV 输电线路工程选取进行踏勘工作。

本文在分析总结众多输电线路工程的相关资料的基础上，从地质地况、工程技术、施工因素、经济等因素四个方面构建向阳至龙凤输电线路工程路径选择评估指标体系，采用层次分析法和支持向量机对输电路径的选取进行比选，选择适合的输电路径，通过实证研究，验证了模型的准确性，同时为建设输电线路工程的决策提供重要的参考依据。

## 1　向阳至龙凤输电路径评估指标体系

针对向阳至龙凤输电线路的特点，通过对输电线路各种影响因素的分析，构建了包括地质地况指标、工程技术指标、施工因素指标、经济等因素指标的向阳至龙凤输电路径评估指标体系。其主要指标的因素均作为评价系统的评价指标（见表 1）。

**表 1　向阳至龙凤输电路径评估指标体系**

**Tab. 1　Comprehensive evaluation index system**

| | |
|---|---|
| 一级指标 | 地质地况指标 $P_1 \sim P_9$ |
| | 工程技术指标 $P_{10} \sim P_{13}$ |
| | 施工因素指标 $P_{14} \sim P_{17}$ |
| | 经济等因素指标 $P_{18} \sim P_{20}$ |

续表

| 二级指标 | |
|---|---|
| 地理位置 $P_1$ | 远期 500/220kV 出线工作量 $P_{11}$ |
| 地形地貌 $P_2$ | 进站道路/交通运输 $P_{12}$ |
| 工程地质 $P_3$ | 地基处理 $P_{13}$ |
| 水源条件 $P_4$ | 环境情况 $P_{14}$ |
| 出线条件 $P_5$ | 施工条件 $P_{15}$ |
| 系统条件 $P_6$ | 土石方工程量 $P_{16}$ |
| 防洪涝及排水 $P_7$ | 拆迁赔偿情况 $P_{17}$ |
| 对通信设施的影响 $P_8$ | 远近期线路工程综合投资 $P_{18}$ |
| 站用备用电源 $P_9$ | 本期投资比差值比较 $P_{19}$ |
| 本期 500/220kV 出线工作量 $P_{10}$ | 远期投资比差值比较 $P_{20}$ |

## 2 层次分析法理论

用层次分析法确定权重，是对在一定理论指导下建立的指标体系，按层次确定权重，即使出现了指标相关或信息重叠的问题，由于同一层次总的权重已经确定，因而对综合评价结论的方向和程度不会产生大的影响。

### 2.1 构建层次结构模型

建立递阶层次结构是层次分析法中最重要的一步，在深入分析所要研究的问题之后，将问题中所包含的因素划分为不同层次，包括最高层、中间层和最低层。其中最高层是目标层，表示决策者所要达到的目标；中间层是准则层，表示衡量是否达到目标的判别准则；最低层是指标层，表示判断的指标。

### 2.2 建立判别矩阵群

在建立层次结构模型以后，上下层次之间因素的隶属关系就被确定了。在此基础上，需要对每一层次中各因素的相对重要性做出判断。在层次分析法中，为了量化判断，将这些判断通过引入合适的标度用数值表示出来，写成判断矩阵 $A$。

$$A=\begin{bmatrix} a_{11} & a_{12} & \cdots\cdots & a_{1n} \\ a_{21} & a_{22} & \cdots\cdots. & a_{2n} \\ \cdots\cdots & \cdots\cdots & \cdots\cdots & \cdots\cdots \\ a_{n1} & a_{n2} & \cdots\cdots & a_{nn} \end{bmatrix}$$

### 2.3 计算权重向量

为了从判断矩阵群中提炼出有用的信息，达到对事物的规律性认识，为决策提供科学的依据，就需计算每个判断矩阵的权重向量和全体判断矩阵的权重向量。记判断矩阵为 $A=[a_{ij}]_{n\times n}$，如对 $\forall i$，$j$，$k=1$，2，…，$n$，成立 $a_{ik}=a_{ij}a_{jk}$，就说 $A$ 是一致性矩阵。一致性矩阵 $A$ 中元素可表示成 $a_{ij}=\dfrac{w_i}{w_j}$ 的形式。通常，判断矩阵 $A$ 并不总满足一致性条件，但参照一致性矩阵的性质，可以提出如下求权重向量的方法。参照上述性质，应用和法，对判断矩阵 $A$ 每行诸元求和，有

$$\bar{w}_i = \sum_{j=1}^{n} a_{ij} \quad i=1, 2, \cdots, n \tag{1}$$

再规范化，得权重向量

$$w_i = \frac{\sum_{j=1}^{n} a_{ij}}{\sum_{k=1}^{n}\sum_{j=1}^{n} a_{kj}} \tag{2}$$

## 3 支持向量机分类理论

支持向量机是在统计学习理论的基础上发展而来的，是统计学习理论的 VC 维理论和结构风险最小原理的具体实现，该方法的显著特点是用少数支持向量代表整个样本集，从而对未知样本进行分类。其基本思想可以用图 1 所示的两维情况说明。图中，圆形和正方形分别代表两类样本，可用超平面 H 对其进行划分，$H_1$ 和 $H_2$ 为两类样本中离分类超平面最近的样本且平行于分类超平面的两个边界超平面，它们之间的距离叫做分类间隔（margin）。所谓最优分类超平面就是要求超平面不但能将两类正确分开（训练错误率为 0），而且使分类间隔最大。距离最优分类超平面最近的向量称为支持向量。根据数据的特点，本文采用非线性算法。

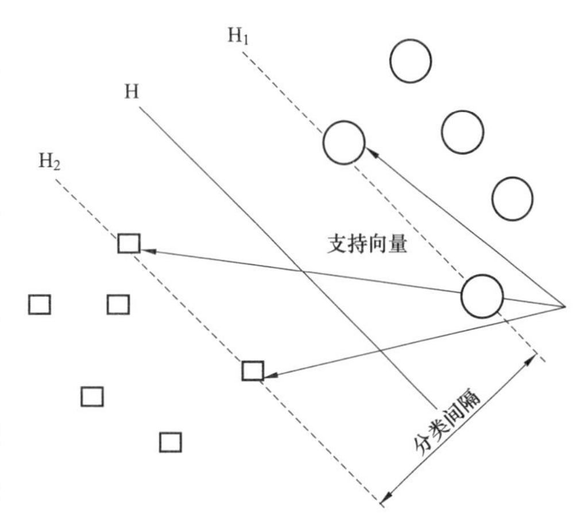

图 1　支持向量机的基本思想

Fig. 1　The basic idea of SVM

对非线性可分问题，可以通过非线性变换转化为某个高维空间中的线性问题，在变换空间求最优分类超平面，在求解过程中，采用适当的满足 Mercer 条件的内积核函数 $K(x_i, x_j)$，就可以实现某一非线性变换后的线性分类。此时求解的问题变为：
寻找最大化目标函数

$$Q(\alpha) = \sum_{i=1}^{n} \alpha_i - \frac{1}{2}\sum_{i=1}^{n}\sum_{j=1}^{n} \alpha_i \alpha_j y_i y_j K(x_i, x_j) \tag{3}$$

的 Lagrange 系数 $\{\alpha_i\}_{i=1}^{n}$，满足约束条件。求解得到分类函数为

$$f(x) = \mathrm{sgn}\left\{\sum_{i=1}^{n} \alpha_i^* y_i K(x_i, x_j) + b^*\right\} \tag{4}$$

即为支持向量机。

目前常用的核函数有以下三种：

（1）多项式核函数

$$K(x, x_i)=(x \cdot x_i)+1 \quad d=1, 2\cdots \tag{5}$$

（2）径向基核函数

$$K(x, x_i)=\exp\left(-\frac{|x-x_i|^2}{\sigma^2}\right) \tag{6}$$

（3）Sigmoid 核函数

$$K(x, x_i)=\tanh[v(x \cdot x_i)+c]$$

$v$，$c$ 为常数 (7)

综上，支持向量机分类的基本思想是：首先通过非线性变换将输入空间变换到一个高维空间，使样本线性可分；然后在线性可分的情况下求取最优分类面，而这种非线性变换是通过定义适当的内积实现的。

## 4 实证研究

### 4.1 数据采集说明

本文的数据来自于白城和松原供电局，采用了专家打分的方法。分别向输电线路、工程技术、地质方面的相关专家发放评价表，请他们做出客观的打分。对于每个指标可以在 0～1 之间任意取值，向阳至龙凤输电路径评估指标的评语级｛很差，较差，一般，好，很好｝，对应的评价得分取值｛（0～0.2），（0.2～0.4），（0.4～0.6），（0.6～0.8），（0.8～1）｝。共获得 20 组实验数据，并用层次分析法确定权重（见表 2）。

表 2 评价指标数据

Tab. 2 The evaluation index data

| 指标 | $P_1$ | $P_2$ | $P_3$ | $P_4$ | $P_5$ |
|---|---|---|---|---|---|
| 权重 | .039 | .055 | .060 | .036 | .051 |
| 指标 | $P_6$ | $P_7$ | $P_8$ | $P_9$ | $P_{10}$ |
| 权重 | .045 | .035 | .040 | .057 | .060 |
| 指标 | $P_{11}$ | $P_{12}$ | $P_{13}$ | $P_{14}$ | $P_{15}$ |
| 权重 | .054 | .046 | .043 | .030 | .028 |
| 指标 | $P_{16}$ | $P_{17}$ | $P_{18}$ | $P_{19}$ | $P_{20}$ |
| 权重 | .056 | .042 | .085 | .068 | .070 |

### 4.2 决策表属性约简

本文对决策数据表进行属性约简，得到约简集｛地形地貌 $P_2$、工程地质 $P_3$、出线条件 $P_5$、系统条件 $P_6$、站用备用电源 $P_9$、本期 500/220kV 出线工作量 $P_{10}$、远期 500/220kV 出线工作量 $P_{11}$、进站道路/交通运输 $P_{12}$、土石方工程量 $P_{16}$、远近期线路工程综合投资 $P_{18}$、本期投资比差值比较 $P_{19}$、远期投资比差值比较 $P_{20}$｝。将约简后的属性作为支持向量机的输入，对其进行训练与测试（见表 3）。

表 3　　约简后的指标值

Tab. 3　　Index of attribute reduction

| | 1号 | 2号 | 3号 |
|---|---|---|---|
| 2 | 0.95 | 0.876 | 0.875 |
| 3 | 0.95 | 0.828 | 0.878 |
| 5 | 0.9 | 0.95 | 0.878 |
| 6 | 0.975 | 0.776 | 0.975 |
| 9 | 0.925 | 0.95 | 1 |
| 10 | 0.875 | 0.95 | 0.95 |
| 11 | 0.925 | 0.95 | 0.925 |
| 12 | 0.975 | 0.925 | 0.878 |
| 16 | 0.95 | 0.95 | 0.855 |
| 18 | 0.975 | 0.875 | 0.877 |
| 19 | 0.975 | 0.825 | 0.975 |
| 20 | 0.95 | 0.875 | 0.925 |
| 决策 | 1 | −1 | −1 |

## 4.3　支持向量机分类

### 4.3.1　训练集与测试集的选取

本文将向阳至龙凤输电路径评价等级分为两大类：理想与不理想。理想表示输电路径适合向阳至龙凤输电路径的总体设计和满足综合效益的要求；不理想表示输电路径不适合向阳至龙凤输电路径的总体设计和不满足综合效益的要求。在支持向量机的方法中，用+1 代表输电路径等级“理想”，用−1 代表输电路径等级“不理想”。

以向阳至龙凤输电路径评估指选取输变电站为例，将评价指标数据分为两部分。选取 16 组数据作为训练样本，其余的 4 组数据作为测试样本。

### 4.3.2　支持向量机分类训练

使用 svmdark 软件对各组训练样本进行 SVM 分类训练。参数 $C$、$g$ 根据各组训练样本的不同而选取不同的数值。以训练样本占总样本比例为 80%的情况为例，将前 16 组数据作为训练样本输入 svmdark 进行训练，最终选择 $C=98.896\ 843\ 1$，$g=0.658\ 975\ 4$ 作为模型参数。

### 4.3.3　结果分析

根据支持向量机的分类方法对相应比例的各组测试样本进行分类。其余 4 组数据作为测试样本利用模型进行计算，得出这三种线路路径选择综合评价指数分别是 1.095 876 4，−0.987 658 9，−0.956 875 1。由综合评价结论可知，在向阳至龙凤输电线路工程项目中，1 号方案要优于 2 号、3 号方案的路径选择效果。说明 1 号方案适合向阳至龙凤输电线路的设计和满足综合效益的要求。

## 5 结论

本文采用层次分析法与支持向量机模型应用到向阳至龙凤输电路径评估中，对“理想”和“不理想”两类输电线路进行分类，经实际数据的实证研究，证明该方法有着较好的分类效果，对实际的选取输电路径评估工作能起到很好的指导作用。

利用层次分析与支持向量机对向阳至龙凤输电线路路径选择进行测评，根据有限的训练样本，建立了非线性映射关系，解决了维数问题，这种算法具有简单、准确率高的优点，很适合推广。因此，若将其他输电线路的相关数据直接输入到上述模型中，就能够方便快捷地得出对应的向阳至龙凤输电线路路径选择综合评价指数，决策者可以根据得出的结果来选取适合的输电路径。

## 参考文献


[1] 魏俊，周步祥，林楠，邢义. 基于蚁群支持向量机的短期电力负荷 [J]. 电力系统保护与控制，2009，37 (4)：36-40.

[2] Vapnik V. Universal learning technology：Support vector machines [J]. NEC Journal of Advanced Technology，2005 (2)：137-144.

[3] Yuan-Hai Shao，Zhen Wang，Wei-Jie Chen，Nai-Yang Deng. Least squares twin parametric-margin support vector machine for classification [J]. Applied Intelligence，2013，(3).

[4] 李元诚，方廷建，于尔铿. 短期负荷预测的支持矢量机方法研究 [J]. 中国电机工程学报，2003，23 (6)：55-59.

[5] Dorigo M，Maniezzo V，Colony A. Ant System：Optimazation by a Colony of Cooperation Agents [J]. IEEE Trans on SMC Part B，1996，26 (1)：29-41.

[6] 宋晖，薛云，张良均. 基于 SVM 分类问题的核函数选择仿真研究 [J]. 计算机与现代化，2011，(08).


## 作者简介：


张祖瑶（1983—），女，硕士，主要研究方向为项目评价。


# Application of 500kV power lines selection based on AHP-SVM


ZHANG Zuyao

(Economic Research Institute of Jilin Electric Power Company Limited，130061，Changchun，Jilin)



**Abstract**：This article builds the system of comprehensive evaluation index system for 500kV

power lines selection with the analysis of Xiangyang to Longfeng transformer substation project, due to the comprehensive evaluation of power lines project involving multiple factors, AHP is used to determine the weight of each evaluation index to make the combination with subjectivity and objectivity, introduces SVM into comprehensive evaluation of sets power lines project as an example for empirical study, the project research is used to improve power supply capability and reliability of Western Jilin grid.
**Key words**: analytic hierarchy process; support vector machine; power lines selection

# 软体石墨接地体新工艺应用

张　帆[1]，李　冰[1]，林宇龙[1]，崔寒松[1]，刘学文[2]

（1. 国网冀北电力有限公司经济技术研究院，北京市　100038；
2. 北京送变电公司，北京市　102401）

**摘　要**：文章根据软体石墨接地体的实验资料及案例施工情况，从软体石墨接地体的制造流程及工程经济性分析，并参考相关文献资料，对软体石墨接地体的利弊进行了分析。结论表明，使用软体石墨接地体完全能够满足铁塔接地电阻值、耐受冲击电流、耐腐蚀性要求，同时其在施工效率和维护成本上都有着显著的经济、社会和环保效益，适合在工程中进一步推广使用。

**关键词**：输电线路；软体石墨接地体；新工艺；经济分析

## 0　引言

接地体在电力系统里扮演着不可或缺的重要角色。研究表明，输电线路雷击跳闸事故一般是由过大的接地电阻造成线路反击跳闸。因此，良好的输电线路接地体是减少输电线路雷击事故，维持电网正常运行的重要材料。

对接地体的要求分为以下几方面：一是其接地电阻值满足技术要求，二是能承受系统故障条件下接地冲击电流，三是其具备热稳定性，四是具有良好耐腐蚀能力，五是符合工程经济性和对环境无污染[1]。常规的接地体主要有碳钢、铜、高硅铸铁、铁氧体，其有着这样或那样的不足。碳钢接地电阻较大，接地体耐腐蚀性差[2]；铜接地体对附近构架钢材造成严重腐蚀，对阴极保护造成困难，并且其在酸性土壤中防腐性比铁差，对环境水土存在污染[3-4]；高硅铸铁耐腐能力强，但其硬度过高，耐电流冲击性和热稳定性较差，不便在现场加工连接；铁氧体是新型应用陶瓷材料，在实验测试中其耐腐蚀能力最高，但由于制造工艺复杂，产品质量可控性差，国内尚未形成实用产品[5]。

接地体的保护有电化学保护、在接地体周围填充介质等减缓腐蚀防护方法。保护阳极材料和填充介质会逐年损耗失效，过一定年限需要再次更换或补充，考虑到接地体开挖检修维护费用高，行之有效的方法是采用抗腐蚀性高的接地体材料。石墨接地体其抗腐蚀性高，在实际应用中，有采用石墨粉和硅酸盐、电解质粉末混合而制成的低电阻接地模块，其自身电阻率相对较高和可塑性弱，影响了其在工程中使用[6]。而软体石墨没有与其他材料进行混合，其导电能力强，并且克服了传统石墨接地极弯曲性弱和延展性差特点，极大地扩展了其在工程中使用的场合。

# 1　软体石墨的应用

## 1.1　软体石墨制造流程

软体石墨的制造工艺流程如图1所示，按配比将石墨置于98wt%的浓硫酸中搅拌浸泡0.5～2h进行酸洗，水洗至pH值为中性后，脱水使水分小于30wt%；然后将石墨在800～1000℃范围膨化，使其膨胀自身体积150～250倍得到膨化石墨。将膨化石墨碾成石墨线，若干相同的排列在一起的石墨线形成石墨线束；取提高接地极抗拉强度玻璃纤维及和不锈钢丝绳均匀地分布在石墨线束中碾压成石墨纤维束；进一步裁剪成布条，复合成单股线；若干相同的排列在一起的单股线编织成石墨接地极。

软体石墨接地体使用玻璃纤维和不锈钢丝绳做基体，外表用高纯度高碳石墨做防腐蚀降阻层，其不含黏合剂，保证了其在工程应用中的持久性，不会像传统的石墨接地体会因为黏合剂的老化而散束，而且考虑到电流趋肤效应，电流在表层导体流通，更是进一步提高软体石墨接地极的材料利用率。软体石墨接地体实物样品如图2所示。

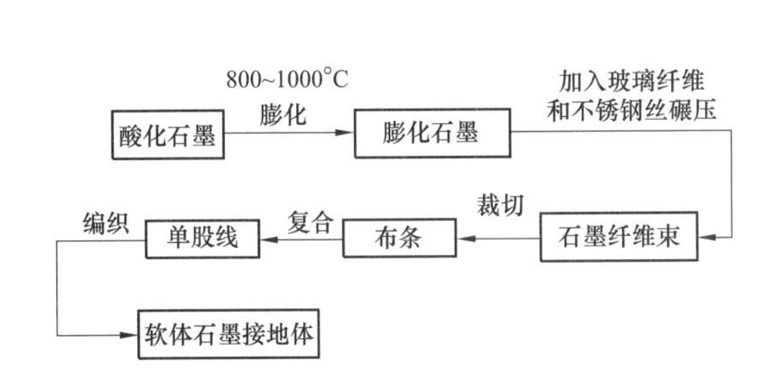


图1　软体石墨接地体的制造流程

Fig. 1　Flexible graphite ground electrode manufacturing process

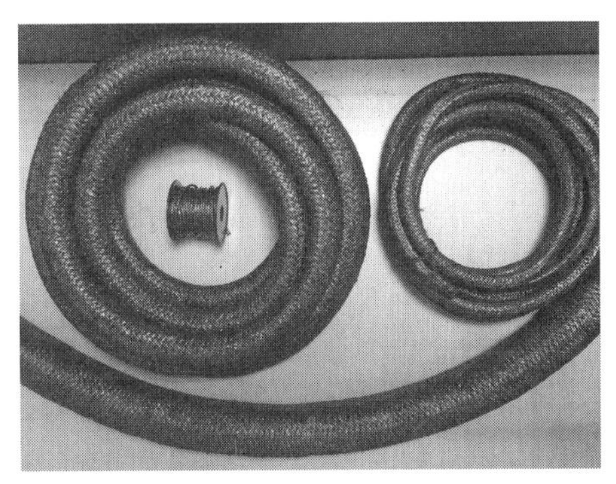

图2　软体石墨接地体的实物样品

Fig. 2　Flexible graphite ground electrode physical samples

## 1.2　电阻率、耐受接地冲击电流、耐腐蚀性实验

依据GB/T 21698—2008《复合接地体技术条件》对软体石墨接地体进行检验，对电阻率、工频接地电阻、冲击电流耐受、工频电流耐受、耐酸腐蚀率、抗拉强度均进行检查，检查结果如表1所示，证明软体石墨作为接地体满足国家要求技术指标[7-8]。

表1　软体石墨接地体的性能指标

Tab. 1　Flexible graphite ground electrode performance index

| 测试内容 | 国标要求 | 技术参数 |
| --- | --- | --- |
| 电阻率 | ≤0.08Ω·m | 0.0004Ω·m |
| 工频接地电阻 | ≤5Ω | 1.02Ω |
| 冲击电流（100kA，8/20μs）耐受 | 电阻变化率 $\Delta R\leqslant 20\%$ | $\Delta R=2.6\%$ |
| 工频电流（10A，1min）耐受 | 电阻变化率 $\Delta R\leqslant 20\%$ | $\Delta R=4.4\%$ |
| 耐酸碱年腐蚀率 | ≤0.1% | 0.055% |
| 抗拉强度 | ≥1300MPa | 1306MPa |

软体石墨接地极在土壤电阻率 2000Ω·m 以下，采用四根射线加方框设计方案，2000～5000Ω·m 采用方框、六根射线加软体专用模块设计方案。5000Ω·m 以上采用方框、八根射线加软体专用模块设计方案。其首次应用在 2014 年张北—张南 500kV 输电线路工程，按照图 3 施工。

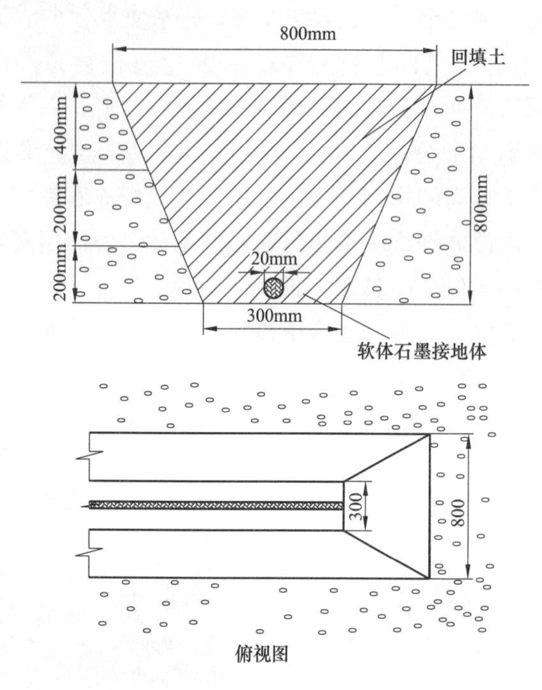


图 3　软体石墨接地体的施工示意图

Fig. 3　Flexible graphite ground electrode schematic diagram

软体石墨接地体在沟内敷设安装时需伸直，禁止小角度折弯，如需折弯，其角度应保持圆弧状。其在埋设时，应先将连接头安装紧固，再下挖深度为 0.8m 的沟，最后采用细土分层夯实；安装时，必须将接地体全部放在沟内伸直，如果为口子形必须搭接扎紧，杆下垂直部分，需预留 0.3m 左右圆曲。软体石墨接地体用量与铁塔根开情况及路况无关，只与土壤电阻率有关。软体石墨接地极连接时采用搭接连接，其搭接长度不小于直径的 5 倍，搭接时采用 0.2mm 的单股石墨线扎紧形成良好的导电通路。杆塔与软体石墨接地极连接时采用专用连接板连接（见图 4）。

图 4　软体石墨接地体的现场施工照片

Fig. 4　Flexible graphite ground electrode construction picture

进行试验表明，在土壤电阻率固定为 167Ω·m，降阻产品均铺设 36m 的情况下，用传统镀锌扁铁（60×6mm）后，土壤电阻降为5.42Ω；而使用软体石墨接地体后，土壤电阻降到4.6Ω，比镀锌扁铁电阻降低15%。工频接地电阻、冲击接地电阻、跨步电压等试验结果均符合GB/T 50065—2011《交流电气装置的接地设计规范》规定要求，该规定要求6kV及以上金属杆塔接地电阻不宜超过30Ω，满足电力系统运行要求。

软体石墨接地体主要依靠电子导电原理，不同于离子导电，不依靠水分溶解离子，彼此电子链相互接触紧密，导电性优越，因此能很适合用于干旱少雨的地区。

## 2 工程经济性分析

### 2.1 施工效率

其他接地电极由于产品本身限制，施工所需开挖沟槽要开挖0.8m$^2$以上的梯形沟槽，而软体石墨接地体具有体积小的优势，施工仅需开挖0.3m$^2$的沟槽，大大减少施工强度，缩减施工时间，节约61.5%开挖土方量。如不考虑青苗赔偿因素，软体石墨接地较常规接地费用高；考虑青苗赔偿因素之后，与常规接地费用相比软体石墨接地费用较低。如在城区绿化带，赔偿费用更高（约为80元/m$^2$），软体石墨接地工程造价经济性更加明显，其施工造价如表2所示。

表2 接地体的施工造价

Tab. 2 Ground electrode construction cost

| 项目 | 常规接地 | 软体石墨接地 |
|---|---|---|
| 接地长度（m） | $\phi$12mm 160m | $\phi$20mm 68m |
| 材料费用（元） | 1600 | 5440 |
| 土建开挖费用（元） | 2400 | 1020 |
| 小计（元） | 4000 | 6460 |
| 青苗赔偿（30元/m$^2$） | 4800 | 2040 |
| 合计（元） | 8800 | 8500 |

### 2.2 安装流程简化

软体石墨接地体连接方式为搭接连接，仅用导电石墨线扎紧即可，设备简单操作易行。而其他接地电极如镀锌扁铁产品等需要使用焊接方式，在交通不便的山区，还需搬运焊机和电源设备等笨重设备，操作困难的同时增加施工成本及时间成本。使用软体石墨接地体能较传统接地体安装缩短至少3日施工时长。

### 2.3 使用寿命延长

传统接地电极容易生锈腐蚀，每年雷雨季节之前均需提前进行检修，而软体石墨接地体在土壤中无腐蚀，材质不发生任何变化，使用寿命长达30年以上。避免二次维修，减少二次费用。考虑到维护费用，常规接地体材料的技术经济优势不再存在，如表3所示，而且软体石墨接地极二次利用价值低，能有效预防认为偷盗及破坏。

表 3　　接地体日常维护造价

Tab. 3　　Ground electrode routine maintenance cost

| 项目 | 常规接地 | 软体石墨接地 |
|---|---|---|
| 日常检修频率（次/年） | 1 | 1 |
| 二次维修频率（次/年） | 10 | 0 |
| 二次维修费用（元/次） | 4000 | 0 |
| 小计（元）（按 2 次计算） | 8000 | 0 |

## 3　结语

本文先对比现行电力系统接地材料的优缺点，介绍了一种新型材料——软体石墨接地极的制备方法和生产流程，并且在 500kV 工程中进行应用，进行经济性分析。

通过以上比较分析可以得出结论，软体石墨接地体接地电阻小，能够承受大电流冲击，抗腐性强，与镀锌钢材等传统接地体相比，软体石墨总体工程造价低，产品轻便，施工方便高效，维护简单经济，安全环保无污染，使用寿命长等特点，因此选择软体石墨接地体代替传统接地体将是更好更优的选择，尤其适用于高山大岭、材料运输困难地区及经济高度发达、接地体布置困难地区。

### 参考文献


［1］ 祝志祥，韩钰，惠娜，等. 高压直流输电接地体材料的应用现状与发展［J］. 华东电力，2012，40（2）.

ZHU Zhixiang，HAN Yu，HUI Na，et al. Application and development of ground electrode materials for HVDC transmission system［J］. East China Eletric Power，2012，40（2）.

［2］ 李月强，杜翠薇. 接地体的土壤腐蚀［J］. 环境试验，2010，（1）.

LI Yueqiang，DU Cuiwei. Soil corrosion of grounding electrode［J］. Environmental Testing，2010，（1）.

［3］ 陈健生. 铜材接地网危害［J］. 华东电力，2012，39（1）.

CHEN Jiansheng. Copper grounding conductor caused harm［J］. East China Eletric Power，2012，39（1）.

［4］ 徐华，文习山，李中建，等. 大型变电站钢材和铜材接地网的性能比较［J］. 高电压技术，2004，30（7）：18－19.

XU Hua，WEN Xishan，LI Zhongjian，et al. Performance comparison of copper and steel material grounding grids of large substation［J］. High Voltage Engineering，2004，30（7）：18－19.

［5］ 李景禄，杨延方，周羽生. 接地降阻应用及存在问题分析［J］. 高电压技术，2004，30（3）：65－66.

LI Jinglu，YANG Tingfang，ZHOU Yusheng. Analysis of the application and problems of

resistance reducing material [J]. High Voltage Engineering, 2004, 30 (3): 65 - 66.
[6] 邓长征，杨迎建，童雪芳，等. 接地装置冲击特性研究分析 [J]. 高电压技术，2012，(9)：2447 - 2454.
DENG Changzheng, YANG Yingjian, TONG Xuefang, et al. Impulse characteristic analysis of grounding devices [J]. High Voltage Engineering, 2012, (9): 2447 - 2454.
[7] 韩学民，夏长征，喻剑辉，等. 杆塔接地体冲击电位分布特性的模拟试验 [J]. 高电压技术，2011，37 (10)：2464 - 2470.
HAN Xuemin, XIA Changzheng, YU Jianhui, et al. Simulation experiment on potential distribution for grounding electrode of transmission tower under impulse current [J]. High Voltage Engineering, 2011, 37: (10): 2464 - 2470.
[8] 张波，余绍峰，孔维政，等. 接地装置雷电冲击特性的大电流试验分析 [J]. 高电压技术，2011，37 (3)：548 - 554.
ZHANG Bo, YU Shaofeng, KONG Weizheng, et al. Experimental analysis on impulse characteristics of grounding devices under high lightning current [J]. High Voltage Engineering, 2011, 37 (3): 548 - 554.

**作者简介：**

张帆（1982—），男，硕士，国网冀北电力有限公司经济技术研究院高级工程师，研究方向电力系统自动化。

李冰（1980—），男，硕士，国网冀北电力有限公司经济技术研究院高级工程师，研究方向电力系统自动化。

林宇龙（1988—），男，硕士，国网冀北电力有限公司经济技术研究院工程师，研究方向电力系统自动化。

崔寒松（1988—），男，硕士，国网冀北电力有限公司经济技术研究院工程师，研究方向防雷接地。

刘学文（1970—），男，本科，北京送变电公司工程师，研究方向电网建设。

## The New Technique Application of Flexible Graphite Ground Electrode

ZHANG Fan[1], LI Bing[1], LIN Yulong[1], CUI Hansong[1], LIU Xuewen[2]
(1. State Grid Ji Bei Electrical Economic Research Institute, Beijing 100038, China;
2. Beijing Electricity Transmission & Transformation
Facilities Company, Beijing 102401, China)

**Abstract**: This article illustrates the pros and cons in the application of flexible graphite ground electrode according to the experimental data and construction situation, from manufacturing

process to engineering economic analysis, referring to the relevant document literature. It concludes that flexible graphite ground electrode fully meets the requirement of the tower ground resistance value, the impact current tolerance and corrosion resistance; in addition, it has significant economic, social and environmental benefit on construction efficiency and maintenance costs that suitable for further use in engineer project.
**Key words**: Power transmission line; Flexible graphite ground electrode

# 基于罗氏线圈的高精度电流传感器设计

陈　博

（国网上海市电力公司经济技术研究院，上海市　200120）

**摘　要：** 随着XLPE电力电缆在电力系统中得到日益广泛的应用，电缆局部放电是必不可缺的重要试验。局部放电试验中，电流传感器用来拾取局部放电高频微电流的特征信号。本文设计一种基于罗科夫斯基线圈的高频电流传感器，通过对系统的高频等效电路模型进行理论计算，分析了影响传感器性能的各项参数。然后软件对传感器进行仿真，总结参数变化对传感器性能影响的规律，最终确定适合本设计的传感器参数。最后对传感器的测量误差分析并提出改进措施，提高耦合精确度。实验结果表明，传感器在特定频段内有频带宽、灵敏度高等特点，传感器达到较良好性能。

**关键词：** 电磁耦合；电流互感器；高频模型；传感器仿真

## 0　引言

一直以来，对XLPE电缆及其连接端口等附件绝缘检测试验以投运前和停电检修时的耐压试验为主，其中较为明显的绝缘缺陷在高压状态下可被快速有效检测出来，但对一些微小的绝缘缺陷如端部针尖故障和中间接头线芯缠绕绝缘胶带等引起的电缆局部放电微电流信号的检测存在较大问题[1]。因此，快速有效的发现电缆中微小缺陷引起的特征信号，为电缆局部放电的故障模式识别和放电量等的定性分析奠定了基础；同时，基于罗氏线圈结构的电流传感器可以实现在线监测电缆部件，可以在电缆不停运的情况下，获取电缆内部绝缘状态，并根据绝缘状态信息制定维修策略，保证电缆正常运行[2-3]。

罗氏线圈由于传递线性度好，测量频率宽，工作速度快，无磁饱和的问题而广泛应用于电力系统高压侧电流的检测、保护和控制[4]。本文的研究通过分析基于罗氏线圈的传感器模型，最终设计一款高精度、宽频带的传感器。

## 1　耦合传感器原理及等效模型

电流传感器是一种基于电磁感应信号耦合的线圈，如图1所示。其基本原理是：一次侧初始信号电流流过电流传感器几何中心，在初级线圈中的交流电流作用下，磁芯中产生交流磁通，使二次侧线圈中感应出电流，通过串接的负载阻抗得到高频电流分量[5]。

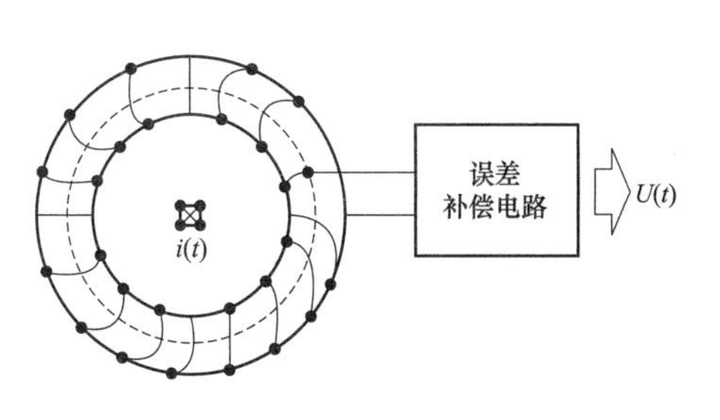


图1　罗氏线圈结构电流传感器示意图

当用罗氏线圈进行测量时，载流导线从 Rogowski 线圈的几何中心穿过，如果线圈的平均半径为 $r$，线圈截面上各处磁通量可视为相等，则可以得到

$$H=\frac{i}{2\pi r} \tag{1}$$

同时由于通过电磁场理论可知在测量时线圈所交链的磁链而产生的 $e$ 与初级电流 $i$ 的变化率 $\mathrm{d}i/\mathrm{d}t$ 成比例，因此当测量线圈在绕线均匀情况下得到在单位长度线圈上所交链的磁链为

$$\mathrm{d}\varphi=\frac{NS}{l}B\mathrm{d}l \tag{2}$$

由 $B=\mu H$ 和对上式两边积分可以得到整个线圈所交链的磁链，对其进行微分处理得到感应电动势为

$$e(t)=\frac{\mathrm{d}\psi}{\mathrm{d}t}=-M\frac{\mathrm{d}i(t)}{\mathrm{d}t}=-\frac{NS}{l}\mu_0\frac{\mathrm{d}i(t)}{\mathrm{d}t} \tag{3}$$

由式（1）～式（3）分析可知，以下几点会对线圈灵敏度产生一定影响：

（1）外界磁场平行于骨架的磁场分量会在线圈绕制不均匀的时候，影响感应电压值；垂直于骨架的磁场分量在其穿过空心线圈围成的闭合回路时，会在线圈上产生感应电动势，从而影响线圈输出电压；当母线偏心放置时，输出电压就会与偏转角度有关，影响输出电压；线圈绕线重叠时，使得线圈的结构发生变化，进而影响到电磁参数的改变，最后改变单匝绕制时线圈的感应电压。

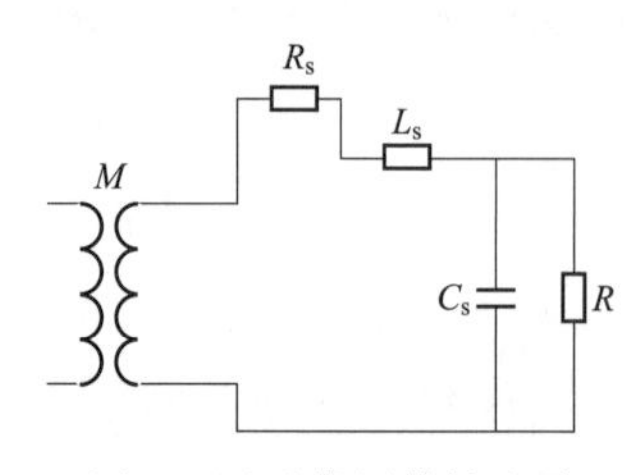

图 2　罗氏线圈等效电路

（2）线圈绕制匝数少，导致交链的磁链和互感越小，输出信号越弱。匝数越多，有效交链面积大，输出信号越强。

图 2 所示为罗氏线圈等效电路[6]。

其中 $M$ 是线圈的互感，$L_s$ 是线圈的自感，$R_s$ 是线圈的等效电阻，$C_s$ 是线圈的等效杂散电容，$R$ 是线圈的积分电阻

$$U_i(t)=-M\frac{\mathrm{d}i_1(t)}{\mathrm{d}t} \tag{4}$$

$$C_s\frac{\mathrm{d}U_0(t)}{\mathrm{d}t}+\frac{U_0(t)}{R}=i(t) \tag{5}$$

$$L_s\frac{\mathrm{d}i(t)}{\mathrm{d}t}+R_si(t)+U_0(t)=U_i(t) \tag{6}$$

将式（4）～式（6）联立处理，经过拉普拉斯变换后计算得到该高频线圈 $S$ 域的传递函数为

$$H(S)=\frac{-SM}{L_sC_sS^2+S\left(\frac{L_s}{R}+R_sC_s\right)+\left(1+\frac{R_s}{R}\right)} \tag{7}$$

由－3dB 点确定得到上下限频率为

$$f_{\mathrm{L}} \approx \frac{1}{2\pi} \cdot \frac{R+R_{\mathrm{s}}}{L_{\mathrm{s}}} \tag{8}$$

$$f_{\mathrm{H}} \approx \frac{1}{2\pi} \cdot \frac{1}{RC_{\mathrm{s}}} \tag{9}$$

在 $f_{\mathrm{H}}$ 远大于 $f_{\mathrm{L}}$ 且电阻线圈内阻和采样电阻比较小传感器通频带为

$$BW=\frac{L_{\mathrm{s}}+RR_{\mathrm{s}}C_{\mathrm{s}}}{2\pi L_{\mathrm{s}}RC_{\mathrm{s}}} \approx \frac{1}{2\pi RC_{\mathrm{s}}} \tag{10}$$

在高频信号作用下，匝间分布电容的作用不能忽视，分析线圈在谐振角频率时的灵敏度可知：输出电压幅值跟外接积分电阻成正比，与传感器副边线圈匝数成反比的变化关系。同时考虑灵敏度和工作频带可知：增加积分电阻可以提高灵敏度的同时会影响线圈的工作频带；增加副边线圈匝数可以增加工作频带的同时，却会影响线圈的灵敏度。因此，在磁芯外部特性确定之后，线圈内部特性参数如匝数和积分电阻的大小存在一个最佳的匹配问题，决定着传感器的工作性能。

## 2　参数设定与仿真分析

在根据局部放电信号特点，选取磁导率为 200 的镍锌铁氧体的传感器磁芯来保证罗氏线圈既能工作在线性区内，同时也能保持合理的增益。

当检测线圈为环形，其截面为矩形时，结构参数 $M$ 和 $L$ 的值为

$$M=\frac{\mu NH\ln(b/a)}{2\pi} \tag{11}$$

$$L_{\mathrm{s}}=NM \tag{12}$$

$$R_{0\mathrm{j}}=\frac{\rho l}{S}=16\rho a^{2}((x-1)+h/a)/D^{3} \tag{13}$$

$$C_{\mathrm{s}}=\frac{2\pi^{2}Nr_{\mathrm{c}}\varepsilon}{\ln(b/a)} \tag{14}$$

式中：$a$、$b$、$r_{\mathrm{c}}$ 是线圈骨架内外半径和截面半径；$\mu_0$ 为真空磁导率，$\mu$ 为线圈磁芯磁导率；$N$ 为线圈匝数；$r_0$ 为线圈骨架的平均半径；$\rho$ 为铜的电阻率；$D$ 为绕线铜导体的直径；$\varepsilon$ 为绝缘层的介电常数，$x=b/a$。

根据分析设置传感器初始参数，并且在 Matlab 软件中进行仿真，观察参数变化引起传感器特性变化的规律。经过多次参数仿真对比，设计计算的标准传感器参数如下：

线圈外径为 17mm；线圈内径为 11.5mm；骨架高度 12.5mm；线圈匝数 30；铜线直径 0.4mm。$M=6.1\mu\mathrm{H}$，$L_{\mathrm{S}}=183\mu\mathrm{H}$，$C_{\mathrm{S}}=271.1\mathrm{pF}$，$R_{\mathrm{S}}\approx 0.929\Omega$。

选取磁导率为 200 的镍锌铁氧体作为传感器磁芯。

改变自积分电阻的大小来改变线圈的幅频特性，如图 3 所示。当选用 1000Ω 的自积分电阻时，设计的最大灵敏度约为 30dB。线圈工作频带的下限在 1MHz 左右才达到设计的最大灵敏度。这样虽然能够避开低频段内噪声干扰，但是在捕捉局放信号的能力上有所下降，并且最大灵敏度处工作频带远远小于局放信号的带宽。当选用 10Ω 的自积

分电阻时，设计的最大灵敏度为－10dB，下限频率将减少到 10kHz，大大增加了工作频带内耦合干扰信号可能。为使灵敏度和带宽同时满足要求将 R 取成 100Ω。由仿真结果可见，积分电阻在 100Ω 左右时，传感器灵敏度和工作频带都很好地满足局部放电信号的测量要求。

改变绕制匝数来改变线圈的幅频特性，如图 4 所示。当增加线圈匝数为 90 匝时，设计的最大灵敏度约为 1dB，线圈在 10kHz 时已达到设计的最大灵敏度，工作频带为 10kHz～1MHz。由于干扰信号一般在 1MHz 以下，该工作频带导致线圈抗干扰信号方面的能力下降。当减少线圈匝数为 10 匝时，最大灵敏度为 20dB，工作频带为 1～10MHz。该工作频带对于局部放电信号的捕捉能力较弱，在 100kHz～1MHz 内的信号不能被耦合过来。当匝数为 30 匝时，传感器灵敏度和工作频带都很好地满足局部放电信号的测量要求。

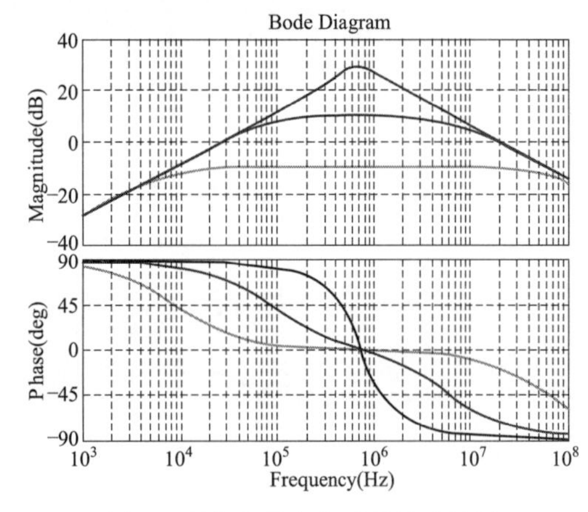

图 3　积分电阻变化时的仿真结果

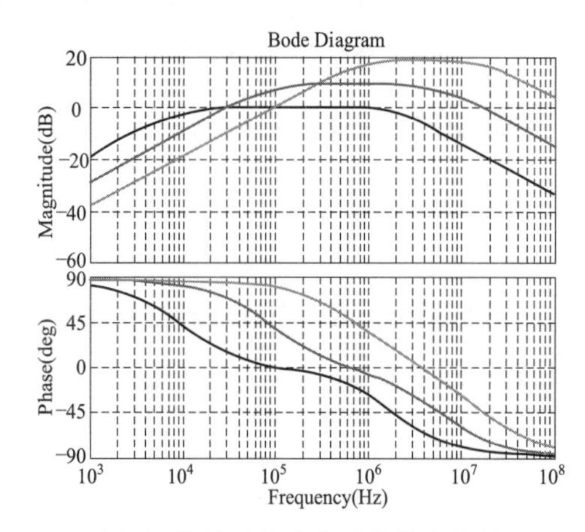

图 4　绕线匝数变化时的仿真结果

根据仿真结果进行参数调整，最终确定匝数为 30 匝，积分电阻为 100Ω。

传感器在本参数设定下，工作频带为 100kHz～8Mhz，工作频带平坦且有 12dB 的最大灵敏度。

## 3　传感器误差分析及改进

传感器开路测试测量计算得到的电感值其中包含了励磁电感，同时励磁电流引起传感器中主要部分误差[7]。

对于罗氏线圈传感器的误差定义为能量从原边耦合到副边时的安匝数损失。则有

$$E=\frac{N_1 i_1 - N_2 i_2}{N_1 i_1} \tag{15}$$

可见，增加副边绕线匝数和减小积分电阻可以有效减小误差。然而，根据传感器模型传递函数可知减小误差的同时会使灵敏度降低。因此，为解决这一矛盾，需要一个误差补偿电路来实现积分电阻的减小，进而减小传感器误差[8]。

对模型进行分析，根据理想运放流入输入端的电流为零、运放增益无穷大，两个输入端电压为零和输出阻抗为零等基本特点，同时忽略杂散电容和自感，则误差

$$E_{xq}=\frac{N_1 i_1-N_2 i_2}{N_1 i_1}=\frac{N i_{L1}-N i_{L2}}{N i_{L1}}=\frac{1}{\frac{i_{L1}+i_{L2}}{i_{L1}+i_{L2}}-\frac{i_{L2}}{i_{L1}+i_{L2}}}=\frac{1}{1+\frac{R_c}{R_s+R_F}} \tag{16}$$

图 5 中忽略了高频下阻抗很大的 $L_0$ 和一次边线圈内阻。其中，$R_c$ 为磁芯损耗的等效电阻，$L_p$、$R_p$、$L_s$、$R_s$ 分别为原边和副边的自感和内阻。$i_c$ 为励磁电流，$i_1'$、$i_2$ 分别为原边和副边电流。

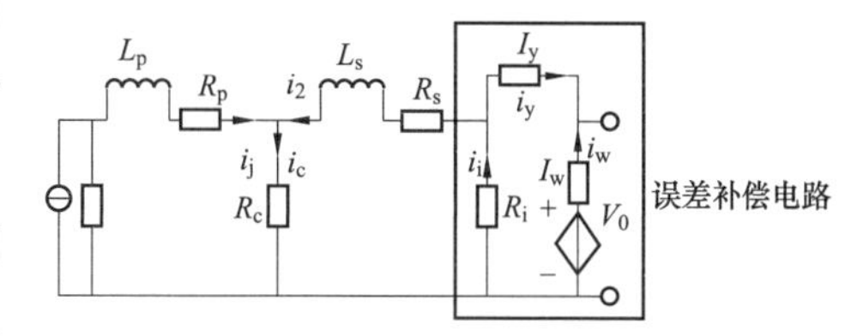


图 5　带误差补偿的等效电路

对于加装补偿电路的模型等效电路，如图 6 所示。忽略匝间分布电容和自感，可以得到

$$R_c i_c=R_F i_2 \tag{17}$$

$$i_i R_i+i_2 R_F+i_0 R_0-\alpha V=0 \tag{18}$$

其中 $R_i$ 放大电路输入阻抗，$R_0$ 输出阻抗，$\alpha$ 为放大倍数。由式（15）、式（17）和式（18）可得

$$E_{xq'}=\frac{1}{1+\frac{R_c}{R_i}+\frac{(1+\alpha)R_c}{R_F}+\frac{i_0 R_0}{i_c R_F}} \tag{19}$$

由于运算放大器高输入阻抗，低输出阻抗的特点，式（19）可简化为

$$E_{xq'}=\frac{1}{1+\frac{(1+\alpha)R_c}{R_s+R_F}}=\frac{1}{1+\frac{R_c}{(R_s+R_F)\cdot\frac{1}{(1+\alpha)}}} \tag{20}$$

线圈内阻较于反馈电阻较小可以忽略。可见，有放大补偿电路的传感器误差明显以（1＋$\alpha$）倍减少。补偿电路在确保高灵敏度和宽频带前提下，大大减小传感器测量误差。

## 4　实验结果分析

误差补偿前的传感器 $R=100\Omega$，$N=30$ 匝，磁芯磁导率为 200 的镍锌铁氧体。误差补偿前后的传感器幅频曲线对比图如图 6 所示。

由图 6 可以看出，误差补偿前－3dB 内的带宽为 730kHz～8.5MHz，而补偿后电路在 100kHz～9.5MHz 的频率范围都在－3dB 范围内，频带内响应平坦。误差补偿电路使得积分电阻缩小了（1＋$\alpha$）倍，灵敏度提高至 32dB，并且由式（8）和式（9）可见，积分电阻的缩小会减小下限频率，增大上限频率，与图 6 误差补偿后实验结果符合。误差补偿电路解决了增大积分电阻来增加传感器灵敏度同时又使带宽变窄的设计矛盾。

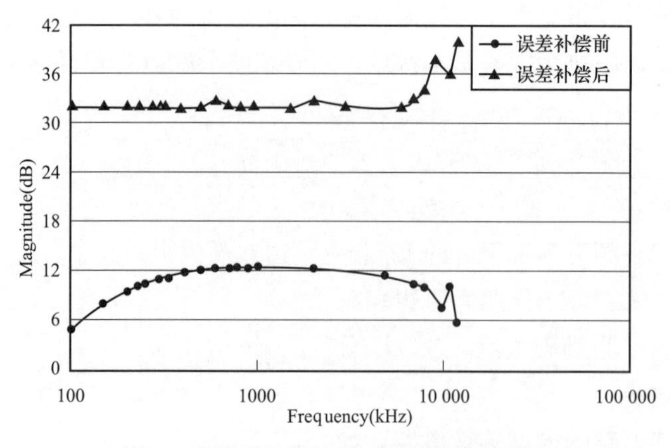


图 6　实测误差补偿前后传感器幅频特性

## 5　结语

本文通过高频电流传感器模型分析，改变等效电路参数值并进行仿真，确定积分电阻和传感器匝数合适的匹配值，设计制作了性能良好的电流传感器。通过对传感器误差分析，加装放大器补偿电路的电流传感器，进一步提高其灵敏度。最后改进电流传感器的幅频特性的测试表明，改进电流传感器在 100kHz～8MHz 的工作频段内，传感器经过误差补偿之后，不仅灵敏度大幅度提高，通带带宽增加，而且通带曲线波动率小保持平坦，总体工作性能良好。

### 参考文献

［1］ 孙和义，赵学增，代礼周，赵学涛. 高压电气设备泄漏电流检测传感器的研究［J］. 哈尔滨工业大学学报，2001，33（5）：661－665.

［2］ 刑德强. XLPE 电力电缆检测技术［J］. 电工技术学报，2006，21（11）：7－8.

［3］ 陶诗洋. 基于振荡波测试系统的 XLPE 电缆局部放电检测技术［J］. 中国电力，2009，42（1）：98－101.

［4］ 彭丽. 10 kV/35 kV 电子式电压/电流互感器研究［D］. 武汉：华中科技火学，2004.

［5］ 张岗. 光电混合式电流互感器的设计理论及其在电力系统巾的应用［D］. 武汉：华中理工大学，2000.

［6］ 邹积岩. 罗哥夫斯基线圈测量电流的仿真计算及实验研究［J］. 电工技术学报，2001，16（1）：81－84.

［7］ 申烛，钱政，罗承林. Rogowski 线圈测量误差分析和估计［J］. 高电压技术，2003，29（1）：6－8.

［8］ 冯继超，刘青，张丹红. 高精度、小变比电流互感器的特殊设计［J］. 武汉理工大学学报，2004，28（4）：564－567.

**作者简介：**

陈博（1979—），男，本科，高级工程师，国网上海市电力公司经济技术研究院，从事电气专业工作。

## Design of high precision current sensor based on Roche coil

CHEN Bo

(State Grid Shanghai Economic Research Institute, Shanghai 200120, China)

**Abstract**: With the XLPE power cable in power system are more and more widely used, the cable partial discharge is essential for the test. In partial discharge test, the current sensor is used to pick up the characteristic signal of partial discharge high frequency micro current. In this paper, a high-frequency current sensor based on Rogowski Coil is designed, and the parameters of the sensor performance are analyzed by theoretical calculation of the system's high frequency equivalent circuit model. Then the software of the sensor is simulated, and the rule of the influence of the parameters on the performance of the sensor is summarized. Finally, the parameters of the sensor are determined. Finally, the measurement error of the sensor is analyzed and the improvement measures are put forward to improve the accuracy of the coupling. The experimental results show that the sensor has the characteristics of wide bandwidth, high sensitivity and good performance in the specific frequency band.

**Key words**: electromagnetic coupling; current transformer; high frequency model; sensor simulation

# 输电线路的路径选择与优化

丛日立

（国网内蒙古东部电力有限公司经济技术研究院，内蒙古呼和浩特市　010020）

**摘　要：** 输电线路的路径选择对输电线路的适用性、经济性、安全性和可靠性起着至关重要的作用，因此，路径方案的选择成为线路设计工作中的重要环节。文章从线路设计角度，阐述了输电线路路径的选择原则，提出路径选择的优化方法。为实际工程中线路选线工作提供一定的借鉴意义。

**关键词：** 输电线路；线路路径；选线步骤；路径优化

## 0　引言

输电线路的主要作用是输送电能，联络发电厂和变电站使其并列运行，实现系统联网。电力线路设计中，线路路径的选择至关重要，是一项政策性、技术性和实践性很强的工作，必须在保证线路安全可靠的基础上，从运行安全、经济合理、施工方便等方面综合考虑，选出最佳路径方案。随着国民经济的发展，路径选择受电网网架结构的逐步完善、电网改造建设速度加快、生态环境、社会环境和国民物权意识增强等因素影响，难度逐年加大。这种形势下，深入研究线路路径的选择与优化，总结交流经验，对线路设计工作具有重要的现实意义。下文主要从线路路径的选择原则、步骤及技术要点三个方面，结合选线的各种影响因素，侧重路径方案优化，探究选线方法方面进行论述。

## 1　输电线路路径选择的原则

路径的选择是做好线路设计工作的前提，其目的就是在线路起止点间选出一个技术上、经济上较合理的线路路径方案并加以实施，比选与优化工作贯穿始终。路径选择的原则应综合考虑以下几个方面的内容。

（1）线路路径的选择要遵守我国有关法令和规章，认真贯彻国家对工程建设的各项方针政策。结合环境友好、资源节约的理念加以实施。

（2）掌握本地区最新的电网规划（如地区“十三五”电网规划等），尤其要对同电压等级系统规划进行充分研究，了解规划中是否存在中间变电站、电源接入及其建设期限等情况，要尽量与电网规划结合起来，统筹考虑，避免造成重复投资或投资浪费，对后续电网改造与建设造成困难。

（3）合理规划进出线。根据线路两端的发电厂或变电站的总体布置、出线回路、现有和预留进出线方向以及发展扩建的需要等条件，综合考虑，规划设计出可行的进出线方案。

（4）路径的选择还应考虑沿线的城乡建设规划，结合各类开发区、重大交通、水利工程等影响因素，在选线时加以避让或获取线路规划走廊。

(5) 沿线应尽量避开房屋及其他建、构筑物，尽量减少拆迁量，少占用农田。

(6) 线路应尽可能避开森林、绿化区、果木林、防护林带等，无法避让时选择最窄处通过，做好高塔跨越方案，尽量减少树木砍伐。

(7) 充分调研并掌握沿线的采矿区、探矿区，加以避让；对于采掘历史较长的地区，要充分调研评价，避开采空区。

(8) 尽量避开重冰区、不良地质地段、原始森林、军事管制以及其他影响运行安全的地区，充分考虑对邻近设施的相互影响，如机场、电台、弱电线路、易燃易爆物品储备库等。

(9) 大跨越及重要的交叉跨越，要预选多个方案进行经济技术比较，做到技术先进，经济合理，安全可靠。应尽量避免对同条线路、公路、重要管线及河流等的多次跨越。

(10) 选线时要点、线、面相结合，以线为主，起止点连线后，找出沿线的关键点、起控制作用的位置，选择避让点，再加以连线，由长到短层层推进。

总之，路径方案应尽可能地选出路径长度短、转角少、交通方便、水文地质条件较好的方案，并对多个方案进行经济技术比较。

## 2 输电线路选线的步骤

线路选线随设计阶段不同，对选线工作的粗细程度及关注的重点有所不同。结合各设计阶段的需要，选线步骤可分为室内图上选线、初勘选线和终勘选线三步。

### 2.1 室内图上选线与优化

图上选线是在地形图上进行多方案比较，从中选出认为较好的路径方案。图上选线前应明确设计条件，充分了解工程概况及系统规划，充分搜取建设方意见及相关资料(可查阅线路设计手册，不再详述)。

图上选线一般在1∶50000或1∶100000的地形图上进行，地形图要最新版本，比例尺切合实际，同时结合卫星地图及设计软件同步进行。首先，在图上标出线路的起止点、结合电网规划及具体线路所涉及的原则要点，选出路径必经点，进行辅助连线，然后，根据收集的资料(有关城乡规划、工矿发展规划、水利设施规划、军事设施、电力线路和重要管道等)，以规避躲让为主，重新连线。在连线的左右就近选择跨河点、躲开村庄、建筑物、高山大岭等，设置转角点以及重要的交叉跨越点，进行局部连线。为控制线路的曲折系数，要尽量避免大角度转向。应本着技术可行、经济合理的原则，反复进行选择与优化。

受地形图年代影响，图上的地形地物往往与实际出入较大，而Google地球上的地形地物时效性较强，将图纸上的路径转角坐标经过对比转换，绘制到Google地球上进行初步验证，Google地球具有灵活性和直观性特点，此图既可把握全局又可兼顾局部，在Google地球上应完成以下工作。

(1) 对本工程有影响的线路，根据杆塔位置进行连接，形成直观线路，合理加以避让或按技术要求进行穿越。

(2) 对村镇规模、新建厂矿建筑物、成片林木、铁路公路等一些基础设施与地形图差距较大的，需要设计人员在Google地图上重新选择穿越或避让，将路径再次完善优化。

(3) 对于跨越河流、高山大岭以及一些大跨越等重点地段，可借助卫片选线系统软件，形成粗略断面图，进行简单的排塔定位，为现场踏勘时提供必要的参考。

(4) 将图纸路径跟Google地图上的路径有机结合，绘制出多个路径方案，再根据系统远景规划，计算短路电流，校验对重要电信线路的影响，提出对线路的修正方案或防护措施。

最后，以统筹兼顾，互谅互让的原则为宗旨，选出较好的2～3个方案。根据所选方案优劣逐一排序，以备后续工作使用。

### 2.2 现场初勘选线与优化

现场初勘选线是把室内选定的路径进行实地勘察，验证室内选定的路径是否符合客观实际，进而决定方案的取舍。此阶段工作对路径的选择与优化影响最为重大，某些地段控制性条件，会在此阶段得到确认或发生变化，如果室内选线不细，考虑不周，往往会造成所选路径发生颠覆性的变化。

初勘以室内选线成果为依据，借助手持GPS等设备现场找出图上选线的位置并沿线勘察。重要的交叉跨越一定要仔细核对，充分论证其技术可行性，对于图纸与现场有偏差或差距较大的情况，根据现场实际情况对路径作出相应的优化调整，或对原定多个方案进行整体结合调整，进而决定方案的取舍。

由收资、办协议人员到沿线各级政府的规划、国土、交通、林业等部门以及有关厂矿收集有影响的设施资料，办理路径初步协议，并收集采矿区、规划及开发区域坐标以及水文、污秽、气象等资料。

结合各方意见及所获取的相关资料，对各保留路径方案进行修正优化，重点踏勘对路径方案有影响的复杂地段和相关部门提出要求的地段，必要时可反复与有关单位协商，落实意见优化方案。重点踏勘及关键地段主要包括大跨越及特殊交叉跨越处，有规划开发的区域，不良地质、交通困难、气象条件差及地形复杂地段，可能出现多方案地段，其他对路径有重大影响地段。

对于线路两端的变电站或升压站等，获取相关图纸与资料后，与相关部门共同进行现场调研与踏勘，结合现场进行详细的图纸比对与勘测，确定出线间隔，制定进出线走廊的布置方案，征求相关方意见后加以确认。

初勘时还需说明一点，技经人员应协同相关专业人员，做好拆迁、砍树、修桥补路的调查，以及砂石水泥等建筑材料产地、材料站设置及运距的调查。

初勘完成后，可行的路径方案一般不少于两个。再通过技术经济比较（主要考虑线路亘长，地形地物条件，对周边环境以及工程建设影响；交通运输、运行维护的难易程度；对杆塔选型影响；重点跨越、水文气象、地质条件的比较；线路杆塔、金具、基础等重要部件的投资；技术实现难易程度等方面），提出重点推荐方案，按设计深度规定的要求，绘制出版线路路径地理位置方案图及相关图纸，向各有关部门发函，获取全面的路径许可协议。

### 2.3 终勘选线与优化

终勘选线称为定线，俗称跑大标，是将批复的初步设计路径方案进行现场精确定位，确定线路的最终走向。要设立必要的控制点桩、转角桩及方向桩等，定出线路中心线的走向，也是对初设路径细化落实、终极优化的过程。

当前选线的工具多为 GPS 全球卫星定位系统（兼容我国北斗系统），GPS 有不受天气、通视条件影响、覆盖面积大、长距离放线精度稳定等特点，与光学仪器选线比，可大大提高工作效率。放线前将地形图坐标转换为 GPS 经纬度坐标，或直接运用 Google 地图中的经纬度坐标，将线路所有转角点坐标输入 GPS 手簿内，并提前做好耐张段的连线，从而提高现场精确定位的工作效率。选线过程中要充分利用 GPS 选点、定点、放线灵活性的特点，关键位置要多留点、多建线，反复推敲验证路径方案、充分比对细部方案的优缺点，最终落桩定位。

现场选线要与排塔定位的技术要求相结合；转角定位时，应重点考虑一些特殊塔位是否能够成立；转角位置与线路、公路、铁路交叉跨越点是否合理适应；深入比较河流湖泊、林木跨越位置的优劣；仔细核对大跨越处的塔位选择；对于要求张力放线的送电线路，还应考虑沿线设置牵引机、张力机及设备运达的场地条件等。本着责任心强，不畏烦琐、精益求精的态度，综合平衡各方利益，以经济适用、技术可行、环境友好为目标，反复优化。

全线贯通后，不急于进行下一步测量工作，邀请建设方牵头，组织一次由生产、运维、施工、监理以及相关各方参加的会议，共同对选定的路径方案进行讨论，征求各方意见及建议。遇有歧义将选择理由解释清楚，平衡各方意见，积极采纳会议综合意见，对需要修改调整的位置重新完善。

## 3 选线的技术要点

### 3.1 一般要求

严格遵从相关规程规范及是技术规定的要求。尽量避开污染地区，或在污染源的上风向通过；尽量避开构造断裂带或采用直交、斜交方式通过断裂带；尽量避开沼泽地、水草地、易积水及盐碱地；尽量避开冲沟、陷穴及受地表水作用后产生强烈湿陷性地带。

### 3.2 对耐张段的要求

单导线耐张段不宜大于 5km，二分裂导线耐张段不宜大于 10km，三分裂导线及以上线路耐张段不宜大于 20km。高差或档距相差非常悬殊的地段或重冰区，耐张段长度应适当缩小。跨越高速公路、铁路及重要管线要设置孤立档，或采用耐直耐、耐直直耐的方式。

### 3.3 选择转角点的要求

线路转角点宜选在地势较平坦地区，若需地势较低，不能利用直线杆塔或原拟用耐张杆塔处宜设转角，转角点的选择应尽量和耐张段长度结合在一起考虑。转角点应选在有较好的施工紧线场地并便于施工机械到达的位置。转角点应考虑前后两杆塔位置的合理性，避免造成相邻两档档距过大或过小使杆塔塔位不合理（如连续较缓的山顶选转角时，应选在山坡的一侧）。

### 3.4 山区路径选择的要求

尽可能避开陡坡、悬崖、滑坡、崩塌、不稳定岩层、泥石流、鸡爪沟等不良地质地段；线路和山脊交叉时，宜从山凹处经过；线路不宜沿山脊走向，以免加大覆冰、增加杆高或杆位数量；线路沿山麓经过时，注意避开山洪冲刷位置；应避免横穿风口，避免沿山区干河沟架线；应考虑线路能够在最高洪水位以上且不受冲刷的位置设立杆塔位；特别注意交通、施工道路和运行维护问题。

### 3.5 林区选线的要求

首先要配合林勘设计部门进行联合选线；充分考察林区分布情况，尽量选择林木较窄的地区通过；尽量选择可利用的山脊、高地穿过，便于安设高塔跨越林木，减少树木砍伐数量；综合考虑拟设塔位的施工运输和运行维护的交通问题。

### 3.6 矿区选线的要求

线路进入矿区时应尽量避采矿区和采空区；当线路必须在矿区上架设时，应考虑沿道路两侧架设，以便共用安全通道；当无境界线或断层线可利用时，应尽量垂直矿区走向架设，缩短通过矿区线段的长度；在开采区内架设双回输电线路时，尽量使两回线路分开架设且保持一定距离，避免同时遭受塌陷的影响。

### 3.7 对选择跨河点的要求

路径应尽量选在河道狭窄、河床平直、河岸稳定、地质条件较好、不受洪水淹没的地段；不宜在码头、泊船的地方跨越河流；避免在支流入口处、河道弯曲处跨越河流；避免在旧河道、排洪道处跨越；必须利用江心岛、河滩及河床架设杆塔时，应做详细的工程地质勘探、水文调查；跨越塔位应注意地层稳定、河岸无严重冲刷现象；避开软弱地层及易产生液化的饱和砂土。

### 3.8 线路经过多气象区选线的要求

线路途经多气象区时，路径选择时应尽量避免反复穿越恶劣气象条件区域；应尽量选择气象条件较好区域的等高线位置走线；确需穿越恶劣气象条件区域的，在满足规程规定的同时应尽量缩短穿越长度；尽量避开河谷、湖泊、山口受风面等微气象区域。

### 3.9 严重覆冰地区选线的要求

要调查清楚已有线路、构建筑物、树木等的覆冰情况，弄清覆冰季节主风向；严格控制出现大档距，适当缩小耐张段长度；杜绝线路沿山脊方向走线，避免线路在山峰附近迎风面侧通过；尽量避免在覆冰最严重的地段通过；避免靠近湖泊且在结冰季节的下风向侧经过，以免出现严重结冰现象；注意交通运输情况，尽量将路径选在维护抢修便利的位置。

## 4 结语

线路路径的选择，复杂多变，受控条件多，影响因素繁杂，不可一概而论。具体工程所遇到的问题也不尽相同，不同线路在路径选择时的侧重点也不同，要根据工程特点提出工作重点，有的放矢，才会事半功倍。线路路径的选择除文中提到的这些情况外，还有很多不可预见因素，需要反复修改优化，没有最好，只有更好。总之，路径选择的最终结果都是为了提高输电线路的适用性、经济性和安全可靠性，优中选优。

### 参考文献


[1] 张殿生. 电力工程高压送电线路设计手册［M］. 中国电力出版社，2013.
ZHANG Diansheng. Design Manual of Electrical Engineering High Voltage Transmission Lines [M]. China Electric Power Press，2013.

[2] 孟遂民，孔伟. 架空输电线路设计［M］. 中国电力出版社，2009.
MENG Shuimin，KONG Wei. Overhead Transmission Line Design [M]. China Electric Power Press，2009.

[3] 李怀杰. 输电线路设计中线路路径的选择［J］. 电子技术与软件工程，2014.
LI Huaijie. Circuit Path Choice in the Design of Transmission Line [J]. Electronic technology and software engineering s，2014.


### 作者简介：


从日立（1973—），男，本科，高级工程师，多年从事线路设计工作，现主要研究方向为输变电工程设计与管理。


## Route Choice And Optimization Of Transmission Line


CONG Rili

(Economic and Technology Research Institute of State Grid East Inner Mongolia Electric Power Company Limited，Hohhot，010020，Inner Mongolia Autonomous Region，China)



**Abstract**: Route choice of transmission line is important to the applicability，economy，safety and reliability of transmission line. As well as，Route choice is the most important aspects of design in transmission line. From the perspective of design，It describes the transmission line route selection principle. and discusses the optimization method selected path. Provide a reference for the actual engineering work of route choice.



**Key words**: Transmission Line；Route Choice；Selection step；Route Optimization

# 路径优化专题报告

杨志远[1]，谭　军[2]

（1. 湖北省荆门供电公司经济技术研究所，湖北省荆门市　448000；
2. 湖北省荆门市盛和电力勘测设计有限责任公司，湖北省荆门市　448000）

**摘　要：**宜昌夷陵—百里荒风电场110kV线路工程，线路北起自百里荒110kV风电升压站，南迄于夷陵220kV变电站。为了合理、有效地优化招标路径，公司派各专业主设人员赴现场对沿线的地形和地质情况、气象基础资料、房屋林区分布、地下矿产、重要交叉跨越等各个方面进行详细踏勘、收资及测量。内业方面，着重落实了县域内建设规划区和景区范围、沿线跨越房屋数量、矿产分布等要点，并通过1∶50000地形图结合DEM立体模型和Google卫片反复优化路径。认为招标路径推荐的东方案总体是合理可行的，但仍有部分线段可根据具体情况进行局部优化。

**关键词：**路径优化；覆冰；造价对比

## 0　引言

宜昌夷陵—百里荒风电场110kV线路工程招标路径全长29.05km，其中采用电缆走线0.25km，架空线路28.8km，在线路建设中路径选择是否合理，直接关系到线路建设本体投资、运行经济可靠、维护便利快捷。为了合理、有效地优化招标路径，公司派各专业主设人员赴现场对沿线的地形和地质情况、气象基础资料、房屋林区分布、地下矿产、重要交叉跨越等各个方面进行详细踏勘、收资及测量。并着重落实了县域内建设规划区和景区范围、沿线跨越房屋数量、矿产分布等要点，并通过1∶50000地形图结合DEM立体模型和Google卫片反复优化路径。认为招标路径推荐的东方案总体是合理可行的。

## 1　路径优化原则

本线路位于宜昌市夷陵区境内，沿线的村庄依山傍路而建，另本工程线路需钻越10条500kV线路和2条220kV线路，跨越2条35kV线路和高速公路一次，交叉跨越较为复杂，这都给线路路径的优化带来了一定的限制和障碍。在贯彻国家现行政策和标准的基础上，按照招标文件的相关精神，根据本工程线路走线的特点，在对招标路径进行优化时，主要考虑以下几个方面：

（1）根据招标文件要求，本投标对招标文件提供的路径方案进行现场勘测和路径的优化工作。

（2）满足夷陵区规划发展的要求，避开沿线重要设施。

(3) 路径优化靠近现有交通道路，综合考虑施工、运行便利。

(4) 避开房屋密集区，减少线路跨越房屋的协调难度。

(5) 充分考虑地形、地貌、相邻档距相差悬殊地段及水网、不良地质地段，尽量避开或减少在微气象区的走线。

(6) 细化路径，尽量减少转角个数，在规程允许范围内增大耐张段长度，合理控制杆塔指标。

(7) 重冰区线路路径方案决定于线路所处的自然环境条件，而不同的自然环境，特别是覆冰及大风，决定了工程造价及运行特征，故重冰区线路路径方案，要结合覆冰轻重、线路长度、地质条件、运行及抢修条件等综合比较确定。

(8) 实践证明垭口、风道和湖泊、水库、阴坡等地带是容易覆冰地带，线路应尽量避开这些地带。

(9) 实践证明，覆冰时背风坡或山体阳坡线路覆冰较迎风坡及阴坡轻，故线路要尽量走背风坡或阳坡。

(10) 为减少不同期脱冰引起的不平衡张力及限制冰灾事故影响范围，中冰区耐张段长度不宜超过5km，重冰区耐张段长度不宜超过3km。

根据上述原则及沿线路径的实际情况，经技术、经济比较后，选择出最佳路径方案。

## 2 路径方案优化

### 2.1 招标路径方案描述及分段

从夷陵220kV变电站采用电缆线路出线至站外北侧终端塔，改用单回架空向东北走线，钻越500kV葛双Ⅰ回线、500kV三江Ⅱ回线、宜巴高速公路、三江Ⅰ回线、万龙Ⅱ回线、三龙Ⅰ回线、万龙Ⅰ回线，至王家湾向北走线，钻越500kV三荆Ⅱ、Ⅲ回线、三荆Ⅰ回线、平行220kV夷远Ⅱ回线东侧向东北走线，至百里荒风电场110kV升压站西侧，向东进入百里荒风电场110kV升压站。

招标路径全长29.05km，其中电缆线路0.25km，单回架空线路28.8km。全线海拔处于100～1300m之间，其中海拔700m以下走线16.3km，按10mm覆冰设计；海拔700～1100m之间走线10.5km，按15mm覆冰设计；海拔1100～1300m之间走线2.0km，按20mm覆冰设计。全线主要地形划分为：丘陵40%、山地40%、高山20%。

为了便于下一步优化路径，现将招标路径由起点（夷陵变电站）开始，分为三段：第一段为夷陵变电站—何淌沟段（J1～J7），简称南段；第二段为何淌沟—青水坡北侧（J7～J14），简称中段；第三段为青水坡北侧—风电场升压站（J14～J21），简称北段。

详见图1～图3招标路径卫片影像图。

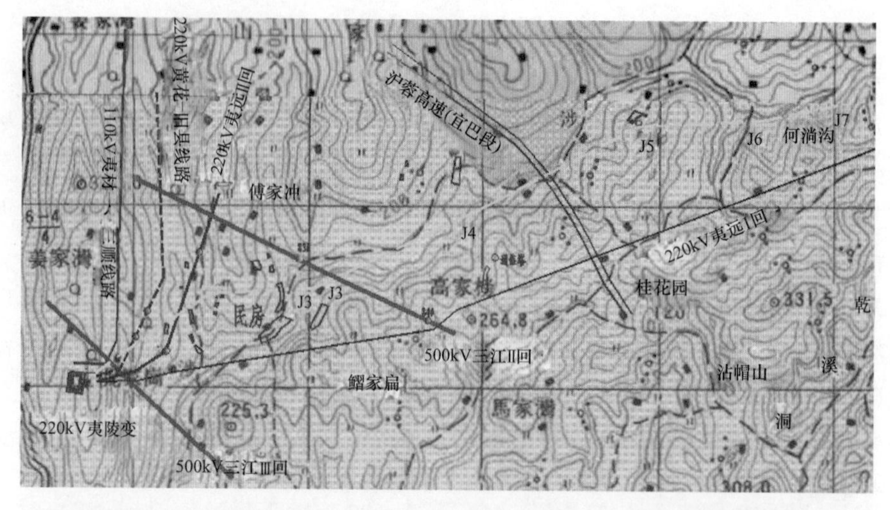


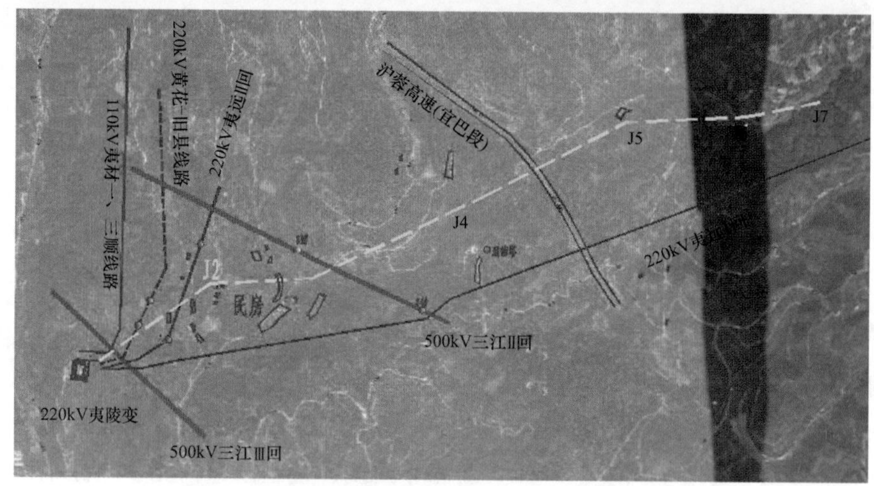


图1　招标路径“南段”卫片影像图

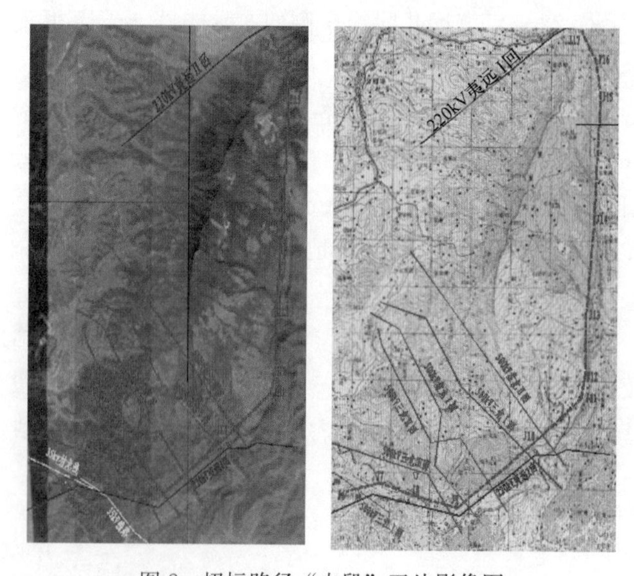


图2　招标路径“中段”卫片影像图

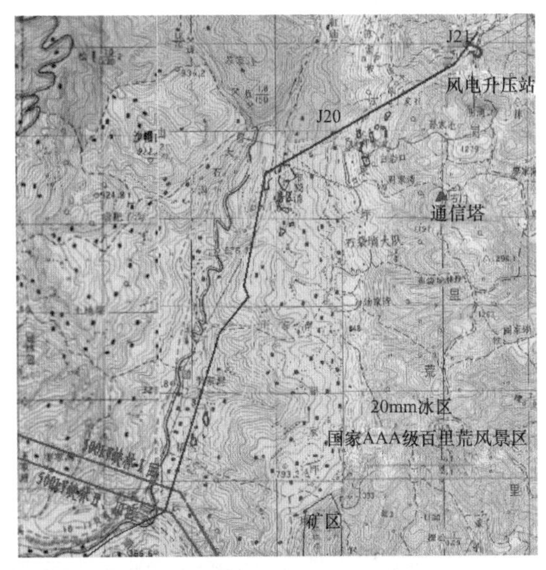

图3　招标路径“北段”卫片影像图

## 2.2　招标路径方案确认和局部优化

招标路径是经可研设计阶段设计院全面调查，多方取证、多方案反复比选、综合工程投资和线路运行可靠等因素后推荐的路径方案。2014年10月28日～11月8日，组织各专业设计、勘测人员赴现场，以招标推荐路径为依托，开展了详细踏勘、收资及测量工作。经对招标路径进行认真研究，并经现场调查核实，招标线路平行220kV夷远Ⅰ回线路走线，钻越多条500kV线路，钻越条件较好，且避开了百里荒风景区和矿区，认为招标路径大部分是合理的，但部分线段仍有进一步优化、调整空间，重点是根据现场踏勘情况结合Google卫星地图来细化路径，尽量减少转角个数并在规程允许范围内增大耐张段长度，同时选择更为理想的交叉跨越点、合理避让危险、污秽区域，尽量减少房屋跨越量，减少工程实施难度（见表1）。

**表1　　招标架空路径存在的问题及局部优化措施**

| 序号 | 存在问题 | 优化措施 |
|---|---|---|
| 1 | 南段：<br>线路选择在2～3号间钻越在建220kV黄花—旧县线路，交叉角较小，且导线对地距离紧张 | 线路平行在建220kV黄花—旧县线路走线至4号附近，选择4～5号间作为钻越点。优点如下：<br>（1）增大线路间的交叉角度，提高安全性；<br>（2）保证与220kV线路安全距离的同时满足对地距离要求，提高了线路运行安全 |
| 2 | 南段：<br>J2～J4段线路跨越房屋，给施工协调带来难度 | 将此段线路路径向北方微调，避免线路跨越房屋。优点如下：避让了房屋，减小工程实施难度 |
| 3 | 南段：<br>J4～J5段线路跨越高速，跨越点处高速为高架桥架设，高速路面对地高差达25m，跨越段线路杆塔较高 | 将跨越点选择在原跨越点北侧。优点如下：北侧跨越点处高速两旁为山头，高程较高速路面高，降低跨越段线路杆塔高度，减少塔材，缩减投资 |
| 4 | 北段：<br>J14～J15段线路选在185～186号间钻越500kV峡林Ⅱ、Ⅲ回线路，此处钻越导线安全距离较为紧张 | 选择184～185号间作为钻越点。优点如下：保证与500kV线路安全距离的同时满足对地距离要求，提高了线路运行安全 |
| 5 | 北段：<br>J16～J18段正跨布袋垧房屋密集区域，给施工协调带来难度 | 将线路向北方移动，避开房屋。优点如下：避让了房屋密集区域，减小工程实施难度 |

## 2.3　具体路径方案局部优化过程及措施

（1）南段J1～J2段优化方案。

根据现场勘测，本线路选择在83～84号间钻越500kV三江Ⅲ回线路，根据收资到的施工断面图及现场勘测，本工程线路在在建的220kV黄花—旧县线路2～3号之间钻越较为困难。4号呼高36m，导线对地距离较高，因此线路钻越500kV三江Ⅲ回线路后，转向北平行220kV黄花—旧县线路走线，行至4号附近，再向东转钻越220kV黄花—旧县线路和220kV夷远Ⅱ回线路。

优点如下：①增大线路间的交叉角度，提高安全性；②保证与220kV线路安全距离的同时满足对地距离要求，提高了线路运行安全。

该段优化路径方案如图4～图6所示。

（2）南段J2～J4段路径优化方案。

该段招标路径跨越房屋，施工协调困难，因此将招标路径J2～J3段向北微调，J3～J4段向南微调，避免跨越房屋、优化了500kV三江Ⅱ回线路钻越点。

优点如下：缩减线路投资，减少施工难度。

该段优化路径方案如图7～图9所示。

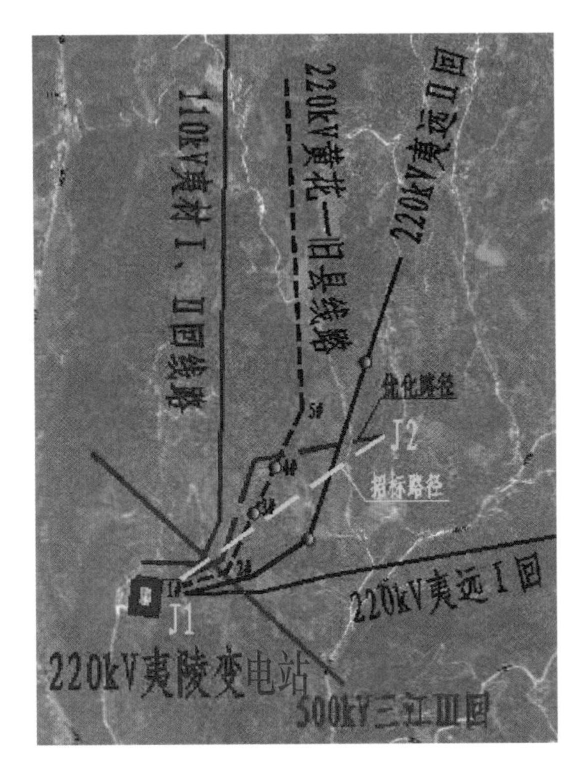


图4　南段J1～J2段优化路径方案

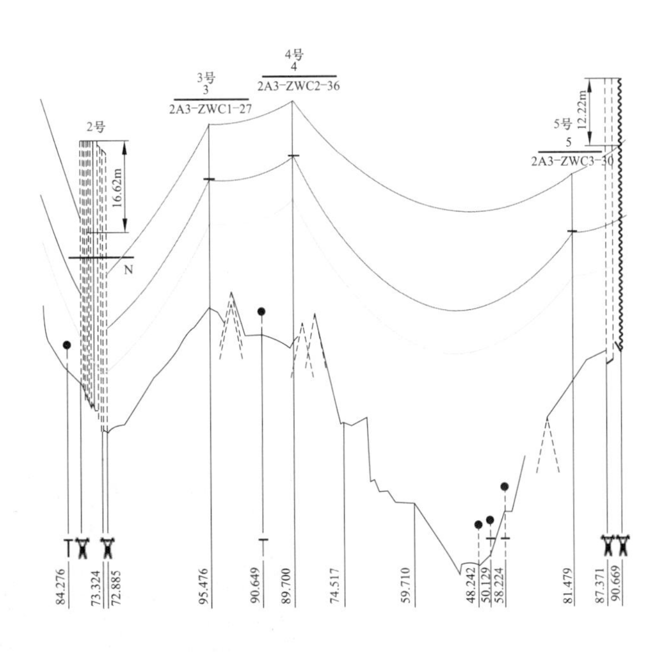


图5　在建220kV黄花—旧县线路施工断面

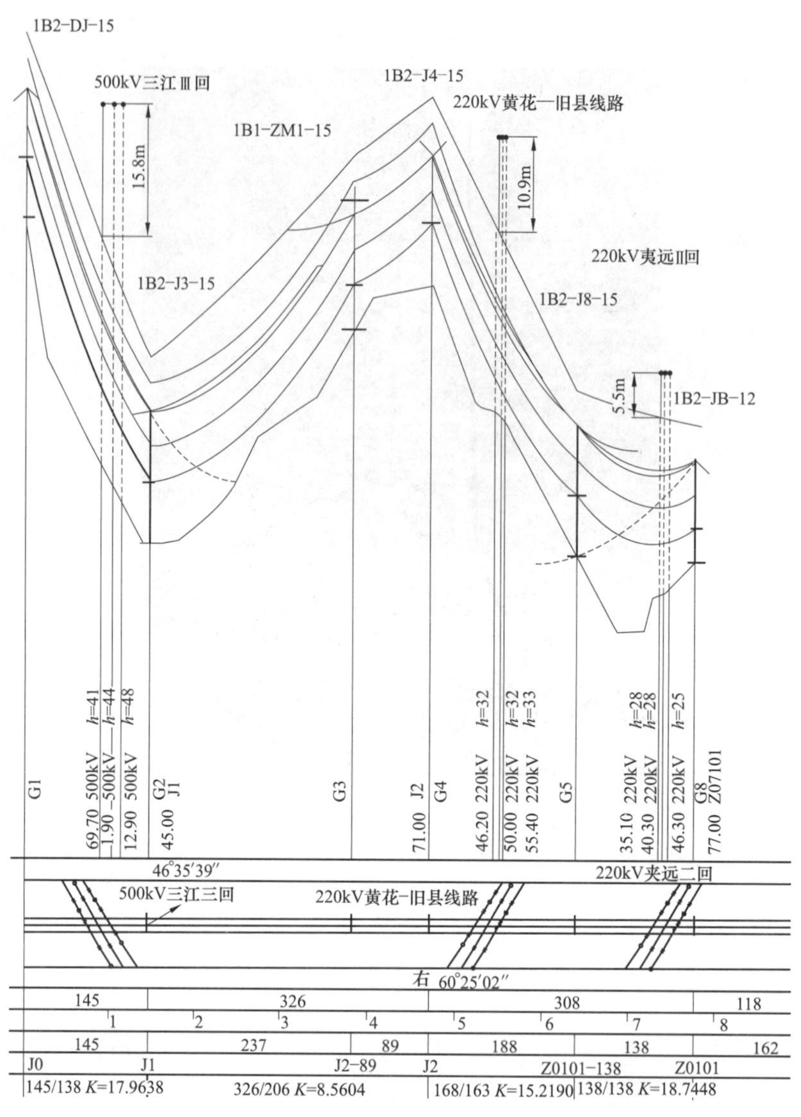


图 6　钻越 500kV 三江Ⅲ回线路、220kV 黄花—旧县线路及 220kV 夷远Ⅱ回线路断面图

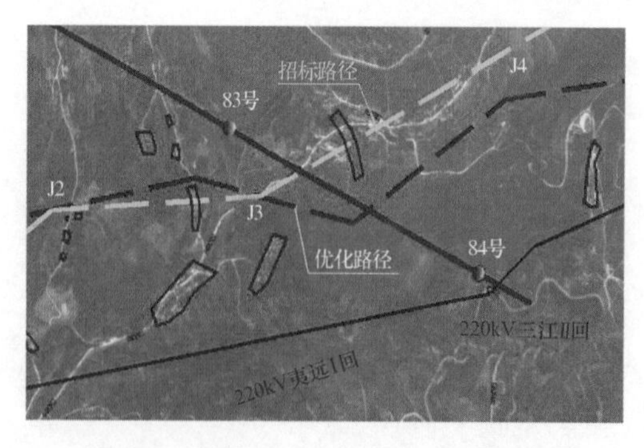


图 7　南段 J2～J4 段优化路径方案

图 8　局部优化后南段避开的房屋照片

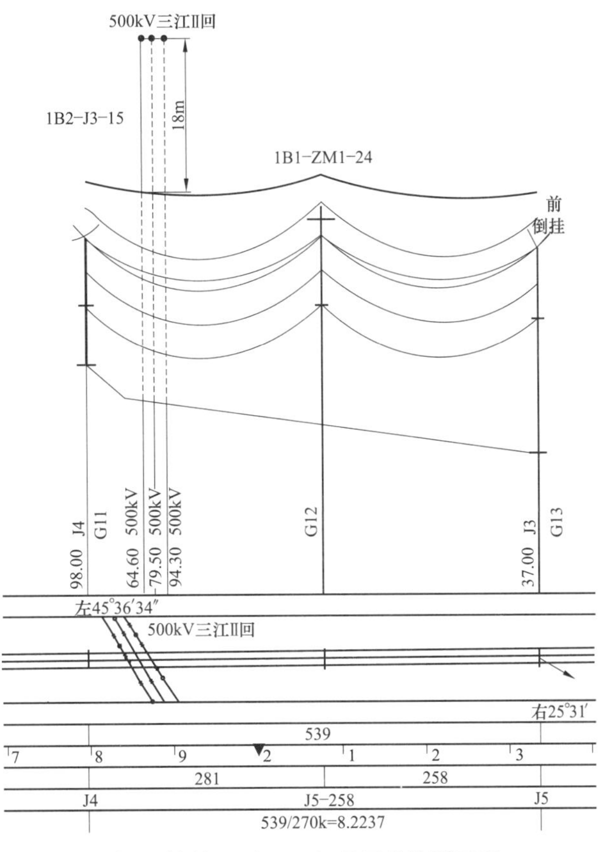


图 9　钻越 500kV 三江Ⅱ回线路断面图

(3) 南段 J4～J5 段路径优化方案。

该段招标路径跨域沪蓉高速，跨越点高速为高架桥设计，高速路面对地高差达 25m，跨越段杆塔需设计较高。因此将线路向南调整，选择在高程高于高速路面的地面立塔。

优点如下：北侧跨越点处高速两旁为山头，高程较高速路面高，降低跨越段线路杆塔高度，减少塔材，缩减投资。

该段优化路径方案如图 10～图 12 所示。

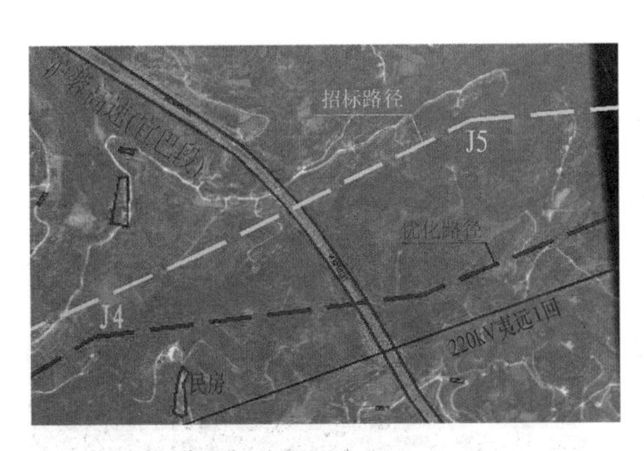


图 10　南段 J4～J5 段优化路径方案

图 11　局部优化后跨越沪蓉高速照片

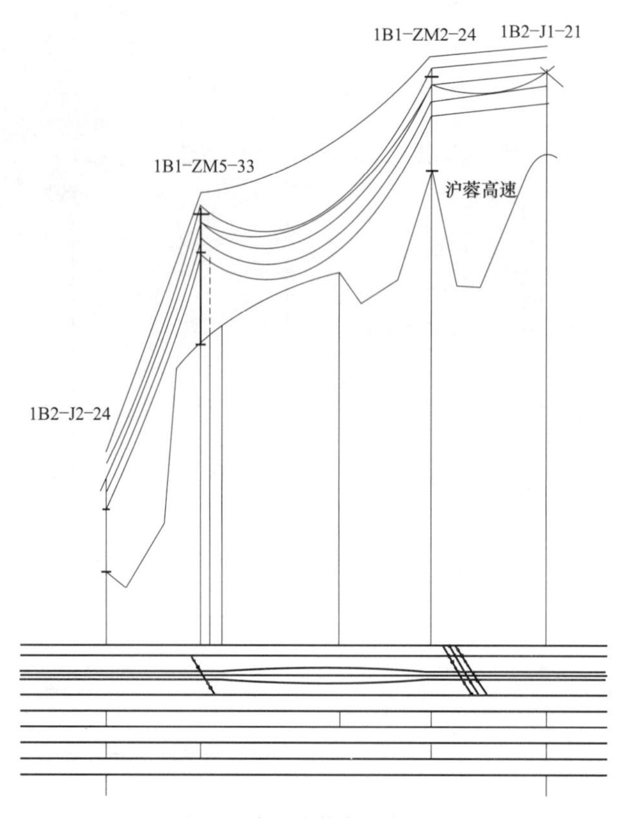


图 12　跨越沪蓉高速断面图

（4）北段 J14～J15 段路径优化方案。

该段线路选在 185～186 号间钻越 500kV 峡林Ⅱ、Ⅲ回线路，此处 500kV 导线对地距离仅 27m，钻越安全距离紧张。184～185 号间导线对地距离较高，选择此处作为钻越点。

优点如下：保证与 500kV 线路安全距离的同时满足对地距离要求，提高了线路运行安全。

该段优化路径方案如图 13～图 15 所示。

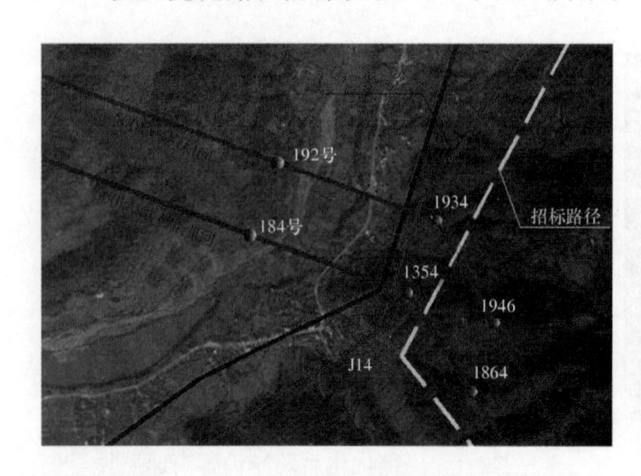


图 13　北段 J14～J15 段优化路径方案

图 14　局部优化后钻越 500kV 峡林Ⅱ、Ⅲ回照片

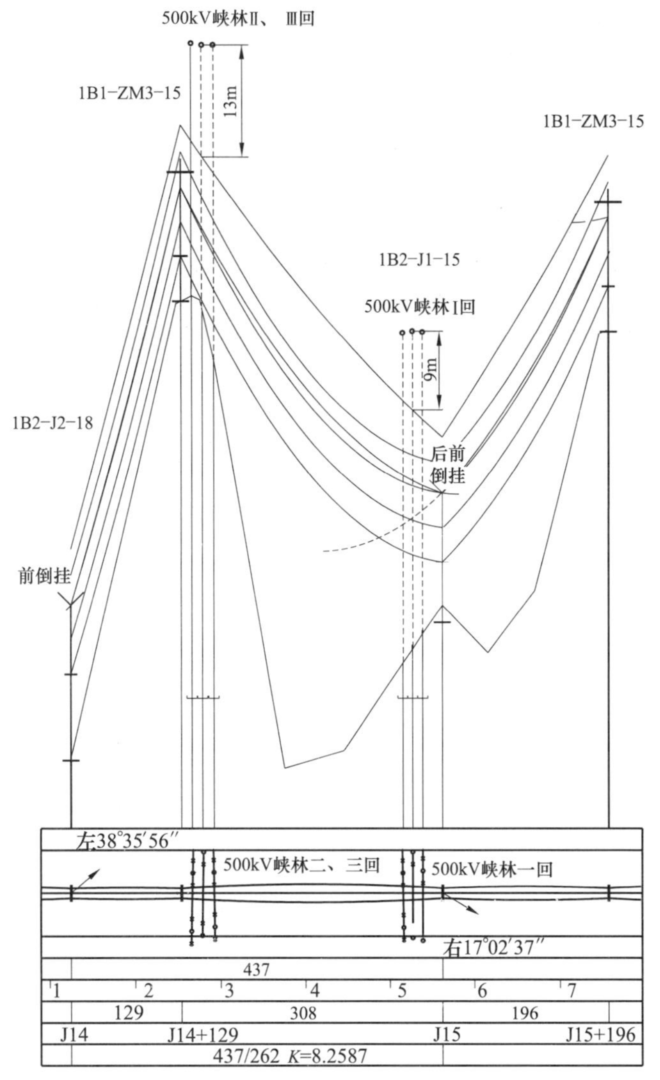


图 15　在 184～185 号钻越 500kV 峡林Ⅱ、Ⅲ回线路及 192～193 号间钻越 500kV 峡林Ⅰ回线路断面图

(5) 北段 J16～J18 段路径优化方案。

J16～J18 段正跨布袋淌房屋密集区域，给施工协调带来难度，将招标线路向东偏移，避开房屋。

优点如下：避让了房屋密集区域，减小工程实施难度。

该段优化路径方案如图 16～图 17 所示。

经局部优化后，优化后招标路径与招标路径长度相当；但由于采用 GPS 控制性测量，可减少路径长度裕度 1.6km。

## 2.4　招标路径中段（别家大山）大方案优化

招标路径中段在别家大山东侧走线，偏离路径航空线较远，从宏观上看，如果在别家大山西侧走线，线路长度将大大缩短。但需重新选择多条 500kV 线路的钻越点。

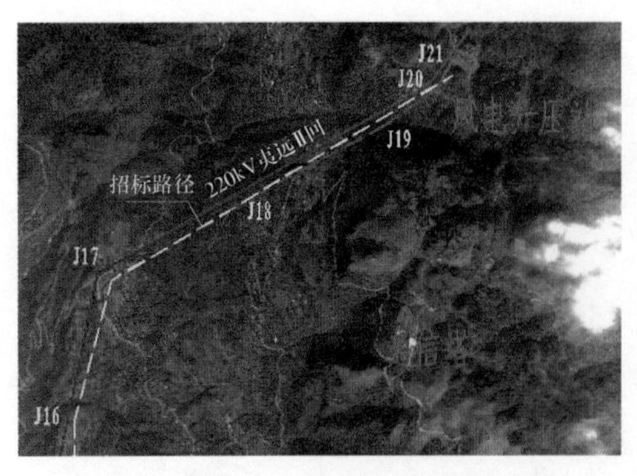


图 16　北段 J16～J18 段优化路径方案

图 17　北段局部优化后避开的房屋照片

另外，该段路径在别家大山东侧王家湾～吴家垭段约 1.1km 迎风坡，西南和东北两侧均为高山所夹，中间形成典型的风口地形，该段电线覆冰空间分布表现为线路走向与冬季主导方向夹角接近 90°。海拔 400～800m，为微地形微气象区，可研阶段按 15mm 冰区设计，覆冰较严重。如果线路走别家大山西侧，可避让此段覆冰较严重地段，从而降低工程造价，如图 18 所示。

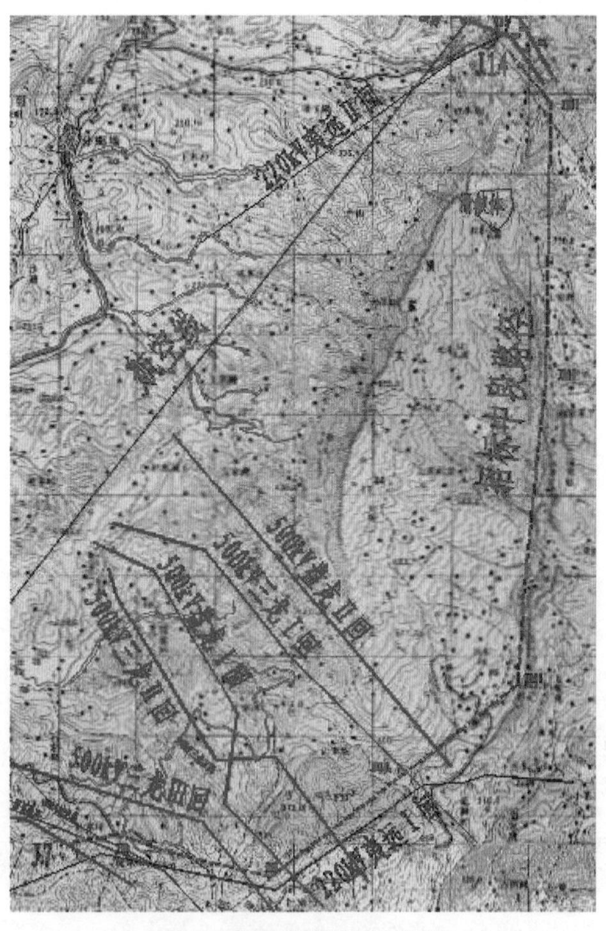


图 18　招标中段路径走向图

为此，针对别家大山西侧走线方案，投标设计人员开展了以下工作：①地形图和航片上选线；②现场勘测选线、选择合适的钻越方案；③现场测量钻越断面，排杆定位；④走访夷陵区规划局，新路径区域的规划情况和规划的意见。

最后形成的优化路径如图 19 所示。

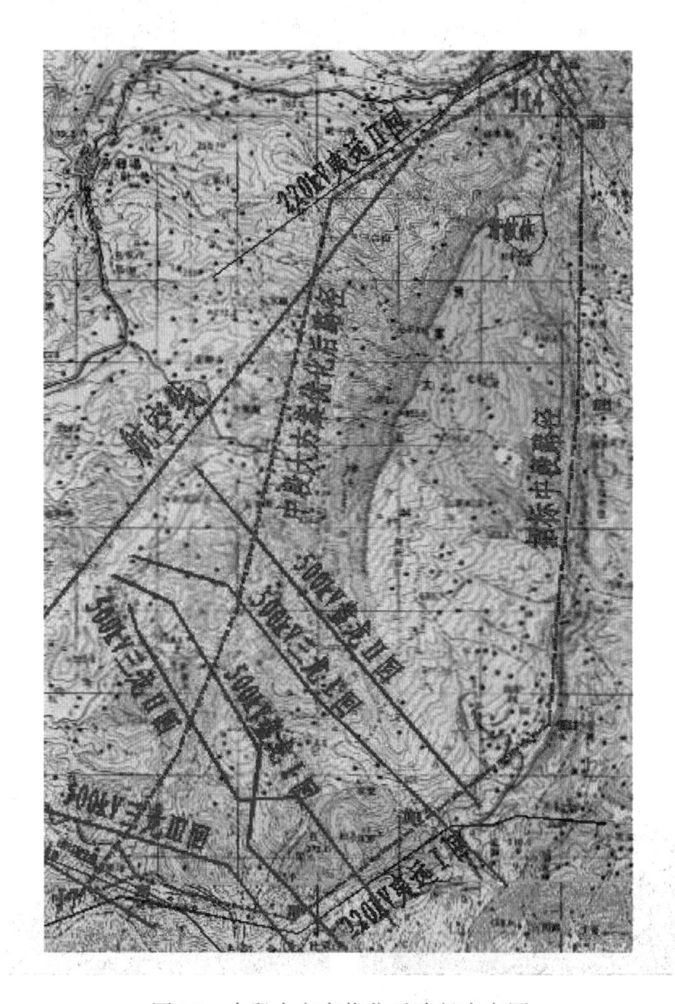

图 19　中段大方案优化后路径走向图

线路走线至何淌沟（J7），转东北钻越 500kV 三江Ⅰ回线路，跨越 35kV 黄花—旧县线路和 35kV 材龙线，钻越 500kV 三龙Ⅲ回线路至花儿湾，继续向东北方走线，钻越 500kV 三龙Ⅱ回线路、500kV 盘龙Ⅰ回线路、500kV 三龙Ⅰ回线路，500kV 盘龙Ⅱ回至吴家湾东侧，经吴家岗东侧至 220kV 夷远Ⅱ回线路南侧，转东北平行此线路走线，经刘家祠堂东侧至青水坡北侧（J14）。

重要交叉跨越情况：

（1）钻越 500kV 三江Ⅰ回线路（98～99 号）、跨越两条 35kV 线路和钻越 500kV 三龙Ⅲ回线路（99～100 号）。

受两条500kV线路及周围地形的控制，线路路径选择在98号与99号间钻越500kV三江Ⅰ回线路后，跨越两条35kV线路，99号与100号间钻越500kV三龙Ⅲ回线路。如图20～图24所示。

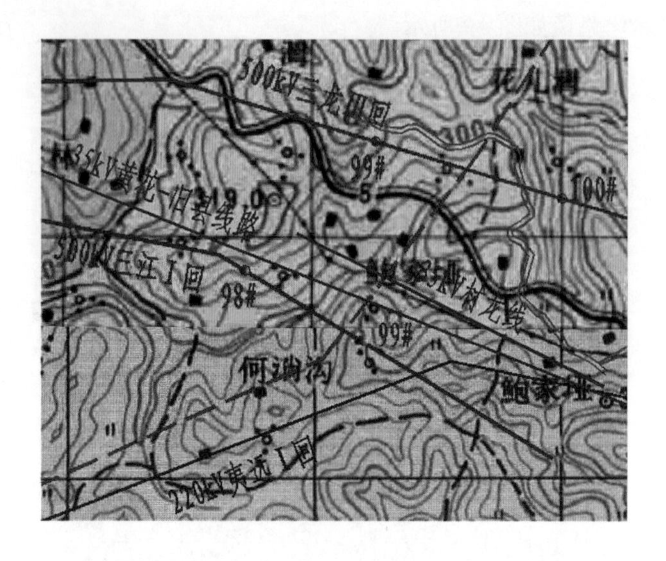


图20　线路钻越上述两条500kV线路走向图

（红色虚线为本工程线路，粉色线为500kV线路）

图21　钻越500kV三江Ⅰ回线路照片

图22　钻越500kV三龙Ⅲ回线路照片

（2）钻越500kV三龙Ⅱ回（111～112号）、盘龙Ⅰ回（457～458号）、三龙Ⅰ回（102～103号）和盘龙Ⅱ回（444～445号）线路。

受500kV三龙Ⅱ回线路及周围地形的控制，线路路径选择在111号与112号间钻越500kV三龙Ⅱ回线路，在457号与458号间钻越500kV盘龙Ⅰ回线路，在102号与103号间钻越500kV三龙Ⅰ回线路，在444号与445号间钻越500kV盘龙Ⅱ回线路。如图25～图34所示。

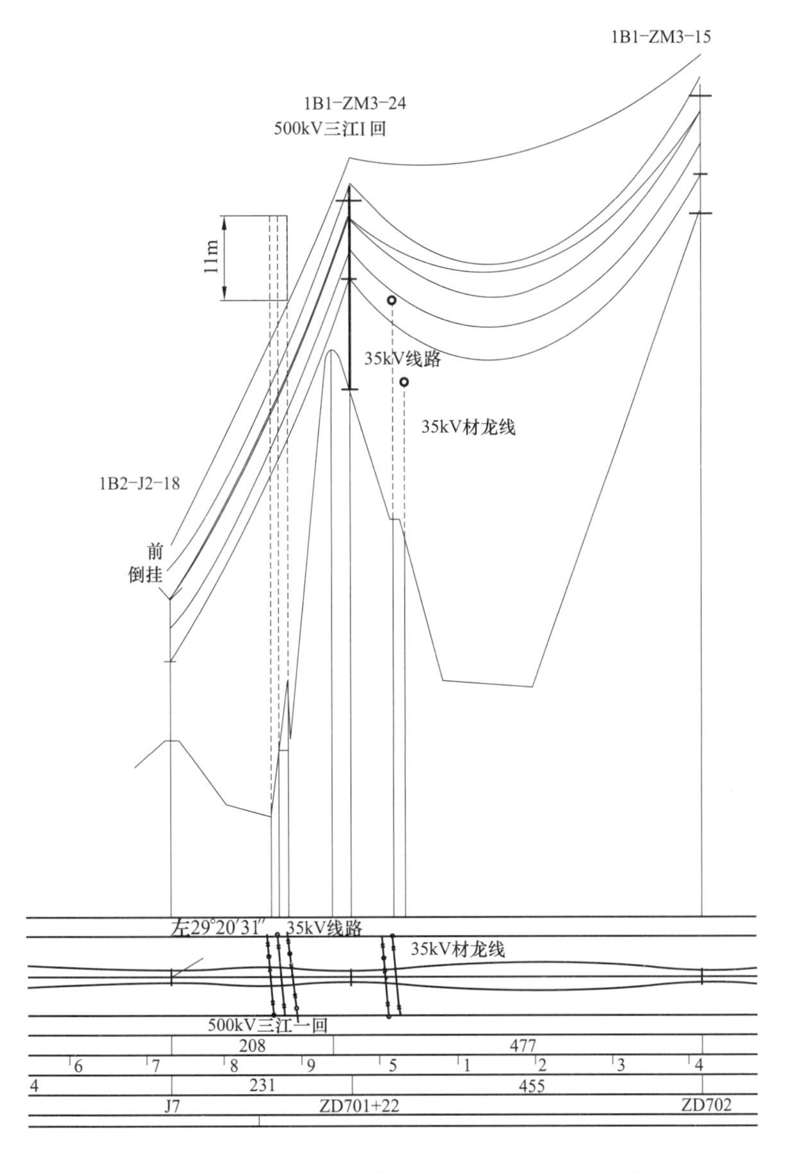


图 23　钻越 500kV 三江Ⅰ回线路及跨越两条 35kV 线路断面图

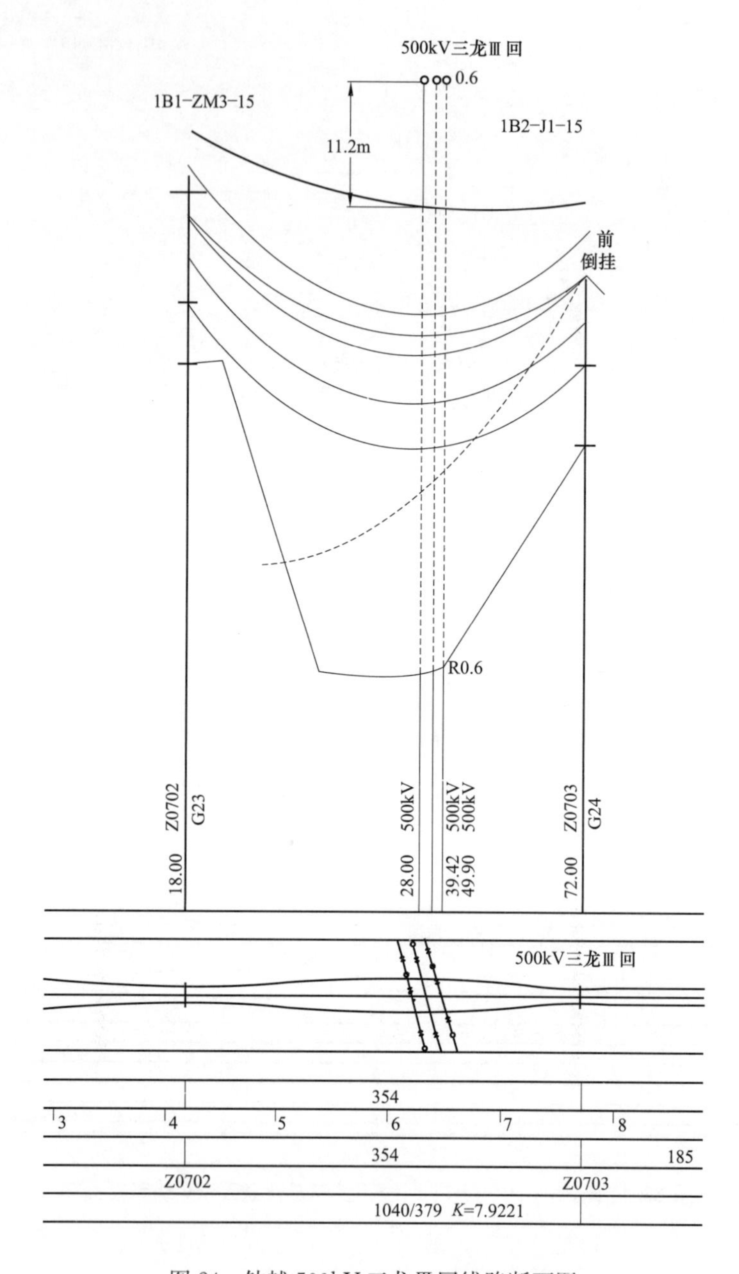


图 24　钻越 500kV 三龙Ⅲ回线路断面图

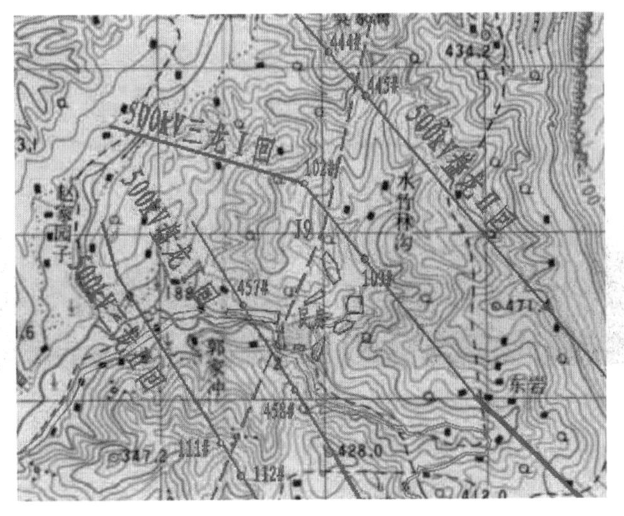

图 25　线路钻越 500kV 三龙Ⅱ回线路走向图

（红色虚线为本工程线路，粉色线为 500kV 线路）

图 26　钻越 500kV 三龙Ⅱ回线路照片

图 27　钻越 500kV 盘龙Ⅰ回线路照片

图 28　钻越 500kV 三龙Ⅰ回线路照片

图 29　钻越 500kV 盘龙Ⅱ回线路照片

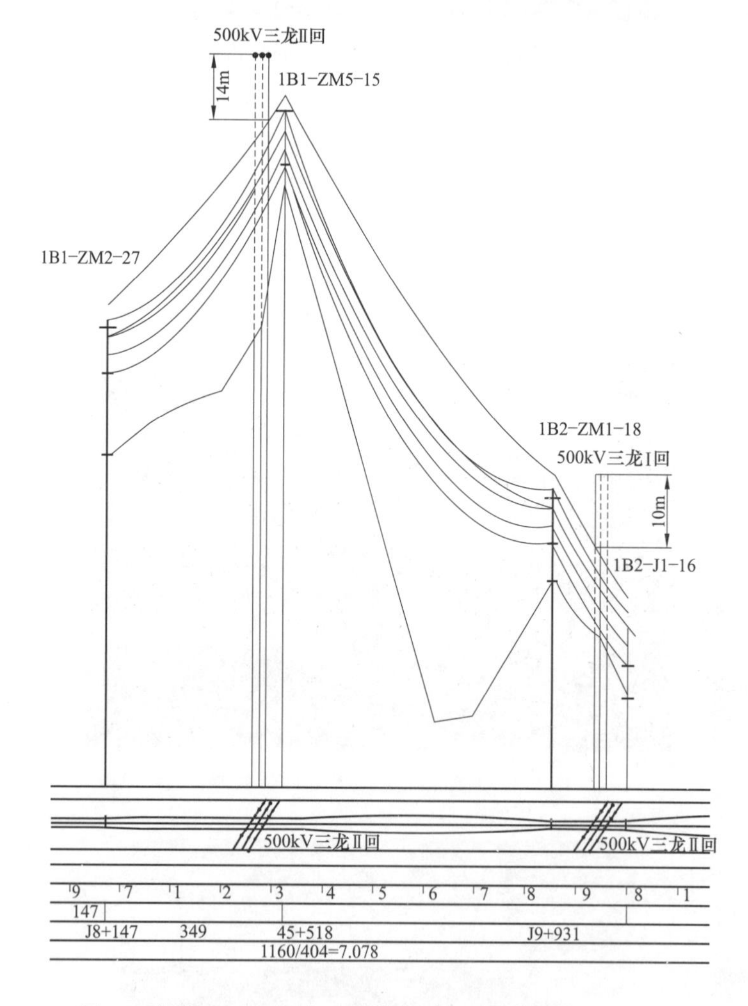


图 30　钻越 500kV 三龙Ⅱ回线路、500kV 盘龙一回断面图

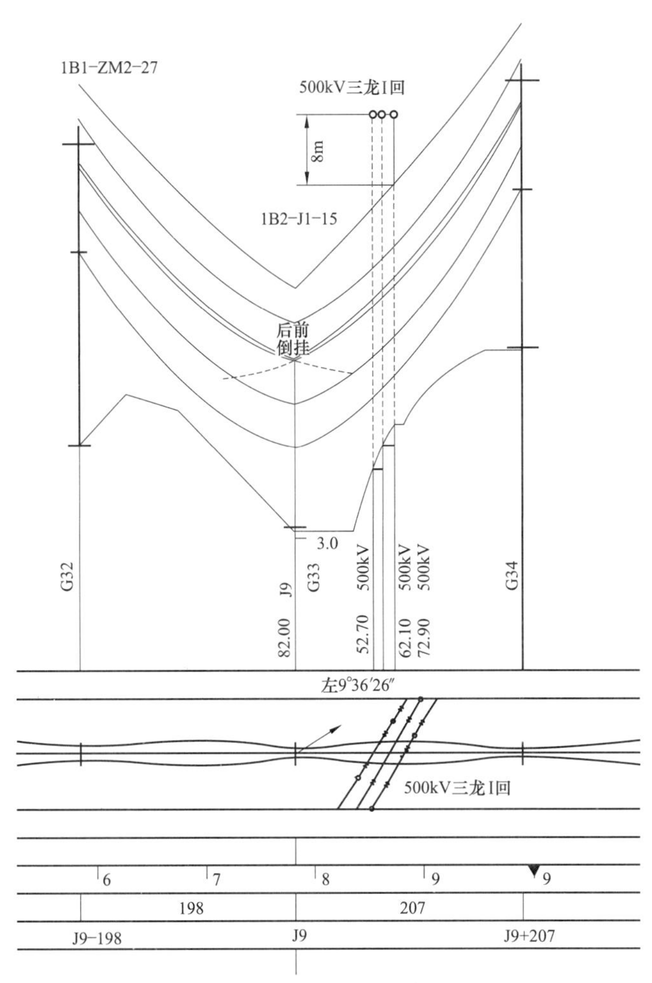


图 31　钻越 500kV 三龙Ⅰ回

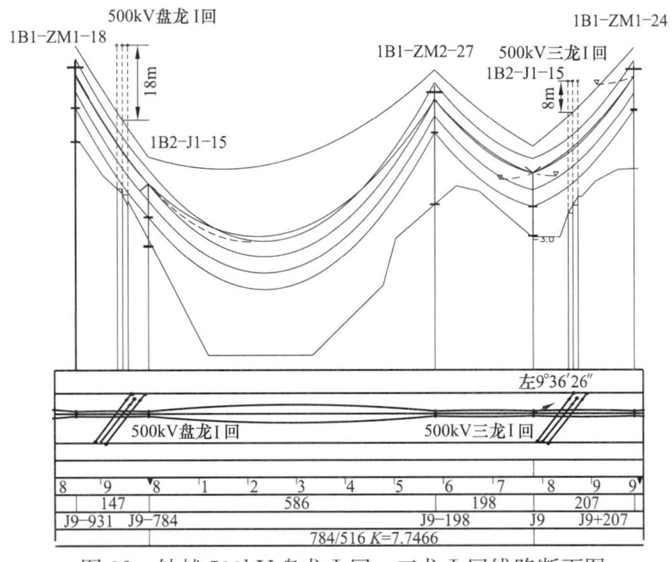


图 32　钻越 500kV 盘龙Ⅰ回、三龙Ⅰ回线路断面图

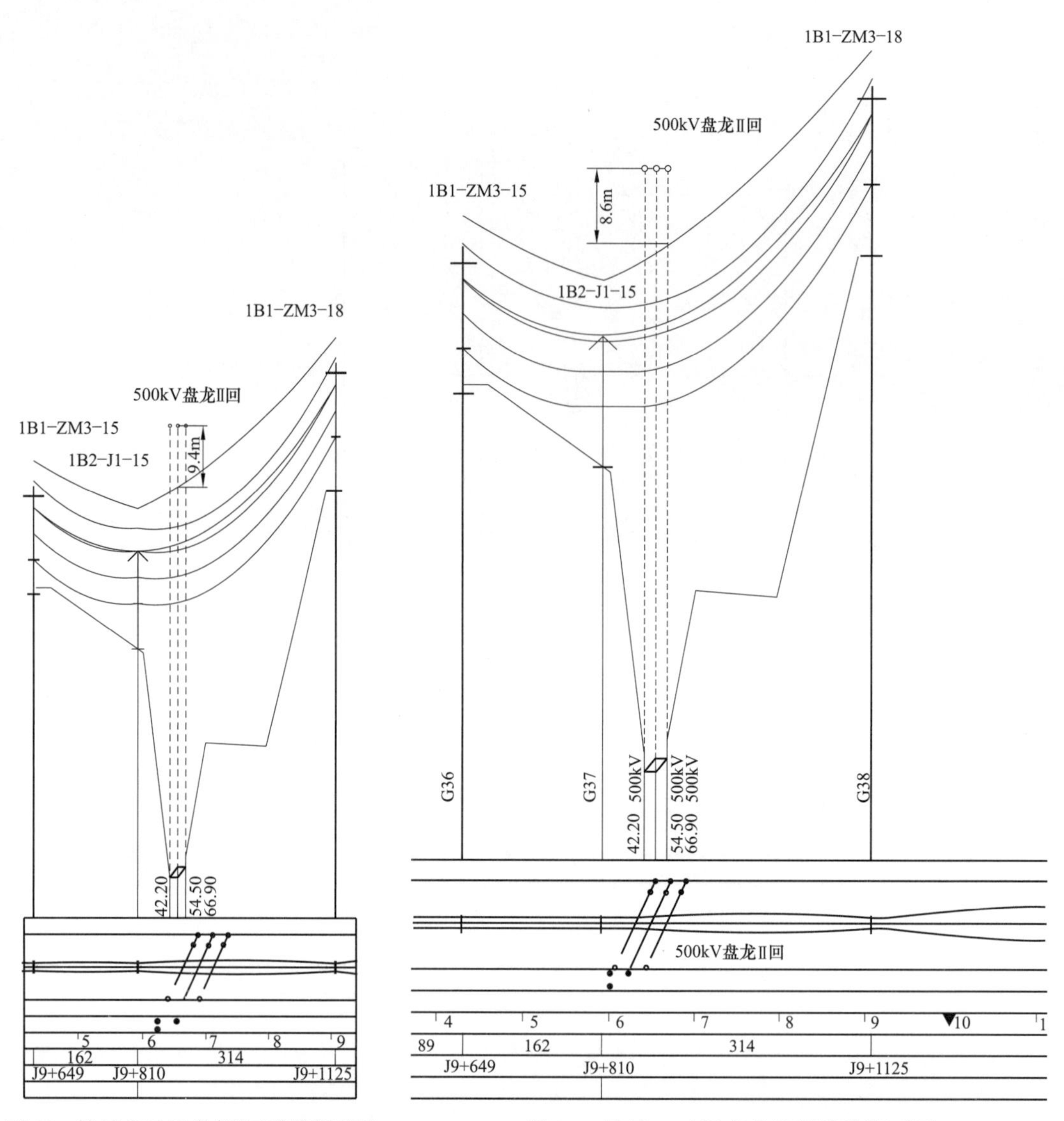


图 33　钻越 500kV 盘龙Ⅱ回线路断面图　　图 34　钻越 500kV 盘龙Ⅱ回线路断面图

中段招标路径与大方案优化路径比较见表 2。

**表 2　　路径方案技术经济比较表**

| 序号 | 项目 | 中段招标路径 | 中段大方案优化路径 | 备注 |
| --- | --- | --- | --- | --- |
| 1 | 线路长度（km） | 15.4 | 12.7 | 长度减少 2.7km |
| 2 | 工地运输 | 汽运：15km<br>人力运距：1km | 汽运：12km<br>人力运距：0.7km | 汽车运距缩短 3km<br>人力运距缩短 0.3km |
| 3 | 海拔高程 | 200～800m | 200～400m | 高程降低，施工难度降低 |
| 4 | 覆冰情况 | 10mm，15mm | 10mm | 15mm 覆冰缩短 7km |
| 5 | 交叉跨越 | 钻越 500kV 线路 6 次，跨越 35kV 线路 2 次 | 钻越 500kV 线路 6 次，跨越 35kV 线路 2 次 | （1）交叉跨越相同，且均合理；<br>（2）调整方案路径交叉跨越条件较招标优化路径稍困难 |

由表 2 可见，中段大方案优化后的路径较招标中段路径有着较明显的技术经济优势，线路从别家大山西侧走线，海拔高程较低，避让此段覆冰较严重地段，从而降低工程造价，同时降低了施工难度。因此中段大方案优化路径是合理可行的，并最终将此优化路径和优化后的南北段路径确定为本工程的投标路径。

### 2.5 架空线路投标路径与招标路径比较（见表 3）

表 3　架空线路投标路径与招标路径比较表

| 序号 | 项目 | 招标路径方案 | 投标路径方案 | 备注 |
|---|---|---|---|---|
| 1 | 线路长度（km） | 28.8 | 24.5 | 长度减少 4.3km |
| 2 | 线路曲折系数 | 1.309 | 1.114 | 降低 0.195 |
| 3 | 地形划分 | 高山：20%<br>丘陵：40%<br>山地：40% | 高山：20%<br>丘陵：45%<br>山地：30%<br>平地：5% | 地势更为平坦 |
| 4 | 地质条件 | 普通土：60%<br>岩石：40% | 普通土：20%<br>松砂石：60%<br>岩石：25% | 地质较好 |
| 5 | 工地运输 | 汽运：15km<br>人力运距运：1km | 汽运：12km<br>人力运距：0.7km | 汽车运距缩减 3km<br>人力运距缩减 0.3km |
| 6 | 海拔高程 | 100～1500m | 100～1300m | 稍有变化 |
| 7 | 覆冰情况 | 10mm（16.3km），15mm（10.5km），20mm（2km） | 10mm（19.0km），15mm（3.5km）20mm（2km） | 15mm 覆冰区减少 7km |
| 8 | 杆塔总数量 | 104 基 | 83 基 | 减少 21 基 |
|  | 其中：转角塔 | 26 基 | 27 基 | 增加 1 基 |
|  | 其中：直线塔 | 78 基 | 56 基 | 减少 22 基 |
| 9 | 平均耐张段长 | 1152m | 907m | 缩短 245m |
| 10 | 房屋 | 8 | 0 | 减少 8 处 |
| 11 | 动态投资（万元） | 2550 | 1959 | 减少 591 |

由表 3 可见，优化后的投标路径较招标路径方案有着较大的技术经济优势，一方面缩短了线路长度 4.3km（核减裕度 1.6km，优化路径 2.7km），同时避让别家大山东侧覆冰较严重地段，减少 15mm 冰区 7km，降低了工程造价。因此将优化路径作为投标推荐路径。

### 2.6 投标推荐路径方案描述

线路由夷陵 220kV 变电站向西出线，采用电缆走线至变电站东北侧电缆终端，再改架空转向东北方走线，钻越 500kV 三江Ⅲ回线路至在建 220kV 黄花—旧县线路西侧，转东北平行此线路走线至 4 号塔北侧，向东钻越 220kV 黄花—旧县线路和 220kV 夷远Ⅱ回线路、500kV 三江Ⅱ回线路至高家榜北侧，跨越沪蓉高速至 220kV 夷远Ⅰ回北侧，平行此线路走至何淌沟，转东北钻越 500kV 三江Ⅰ回线路，跨越 35kV 黄花—旧县线路和35kV材龙线，钻越500kV三龙Ⅲ回线路至花儿湾，继续向东北方走线，钻越500kV三龙Ⅱ回线路、500kV盘龙Ⅰ回线路、500kV三龙Ⅰ回线路，500kV盘龙Ⅱ回至吴家湾东侧，经吴家岗东侧至220kV夷远Ⅱ回线路南侧，转东北平行此线路走线，经刘家祠堂东侧至青水坡北侧。转东北平行220kV夷远Ⅱ回线路东侧走线，钻越500kV峡林Ⅱ、Ⅲ回线路和500kV峡林Ⅰ回线路至李家湾，经布袋淌南侧平行220kV夷远Ⅱ回线路南侧、经郑家湾北侧，丁家湾至110kV百里荒风电场升压站。

## 3 结论

优化后的投标路径较招标路径方案有着较大的技术经济优势，一方面缩短了线路长度4.3km（核减裕度1.6km，优化路径2.7km），同时避让别家大山东侧覆冰较严重地段，减少15mm冰区7km，降低了工程造价。因此将优化路径作为投标推荐路径。

## 参考文献


[1] 中国电力企业联合会. 110kV～750kV架空输电线路设计规范. 中国计划出版社，2010.

[2] 孟遂民，孔伟. 架空输电线路设计. 中国电力出版社，2007.

[3] 刘振亚. 国家电网公司输变电工程通用设计　110（66）kV输电线路分册. 中国电力出版社，2011.

[4] 张殿生. 电力工程高压送电线路设计手册. 中国电力出版社，2013.


## 作者简介：


杨志远（1989—），男，助理工程师，主要从事线路规划工作。

谭军（1987—），男，助理工程师，主要从事线路设计工作。


# Path optimization project report


YANG Zhiyuan[1]，TAN Jun[2]

（1. Institute of Jingmen，Hubei Province Economic and Technological Power Supply Company，Jingmen，HuBei Province 448000；2. Jingmen，HuBei Province and Shenghe Electric Power Survey Design Co.，LTD，Jingmen，HuBei Province 448000）



**Abstract**：Yichang yiling-thyme drought wind 110kV line engineering，waste 110kV line north up since the thyme wind-power booster station，south to effect in yiling 220kV substation. Path in order to reasonably and effectively optimize the bidding，the company sent the Lord set professionals to the scene along the terrain and geological conditions，meteorological data，building forest distribution，underground mining，important cross across various aspects，such

as a detailed reconnaissance, and measurement. County within the construction industry, focus on implementation of the planning area and scope of the scenic area, along the span number, mineral distribution points, and through the 1: 50 000 topographic maps in combination with DEM three-dimensional model and Google who repeatedly optimization path. Think the tender path recommend east scheme is feasible in general, but there are still some line according to the specific circumstances of local optimization.
**Key words**: Path optimization; Ice; Cost comparison

# 新型节能导线在输电线路工程中的选择及应用

唐占元，范庆虎，陈　杰
（国网青海省电力公司经济技术研究院，青海省西宁市 810008）

**摘　要：** 节能导线的直流电阻小，应用到输电线路中可提高导线导电能力，减小线路损耗，达到节能效果。首先，介绍了钢芯高导电率铝绞线、铝合金芯铝绞线、中强度铝合金绞线三类节能导线的材料特点；然后分析比较了节能导线与普通钢芯铝绞线的电气性能、机械特性、施工等情况；最后，提出了在输电线路工程中适用节能导线的范围。

**关键词：** 输电线路；节能导线；电气性能；机械特性；工程应用

## 0　引言

导线是电力功率输送的主要载体，一直是输电线路设计的核心内容。在架空输电线路中，钢芯铝绞线应用较为广泛，多年的运行实践证明，钢芯铝绞线具有稳定的机械、电气性能，其结构简单、架设与运行维护方便，能够较好地适应我国大部分地区的条件和环境。近年来，为将更多的新技术、新材料、新工艺应用到电网建设中，更好地选择新型导线并应用到输电线路，本文将以钢芯高导电率铝绞线、铝合金芯铝绞线及中强度铝合金绞线三种节能导线为对象，主要从电气、机械性能及施工方面对节能导线和普通钢芯铝绞线进行技术比较分析。

## 1　导线材料特点

### 1.1　钢芯高导电率铝绞线

钢芯高导电率铝绞线采用 63%IACS 高导电率铝线，替代普通钢芯铝绞线中的 61%IACS 铝线。铝的导电率与铝的状态、纯度相关，考虑到导线材料中各元素对导电率的影响，为控制各元素的比例，钢芯高导电率铝绞线在常规钢芯铝绞线的基础上通过细晶强化和颗粒强化减少微观缺陷对导电率的影响，同时在加工工艺方面进行优化及合理控制，承力构件采用镀锌钢线。依此开发的导线，在保证铝线强度满足国标规定的条件下，铝线导电率可以达到 63%IACS，其在工程应用中可以降低线路的电阻损耗，节能效益明显，而其结构、机械性能及施工条件与普通钢芯铝绞线基本一致，根据目前制造成本及合理利润测算，其价格高出普通钢芯铝绞线 5%～10%。

### 1.2　铝合金芯铝绞线

铝合金芯铝绞线采用 53%IACS 高强度铝合金替代普通钢芯铝绞线中的钢芯和部分铝线，导线外部铝线与普通钢芯铝绞线的铝线相同[1]。铝合金芯铝绞线通过结构调整，可避免由于磁滞、涡流损耗带来的电能损失，该导线的直流电阻比钢芯铝绞线小 3%，而且单一的铝基体材质没有多金属的电化学腐蚀，耐腐蚀能力较钢芯铝铰线有所提高。虽然铝合金芯铝绞线的价格比普通钢芯铝绞线高 11%～18%，但该导线单位质量轻，其单位长度价格与普通钢芯铝绞线基本相同。

### 1.3 中强度铝合金绞线

中强度铝合金绞线由于其在制造、设计、施工、运行等方面的诸多优点，已在世界上许多国家的输电线路上得到应用，通过采用非热处理工艺生产的铝合金导电率可达 58.5%～59%IACS[2]，其导电率、强度、延伸率上得到明显提高。在国内中强度铝合金绞线全部采用 58.5%IACS 铝合金材料，具有交流电阻小、耐腐蚀性好等优点。中强度铝合金绞线的单位质量价格高出普通钢芯铝绞线 18%～26%，由于其单位质量轻、张力大，与等直径的钢芯铝绞线相比可减少直线塔的数量，亦可降低呼高，但耐张塔耗钢量有所增加，用于路径顺直的线路中经济性比较明显。

以上三类导线的铝（铝合金）导体材料性能不同，导电率也有所不同。各种型号导线用导体的性能对照见表 1。

表 1　导线用导体的性能对照

Tab. 1　Comparison of conducting performance of conductors

| 导线类型 | 主导体材料性质 | 导电率（IACS） | 抗拉强度（MPa） | 延伸率（%） |
|---|---|---|---|---|
| 钢芯铝绞线 | 电工硬铝 | 61% | >160 | 1.5～2.0 |
| 钢芯高导电率铝绞线 | 高导电率电工硬铝 | 63% | >165 | 1.5～2.0 |
| 铝合金芯铝绞线 | 高强度铝合金 LHA1 | 52.5% | 315～325 | >3.0 |
| | 高强度铝合金 LHA2 | 53% | >295 | >3.5 |
| 中强度铝合金绞线 | 铝镁硅合金 | 58.5% | 230～250 | 冷（热）<br>2.0（3.5） |

## 2 导线技术性能分析

架空输电线路的导线技术性能包括电气性能和机械特性。通过对比相同截面的不同类型导线性能，可以了解三类节能导线的差异。现结合青海省电力公司采用导线截面为 240mm$^2$的某一节能导线试点工程，进行导线技术性能分析。工程气象条件见表 2。

表 2　工 程 气 象 条 件

Tab. 2　Meteorological conditions

| 设计条件 | 温度（℃） | 风速（m/s） | 覆冰（mm） |
|---|---|---|---|
| 最高气温 | 40 | 0 | 0 |
| 最低气温 | −30 | 0 | 0 |
| 基本风速 | −5 | 27 | 0 |
| 覆冰情况 | −5 | 10 | 10 |
| 安装情况 | −15 | 10 | 0 |

续表

| 设计条件 | 温度（℃） | 风速（m/s） | 覆冰（mm） |
|---|---|---|---|
| 雷电过电压 | 15 | 10 | 0 |
| 操作过电压 | 5 | 15 | 0 |
| 年平均气温 | 5 | 0 | 0 |
| 冰比重（g·cm$^{-3}$） | 0.9 | | |

导线截面与JL/G1A－240/30相同的三种节能导线型号及技术参数见表3。

**表3　导线型号及技术参数**

**Tab. 3　Technical parameters energy-saving conductors**

| 导线名称 | 导线型号 | 根×直径（mm） | | 截面积（mm$^2$） | | 直径（mm） | 单位质量（kg·km$^{-1}$） | 计算拉断力（kN） | 弹性模量（GPa） | 线膨胀系数×10$^{-6}$（1/℃） | 20℃直流电阻（Ω/km） |
|---|---|---|---|---|---|---|---|---|---|---|---|
| | | 钢（铝合金） | 铝（铝合金） | 钢（铝合金）/铝（铝合金） | 总截面 | | | | | | |
| 钢芯铝绞线 | JL/G1A－240/30 | 7×2.4 | 24×3.6 | 31.67/244.29 | 275.96 | 21.60 | 920.7 | 75.19 | 63.0 | 20.9 | 0.1181 |
| 钢芯高导电率铝绞线 | JL（GD）/G1A－240/30 | 7×2.4 | 24×3.6 | 31.67/244.29 | 275.96 | 21.60 | 921.5 | 75.19 | 63.0 | 20.9 | 0.1171 |
| 铝合金芯铝绞线 | JL/LHA1－135/140 | 19×3.08 | 18×3.08 | 141.56/134.11 | 275.67 | 21.56 | 761.9 | 65.83 | 55.0 | 23.0 | 0.1125 |
| 中强度铝合金绞线 | JLHA3－275 | | 37×3.08 | 275.67 | 275.67 | 21.56 | 761.9 | 66.16 | 55.0 | 23.0 | 0.1093 |

## 2.1　电气性能

### 2.1.1　电磁环境

输电线路导线承载长距离输送电能，除保证线路安全运行外，还必须满足环境保护要求，导线的直径、分裂数对线路的电晕、无线电干扰、噪声、场强等都有很大影响[3]。将钢芯铝绞线及与其相同截面的钢芯高导电率铝绞线、铝合金芯铝绞线、中强度铝合金绞线应用于交流输电线路中，并进行电磁场、无线电干扰、可听噪声的计算分析，由于三种节能导线的外径、单丝形状、绞制方式和表面光洁度与普通钢芯铝绞线相同，在相同工程条件下，即相序排列、电流、气象条件等参数均相同，采用等总截面的普通钢芯铝绞线与三种节能导线时，表面电场强度、可听噪声和无线电干扰水平基本相同[4-5]。

### 2.1.2　导线载流量比较

导线载流量与导线的材质结构、电源频率及环境条件有关。在导线载流量的计算中，环境温度为最高气温月的平均气温，根据当地气象统计资料，环境温度取35℃，日照强度1000w/m$^2$，风速0.5m/s，导线表面辐射、吸热系数均取0.4，计算出的各种导线载流量见表4。

表 4　　各导线载流量

Tab. 4　　Current-carrying capacity of conductors

| 导线型号 | 70℃ | 80℃ |
|---|---|---|
| JL/G1A－240/30 | 589 | 669 |
| JL（GD）/G1A－240/30 | 594 | 674 |
| JL/LHA1－135/140 | 615 | 698 |
| JLHA3－275 | 624 | 709 |

从表 4 可看出，节能导线导电能力较钢芯铝绞线强，三种节能导线的载流量均高于钢芯铝绞线。

## 2.2　机械特性

### 2.2.1　导线弧垂

对比 JL/G1A－240/30 钢芯铝绞线，计算出三种节能导线在气温 40℃时的弧垂与钢芯铝绞线的区别见表 5。

表 5　　各导线 40℃弧垂对比

Tab. 5　　Sag characteristics comparison of conductors

| 导线型号 | 40℃弧垂（$L$＝300m）（m） |
|---|---|
| JL/G1A－240/30 | 7.15 |
| JL（GD）/G1A－240/30 | 7.15 |
| JL/LHA1－135/140 | 7.33 |
| JLHA3－275 | 7.01 |

由表 5 可见，中强度铝合金绞线弧垂特性较优，应用于工程实际中可减小使用杆塔高度，钢芯高导电率铝绞线与钢芯铝绞线的弧垂相同，铝合金芯铝绞线则与钢芯铝绞线的弧垂相近。

### 2.2.2　风偏角

当基本风速为 27m/s 时，相应各种导线的风偏角见表 6。

表 6　　导线风偏角

Tab. 6　　Swing angle of conductors

| 导线结构 | 大风风偏角（°） | 操作风偏角（°） | 雷电风偏角（°） |
|---|---|---|---|
| JL/G1A－240/30 | 48.33 | 18.83 | 8.27 |
| JL（GD）/G1A－240/30 | 48.47 | 18.91 | 8.29 |
| JL/LHA1－135/140 | 54.25 | 22.35 | 9.88 |
| JLHA3－275 | 54.29 | 22.35 | 9.91 |

从表 6 可看出，铝合金芯铝绞线和中强度铝合金绞线的风偏角相对较大。设计单位在应用国网公司发布的通用设计杆塔时，采用铝合金绞线需要注意校验杆塔塔头间隙。

### 2.2.3 覆冰过负荷能力

计算覆冰过负荷能力时，弧垂最低点的最大张力不超过额定拉断力的70%，悬挂点的最大张力不超过额定拉断力的77%[6]。其验算的基本气象条件为气温−5℃、风速10m/s。各导线覆冰过负荷能力见表7。

表7　导线过负荷冰厚比较

Tab.7　Comparison of override icing thickness of conductors

| 导线型号 | 代表档距200m | 代表档距250m | 代表档距300m | 代表档距350m | 代表档距400m |
|---|---|---|---|---|---|
| JL/G1A-240/30 | 30.17 | 26.55 | 24.09 | 22.34 | 21.06 |
| JL（GD）/G1A-240/30 | 31.49 | 27.34 | 25.01 | 23.11 | 21.72 |
| JL/LHA1-135/140 | 29.95 | 26.13 | 23.49 | 21.57 | 20.14 |
| JLHA3-275 | 30.09 | 25.61 | 23.81 | 21.85 | 20.38 |

从表7可知，由于中强度铝合金绞线单位重量轻，导线弧垂、过载冰厚均较好；而铝合金芯铝绞线的过载冰厚稍差。从过载能力计算结果分析可知，线路设计的覆冰厚度为10mm时，三种节能导线的覆冰过载冰厚均在20mm以上，均能满足一般输电线路轻、中冰区的使用要求，且有较大裕度。

## 3 节能导线配套金具应用及施工情况

普通钢芯铝绞线所需的连接金具和与导线配套的悬垂线夹对节能导线都适用，并无其他特殊要求。仅铝合金芯铝绞线、中强度铝合金绞线配用的耐张线夹和接续管需进行适当的调整，选用时可对应选择适用导线截面的这两类金具。悬垂线夹、防振锤、间隔棒和连接金具件等大部分都可利用现有定型金具，不必专门研制新金具。

在施工方面，通过实际施工常规导线适用的施工机具对节能导线都能够适用，对牵引力、张力架线的放线段长度、连续过滑轮数量等均无特殊要求，也不需要采用特殊的措施保护导线。三类节能导线的悬垂、跳线以及档内金具与常规导线并无区别，可根据导线截面直接对应选用定型金具。由于内部结构的差异，铝合金芯铝绞线及中强度铝合金绞线的液压耐张线夹和接续管等承力金具结构与常规导线不同。

## 4 节能导线适用范围

参与比较的有普通钢芯铝绞线、钢芯高导电率铝绞线、铝合金芯铝绞线和中强度铝合金绞线四种导线，与普通钢芯铝绞线相比在等截面条件下的另外三种节能导线，都能提高导线导电能力，减少输电损耗，达到节能效果。现根据三类节能导线的特点，提出其适用范围。

（1）钢芯高导电率铝绞线具有与普通钢芯铝绞线相近的机械特性，仅导电能力有所提高，在设计、施工和运行时不需对其进行特殊考虑，可提高设计施工效率，直接替代钢芯铝绞线使用。

（2）中强度铝合金绞线张力较大，耐张塔质量较大，适用于山地大高差、大档距等特殊地形和路径顺直、耐张塔比例低的线路。

（3）在重工业区等大气腐蚀严重地区，可优先采用铝合金芯铝绞线或中强度铝合金绞线。

## 5 结束语

综合比较，钢芯高导电率铝绞线、铝合金芯铝绞线、中强度铝合金绞线三类节能导线是对钢芯铝绞线的优化和改进，就机械特性而言，轻、中冰区普通钢芯铝绞线适用的线路工程，对于三种节能型导线都能够适用。选择时，充分发挥节能导线的技术特点，将其应用在节能效果明显的输电线路中，可大量节约电能。输送容量大、利用小时数高的线路，采用节能导线优势更为明显。

## 参考文献


[1] IEEE Power Engineering Society. IEEE Standard for Calculating the Current - Temperature of Bare Overhead Conductors [S]. IEEE Std 738—2006.

[2] GB /T 1179—2008 圆线同心绞架空导线 [S].

[3] 刘琴，谢雄杰，石岩. 电晕笼内多分裂导线电晕损耗 [J]. 中国电力，2011，44（12）：32 - 35.

[4] LIU Qin，XIE Xiong—jie，SHI Yan. Corona loss of bundle conductor in corona cage [J]. Electric Power，2011，44（12）：32 - 35.

[5] 杨勇，崔鼎新. 架空钢芯铝绞线参数对其表面电场的影响规律 [J]. 高电压技术，2010，36（7）：1767 - 1772.

[6] YANG Yong，CUI Ding-xin. Influence laws of overhead aluminium stranded conductor steel- reinforced parameters on the electric field on the conductor surface [J]. High Voltage Engineering，2010，36（7）：1767 - 1772.

[7] 蒋兴良，林锐，胡琴，等. 直流正极性下绞线电晕起始特性及影响因素分析 [J]. 中国电机工程学报，2009，29（34）：108 - 114.

[8] JIANG Xing-liang，LIN Rui，HU Qin，et al. DC positive corona inception performances of stranded conductors and its affecting factors [J]. Proceedings of the CSEE，2009，29（34）：108 - 114.

[9] GB 50545—2010 110 kV～750 kV 架空输电线路设计规范 [S].


## 作者简介：


唐占元（1989—），男，助理工程师，主要从事输电线路设计工作。

范庆虎（1974—），男，工程师，主要从事输电线路设计工作。

陈杰（1985—），男，工程师，主要从事输电线路设计工作。

# Selection and Application of Energy – saving Wires in Transmission Line Projects

TANG Zhanyuan, FAN Qinghu, CHEN Jie

(State Grid Qinghai Economic Research Institute, Xining 810008, China)

**Abstract**: The DC resistance of energy-saving conductor is lower, so applying it in transmission lines can enhance conductivity and decrease line losses. Firstly, the characteristics of three kinds of energy-saving conductors including aluminum alloy cored aluminum stranded wire, steel core aluminum stranded wire of high conductivity and mid-strength of all aluminum alloy wire were introduced; then a comparison was made between energy-saving conductor and the traditional steel reinforced aluminum conductor of electrical characteristics, mechanical characteristics and construction method; finally, proposed the application scope of these new energy-saving conductors in transmission line projects.

**Key words**: transmission line; energy-saving conductor; electrical characteristics; mechanical characteristics; engineering application

# JRLX/T 节能导线在输电线路工程中的应用

陈　杰，张彦军
（国网青海省电力公司经济技术研究院，青海省西宁市　810008）

**摘　要**：通过具体参数，对传统 JL/G1A 导线与 JRLX/T 节能导线的电气性能和机械性能进行了对比分析，JRLX/T 节能导线与传统导线相比具有重量轻、强度大、耐高温、弧垂小、线损低、耐腐蚀、与环境亲和等优点，JL/G1A 与 JRLX/T 节能导线在导线结构、材料性能等方面均有所不同，充分显示出 JRLX/T 节能导线的优越性能。详细分析了在输电线路工程中使用 JRLX/T 节能导线对电网的好处，以及在民和天健硅业 110kV 线路工程中应用 JRLX/T 节能导线带来的经济效益，实现了电力传输的节能、环保与安全。

**关键词**：JRLX/T；JL/G1A；节能导线；机械性能；电气性能

## 0　引言

架空输电线路导线是输电线路工程的重要组成部分，导线选择是否正确，对线路运行的经济性和安全性起着十分重要的作用。近些年，随着国家电网公司“创建绿色电网”意识的不断加强，积极推广应用新技术成为了公司科技创新工作的关键环节。随着电网建设规模的不断加大，输电线路长度、输送容量的逐年递增，选择适合的传输导线将会带来客观的经济效益。因此，电力工业的飞速发展对架空输电线路导线提出了更高的要求，为了提高输电线路的输送容量的能力，利用现有的线路走廊尽可能多的输送电能，电网管理者积极研究质量轻、强度高、弛度低、耐腐蚀、线损低的新型导线，以取代传统的钢芯铝绞线，JRXL/T 节能导线由此应运而生。

## 1　JL/G1A 与 JRLX/T 节能导线对比

钢芯铝绞线由铝线和钢线绞合而成，适用于架空输电线路。JL/G1A－240/40 型钢芯铝绞线所示含义为：J—绞线；L—铝；G1A—1A 型钢；外绞线（此处为铝）的截面为 240mm$^2$，内芯线（此处为钢）的截面为 40mm$^2$。

新型碳纤维复合芯导线是一种全新结构的节能型增容导线，导线的型号为 JRLX/T（J—架空导线，RL—软铝，X—型线，T—碳纤维复合材料），规格用软铝型线标称截面和复合芯标称截面表示。碳纤维复合芯导线以下简称 JRLX/T。

JL/G1A 与 JRLX/T 节能导线在导线结构、材料性能等方面均有所不同。

### 1.1　结构对比

JRLX/T 将 JL/G1A 中的钢芯用碳纤维和玻璃纤维复合芯取代，既减轻了导线的重量，又增加了导线的强度；将 JL/G1A 外层圆形铝绞线用紧压双层梯形铝绞线取代，增大了铝截面，从而增强了线路的输送容量；外层铝采用高温退火铝，与钢芯铝绞线相比，其导电率更高。

## 1.2 材料性能对比

选取标称截面为 240mm²的 JL/G1A 导线与 JRLX/T 节能导线，二者的主要材料性能对比见表 1。

表 1 JL/G1A - 240/40 与 JRLX/T - 240/28 材料性能对比

Tab. 1 Performance comparison of JL/G1A - 240 and JRLX/T - 240/28 materials

| 项目 | JL/G1A - 240/40 | JRLX/T - 240/28 |
|---|---|---|
| 计算截面（$mm^2$） | 277.8 | 268.0 |
| 外径（mm） | 21.66 | 19.00 |
| 单位长度重量（kg/m） | 0.9643 | 0.7000 |
| 弹性系数（MPa） | 76 000 | 117 000 |
| 线膨胀系数（$℃^{-1}$） | $18.9\times10^{-6}$ | $1.6\times10^{-6}$ |
| 拉断力（N） | 83 370 | 74 800 |

由表 1 可见，在标称截面相同时，JRLX/T 较 JL/G1A 而言，有重量轻、弹性系数高、线膨胀系数小等优势。线膨胀系数小这一特点，可有效减小输电线路导线弧垂，从而加强线路运行的安全性和可靠性。

## 1.3 载流量对比

选取 240mm²截面的 JL/G1A 与 JRLX/T 进行载流量对比，如图 1 所示。

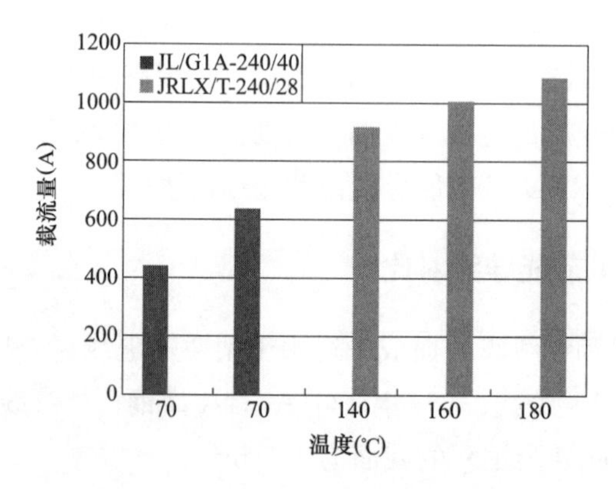


图 1 JL/G1A 与 JRLX/T 载流量对比

Fig. 1 JL/G1A/and JRLX/T ampacity contrast

由图 1 可见，JRLX/T 比 JL/G1A 的运行温度高 2 倍，其载流量可达相同截面 JL/G1A 的 2 倍。

## 1.4 应力弧垂对比

选取标称截面为 240mm²的 JL/G1A 与 JRLX/T 进行应力弧垂对比，见表 2。

表 2　　　　JL/G1A－240/40 与 JRLX/T－240/28 应力弧垂对比

Tab. 2　　　　JL/G1A－240 and JRLX/T－240/28 Stress Sag Compare

| 档距（m） | JL/G1A－240/40 | | | JRLX/T－240/28 | | |
|---|---|---|---|---|---|---|
| | 导线温度（℃） | 应力（N·mm$^{-2}$） | 弧垂（m） | 导线温度（℃） | 应力（N·mm$^{-2}$） | 弧垂（m） |
| 200 | 40 | 48.11 | 3.41 | 80 | 38.9 | 3.29 |
| | 50 | 44.21 | 3.71 | 160 | 36.0 | 3.56 |
| 300 | 40 | 49.85 | 7.40 | 80 | 46.0 | 6.26 |
| | 50 | 47.50 | 7.70 | 160 | 43.9 | 6.57 |
| 400 | 40 | 50.70 | 12.93 | 80 | 49.6 | 10.34 |
| | 50 | 49.18 | 13.33 | 160 | 48.0 | 10.66 |

注　表 2 中数据适用气象条件为设计最大风速 30m/s，导线覆冰 10mm。

由表 2 可见，JRLX/T 允许运行温度为 JL/G1A 的 2～3 倍，且其应力与弧垂均小于后者，这充分体现了 JRLX/T 耐热性好、弧垂小的优势。

### 1.5　价格对比

标称截面为 240mm$^2$的 J L/G1A 与 JRLX/T 的价格对比见表 3。

表 3　　　　JL/G1A－240/40 与 JRLX/T－240/28 价格对比

Tab. 3　　　　JL/G1A－240 and JRLX/T－240/28 price comparison

| | JL/G1A－240/40 | JRLX/T－240/28 |
|---|---|---|
| 价格/（元·m$^{-1}$） | 18.2 | 66.7 |

由表 3 可见，在价格方面，JRLX/T 节能导线是 JL/G1A 的 3 倍多。其成本高的原因在于科技含量。目前其主要材料和配套的金具均需进口，加之国内各地的 JRLX/T 节能导线的使用尚属试验阶段；但是，随着各地应用推广力度的加大，国内生产合作的技术转让和原材料的国产化，其成本下降也是一种必然趋势。

## 2　JRLX/T 节能导线优点

JRLX/T 节能导线与传统导线相比具有重量轻、强度大、耐高温、弧垂小、线损低、耐腐蚀、与环境亲和等优点，实现了电力传输的节能、环保与安全。

（1）重量轻。碳纤维复合芯的比重约为钢芯的 1/4。在相同外径下，JRLX/T 单位长度重量约为 JL/G1A 的 60％～80％。导线自重的减轻使铁塔高度降低，基础根开缩小，缩短施工工期，节省线路综合造价。

（2）强度高。JRLX/T 的强度为普通 JL/G1A 的 2 倍，因此，可以加大杆、塔之间的跨度，减少 20％以上的杆、塔，从而降低建造成本。

（3）耐高温，导电率高，载流量大。传统的 JL/G1A 正常运行温度为 70℃，极限使用温度也仅 100℃；而 JRLX/T 外层的铝导体为耐高温退火铝，能在 140℃下长期有效运行，最高工作温度可达 200℃。另外，JRLX/T 中铝的电导率可达到 63％ IACS 以上，在相同外径条件下，JRLX/T 的铝材截面积为 JL/G1A 的 1.29 倍，因此可提高载流量约 30%。

（4）线膨胀系数小，弧垂小。碳纤维复合芯的线膨胀系数小，仅为钢芯的 1/8；在高温条件下，JRLX/T 的弧垂不到 JL/G1A 的 1/10，能有效减少架空线路的绝缘空间走廊，提高线路运行的安全性和可靠性。

（5）线损低。JRLX/T 的交流电阻小，在相同传输容量下，线损减少 29%，能减少发电容量，节约能源成本。

（6）耐腐蚀。碳纤维复合材料具有优良的绝缘性能，避免了导体在通电时铝线与镀锌钢线之间的电化腐蚀问题，使用寿命长，为普通导线的 2 倍多。

（7）电晕损耗低。JRLX/T 表面紧凑、光滑，降低了导线表面的粗糙系数，减少了电晕电量损失，能减少电晕损耗约 20%。

（8）节约铝材。按每年电力线路 200 万吨铝用量计算，能节约铝材近 100 万吨。

## 3 应用效果

民和天健硅业有限公司，位于民和县马场垣乡下川口工业园区东南侧，拟建天健硅业 110 kV 变电站位于厂区中间。新建天健硅业客户 110 kV T 接线路在原 110 kV 园华线 32 号进行 T 接，原线路导线采用 JL/G1A－240/40 型钢芯铝绞线。根据天健硅业公司和乐华公司的最终负荷，并按经济电流密度计算，本工程导线型号最终确定使用 JRLX/T－240/28 型碳纤维复合芯节能导线。

导线的安全系数、最大使用张力见表 4。

**表 4　　导线安全系数及最大使用张力**

**Tab. 4　　The safety coefficient and the maximum tension of wire**

| | JRLX/T－240/28 | | JL/G1A－240/40 | |
|---|---|---|---|---|
| | 进出线档 | 正常档 | 进出线档 | 正常档 |
| 安全系数 | 20.6 | 2.5 | 20.6 | 2.5 |
| 最大使用张力（N） | 3631 | 29 920 | 4047 | 33 348 |

由表 4 可知，JRLX/T 节能导线较相同截面的 JL/G1A 导线，在进出线档及正常档，其最大使用张力均较小。110kV 线路进出线档导线最大设计张力不得大于 5000N，JRLX/T 节能导线最大使用张力小的特点使其运行更安全；正常档导线弧垂最低点处 JRLX/T 最大使用张力远远小于 JL/G1A，充分体现了其安全性好的优势。

该线路使用的 JRLX/T 节能导线重量轻，强度高，安全性好，自投运以来，未发生任何机械、电气故障；换线段线路最大档距为 307m，更换 JRLX/T 节能导线后，导线弧垂比同档（原 110kV 园华线 24 号～新 32 号～乐华 110kV 进线构架）原 JL/G1A 导线小 0.5～1.0m，弧垂优势显著；该 JRLX/T 节能导线在 160℃时长期输送容量达到 172MW，其载流量和输送容量提高近一倍，实现了节能倍容传输。总体来看，JRLX/T

节能导线在该线路上的运行情况良好。

## 4 结语

JRLX/T 节能导线的电气性能和机械性能均优于传统 JL/G1A 导线，它的应用，有助于构造安全、环保、高效、节能型输电网络，可广泛用于新线路建设、老线路增容改造、电站母线，并可用于大跨越、大落差、重冰区、高污染等特殊气候和地理场合的线路。但是，目前 JRLX/T 节能导线在国内的生产技术及工艺尚不成熟，其价格为传统 JL/G1A 导线的 3 倍多，影响了 JRLX/T 节能导线的大规模应用。然而，随着电力行业的不断发展，JRLX/T 节能导线存在的问题终将解决，其应用也会更加广泛。

## 参考文献


[1] 魏晗兴，朱波. 新型碳纤维复合芯铝合金导线的特性研究［J］. 动能材料，2009，40（12）：1993－1995.

WEI Hanxing，ZHU Bo. Investigation on the characteristics of a new aluminum conductor with carbon fiber reinforced composite core［J］. 2009，40（12）：1993－1995.

[2] 鞠彦忠，李秋晨，孟亚男. 碳纤维复合芯导线与传统导线的比较研究［J］. 华东电力，2011，39（7）：1191－1194.

JU Yanzhong，LI Qiuchen，MENG Yanan. Comparative research on aluminum conductor composite core and traditional conductor［J］. 2011，39（7）：1191－1194.

[3] 张国光. 碳纤维复合芯导线在电力传输线路上的应用［J］. 河南电力，2007，(4)：56－57.

ZHANG Guoguang. Application of aluminum conductor composite core in electric power transmission line［J］. 2007，(4)：56－57.


## 作者简介：


陈杰（1985—），男，本科，工程师，主要从事线路电气设计工作。

张彦军（1972—），男，本科，高级工程师，主要从事线路电气设计工作。


# Application of JRLX/T energy saving wire in the transmission line project


CHEN Jie，ZHANG Yanjun

（Qinghai Electric Power Corporation Economic Research Institute，Xining，Qinghai，810008）



**Abstract**：Through the specific parameters，the traditional JL/G1A wire and JRLX/T energy saving wire electrical performance and mechanical properties were compared and analyzed，JR-

LX/T wire and energy-saving compared to traditional wire light weight, high strength, high temperature, sag small, low line loss, corrosion-resistant, and environmentally-friendly, etc. JL/G1A and JRLX/T energy saving wire in the wire structure, material properties and other aspects are different, fully demonstrated the JRLX/T energy efficiency of the superior performance. In this paper, a detailed analysis of the benefits of using JRLX/T energy-wire transmission line on the grid in the project. As well as application JRLX/T leads the economic benefits of energy efficiency in public and Tianjian silicon industry 110kV transmission line project, to achieve the energy-saving power transmission, environmental protection and security.
**Key words**: JRLX/T; JL/G1A; Energe-saving conductor; mechanical property; electrical performance

# 应用于高压送电线路的碳纤维导线经济性分析

潘晓冬[1]，张林枫[2]
（1. 国网新疆电力经济技术研究院，新疆维吾尔自治区乌鲁木齐市 830011；
2. 东北电力设计院，吉林省长春市 130021）

**摘　要**：根据不同高压送电线路类型中采用碳纤维芯软铝导线（ACCC），对其经济性进行分析，对高压送电线路设计中导线选型提供一定的参考借鉴。

**关键词**：碳纤维芯软铝导线高压线路；全寿命周期成本

## 0　引言

碳纤维复合芯导线的特点是重量轻、线膨胀系数小，由其制作的导线与普通导线相比，在相同标称截面积时碳纤维复合芯导线重量较轻或在相同重量时碳纤维复合芯导线标称截面积更大。因此，采用碳纤维复合芯导线可以提高输送容量并可避免由于容量增加使得架空输电线路导线弧垂过大、对地距离不足的问题，可提高输电线路的安全稳定性。

## 1　碳纤维复合芯导线在新建线路应用中的经济比较

以 500kV 同塔双回线路为例，以常规钢芯铝绞线导线方案 4×JL/G1A－630/45 与碳纤维导线方案在等输送容量、等铝截面、等重量、等外径方面进行经济性能分析。以年折现率 8%计算，年运行小时数（$T_{max}$）分别为 3000h、4000h，电价分别为 0.3 元/kWh、0.4 元/kWh、0.5 元/kWh 时，碳纤维复合芯导线的价格为钢芯铝绞线导线的 2.5 倍、2.2 倍、2 倍和 1.8 倍时，不同电价和年运行小时数两种导线的年费用差值。

### 1.1　等输送容量方案

4×JL/G1A－630/45 在 70°导线温度下可输送容量 2533MW，2×JRLX/T－630/70 导线在 120°导线温度下可输送容量 2529MW，极限输送容量基本一致，假设同时输送额定容量 1800MW 的电能（见表 1）。

表 1　　等输送容量方案各导线方案综合年费用比较

| 年费用差值 NF（万元） | | 折现率 8% | | | | | |
|---|---|---|---|---|---|---|---|
| | | $\tau$=1600h（$T_{max}$=3000h） | | | $\tau$=2400h（$T_{max}$=4000h） | | |
| 导线方案简称 | 价格比 | 0.3 元/kWh | 0.4 元/kWh | 0.5 元/kWh | 0.3 元/kWh | 0.4 元/kWh | 0.5 元/kWh |
| 4×JL/G1A－630/45 | 1 | 0 | 0 | 0 | 0 | 0 | 0 |

续表

| 年费用差值 NF（万元） | | 折现率 8% | | | | | |
|---|---|---|---|---|---|---|---|
| | | $\tau$=1600h（$T_{max}$=3000h） | | | $\tau$=2400h（$T_{max}$=4000h） | | |
| 2×JRLX/T－630/70 | 2.5 | 46.1 | 61.1 | 76.1 | 68.6 | 91.1 | 113.6 |
| | 2.2 | 44.2 | 59.2 | 74.2 | 66.7 | 89.2 | 111.7 |
| | 2 | 42.9 | 57.9 | 72.9 | 65.4 | 87.9 | 110.4 |
| | 1.8 | 41.6 | 56.6 | 71.6 | 64.1 | 86.6 | 109.1 |

结论：2×JRLX/T－630/70 导线方案电能损耗是 4×JL/G1A－630/45 导线方案的 2.2 倍，其年费用远高于 4×JL/G1A－630/45 导线方案。因此，在等输送容量情况下，采用碳纤维复合芯导线方案经济性不优。

### 1.2 等铝截面方案

4×JL/G1A－630/45 与 4×JRLX/T－630/70 导线铝截面基本一致（见表 2）。

**表 2　　各导线方案综合年费用比较**

| 年费用差值 NF（万元） | | 折现率 8% | | | | | |
|---|---|---|---|---|---|---|---|
| | | $\tau$=1600h（$T_{max}$=3000h） | | | $\tau$=2400h（$T_{max}$=4000h） | | |
| 导线方案简称 | 价格比 | 0.3 元/kWh | 0.4 元/kWh | 0.5 元/kWh | 0.3 元/kWh | 0.4 元/kWh | 0.5 元/kWh |
| 4×JL/G1A－630/45 | 1 | 0 | 0 | 0 | 0 | 0 | 0 |
| 4×JRLX/T－630/70 | 2.5 | 3.1 | 2.4 | 1.6 | 2.0 | 0.9 | −0.2 |
| | 2.2 | 1.2 | 0.4 | −0.3 | 0.1 | −1.1 | −2.2 |
| | 2 | −0.1 | −0.9 | −1.6 | −1.2 | −2.4 | −3.5 |
| | 1.8 | −1.4 | −2.2 | −2.9 | −2.5 | −3.6 | −4.8 |

结论：

（1）4×JRLX/T－730/65 导线方案，初始投资高于 4×JL/G1A－630/45 导线方案，损耗费用低于 4×JL/G1A－630/45 导线方案。

（2）当线路年运行小时数为 3000h 时，电价为 0.3 元/kWh 时，使碳纤维复合芯价格降到普通导线的 2 倍以下时，其年费用低于普通导线；电价为 0.5 元/kWh 时，碳纤维复合芯价格降到普通导线的 2.2 倍时，其年费用低于普通导线。

（3）当线路年运行小时数为 4000h 时，电价为 0.3 元/kWh 时，碳纤维复合芯价格降到普通导线的 2 倍时，其年费用低于普通导线；电价为 0.4 元/kWh 时，碳纤维复合芯价格降到普通导线的 2.2 倍时，其年费用低于普通导线；电价为 0.5 元/kWh 时，碳纤维复合芯价格降到普通导线的 2.5 倍时，其年费用低于普通导线。

### 1.3 等重量方案

JL/G1A－630/45 单重为 2.0792t/km，JRLX/T－710/70 单重为 2.0946t/km，单重基本持平（见表 3）。

表 3　　各导线方案综合年费用比较

| 年费用差值 NF（万元） | | 折现率 8% | | | | | |
|---|---|---|---|---|---|---|---|
| | | $\tau$=1600h（$T_{max}$=3000h） | | | $\tau$=2400h（$T_{max}$=4000h） | | |
| 导线方案简称 | 价格比 | 0.3 元/kWh | 0.4 元/kWh | 0.5 元/kWh | 0.3 元/kWh | 0.4 元/kWh | 0.5 元/kWh |
| 4×JL/G1A－630/45 | 1 | 0 | 0 | 0 | 0 | 0 | 0 |
| 4×JRLX/T－710/70 | 2.5 | 0.7 | －1.4 | －3.5 | －2.4 | －5.6 | －8.8 |
| | 2.2 | －1.2 | －3.3 | －5.4 | －4.4 | －7.5 | －10.7 |
| | 2 | －2.5 | －4.6 | －6.7 | －5.7 | －8.8 | －12.0 |
| | 1.8 | －3.8 | －5.9 | －8.0 | －7.0 | －10.1 | －13.3 |

结论：

（1）4×JRLX/T－710/70 导线方案，初始投资高于 4×JL/G1A－630/45 导线方案，损耗费用低于 4×JL/G1A－630/45 导线方案。

（2）当线路年运行小时数为 3000h 时，电价为 0.3 元/kWh 时，碳纤维复合芯价格降到普通导线的 2.2 倍时，其年费用低于普通导线；电价为 0.4 元/kWh 时，其年费用低于普通导线。

（3）当线路年运行小时数为 4000h 时，碳纤维复合芯导线年费用低于普通导线。

### 1.4　等外径方案

JL/G1A－630/45 外径为 33.6mm，JRLX/T－730/65 外径为 33.5mm，外径基本相当（见表 4）。

表 4　　各导线方案综合年费用比较

| 年费用差值 NF（万元） | | 折现率 8% | | | | | |
|---|---|---|---|---|---|---|---|
| | | $\tau$=1600h（$T_{max}$=3000h） | | | $\tau$=2400h（$T_{max}$=4000h） | | |
| 导线方案简称 | 价格比 | 0.3 元/kWh | 0.4 元/kWh | 0.5 元/kWh | 0.3 元/kWh | 0.4 元/kWh | 0.5 元/kWh |
| 4×JL/G1A－630/45 | 1 | 0 | 0 | 0 | 0 | 0 | 0 |
| 4×JRLX/T－720/70 | 2.5 | 1.5 | －0.8 | －3.0 | －1.9 | －5.3 | －8.7 |
| | 2.2 | －0.4 | －2.7 | －5.0 | －3.8 | －7.3 | －10.7 |
| | 2 | －1.7 | －4.0 | －6.3 | －5.1 | －8.5 | －12.0 |
| | 1.8 | －3.0 | －5.3 | －7.6 | －6.4 | －9.8 | －13.3 |

结论：

（1）4×JRLX/T－730/65 导线方案，初始投资高于 4×JL/G1A－630/45 导线方案，损耗费用低于 4×JL/G1A－630/45 导线方案。

（2）当线路年运行小时数为 3000h 时，电价为 0.3 元/kWh 时，碳纤维复合芯价格降到普通导线的 2.2 倍以下时，其年费用低于普通导线；电价为 0.4 元/kWh 时，其年费用低于普通导线。

（3）当线路年运行小时数为 4000h 时，碳纤维复合芯导线年费用低于普通导线。

## 2 碳纤维复合芯导线在旧线路增容改造中的应用分析

随着电力负荷的大幅度增加和输电走廊选择的日益困难，同时部分早期建成的输电线路的输送能力已经不能满足日益增长的输送负荷要求，需要进行增容改造，而这些线路由于受到土地、路径、拆迁及赔偿等因素影响，新开辟线路通道日益困难，且政策处理难度高，建设工期长，工程投资大。因此，采用新技术和新材料，在原有设施基础上，通过更换导线来实现增容目的成为了最佳选择（见表5）。

**表5　　500kV 线路增容改造导线方案输送容量对比**

| 导线种类 / 指标 | 钢芯铝绞线方案 4×JL/G1A-630/45 | 碳纤维复合芯导线方案 4×ACCC-710/50 |
|---|---|---|
| | 镀锌钢线 | 碳纤维复合芯 |
| 极限输送容量（MW）（导线温度） | 2536（70°） | 8136（160°） |
| 输送容量（MW）（导线温度） | 1800（58°） | 3600（75°） |
| 输送容量（MW）（导线温度） | 1800（58°） | 6136（120°） |

在保持导线最大使用张力及年平均运行张力不变，则以碳纤维导线替换常规导线，则弧垂可显著减小，由于其水平荷载、垂直荷载均小于与原设计条件故可利用原有杆塔，只需更换导线即可，不增加线路走廊用地，缩短施工工期，明显降低输变电工程的总成本，有效提高线路输送容量。

## 3 碳纤维复合芯导线在尖峰负荷线路中应用的经济比较

为了保证输电线路在夏季高温且发生电网故障时的安全稳定性，输电线路工程在设计时都留有较大裕度，至少要满足 $N-1$ 准则，有时还要满足 $N-2$ 甚至更高的安全准则。因此输电线路的满负荷利用小时数远远低于发电厂的平均利用小时数，这是由电力系统的技术特点决定的。目前我国电网内 500kV 线路的平均负荷率在 32%左右，500kV 主变压器的平均负荷率在 29%左右。在上海、北京两大城市中，500kV 线路的平均负荷率分别为 12%和 18%左右。

表6是上海某 500kV 线路和某 220kV 线路的基本情况和 2012 年实际运行数据。表中的平均负荷率、利用小时数 $t_\theta$ 和损耗小时数 $\tau$ 是根据每日6个实际负荷值逐点计算后累加得出。两条线路的数据具有一定的代表意义。

**表6　　上海某 500kV 和某 220kV 线路的负荷利用情况（2012年）**

| 电压等级（kV） | 500 |
|---|---|
| 导线规格 | 4×LGJ-400 |
| 线路长度（km） | 17.3 |
| 负荷限额（MW） | 2045 |
| 平均负荷率（%） | 10.58 |
| 利用小时 $t_\theta$（h） | 926.8 |
| 损耗小时 $\tau$（h） | 72.4 |

表 7 是用 2 分裂 ACCC 导线替代 4 分裂常规 ACSR 导线，在新建 500kV 输电工程中的技术经济分析。从表 7 中可以看出，采用 2 分裂 JLRX/T－620/60 导线替代 4 分裂 JL/GIA－630/45 导线，前者在 160℃时（常用温度限值）的载流量与后者在 80℃时（最高温度限值）的载流量相同，都可以满足夏季最高负荷对输电线路的要求。前者比后者节约工程本体造价 25.61 万元/km，节约 20%以上。虽然损耗电量价值增加 1.6106 万元/km，但综合年费用仍然低 0.0237 万元/km。而 2 分裂 JLRX/T－720/60 和 2 分裂 JLRX/T－800/60 导线的经济效果更佳，综合年费用分别低 0.1417 万元/km 和 0.3034 万元/km。

**表 7　　新建 500kV 输电工程导线方案比较**

| 序号 | 1 | 2 | 3 | 4 |
| --- | --- | --- | --- | --- |
| 导线型号 | JL/G1A－630/45 | JLRX/T－620/60 | JLRX/T－720/60 | JLRX/T－800/60 |
| 导线外径（mm） | 33.8 | 30.41 | 32.57 | 34.17 |
| 铝截面（$mm^2$） | 630 | 619 | 720 | 796.4 |
| 单位长度质量（kg/m） | 2.0792 | 1.824 | 2.094 | 2.31 |
| 直流电阻（Ω/km，20℃时） | 0.0463 | 0.0453 | 0.039 | 0.0351 |
| 单线载流量（A，对应 80℃） | 970 | 1121 | 1223 | 1305 |
| 单线载流量（A，对应 160℃） | — | 1940 | 2131 | 2283 |
| 500kV 单相导线分裂数 | 4 | 2 | 2 | 2 |
| 500kV 最大输送功率（MW） | 3192 | 3192 | 3506 | 3756 |
| 满负荷损耗功率（kW/km） | 523 | 1023 | 881 | 793 |
| 损耗电量价差（元/km） | — | 22 508 | 16106 | 12143 |
| 导线单位长度价格（元/m） | 35 | 64.298 | 70.82 | 72.864 |
| 输电线路导线价差（万元/km） | — | －3.42 | 0.49 | 1.72 |
| 输电线路本体造价（万元/km） | 120.50 | 94.89 | 100.77 | 103.41 |
| 本体造价差值（万元/km） | — | －25.61 | －19.73 | －17.09 |
| 造价差折合年费用（元/km） | — | －22 745 | －17 523 | －15 178 |
| 年费用差值（元/km） | — | －237 | －1417 | －3034 |

对于其他具有尖峰负荷特征的输电线路，如新能源汇集输电线路，ACCC 导线也具有潜在推广价值。譬如，风力发电系统，年平均利用小时在 2000h 左右，其对应的汇集输电线路的利用率一般低于 22%水平。由于风场的平均风速和最高风速常高于普通地区，因此用总直径较小的 ACCC 导线可以减少风压施加给杆塔的水平载荷。故杆塔可节省的造价更为可观，使 ACCC 导线方案在节约投资方面的优势更明显。光伏发电系统，年平均利用小时在 1000h 左右，其对应的汇集输电线路的利用率一般低于 11%水平。与南方大城市的线路平均利用率相近，具有典型的尖峰负荷特征。特别是其高峰负荷正值阳光直射时环境温度最高时段，对架空线路运行工况最为严酷。因此 ACCC 导线方案耐高温的优点更为突出。

## 4 结论

根据技术经济性评估结果，得出如下结论：

（1）在新建线路中：

1）等输送容量情况：采用碳纤维复合芯导线方案经济性不优，不宜采用碳纤维复合芯导线。

2）等铝截面情况：当年运行小时数为 4000h，电价为 0.3 元/kWh 时，当碳纤维复合芯导线价格降到普通导线的 2 倍时，其年费用低于普通导线，此条件下碳纤维复合芯导线具有经济优势。

3）等单重情况：当年运行小时数为 3000h，电价为 0.3 元/kWh 时，当碳纤维复合芯导线价格降到普通导线的 2.2 倍时，其年费用低于普通导线，此条件下碳纤维复合芯导线具有经济优势。

4）等外径情况：当年运行小时数为 3000h，电价为 0.3 元/kWh 时，当碳纤维复合芯导线价格降到普通导线的 2.2 倍时，其年费用低于普通导线，此条件下碳纤维复合芯导线具有经济优势。

（2）在输电线路原有铁塔和线路走廊不能变动的情况下，可利用碳纤维复合芯导线实现增容改造，一般容量可增加 1～2.5 倍。

（3）碳纤维复合芯导线具有突出的高温条件下小弧垂特性，可长期在 160℃工作温度下安全运行，其负荷承载能力 2 倍于同铝截面的常规 ACSR 导线在 80℃的承载能力。对于新建尖峰负荷输电线路，当技术方案选择得当时，碳纤维复合芯导线综合技术经济指标优于常规 ACSR 导线。

**作者简介：**

潘晓冬（1978—），男，学士，工程师，主要研究方向为输电线路工程管理。

张林枫（1984—），男，硕士，工程师，主要研究方向为输电线路设计。

## Economic Analysis of ACCC in high-voltage transmission lines

**PAN Xiaodong[1]，ZHANG Linfeng[2]**

**Abstract**: Depending on the type of high-voltage transmission lines in the use of aluminum conductor composite core (ACCC), its economic analysis for the design of high voltage power transmission line to provide a reference conductor selection reference.

**Key words**: aluminum conductor composite core (ACCC); high-voltage transmission lines; life cycle cost

# 浅谈立体环状接地装置在输电线路设计中的应用

周伟民[1]，黄　健[2]

（1. 国网荆州供电公司经济技术研究所，湖北省荆州市　434000）

（2. 荆州市荆力工程设计咨询有限责任公司，湖北省荆州市　434000）

**摘　要**：本文从理论的视角对输电线路设计中关于杆塔接地装置的应用进行了分析，为输电线路设计中接地装置的选择提供了参考，具有一定的工程实践指导意义。

**关键词**：输电线路设计；立体环状接地装置

## 0　引言

由于输电线路走廊所经一般可分为平原、丘陵、沼泽、人口密集区域、矿区或是预采矿区以及山区，所以杆塔接地需要针对不同的地质条件进行分析比较，如何选择适当的杆塔降阻方法一直是设计人员研究的方向。本文仅就输电线路设计中一种立体环状接地装置的应用进行分析。

## 1　立体环状接地均压装置

本地区设计单位在设计时考虑新建杆塔接地装置采用了立体环状接地均压装置，减少了施工开挖方量，同时也避免了一些不必要的民调工作获得了施工单位的一致好评。

下面介绍的是立体环状接地均压装置，具体结构为（见图1和图2）：

（1）构成的内环；

（2）和外围接地均压装置；

（3）共同实现降低杆塔接地阻抗以及均压的效果，塔基接地装置由上层中空立体圆环状接地装置；

（4）中层垂直连接体；

（5）下层地步圆环；

（6）圆环结构外周焊接水平放射极；

（7）上层中空立体圆环状接地装置。

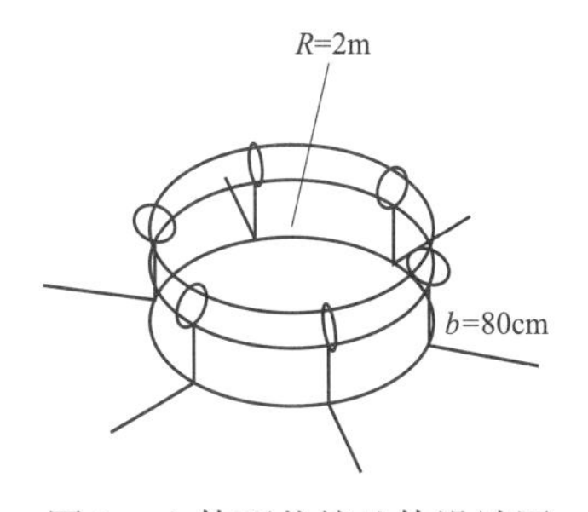


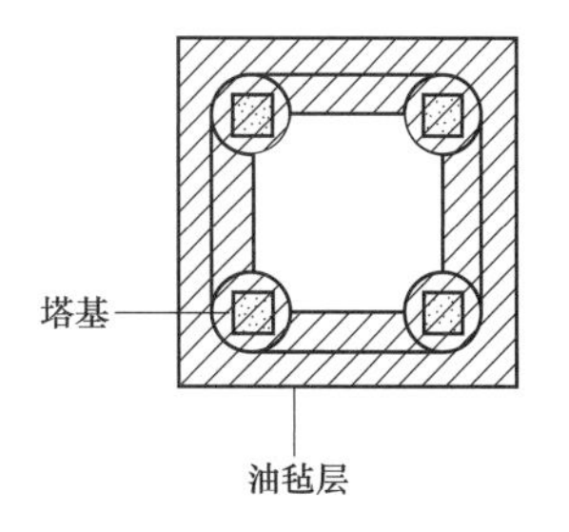


图1　立体环状接地体设计图　　图2　立体环状接地均压装置整体结构俯视图

本装置由圆钢构成立体圆柱状，中间填充回填土，下层圆环水平放射式结构由地步圆环外围焊接六个等长等间距的水平放射极，为了扩大接地体的有效长度，增加散流性能，在立体环状装置的底部四个侧面以及钢筋笼与基础之间的剩余空隙根据周围土壤电阻率大小选择使用细土回填，另外，在条件允许情况下可以有选择性的在外围接地均压装置距离地表 0.8m 处铺设油毡，油毡向外宽度为 1.2m，向内宽度为 1.0m，既增大了跨步电压允许值，又减少了流过人体的电流值，当强大的雷电流或工频短路电流在经接地装置入地时，底层加快均匀散流，上层油毡增强了地表的绝缘强度，上下配合，对人身安全起到了较好的保护作用。

## 2 立体环状接地均压装置的特点

### 2.1 增大接地装置的导电截面

利用杆塔基础作为自然接地方法中采用立体环状均压接地装置包裹于基础的周围，相当于增大了杆塔基础的横截面积，扩大了接地导体与土壤的接触面，形成了更大的有效导电截面，从而起到了降低接地电阻的目的。改善接地体对故障电流的散流效果，该接地装置采用具有良好散流性能的直径为 $\phi$16 圆钢在杆塔基础四周焊接而成，接地装置所采用的钢筋笼与混凝土基础相比，由于是金属良倒替与土壤直接接触，其接触电阻和散流电阻比混凝土与土壤的接触电阻和散流电阻小得多，另外，由于装置底层使用了水平放射极，可进一步扩大接地装置的有效散流半径以及散流通道，因此，利用杆塔基础作为自然接地体能有效改善雷电流等故障的散流效果。

### 2.2 占用空间少，便于施工

利用杆塔基础作为自然接地体的降阻装置，在常用的水平放射形接地极铺设困难或者无法铺设的场合，该装置的降阻效果明显，施工时只需要在原有基坑基础周围开挖部分土方，即可在较小空间的情况下，达到规程要求的降阻效果，提高了施工效率，也减少了接地基础的开挖量。

### 2.3 立体环状接地均压装置的降阻分析

接地体接地阻抗的大小与土壤电阻率、接地装置结构以及接地形式等因素相关，其散流阻抗值可通过求解电流场的方法得到，由于是计算接地装置的工频接地电阻，电流频率较低，因此可以利用电磁场中的恒流场理论建立接地的物理模型，再根据恒流场中的电位分析原理对其接地阻抗进行计算。

根据恒流场中的电荷分布规律，在对杆塔基础接地装置进行物理模型建立和公式推导之前需要设立一定的假设条件：

由于实际土壤结构复杂且具有多样性，建立与实际土壤结构一一对应的等效模型工作量巨大，而在一个模型上要体现实际土壤的分布规律较为困难，因此在建模和推导计算公式之前将土壤看成是均匀电介质。

为了便于计算分析，将立体环状接地均压装置的六面体结构等效为规则的圆柱形接地电极来处理。

根据电流场边界条件，电源电流以放射状向各方向扩散，因此，当立体环状接地均压装置向周围土壤散流时，由于端部效应，不同部位的电流密度并不相同，为了便于计算，在进行接地电阻计算时，可以将电流密度作为定植来处理。

根据以上假设条件，边长为 $a$ 的立体环状接地均压装置的横截面可以等效半径为 $r=0.64a$ 的圆面，见图 3。

恒流场理论指出，场域内的电流密度和大小都不随时间的变化而变化，则电流密度矢量 $\delta$ 可以定义为

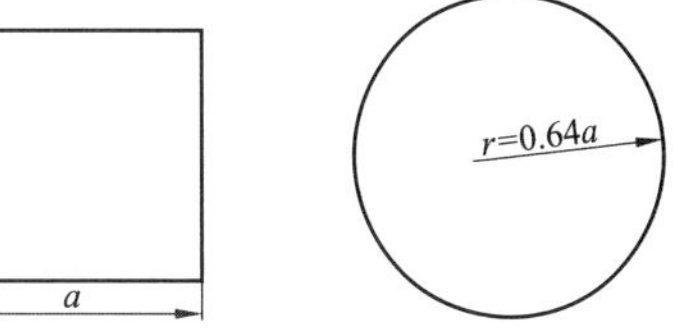

图 3　等效截面示意图

$$\delta=\lim_{\nabla s\to 0}\frac{\Delta L}{\Delta S}=\frac{\mathrm{d}l}{\mathrm{d}s}=\frac{\mathrm{d}q}{\mathrm{d}t\times\mathrm{d}s}$$

式中：电流密度 $\delta$ 矢量的方向定义为垂直于截面 $S$，根据高斯定理，则电电荷 $\mathrm{d}q$ 在空间内任意一点 $P$（$x$，$y$，$z$）产生的电位为

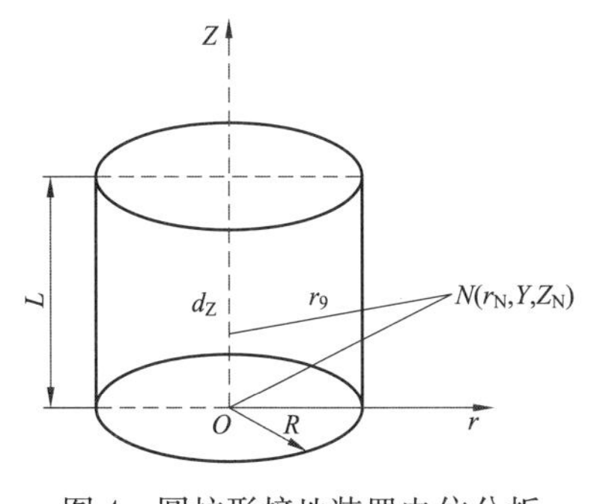

图 4　圆柱形接地装置电位分析

$$d_{\mathrm{u}}=\frac{\mathrm{d}q}{4\pi\varepsilon r}$$

式中：$r$ 为点 $p$ 与点电荷之间的距离，对于高度为 $l$，直径为 $d=2r$ 圆柱（见图 4）。

假设流经圆柱体的电流为 $I$，并假设电极处于无限大的均匀电介质 $\varepsilon$ 中，则沿圆柱高度流散的电流密度 $\delta$ 为

$$\delta=\frac{I}{2\pi\delta L}$$

根据电动势叠加原理，可以推得圆柱坐标（$r$，$\theta$，$z$）所表示的空间任意一点 $N$（$r_{\mathrm{N}}$，$\theta$，$z_{\mathrm{N}}$）的电位为

$$V_{\mathrm{N}}=\int dv=\frac{1}{4\pi\varepsilon}\int\frac{\delta\mathrm{d}s}{r^3}=\frac{1}{4\pi\varepsilon}\int_0^l\frac{\delta 2\pi r\mathrm{d}Z}{\sqrt{(Z_{\mathrm{N}}-Z)^2+R^2}}$$

$$=\frac{1}{4\pi\varepsilon}\ln\frac{Z_{\mathrm{N}}+\sqrt{Z_{\mathrm{N}^2}+R_{\mathrm{N}^2}}}{Z_{\mathrm{N}}-L+\sqrt{(Z_{\mathrm{N}}-L)^2+R_{\mathrm{N}^2}}}$$

$$\text{或}=\frac{1}{4\pi\varepsilon}\left(sh^{-1}\frac{Z_{\mathrm{N}}}{R_{\mathrm{N}}}-sh^{-1}\frac{Z_{\mathrm{N}}-L}{R_{\mathrm{N}}}\right)$$

根据电磁场理论，恒流场与静电场的空间形式相同，由于导体的电阻远小于散流电阻，因此在分析入地电力在空间任一点所产生的电位时，可以忽略导体自身电阻，认为导体是一个等势体，利用平均电位法，令 $r_{\mathrm{n}}=r$，用变量 $Z$ 取代 $Z_{\mathrm{N}}$，对 $Z$ 求 $0\sim L$ 的积分，再除上 $L$，即可得到导体的平均电位 $V_{\mathrm{a}}$：

$$Va = \frac{\int \mathrm{d}VN}{L} = \frac{1}{4\pi\varepsilon L^2}\int_0^L \left(sh^{-1}\frac{Z}{r} - sh^{-1}\frac{Z-L}{r}\right)$$

$$= \frac{1}{2\pi\varepsilon L}\left[\frac{r}{L} + sh^{-1}\frac{r}{L} - \sqrt{1+\left(\frac{r}{L}\right)^2}\right]$$

$$= \frac{1}{2\pi\varepsilon L}\left[\frac{r}{L} + \ln\frac{L+\sqrt{L^2+r^2}}{r} - \sqrt{1+\left(\frac{r}{L}\right)^2}\right]$$

因此，用平均电位法求得的接地电阻为

$$R = \frac{Va}{I}$$

$$= \frac{\rho}{2\pi L}\left[\frac{r}{L} + \ln\frac{L+\sqrt{L^2+R^2}}{r} - \sqrt{1+\left(\frac{r}{L}\right)^2}\right]$$

由于接地体埋深 $h$ 对接地电阻有影响，因此地表影响不能忽略，采用镜像法对接地装置关于地面设置镜像，引入的镜像可视为一个介于电阻率为 $\rho$ 的空间中的电流源，经过简化处理，可以得到考虑土壤埋深后的接地电阻的简约计算公式：

$$R = \frac{2\rho}{\pi L}\left[\frac{r}{L} + \ln\frac{L+\sqrt{L^2+r^2}}{r} \times \frac{2h+L}{4h+L} - \sqrt{1+\left(\frac{r}{L}\right)^2}\right]$$

式中　$\rho$——土壤电阻率，Ω·m；

$L$——接地装置的深度，m；

$h$——接地装置的埋深，m。

以上公式为单个基础的简化计算公式，因此对 4 个基础的输电线路杆塔，其接地电阻应该为考虑导体屏蔽效果后，4 个基础接地电阻的并联值，即接地电阻的最终值为

$$R = \eta \cdot (R_A \mathbin{/\!/} R_B \mathbin{/\!/} R_C \mathbin{/\!/} R_D)$$

式中：$\eta$ 为屏蔽系数，集中式接地装置取值为 1.2。

## 2.4　立体环状接地均压装置的技术经济分析

通过实际工程算例对比分析在相同土壤条件下需达到同样降阻效果的水平放射接地极与立体环状接地均压装置所需材料用量及占地面积。

杆塔周围土壤电阻率 $\rho$=1000Ω·m，按照现规程要求，将其接地电阻设计为 $R \leqslant$ 20Ω，对其进行分情况设计。

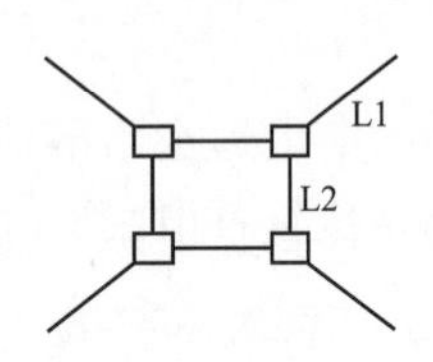

图 5　放射形接地装置示意图

情况一：采用放射形接地装置（见图 5）

放射形接地装置接地导体采用圆钢，埋设深度 $h$=0.8m，按照规程取单根射线长度 $L_1$=22，接地体边长 $L_2$=10m，取形状系数 $A$=1.76，经计算得：

$$
\begin{aligned}
R &= \frac{\rho}{2\pi L}\left(\ln\frac{L^2}{hd}+A\right) \\
&= \frac{1000}{2\pi\times128}\left(\ln\frac{128^2}{0.8\times0.016}+1.76\right)=19.76\ (\Omega)
\end{aligned}
$$

整个工程需要用到材料用量见下表：

| 序号 | 材料名称 | 数量 | 备注 |
|---|---|---|---|
| 1 | 圆钢 | 128m | 水平放射 |

按照规程取单根射线 $L_1=22$，接地体边长 $L_2=10$m，埋深为 $h=0.8$m 时，该工程中架设一基杆塔基础的开挖量以外，水平接地极的开挖量为

$$128\times0.8\times1=102.4\text{m}^3$$

情况二：采用立体环状接地均压装置

在相同条件下分析立体环状接地均压装置的材料用量情况，设立体环状接地均压装置的高度 $I=0.8$m，圆环半径 $r=2$m，埋设深度 $h=0.8$m，代入式中，则有 $R=39.8\Omega$。

各塔腿间的相互屏蔽系数取 $\eta=1.2$，则杆塔的总接地电阻为

$$
\begin{aligned}
R &= \eta\cdot(RA//RB//RC//RD) \\
&= 1.2\times398/4=11.94\Omega
\end{aligned}
$$

整个工程需要用到材料用量见下表：

| 序号 | 材料名称 | 数量 | 备注 |
|---|---|---|---|
| 1 | $\phi$16 圆钢 | 192m | 主体 |

由以上分析可知，在材料用量方面，利用立体环状接地均压装置中立体环状半径需根据实际情况而定一般取值小于 2m，所以用材方面与放射形接地装置相差不多，但是利用立体环状接地均压装置每基杆塔可减少约 102m$^3$ 的开挖量，大大减少了工程量，因此利用立体环状接地均压装置的经济性价比比较高。

## 3 结论

从 220kV 输电线路设计、施工角度考虑，在人口稠密地区线路杆塔不仅要满足接地阻抗的要求，同时，还要考虑跨步电压和接触电压对人身安全的伤害以及杆塔接地装置占地面积等问题，对于工程中位于人口密集区域的线路杆塔敷设立体环状接地均压装置，使用立体环状均压接地装置一方面相当于增大了杆塔基础的横截面积，从而祈祷了降低接地阻抗的目的，另一方面降低了杆塔附近地面周围人员承受的跨步电压值，且减小了施工开挖量，施工过程中也可以减少民调工作，对降低工程造价也有很好的指导意义，其社会经济效益是不可估量的。本着安全可靠、技术先进、保护环境、控制成本、提高效率的设计原则，设计人员在考虑接地使用何种材料之前，需对将要实施的工程有

比较清晰的了解，做到了然于胸，在确定了设施、设备的使用性质和使用寿命后，不妨因地制宜地选择接地形式及材料，可在确保设施、设备安全运行的同时，工程造价亦能得到一定程度的控制。

## 参考文献


［1］ 廖志华，等. 采用立体均压环对特殊地区输电线路铁塔的接地改造分析［J］. 电瓷避雷器，2013（1）.

［2］ 刘春田，等. 输电线路三维立体接地装置垂直接地体的设置［J］. 电力建设，2007（8）.

［3］ 杨巍，朱天浩. 架空输电线路杆塔接地装置的选型原则［J］. 电力勘测设计，2016（3）.

［4］ 杨廷芳，等. 基于恒流场理论的山岩地区输电线路杆塔接地降阻的新方法［J］. 四川大学学报，2011（6）.


## 作者简介：

周伟民（1984—），男，本科，工程师，长期从事电力工程线路设计工作。

黄健（1978—），男，本科，高级工程师，研究方向为智能动化监变电站自控系统，长期从事智能动化监变电站自控系统设计工作。

# Stereo annular grounding device is analysed in the application of the transmission line design


ZHOU Weimin[1]，HUANG Jian[2]

（1. Jingzhou Power Supply Company Economic Institute of Technology，Hubei，Jingzhou，434000；2. Jingzhou City JingLi Engineering Design Consulting Co.，Ltd，Hubei，Jingzhou，434000）



**Abstract**：This article from the perspective of theory about the tower grounding device applied in the design of transmission lines is analyzed，designed for transmission lines in the choice of grounding device provides reference，has a certain guiding significance to the engineering practice.



**Key words**：Transmission line design；Three-dimensional loop grounding device

# 某500kV双回路钢管杆真型塔试验

王淑红[1]，丁小蔚[2]，徐世泽[2]
（1. 国网浙江省电力公司经济技术研究院，浙江省杭州市 310008；
2. 浙江华云电力工程设计咨询有限公司，浙江省杭州市 310014）

**摘　要**：500kV输电线路杆塔结构采用钢管杆形式在国内外十分少见，国外某工程钢管杆MC52A的设计高度及挂点荷载均很大，主管、横担及工字形节点规格均十分巨大；同时为了验证钢管结构的可靠性及设计的合理性，对钢管杆MC52A开展了真型塔试验，试验共包括11个荷载工况，真型试验同时还测定了典型部位钢管杆的承载力—变形特性、应变发展特性。真型塔试验验证：钢管杆MC52A具有良好的结构性能；钢管杆MC52A的试验位移满足变形要求，应变测试结果验证主管、横担及工字形节点均满足强度要求，即试验验证试验塔的强度和刚度均符合设计要求，且有一定的安全储备。根据钢管杆MC52A真型塔试验和模拟分析结果，分析了插接节点处主管、新型工字形节点的受力及变形特性，提出相应的设计建议。另外，基于试验结果与理论分析结果的对比分析可知，两者吻合较好，塔顶位移也满足技术文件所规定的要求。

**关键词**：钢管杆设计；插接节点；新型横担—工字形节点；真型；试验

## 0　引言

由我国设计的国外某500kV双回路直线钢管杆MC52A（转角0°～1°），根据荷载等设计条件，该塔主管、横担的规格采用GR65高强钢，主管连接采用插接节点及法兰节点、主管横担连接采用新型工字形节点，如图1所示；并且目前我国的相关设计规范尚未涉及

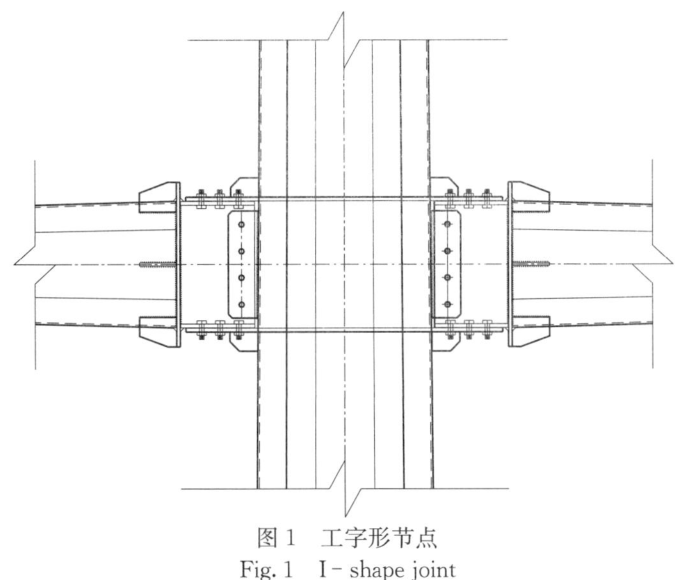

图1　工字形节点
Fig.1　I-shape joint

GR65 高强钢及其钢管的设计理论，也未见新型钢管节点的应用先例。为了验证杆塔结构及新型节点设计的合理性及准确性，需要展开真型塔的试验研究，探讨钢管杆的力学性能。

本文主要内容是进行钢管杆的真型试验研究，研究新型杆塔结构的可靠性和承载力特性，探讨不同荷载工况下新塔型的变形能力，并验证该塔的设计及结构布置的合理性，考察 GR65 高强钢管、插接节点以及新型连接节点的安全性，最终为 500kV 双回路 GR65 高强钢管杆的新塔型的工程设计提出建议。

本试验塔为 500kV 双回路输电线路钢管杆，其呼高为 40.844m，总高为 72.144m，钢管杆共 8 个横担，其中地线横担 2 个，导线横担 6 个。

## 1 试验方案

### 1.1 试验装置

由于该直线塔 MC52A 的节点荷载在同类杆塔中较大，塔身连接采用了插接节点，这在输电杆塔结构中也未出现过，且横担节点采用了新型横担—工字形节点。

为了验证有限元分析的精确性及设计方法的合理性，需进行真型塔试验研究。MC52A 真型塔试验在中国电力科学研究院北京良乡试验基地进行，该试验基地是亚洲最大设备最先进的试验场，具有国际电工组织颁发的试验资质。试验加载点布置如图 2 所示，D1～D8 为导地线横担加载点，E1～E5 为塔身加载点模拟不同情况下的塔身风。加载点通过连有测力传感器的钢丝绳通过定滑轮与加荷液压缸相连，加荷系统为液压闭环自动加荷系统。

钢管杆的现场加载情况如图 3 所示。

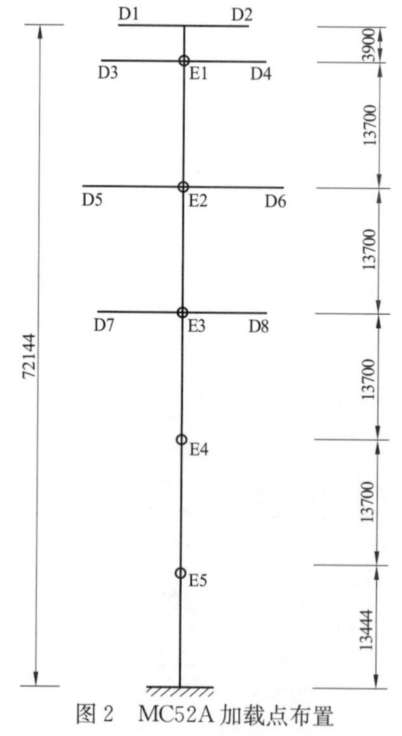


图 2 MC52A 加载点布置

Fig. 2 The arrangement of loading points for MC52A

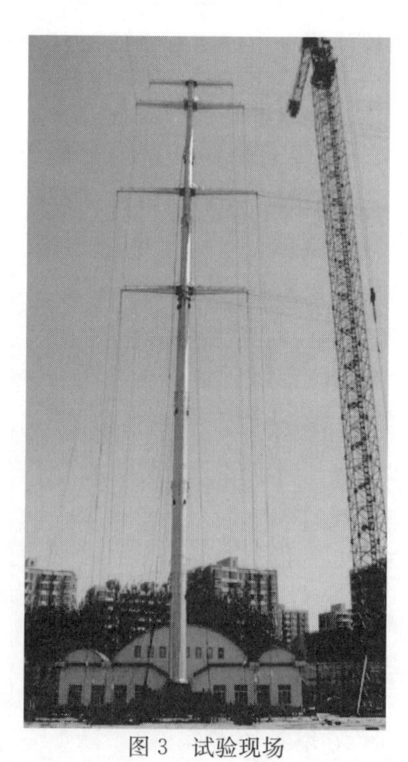

图 3 试验现场

Fig. 3 The test site

### 1.2 试验工况

真型塔试验中，共选取了 11 种试验工况，塔身共有 13 个加载点（见表 1），采取分级加载制度，加载顺序为 50%—75%—90%—95%—100%—0，每级荷载维持 5min，观察和记录杆塔典型点位置的应变和变形。其中，工况 1～10 加载至 100%；工况 11（90°大风工况）需进行超载试验，超载顺序为 105%—110%—115%。

表 1　试验工况

Tab. 1　Test load cases

| 试验工况 | 工况说明 |
|---|---|
| CASE1 | 超载（双回路运转） |
| CASE2 | 断线（断左地线和左上导线） |
| CASE3 | 断线（断左上导线和左中导线） |
| CASE4 | 断线（断左中导线和左下导线） |
| CASE5 | 不均匀脱冰（左地线和左上导线脱冰） |
| CASE6 | 不均匀脱冰（左上导线和左中导线脱冰） |
| CASE7 | 安装（双回路） |
| CASE8 | 安装（右回路） |
| CASE9 | 维护（双回路运转，地线终端） |
| CASE10 | 覆冰（双回路运转） |
| CASE11 | 90°大风（双回路运转） |

不同试验工况的节点荷载如图 4 所示。

### 1.3 测点布置

#### 1.3.1 应变测点布置

MC52A 杆塔塔身共有 69 个应变测点，应变片和应变花均采用中航电测仪器股份有限公司的 BE120－5AA、BE120－4CA，尺寸分别为 10.0mm×4.0mm、11.6mm×11.6mm，该类型应变片、应变花的最大极限应变值均为 2%～3%，即 20 000～30 000uε。

测点具体布置情况如图 5 所示，在 T6～T7 段主管插接段布置了 6 道应变片，在每根主管的底部接头处布置 2 个应变片；导线横担由平面内弯矩控制，故在上下侧布置应变片；地线横担由平面外弯矩控制，故在前后侧布置应变片；并在横担节点的节点板和翼缘板的上下侧布置应变片。

#### 1.3.2 位移测点布置

SAP 2000 计算模型中无法考虑插接节点的影响，90°大风工况下 MC52A 塔的顶点位移达到了 5.08m。在实际结构中，综合考虑插接段刚度变化、滑移及加工误差的影响，杆塔顶点的最大位移可能会与计算结果略有差异。所以，有必要观察杆塔顶点的位移，同时在塔身的不同高度截面和横担端点处布置位移测点，从而推断试验过程中整塔的位移变化特点。

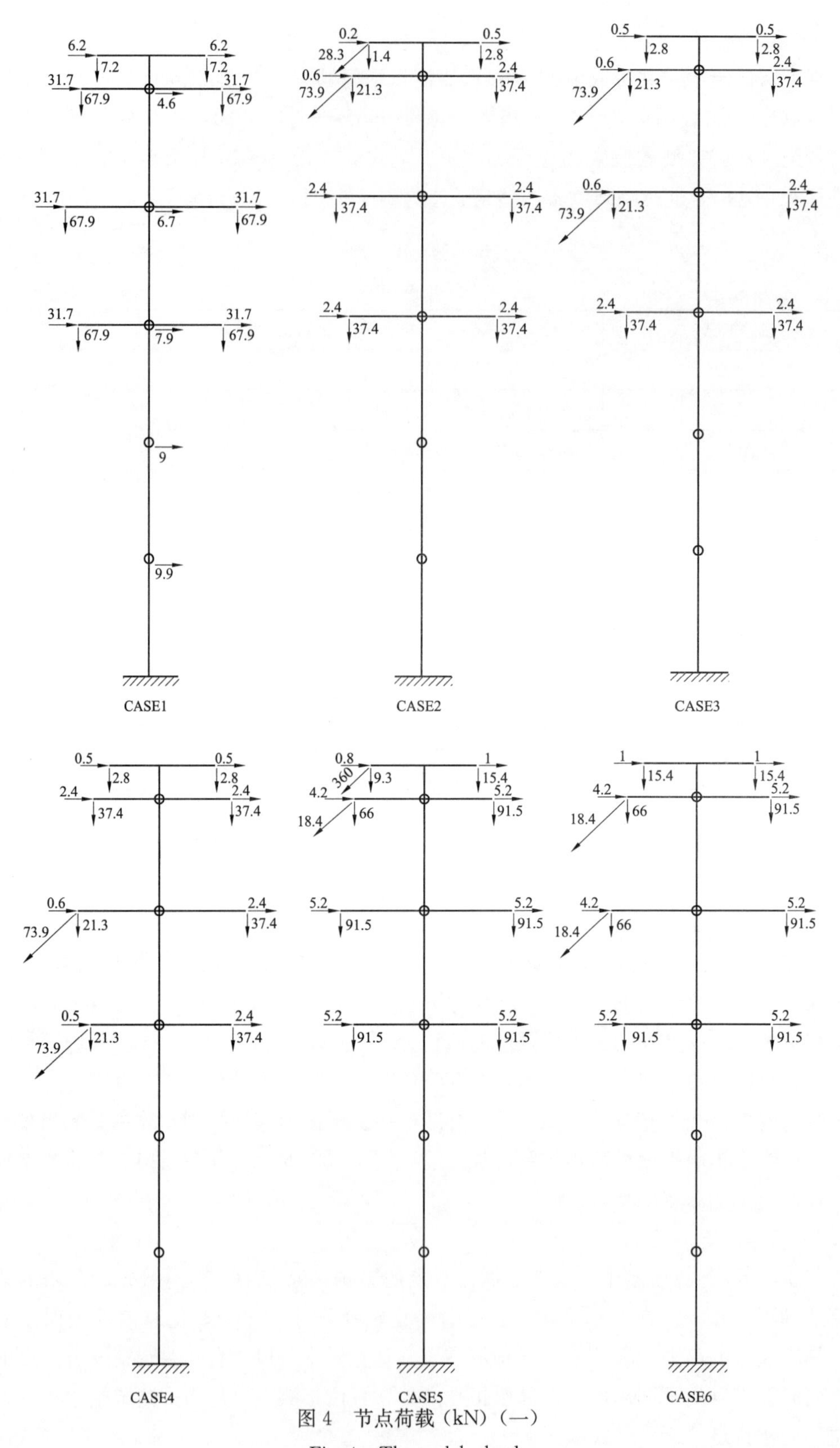


图 4 节点荷载（kN）（一）

Fig. 4 The nodal - loads

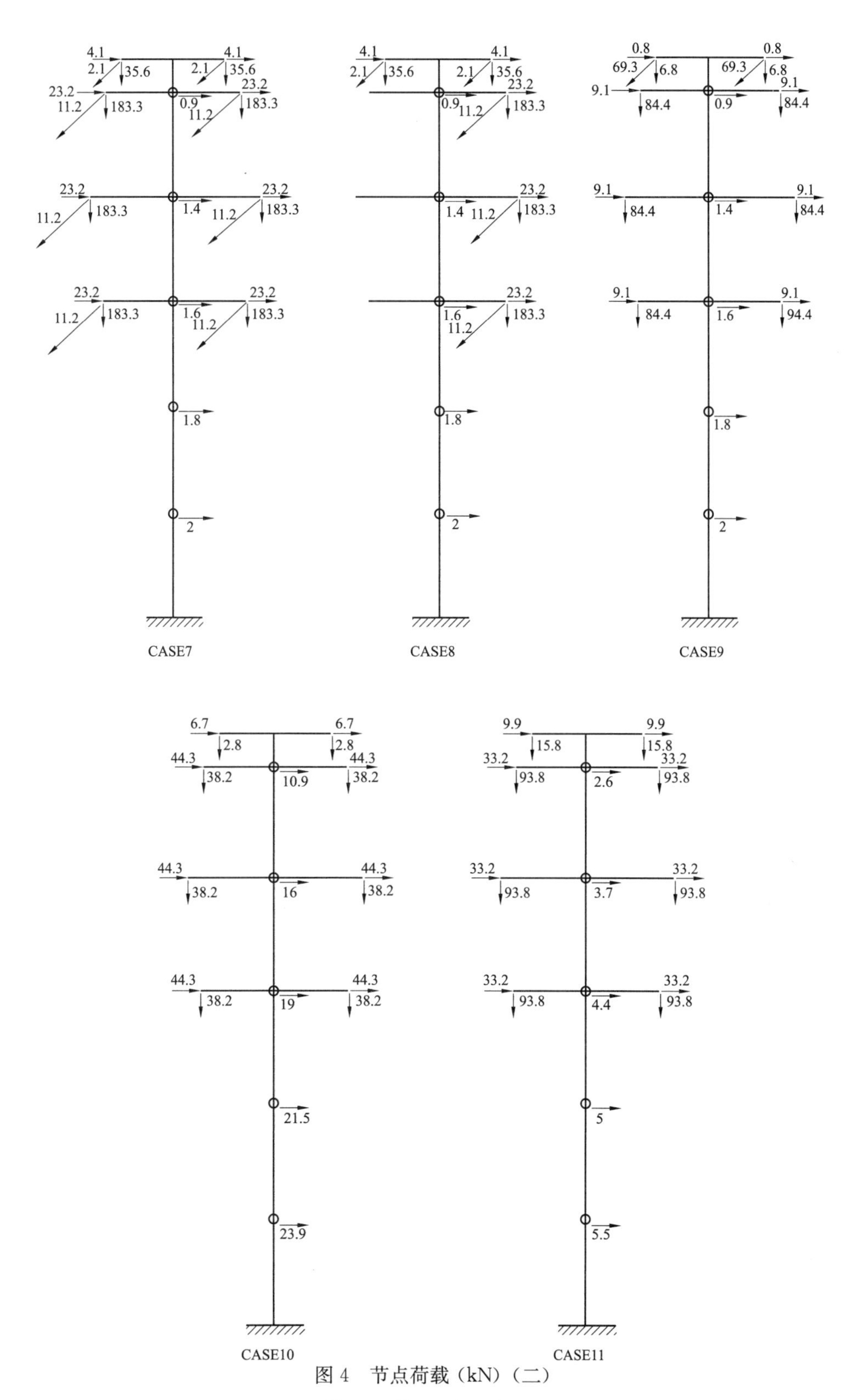


图 4　节点荷载（kN）（二）

Fig. 4　The nodal - loads

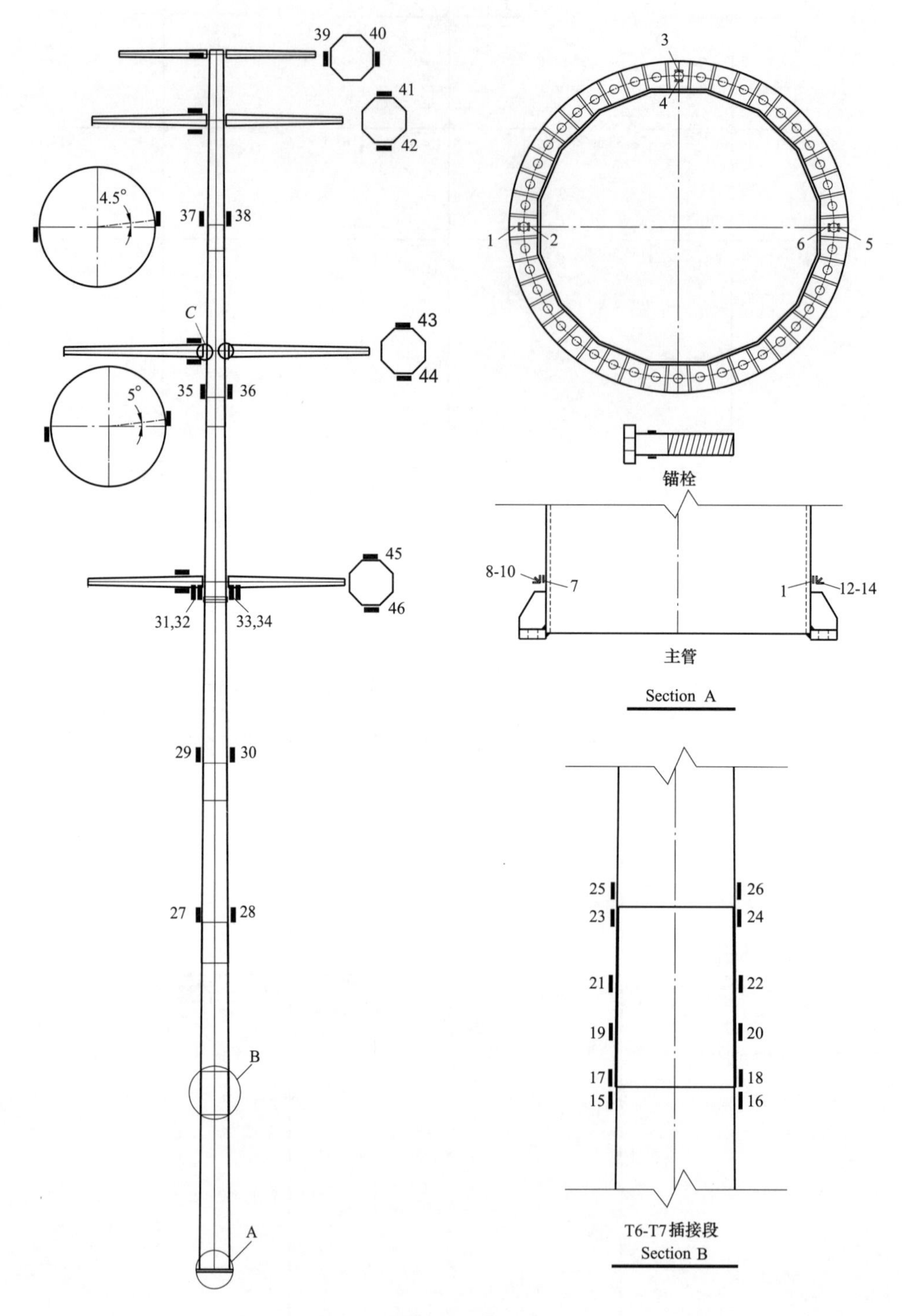


图5　塔身应变测点布置（一）

Fig. 5　The arrangements of strain guages of MC52A

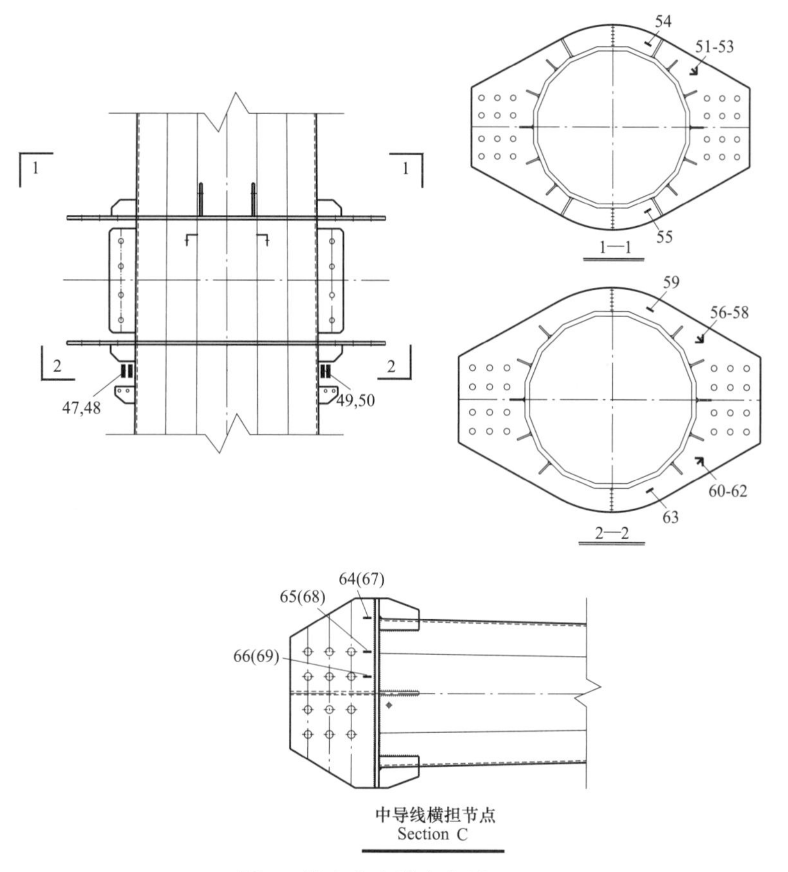


图 5　塔身应变测点布置（二）

Fig. 5　The arrangements of strain guages of MC52A

塔身位移测点布置如图 6 所示，导、地横担上有 8 个位移测点，主管上有 5 个位移测点。

## 2　试验结果与理论分析比较

### 2.1　典型部位的变形特点

模型分析得到的各位移测点合位移列于表 2 和表 3 中，并与真型塔试验得到的位移进行比较。表 2 为大风工况下的测点位移，表 3 为断线工况（断左上导线和左中导线）下的测点位移，大风及断线工况为钢管杆的典型工况。

经比较发现，合位移随高度的增加而增加；同一高度处，横担测点的位移略大于主管测点的位移值，约在 1%以内；对于同一测点，试验测得的位移值稍小于分析模型得到的位移值，大风工况下两者相差略大，在0.5%～3.5%之间，断线工况下两者相差较小，约 1%以内。总之，位移的试验结果与计算结果误差较小、吻合较好。

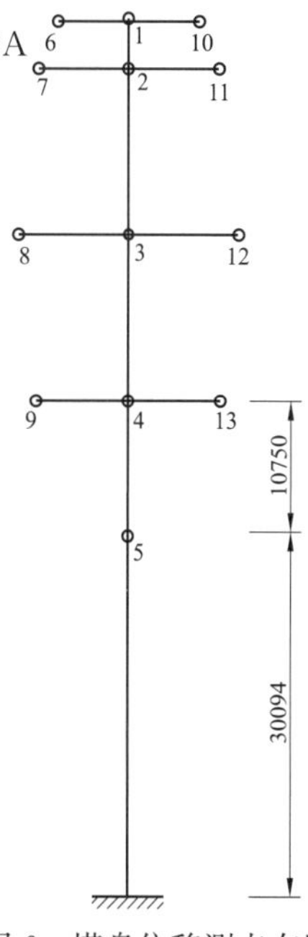


图 6　塔身位移测点布置

Fig. 6　The measuring points of displacement for MC52A

表 2　　各测点位移（大风工况）

Tab. 2　　The displacements of measuring points (Heavy wind)

| 位移测点 | 分析值 | | | | 试验值 | | | |
|---|---|---|---|---|---|---|---|---|
| | 横向位移（m） | 纵向位移（m） | 合位移（m） | | 横向位移（m） | 纵向位移（m） | 合位移（m） | |
| 1 | 5.71 | 0 | 5.71 | 7.91%$H$ | 3.11 | 0.42 | 3.14 | 4.35%$H$ |
| 2 | 5.16 | 0 | 5.16 | 7.15%$H$ | 2.85 | 0.38 | 2.88 | 3.99%$H$ |
| 3 | 3.40 | 0 | 3.40 | 4.71%$H$ | — | — | — | — |
| 4 | 1.92 | 0 | 1.92 | 2.66%$H$ | 1.08 | 0.14 | 1.09 | 1.51%$H$ |
| 5 | 0.84 | 0 | 0.84 | 1.16%$H$ | 0.58 | 0.08 | 0.59 | 0.81%$H$ |
| 6 | 5.75 | 0 | 5.75 | 7.97%$H$ | 3.20 | 0.43 | 3.23 | 4.48%$H$ |
| 7 | 5.21 | 0 | 5.21 | 7.22%$H$ | 2.93 | 0.42 | 2.96 | 4.10%$H$ |
| 8 | 3.45 | 0 | 3.45 | 4.78%$H$ | 1.95 | 0.28 | 1.97 | 2.73%$H$ |
| 9 | 1.94 | 0 | 1.94 | 2.69%$H$ | 1.12 | 0.15 | 1.13 | 1.57%$H$ |
| 10 | 5.67 | 0 | 5.67 | 7.86%$H$ | 3.13 | 0.42 | 3.16 | 4.38%$H$ |
| 11 | 5.10 | 0 | 5.10 | 7.07%$H$ | 2.85 | 0.39 | 2.88 | 3.99%$H$ |
| 12 | 3.34 | 0 | 3.34 | 4.63%$H$ | 1.86 | 0.26 | 1.88 | 2.60%$H$ |
| 13 | 1.88 | 0 | 1.88 | 2.61%$H$ | 1.07 | 0.15 | 1.08 | 1.50%$H$ |

注　$H$ 为杆塔高度。

表 3　　各测点位移（断线工况、断左上导线和左中导线）

Tab. 3　　The displacements of measuring points (Broken wires)

| 位移测点 | 分析值 | | | | 试验值 | | | |
|---|---|---|---|---|---|---|---|---|
| | 横向位移（m） | 纵向位移（m） | 合位移（m） | | 横向位移（m） | 纵向位移（m） | 合位移（m） | |
| 1 | 0.45 | 3.17 | 3.20 | 4.44%$H$ | 0.15 | 2.77 | 2.77 | 3.85%$H$ |
| 2 | 0.39 | 2.85 | 2.88 | 3.99%$H$ | 0.12 | 2.52 | 2.52 | 3.50%$H$ |
| 3 | 0.23 | 1.84 | 1.85 | 2.57%$H$ | — | — | — | — |
| 4 | 0.11 | 1.00 | 1.01 | 1.39%$H$ | 0.01 | 0.94 | 0.94 | 1.30%$H$ |
| 5 | 0.06 | 0.53 | 0.53 | 0.74%$H$ | 0.01 | 0.52 | 0.52 | 0.72%$H$ |
| 6 | 0.46 | 3.43 | 3.46 | 4.80%$H$ | 0.16 | 2.99 | 2.99 | 4.15%$H$ |
| 7 | 0.40 | 3.26 | 3.28 | 4.55%$H$ | 0.16 | 2.95 | 2.95 | 4.10%$H$ |
| 8 | 0.23 | 2.22 | 2.23 | 3.09%$H$ | 0.09 | 2.13 | 2.13 | 2.96%$H$ |
| 9 | 0.12 | 1.13 | 1.14 | 1.58%$H$ | 0.01 | 1.07 | 1.07 | 1.48%$H$ |
| 10 | 0.44 | 2.91 | 2.94 | 4.08%$H$ | 0.14 | 2.56 | 2.56 | 3.55%$H$ |
| 11 | 0.38 | 2.52 | 2.55 | 3.53%$H$ | 0.12 | 2.25 | 2.25 | 3.12%$H$ |
| 12 | 0.22 | 1.56 | 1.58 | 2.18%$H$ | 0.05 | 1.42 | 1.42 | 1.97%$H$ |
| 13 | 0.11 | 0.88 | 0.89 | 1.23%$H$ | 0.02 | 0.87 | 0.87 | 1.21%$H$ |

注　$H$ 为杆塔高度。

实测位移是一个综合因素影响的结果，如加工误差、试验过程中螺栓孔就位及滑移、插接节点的抗弯刚度可能小于理想连续节点等因素，均会引起实测位移与理论计算值的不一致。结合实测位移值具体分析如下：

（1）从位移的测量情况来看，最大位移出现在工况 2（即大风工况），当加载到 100%荷载时，测点 1 的横向位移达到了 3110mm，纵向位移达到了 420mm，满足相关规范要求。

（2）MC52A 钢管杆测点合位移的试验值均小于该位置的分析值，杆塔的顶点位移相应降低，试验塔的变形比例满足技术规范书规定的要求。

## 2.2 典型部位的应变测试

试验过程中，测得 MC52A 钢管杆各典型应变测点的应变如图 4 所示，控制工况下测点的应变实测值与计算值对比如表 4 所示。

**表 4　控制工况下测点的应力试验值与计算值**

**Tab. 4　The test values and calculated values of measuring points**

| 杆件 | 控制工况 | 杆件规格 | 测点编号 | 实测应力 /(N/mm$^2$) | 计算应力 /(N/mm$^2$) |
|---|---|---|---|---|---|
| T7 | 大风工况（双回路运转） | $\phi$1860/$\phi$1673/18 | 10 | 220 | 405 |
| T6 | | $\phi$1750/$\phi$1568/18 | 26 | 248.2 | 369 |
| T5 | | $\phi$1639/$\phi$1450/16 | 28 | 254.2 | 373.5 |
| T4 | | $\phi$1513/$\phi$1324/14 | 30 | 236.6 | 369 |
| T3 | 安装工况（右回路运转） | $\phi$1324/$\phi$1133/14 | 34 | 252.8 | 391.5 |
| T2 | | $\phi$1185/$\phi$995/12 | 36 | 208.4 | 364.5 |
| T1 | | $\phi$1039/$\phi$850/10 | 37 | 174.6 | 247.5 |
| CA1 | 维护工况 | $\phi$450/$\phi$250/8 | 39 | 265.2 | 409.5 |
| CA2 | 安装工况（右回路运转） | $\phi$660/$\phi$300/10 | 41 | 270.0 | 427.5 |
| CA3 | | $\phi$720/$\phi$320/10 | 43 | 281.2 | 441 |
| CA4 | | $\phi$660/$\phi$300/10 | 45 | 275.4 | 436.5 |

试验过程中，测得 MC52A 钢管杆中横担—工字形节点的应变测值为 1641$\mu\varepsilon$，测点为 68 号，实测应力为 328.2MPa，计算应力为 346.3MPa，数值分析较好地模拟了节点的承载力及荷载变形特性，满足承载力要求；杆身的插接节点的实测应力（测点编号从 T1～T7 分别为 37、36、34、30、28、26、10），较计算应力要小，满足承载力要求。MC52A 钢管杆各插接段的实测应力均在 240MPa 左右，并且在试验中插接段未发生较大的滑动现象。

从应变测点控制工况来看，塔身主材主要由大风工况控制，横担主材由安装工况控制，这与设计情况相一致。从应力大小来看，构件的实测应力小于理论计算应力，且都小于构件的屈服强度，说明结构设计满足结构安全性要求。各应变测点实测的应力小于计算应力的主要原因有以下四点：

（1）应变测点的粘贴位置为节点附近，实际节点有所加强。实际钢管塔节点附近设置一些加劲肋，或者对节点板作了适当地加大，已保证节点具有可靠的承载力性能和疲劳性能。

（2）计算值是根据局部稳定的强度计算结果，而测试结果由真实的局部应变计算得到，理论上存在一定的差异。

（3）MC52A 钢管杆的真形塔试验中，主管的插接节点有一定的松动现象，导致主管的受力有一定的偏差。

（4）钢管的计算方法采用了《架空线路杆塔结构设计技术规定》中环形构件的复合受力强度计算公式，对比《钢结构设计规范》中钢管计算公式偏于保守。

试验中大风工况超载到 115％设计荷载，测点 28 的最大应力为 309N/mm$^2$，依然未超过材料的屈服强度。整个试验过程未发生杆件、插接节点、法兰或横担—工字形节点破坏，说明 MC52A 钢管杆有很强的过载能力。

## 3 结语

基于 500kV 双回路 GR65 高强钢管杆的真型试验以及数据分析，得到主要结论如下：

（1）MC52A 钢管杆使用了 GR65 高强钢管、插接节点以及新型横担节点，并顺利地通过了试验，验证插接节点、新型横担节点分别应用在钢管杆主管连接、横担与主管连接是安全可靠的，设计方法及理论是合理可信的；也说明主管插接节点、新型横担节点可以在输电线路钢管塔中应用。

（2）新型横担及插接节点的真型塔试验验证了此类节点的可靠性，可以在工程中应用；各试验工况下的节点应变值均小于理论值，表明钢管杆节点相关设计理论当有一定的安全裕度。

（3）MC52A 钢管塔真型试验顺利通过各工况的加载以及大风的超载 115％，整个试验过程未发生杆件、插接节点及新型横担节点的破坏现象，顶点位移满足技术规范书规定要求，说明钢管塔有很强的过载能力，同时验证了新塔型的可靠性。

## 参考文献


［1］ 王槐福. K 型钢管—板连接节点受力性能与极限承载力研究［D］. 重庆：重庆大学，2009.

［2］ 郭咏华，张天光，王经运. Q460 高强钢试验研究及电力工程应用［M］. 北京：中国电力出版社，2010.

［3］ 李茂华，朱斌荣，高渊. 1000kV 双回特高压 SZT2 钢管塔局部屈服分析［J］. 电力建设，2011，32（4）：14－18.

［4］ 陈金凤. 空间异型钢管相贯节点的理论与试验研究［D］. 武汉：华中科技大学，2005.

［5］ 傅俊涛. 大跨越钢管塔节点强度理论与试验研究［D］. 上海：同济大学，2006.

［6］ 白强. 特高压输电线路钢管塔节点极限承载力试验研究［D］. 重庆：重庆大学，2009.

［7］ 徐芸，郭耀杰，张达顺，等. 500kV 线路钢管塔高强钢 K 形节点域应力研究 ［J］. 武汉理工大学学报，2009，(5)：43－48.

［8］ 刘红军，李正良. 基于钢管控制的插板连接节点受弯性能研究 ［J］. 土木工程学报：2011，44 (2)：21－27.

［9］ 余世策，孙炳楠，叶尹. 高耸钢管塔结点极限承载力的试验研究与理论分析 ［J］. 工程力学，2004，21 (3)：155－161.

［10］ 鲍侃袁，沈国辉，孙炳楠. 高耸钢管塔 K 型结点极限承载力的试验研究与理论分析 ［J］. 工程力学，2008，25 (12)：114－122.

［11］ 施菁华，秦庆之，帅群. Q460 特高压双回路钢管塔真型试验分析 ［J］. 电力建设，2011，32 (4)：29－33.

［12］ 何本国. ANSYS 土木工程应用实例 ［M］. 北京：中国水利水电出版社，2011.

**作者简介：**

王淑红 (1973—)，女，硕士，高级工程师，输电线路工程铁塔结构设计。

丁小蔚 (1975—)，男，本科，高级工程师，输电线路工程铁塔电气设计。

徐世泽 (1973—)，男，本科，高级工程师，输电线路工程铁塔电气设计。

## Full-scale test of the 500kV double circuit transmission line steel poel

WANG Shuhong[1]，DING Xiaowei[2]，XU Shize[2]

(1. State Grid Zhejiang Economic Research Institute，Hangzhou 310008，China；

2. Zhe jiang HuaYun Electric Power Engineering

Design Consulting Co. Ltd，Hangzhou 310014，China)

**Abstract**：It is very rare to use steel pole for 500kV transmission line all the world. The height and its loads of MC52A were very lager，and the dimensions of main pipes，cross arms and joints were very large too. In order to verify the reliability and rationality of the design，the full-scale test of MC52A was carried out，which included 11 different load cases，such as the wind，anchor-wire，broken wire，and so on，and and the behavior of load-deflection and load-strain were measured and studied，and the strength and stiffness of the testing tower could well meet the design requirement with a certain safety margin. Based on the tests and simulation analyses，the stress and deformation behavior were investigated，and the design suggestions were provided. Besides，the results from tests and analyses had good agreement，and the top deflection on the top of the steel pole could well meet the requirements in technique specifications.

**Key words**：The design of steel pole；Slip joint；The new crossarm I-shape steel joint；Full-scale；test

# 杆塔规划及结构设计优化研究

杨志远[1]，孔　震[2]

（1. 湖北省荆门供电公司经济技术研究所，湖北省荆门市　448000；
2. 湖北省荆门市盛和电力勘测设计有限责任公司，湖北省荆门市　448000）

**摘　要**：为使杆塔规划更符合实际性，在杆塔规划中，应尽量采用先进测量的手段得到的断面数据上利用优化排位，对本工程进行路径规划选线和杆塔优化排位。通过对排位结果的分析，并参考沿线已建线路同类地形条件下的设计经验，对杆塔的使用条件进行分析，提出适合本工程的铁塔使用条件。本工程通过 GPS 控制性测量和航片、地形图，得到了全线断面图，并进行反复排位优化，分析结果来进行杆塔规划。

**关键词**：杆塔规划；结构设计；冰区；横担

## 0　引言

本投标工程的建设规模为：新建宜昌夷陵—百里荒风电场 110kV 线路 24.75km，其中电缆线路 0.25km，电缆型号为 YJLW03－64/110－1×800；单回架空线路 24.5km，其中轻、中冰区 22.5km 推荐采用 JLHA3－425 中强度铝合金绞线，重冰区 2.0km 推荐采用 JL/G1A－400/50 钢芯铝绞线；架空部分地线推荐采用双地线，一侧为 24 芯 OPGW 光缆，另一侧为 JLB20A－100－19 铝包钢绞线。

## 1　杆塔规划设计方法及原则

### 1.1　利用线路断面排位结果规划

为使杆塔规划更符合实际性，在杆塔规划中，应尽量采用先进测量的手段得到的断面数据上利用优化排位，对本工程进行路径规划选线和杆塔优化排位。通过对排位结果的分析，并参考沿线已建线路同类地形条件下的设计经验，对杆塔的使用条件进行分析，提出适合本工程的铁塔使用条件。本工程通过 GPS 控制性测量和航片、地形图，得到了全线断面图，并进行反复排位优化，分析结果来进行杆塔规划。

### 1.2　提高水平档距利用系数

对铁塔重量影响较敏感的因素依次为水平档距、塔高、kV（垂直档距/水平档距）和垂直档距。杆塔规划的目的是充分提高使用条件的利用率，特别是水平档距利用系数，从而降低耗钢量，从理论上讲，每个塔位按实际使用条件设计铁塔是最经济的，也就是说规划塔型的越多越经济，但大大增加了设计和加工的工作量，社会效益较差。本次规划根据优化排位结果规划了多种直线塔塔型组合方式，最大限度地提高了水平档距利用系数。

### 1.3 合理规划垂直档距系数 kV

山区线路的垂直档距系数 kV 是选塔的因素之一，设计不合理的 kV 值往往使杆塔高套造成投资增加，所以在杆塔规划时应尽量做到各级级差不大，合理确定影响塔头尺寸的 kV 系数，尽量减少由于 kV 值不满足要求而出现的铁塔高套情况。对工程中出现的稀有档距应尽量减少其所占比例，这是符合杆塔规划的基本原则和规划的经济规律的。

## 2 轻中冰区杆塔规划

本工程主要气象条件为设计风速 25m/s，轻冰区设计覆冰 10mm，中冰区设计覆冰 15mm，采用 400mm$^2$ 导线，单回路。本工程杆塔采用自立式刚性角钢塔，根据本工程的气象分区和地形、走廊等特点，轻冰区套用国家电网公司输变电工程通用设计（2011 版）110kV 输电线路分册中塔型 1B1、1B2 模块；中冰区套用国家电网公司输变电工程通用设计（2011 版）110kV 输电线路分册中塔型 1B5、1B6 模块。

根据本工程轻冰区钻越 500、220kV 线路较多的情况，特殊设计了导线水平排列的耐张塔型 1B2－JB，塔头高度仅 4m，以利于钻越，减少钻越点对路径选择的限制。

1B2－JB 塔头尺寸及间隙圆如图 1 所示。

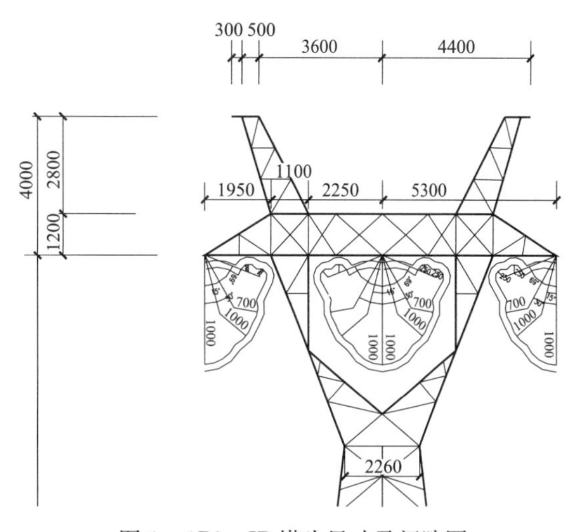

图 1　1B2－JB 塔头尺寸及间隙圆

本工程轻冰区塔型规划如表 1 所示。

表 1　　轻冰区杆塔使用条件表

| 塔型 | 水平档距（m） | 垂直档距（m） | 转角度数（°） | 呼高范围（m） |
|---|---|---|---|---|
| 1B1－ZM1 | 350 | 450 | / | 15～24 |
| 1B1－ZM2 | 400 | 600 | / | 18～30 |
| 1B1－ZM3 | 500 | 700 | / | 15～36 |
| 1B2－J1 | 320 | 400 | 0～20 | 15～24 |
| 1B2－J2 | 320 | 400 | 20～40 | 15～24 |
| 1B2－J3 | 320 | 400 | 40～60 | 15～24 |
| 1B2－J4 | 320 | 400 | 60～90 | 15～24 |
| 1B2－DJ | 320 | 400 | 0～90 | 15～24 |
| 1B2－JB | 400 | 800 | 0～30 | 9～18 |

本工程中冰区塔型规划如表 2 所示。

**表 2　　中冰区杆塔使用条件表**

| 塔型 | 水平档距（m） | 垂直档距（m） | 转角度数（°） | 呼高范围（m） |
|---|---|---|---|---|
| 1B5 - ZM1 | 350 | 450 | / | 15～24 |
| 1B5 - ZM2 | 390 | 600 | / | 15～30 |
| 1B5 - ZM3 | 490 | 700 | / | 15～36 |
| 1B6 - DJ | 450 | 700 | 0～90 | 15～24 |

## 3　重冰区杆塔规划

### 3.1　重冰区塔型规划的特殊要求

（1）塔高。

随着电压等级的提高，电气间隙、绝缘子片数（串长）和对地距离也相应增加（见表 3）。

**表 3　　重冰区 110kV 杆塔塔高差值比较**　　（m）

| 电压等级地区 | 110kV 重冰 | |
|---|---|---|
| | 对地距离 | 串长 |
| 居民区 | 7.0 | 1.75 |
| 非居民区 | 6.0 | |

重冰区线路一般在山区走线，由于风偏和边线的影响，导致 110kV 重冰区塔高至少比平地塔高增高 3.0m 左右。塔越高，铁塔所产生的弯矩也越大，除了满足强度要求外，还必须保证塔身具有足够的抗弯刚度，避免塔头产生过大的横向位移。

（2）横担长、塔头大。

由于 110kV 相间距及串长、间隙的限制，而使得整个横担长度在 8～12m 之间，重冰区由于冰重的影响，横担高度要求也高，由此得出 110kV 重冰塔横担长、塔头大。横担过长，则铁塔的纵向变形也越大，这就要求铁塔必须有足够的抗扭转刚度的能力。

（3）荷载大。

重冰区线路的特点，一是冰荷载大，成为控制线路各部件强度的主要荷载条件；二是具有较特殊的静、动态特性（如不均匀覆冰、脱冰跳跃、覆冰绝缘子闪络等），对杆塔的纵向、抗扭刚度及强度具有较高的要求；三是运行维护困难，不但事故率高，而且需在冰雪天地下巡查、抢修，事故停电时间长。

影响重冰铁塔的主要因素就是冰荷载，其垂直荷载主要控制横担的主材，而断线张力及不均匀冰时的张力差是控制塔重的主要因素。

由于导地线垂荷及张力较大，加之塔高及横担长两方面的因素，从而导致 110kV

重冰塔的线荷载对铁塔所产生的弯矩和扭矩较大。

（4）变形大。

110kV 铁塔存在铁塔高度大、横担长、塔头大、荷载大的特点。塔越高，铁塔所产生的弯矩也越大，塔头会产生较大的横向位移，必须保证塔身具有足够的抗弯刚度。横担长、塔头大，则铁塔的纵向变形也越大，这就要求铁塔必须有足够的抗扭转刚度。荷载大对铁塔的抗弯刚度和抗扭刚度也提出了更高的要求。

而对于重冰区塔，与轻冰区塔有着本质上的区别。重冰区由于存在覆冰不均匀和脱冰不均匀情况，在这两种情况下铁塔均存在很大的纵向不平衡张力，这就要求铁塔必须具有足够的抗纵向刚度的能力，因此，纵向变形是重冰区塔结构设计、变形分析的关键。

引起重冰区悬垂塔纵向变形最大的就是覆冰断线和不均匀冰下的扭矩情况（俗称“推磨”）。这两种情况对铁塔产生的纵向变形组成方式也不同。

（5）重冰区杆塔型式选择上的要求。

在输电线路中，杆塔的型式多种多样。在工程中如何选择安全、经济、合理的杆塔型式，主要依据如下几个原则：①符合荷载特点、满足变形要求；②受力简洁合理；③材料的市场供应状况；④加工、运输、组装、运行维护方便；⑤环境破坏程度；⑥造型美观。

重冰区杆塔主要受冰荷载的影响，从荷载和受力状况上，与轻冰区有着本质上的不同。因此重冰区铁塔选型应首先考虑受力状况。

### 3.2 重冰区直线塔规划

（1）水平档距的规划。

通过对重冰区的优化排位，直线塔杆塔水平档距的使用数量绝大部分都集中在200～400m 之间，仅有小部分小于 200m 或大于 400m。

由于本线路处于山区、地形复杂，水平档距的分布离散性较大，宜较平地线路增加塔型规划。

综合考虑直线塔水平档距利用率、杆塔塔重和线路综合费用指标，并考虑杆塔的加工制造及运行维护的方便，本工程重冰区直线塔推荐采用如下方案，如表 4 所示。

**表 4　　规划的水平档距使用范围**

| 塔型 | 水平档距（m） |
|---|---|
| Ⅰ | 250 |
| Ⅱ | 350 |
| Ⅲ | 450 |

（2）垂直档距的分析规划。

由于有部分水平档距小的塔型垂直档距较大，因此需对垂直档距进行必要的优化调整。对于个别大垂直档距可以采用山区的大垂直档距的杆塔代替或进行验算。规划垂直档距还应与水平档距的规划相适应，规划垂直档距见表5。

表5 规划的垂直档距使用范围

| 塔型 | 垂直档距（m） |
| --- | --- |
| Ⅰ | 500 |
| Ⅱ | 700 |
| Ⅲ | 900 |

(3) 塔高的分析规划。

通过对本工程的优化排位，并充分考虑了线路通过集中林区时，高跨对塔高的影响，我们对杆塔各种塔高的使用情况进行了统计分析。通过统计分析可以在一定程度上了解经济塔高的使用范围，从而确定本工程的塔高规划。本段工程直线塔塔高见表6。

表6 规划塔高范围

| 塔型 | 塔高范围（m） |
| --- | --- |
| Ⅰ | 18～30 |
| Ⅱ | 18～42 |
| Ⅲ | 18～42 |

(4) 杆塔摇摆角系数kV及摇摆角角度分析规划。

本段工程大部分处于山地和高山大岭地区，为适应地形需要，摇摆角系数kV较平地丘陵地区小。推荐采用如表7所示杆塔摇摆角系数kV。

表7 摇摆角系数kV

| 塔型 | 摇摆角系数kV |
| --- | --- |
| Ⅰ | 0.85 |
| Ⅱ | 0.75 |
| Ⅲ | 0.65 |

## 3.3 重冰区耐张塔规划

根据经验推荐耐张塔角度分级方案如表8所示。

表8 耐张塔角度分级方案表

| 转角数量 | 方案描述 |
| --- | --- |
| 4 | 0°～20°/20°～40°/40°～60°/60°～90° |

根据实际排位情况并参照以往工程经验，耐张转角塔的水平档距采用400m，垂直档距采用900，塔高系列采用15～42m，代表档距采用200～500m。超过条件的耐张塔

可根据转角度数的使用情况适当调整或验算使用条件。

冰区分界塔规划：根据冰区划分成果，本工程重冰区的分界情况有：15mm/20mm，冰区分界无跳变情况。本工程初步拟定 90°转角塔作为冰区分界塔，实际使用时可根据实际使用条件验算其他塔型是否适宜于作冰区分界塔。

## 3.4 重冰区杆塔塔头型式选择

重冰区塔基本上以单回路为主。直线塔按导线排列方式可分为水平排列和垂直排列两种。水平排列可降低杆塔高度、平衡杆塔荷载；垂直排列可减小走廊宽度。重冰线路由于覆冰不均匀及导线脱冰跳跃或舞动，会使得上下垂直排列的导线与导线、导线与地线之间产生闪络跳闸事故。《重覆冰架空输电线路设计技术规程》总结了重冰区线路设计运行经验，要求重冰区杆塔导线采用水平排列，因此本工程重冰区直线塔推荐采用水平排列的酒杯塔。酒杯塔塔头尺寸及间隙圆如图 2 所示。

鉴于重冰区线路耐张段长度一般均限制在 2～3km 以内，因此，重冰区不推荐采用直线转角塔。

重冰区耐张塔通常选用干字形。这种塔型由于结构简单，受力清晰，占用线路走廊较窄，而且施工安装和运行检修较方便，在国内各种电压等级线路工程中大量使用，积累了丰富的运行经验，本工程重冰区耐张塔推荐采用干字形，干字形耐张塔塔头尺寸及间隙圆如图 3 所示。

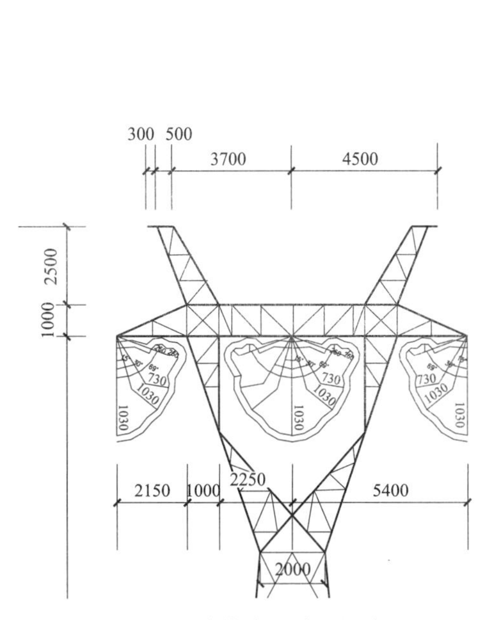

图 2　酒杯塔塔头尺寸及间隙圆

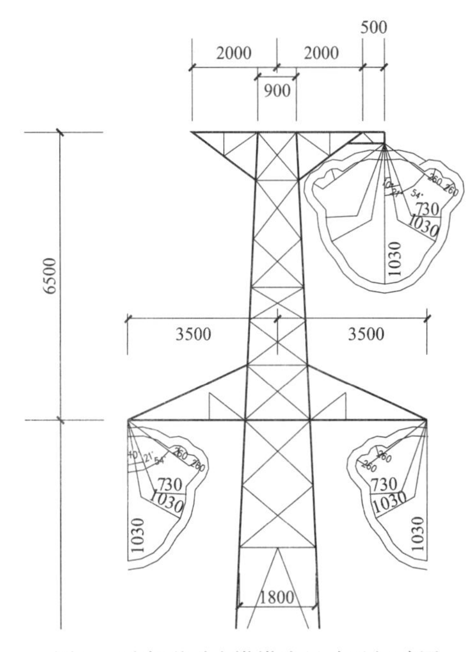

图 3　干字形耐张塔塔头尺寸及间隙圆

## 3.5 重冰区塔型规划结论

本工程重冰区塔型规划如表 9 所示。

表 9　　重冰区杆塔使用条件表

| 塔型 | 转角度数 | 塔高（m） | 计算塔高（m） | 水平档距（m） | 垂直档距（m） | 代表档距（m） | 备注 |
| --- | --- | --- | --- | --- | --- | --- | --- |
| 1B20－ZBC1 | 0 | 18～30 | 24 | 250 | 500 | | |
| 1B20－ZBC2 | 0 | 18～42 | 27 | 350 | 700 | | |
| 1B20－ZBC3 | 0 | 18～42 | 27 | 450 | 900 | | |
| 1B20－JC1 | 0～20 | 18～30 | 24 | 400 | 900 | 200/500 | |
| 1B20－JC2 | 20～40 | 18～30 | 24 | 400 | 900 | 200/500 | |
| 1B20－JC3 | 40～60 | 18～30 | 24 | 400 | 900 | 200/500 | |
| 1B20－JC4 | 60～90 | 18～30 | 24 | 400 | 900 | 200/500 | 兼分界塔 |

## 4　杆塔结构优化

杆塔结构优化是使铁塔在满足构造要求的前提下结合外荷载特点使得铁塔各部件受力清晰、传力直接、节点处理简单、布材满足其受力特点。本章不再赘述常规优化方法如坡度、斜材、接腿、高强钢、大角钢等方面。由于轻冰区和中冰区采用了通用设计定型铁塔，重点结合重覆冰区杆塔特点展开杆塔结构优化工作。

### 4.1　地线支架的优化

结合以往工程，常用的地线支架型式有两种，如表 10 所示。

表 10　　地线支架型式比较表

| 地线支架型式 | | 特　　点 |
| --- | --- | --- |
| 方案一 | | 110kV 线路轻冰区经常使用的型式，主要优点是：该型式传力清晰、直接。缺点是：挂线角钢直接受弯，容易导致挂线角钢与地线支架的主材不协调；同时，悬臂部分不方便检修地线 |
| 方案二 | | 110kV 大负荷线路中最常用的型式，避免了挂线角钢直接受弯的问题。地线支架做成框架型式，有利于增大刚度，减小变形。同时也有利于检修 |

方案一由于其挂线角钢为悬臂结构，承受的弯矩较大，结合 110kV 单回路悬垂塔荷载大的特点，推荐本工程单回路悬垂塔地线支架采用方案二的型式。

### 4.2　导线横担的优化

对于酒杯塔边相横担的型式，普遍采用的是单坡横担和变坡横担，横担型式优缺点的比较见表 11。

表 11　　边横担型式比较表

| 方案 | 横担型式 | 优　点 | 缺　点 | 塔重比 |
|---|---|---|---|---|
| 方案一 | 10400 | 构造简单，传力清晰，有利于降低层间距，正面杆件不受力 | 挂线角钢需受弯，且横担根部较高，导致塔重增重 | 1.000 |
| 方案二 | 10400 | 挂线角钢弯矩较小，横担根部高度没有特别要求 | 正面构件为受力材，层间距较方案一大，耗钢量较大 | 1.003 |
| 方案三 | 10400 | 构造简单，传力清晰，有利于降低层间距。正面杆件为辅助材，杆塔计算重量较小 | 横担根部较高 | 1.001 |
| 方案四 | 10400 | 根部高度没有特别要求，耗钢量较省 | 挂线角钢受弯，正面部分构件受力 | 0.998 |
| 方案五 | 10400 | 根部高度没有特别要求，挂线角钢不受弯，耗钢量最省 | 正面部分构件受力 | 0.994 |

表 11 中的五个方案，各有优缺点，对于横担单坡布置方案，在横担较短的情况下，横担端部塔身高度不高，方案一和方案三较为简洁，同时，塔重最省，方案三还能有效解决挂线角钢弯矩过大，规格较大的问题。方案四、五均采用横担变坡布置，很好地解决了上述问题，故本工程重冰区推荐方案五作为酒杯形边横担的型式。

### 4.3 导线横担夹角的优化

重覆冰地区直线塔变横担夹角对抗冰能力有着重要影响。强覆冰严重超载时，直线塔横担受损形态存在边横担下掉现象。对于“锥形”横担，抗冰能力与横担吊杆的夹角有直接关系。

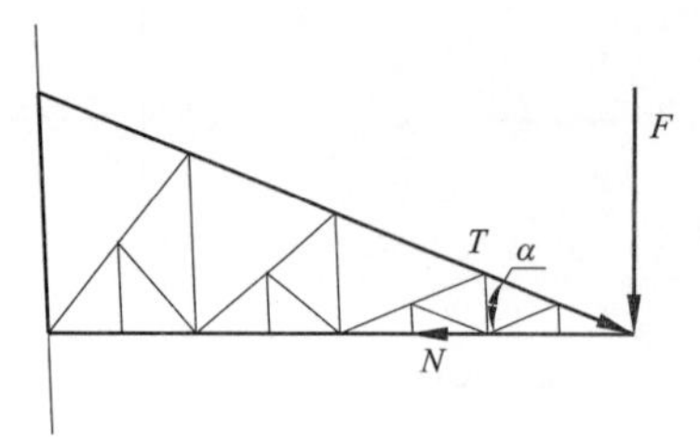


图 4 横担受力简图

图 4 为“锥形”横担的简化模型，在覆冰及不均匀冰垂直荷载下吊杆受拉，横担下平面主材受压，$N$、$T$、$F$、$\alpha$ 的关系式如下

$$T \cdot \sin\alpha = F$$

$$N = F \cdot \mathrm{ctg}\alpha$$

横担不同夹角抗冰能力变化情况计算见表 12。

**表 12　　不同夹角抗覆冰能力情况**

| 夹角 $\alpha$ (°) | 15 | 16 | 17 | 18 | 19 | 20 |
|---|---|---|---|---|---|---|
| 垂直力 $F$ (kN) | 1 | 1 | 1 | 1 | 1 | 1 |
| 下主材压力 $N$ (kN) | 3.73 | 3.49 | 3.27 | 3.08 | 2.90 | 2.75 |
| 下主材抗冰能力增大比例 | 1.00 | 1.07 | 1.14 | 1.21 | 1.29 | 1.36 |
| 上主材拉力 $T$ (kN) | 3.86 | 3.63 | 3.42 | 3.24 | 3.07 | 2.92 |
| 上主材抗冰能力增大比例 | 1.00 | 1.06 | 1.13 | 1.19 | 1.26 | 1.32 |

通过表 12 内力计算可知，随着横担上主材与下主材夹角的增加，横担上下平面主材受力都减小，上下平面主材抗冰能力均有所增加。角度由 15°增大为 20°，下主材抗冰能力提高 36%，上主材抗冰能力提高 32%。根据上表内力计算分析，增大横担上下主材夹角有利于提高铁塔抗冰能力，在重覆冰区加强型杆塔宜增大横担上下主材夹角，建议重冰区不小于 18°。

### 4.4 塔腿斜材夹角的优化

一般来说，塔腿在受压作用下底部两个节间的弯矩较大，因此这两个部位的弯曲应力也较大，变形较为严重，容易产生压弯屈曲，这与真型试验所表现出来的现象是一致的。当主斜材夹角 18°时的弯矩为 15°时的 97%，24°时塔腿弯矩为 15°时的 82%，当主斜材夹角为 32°时，其塔腿弯矩仅为 15°夹角时的 55%。

塔腿主斜材夹角较小时，塔腿底部的弯矩较大，而结构的截面抗弯刚度较小，因此弯曲应力比较大，容易造成压弯失稳。塔腿主斜材夹角较大时，弯矩值较小，而截面的抗弯刚度又大，不容易产生压弯失稳。重冰区杆塔在覆冰作用下所受的下压力较轻冰区大得多，因此在杆塔长短腿设计时，长腿的夹角不宜过小，建议不得小于 20°。

### 4.5 酒杯塔K节点优化

酒杯形铁塔的曲臂K节点，是结构受力时的薄弱环节，主要有塔窗变形大，外曲臂主材受力大，连接螺栓多，内曲臂主材负端距大，连接存在偏心等特点。在重冰区线路中，不均匀覆冰均会使杆塔受到较大纵向张力作用，该节点由于结构冗余度低，较易发生破坏。

在处理该类节点时主要采用了以下措施：①针对塔窗变形大的特点，采用了内包角钢、外贴板的方式，且外贴板正侧面互焊在一起，来增强K节点的刚度；②针对连接螺栓多的特点，采用8.8级M24螺栓连接，有效地减少了连接螺栓数量，减小了节点板尺寸；③针对内曲臂主材负端距大、存在偏心的特点，在连接板上焊接加劲板，加强了连接板在平面外的刚度，通过节点板受弯，使内曲臂主材上的剪力能顺畅地往下传递。曲臂K节点优化见图5。

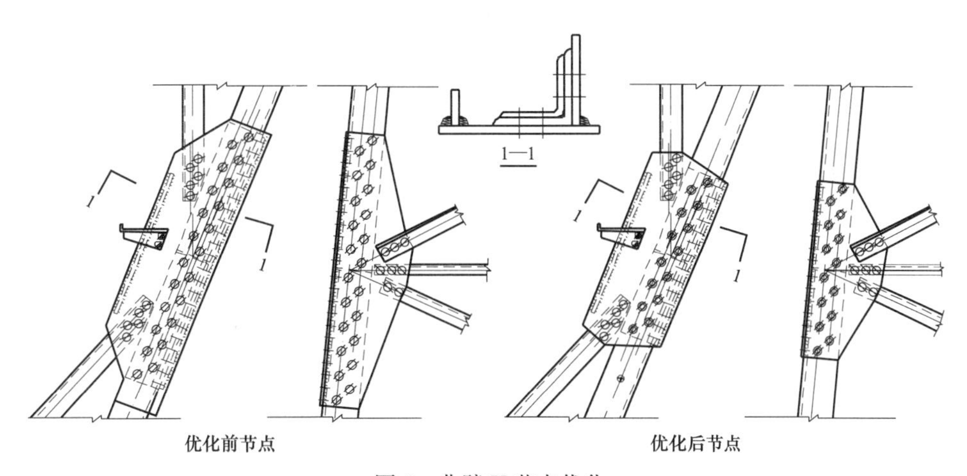


图5 曲臂K节点优化

## 5 结论

本工程通过GPS控制性测量和航片、地形图，得到了全线断面图，并进行反复排位优化，分析结果来进行杆塔规划。

### 参考文献

[1] 中国电力企业联合会. 110kV～750kV架空输电线路设计规范[S]. 中国计划出版社，2010.

[2] 孟遂民，孔伟. 架空输电线路设计[M]. 中国电力出版社，2007.

[3] 刘振亚. 国家电网公司输变电工程通用设计110（66）kV输电线路分册[M]. 中国电力出版社，2011.

[4] 张殿生. 电力工程高压送电线路设计手册[M]. 中国电力出版社，2013.

**作者简介：**

杨志远（1989—），男，助理工程师，主要从事线路规划工作。
孔震（1986—），男，助理工程师，主要从事线路设计工作。

## Tower planning and study the optimization of structural design

YANG Zhiyuan[1]，KONG Zhen[2]

（1. Institute of Jingmen，HuBei Province Economic and Technological Power Supply Company，Jingmen，Hubei Province 448000；2. Jingmen，HuBei Province and Shenghe Electric Power Survey Design Co.，Ltd，Jingmen，HuBei Province 448000）

**Abstract**：To make tower planning conforms to the actual，in the same planning，should as far as possible the use of advanced measurement means of the cross section data using optimization ranking，this engineering to optimize path planning line selection and the tower of qualifying. Through the analysis of the results of qualifying，and has built along the reference line design experience of similar terrain conditions，analyze the using condition of tower，tower which should be suitable to the engineering conditions of use are put forward. This project through GPS control surveying and aerial photo，topographic map，got across the section，and repeated ranking optimization，the results of the analysis for the aim planning.

**Key words**：Tower planning；Structure design；Ice；cross arm

# 浅谈高强钢在输电铁塔中的应用

牛建荣，陈　涛

（国网山西省电力公司经济技术研究院，山西省太原市　030001）

**摘　要**：据相关资料统计，铁塔占本体投资的30%左右，如何利用新技术，新材料来降低杆塔指标，已经成工程设计人员最为关心的问题。而采用高强钢可充分利用钢材强度的同时，还可有效避免组合截面的出现，简化了结构构造，减少了构件元素数量，使结构荷载传递方式更加合理，可有效提高铁塔结构的先进性、经济性和安全可靠度。

**关键词**：高强钢；结构荷载；杆塔指标

## 1　高强钢的设计应用

### 1.1　轴心受力强度计算

铁塔构件的选取主要是取决于其受力状态，对于铁塔受力材，其主要由轴心受力的强度及轴心受压稳定控制来确定。《架空输电线路杆塔结构设计技术规定》（DL/T 5154—2012）对于轴心受力构件的强度计算公式如下

$$N/A_n \leqslant m \cdot f$$

式中　$N$——轴心拉力或压力设计值；

$m$——构件强度折减系数；

$A_n$——构件净截面面积；

$f$——钢材的强度设计值。

上式中，$A_n$ 和 $m$ 均与材料的强度等级无关，可以看出，对于轴心受力强度的控制构件，其选材主要是由材料本身的强度来决定，构件材料量与材料强度设计值成反比，强度越高其所用材料越少。与普通钢材相比，高强钢本身具有强度高的特点，表1列出各钢种的强度比值。

**表1　强度等级钢材的强度承载力比值（厚度<16mm）**

**Tab.1　The bearing capacity comparison of different strength grades steels**

| 钢材品种 | 抗拉或压设计值（N/m²） | 与Q235的承载力比值 | 与Q345的承载力比值 |
|---|---|---|---|
| Q235 | 215 | 1 | / |
| Q345 | 310 | 1.44 | 1 |
| Q390 | 350 | 1.63 | 1.13 |
| Q420 | 380 | 1.77 | 1.23 |
| Q460 | 415 | 1.93 | 1.34 |

由表 1 可以看出，采用高强钢材，对由轴心受力强度控制的单根杆件，其强度和承载能力都有较大提高。因此，在杆塔设计中，由轴心受力强度控制的构件采用高强钢有明显的优势，如受拉的横担上平面主材、大荷载下受轴心受压的主材等，采用高强钢降低钢材指标效果明显。

### 1.2 轴心受压稳定计算

铁塔结构大部分的杆件由受压稳定控制，如横担下平面主材、塔身主材、斜材等。《架空输电线路杆塔结构设计技术规定》（DL/T 5154—2012）对于由轴心受压稳定控制的受力杆件，其计算公式如下

$$N/(\varphi \cdot A) \leqslant m_{\mathrm{N}} f$$

式中 $N$——轴心受压稳定的压力设计值；

$\varphi$——铁塔轴心受压构件稳定系数；

$A$——构件毛截面面积；

$m_{\mathrm{N}}$——压杆稳定强度折减系数；

$f$——钢材的强度设计值。

稳定计算从公式形式看，虽然也像是针对个别截面，实际上它却是针对整个结构的。稳定计算公式中的 $\varphi$ 和 $m_{\mathrm{N}}$ 都与材料的强度等级有关。

### 1.3 角钢截面的选择

对于结构构件受压稳定计算，不但要考虑压稳系数的影响，还要考虑强度折减系数 $m_{\mathrm{N}}$，即考虑角钢翼缘失稳的影响，此系数与截面特性和强度有关，计算方法如下。

角钢构件：根据翼缘板自由外伸宽度 $b$ 与厚度 $t$ 之比计算确定

$$\frac{b}{t} \leqslant \left(\frac{b}{t}\right)_{\mathrm{lim}} \leqslant \frac{202}{\sqrt{f}} \quad m_{\mathrm{N}}=1.0$$

$$\frac{202}{\sqrt{f}} \leqslant \frac{b}{t} \leqslant \frac{363}{\sqrt{f}} \quad m_{\mathrm{N}}=1.677-0.677\,\frac{b/t}{\left(\frac{b}{t}\right)_{\mathrm{lim}}}$$

式中 $b$——角钢翼缘板自由外伸宽度，mm；

$t$——角钢肢厚、钢管壁厚，mm。

从上面公式可以得出，相同截面，构件强度越高，其折减系数越小。为了使高强钢能够尽可能地充分发挥其高强特性，在工程中不得已要采用一些角钢肢宽肢厚比较小的构件，以控制 $m_{\mathrm{N}}$ 的折减。

按照承载力提升 10%以上来判断，Q420 高强角钢可利用的角钢规格约占高强钢规格范围的 50%左右，角钢强度提高值最大到 22%，可利用的角钢长细比范围达到了 70。

### 1.4 螺栓的选用

随着今后高强钢在输电线路上的大量采用，与高强钢相匹配的高强螺栓选型问题将成为设计者关心的问题。

就孔壁承压而言，当采用 4.8 级螺栓时无论对何种级别的角钢，均由螺杆控制；当采用 6.8 级螺栓时，对 Q420 级别的角钢，由螺杆控制；当采用 8.8 级螺栓时，无论对何种级别的角钢均由构件孔壁承压控制。由此可见，在采用高强钢时，对螺栓强度，除考虑螺栓抗剪切强度以外，还要考虑钢材的孔壁承压问题。当采用了高强钢构件，而仍使用较低级别螺栓时，要特别注意角钢或钢板对螺栓的螺杆承压验算。

## 2 根据塔型特点使用高强钢

如何在杆塔中使用高强钢直接关系到杆塔设计的好坏，通过对以往线路杆塔及对某 220kV 典型塔型的试算分析，探索如何针对不同塔型结构的受力特点来最大限度地发挥高强钢的特性。

耐张转角塔的受力相比直线塔更大，因此在耐张塔中更容易发挥高强钢特性，以耐张转角塔 2B6－JC3 为例（见表 2）。

表 2　Q420 钢在干字形耐张塔中使用表

Tab. 2　Parameters of Q420 steel

| 塔　型 | | 2B6－JC3 | |
|---|---|---|---|
| 转角度数 | | 40°～60° | |
| 塔身主材规格 | | 140X12（Q420） | 160X12（Q345） |
| 重量关系 | 主材 | －373kg | |
| 塔腿主材规格 | | 160X14（Q420） | 180X14（Q345） |
| 重量关系 | 主材 | －1377kg | |

由表 2 数据分析：其主材内力达到 850kN，端部连接形式为单面连接，一端偏心的结构，采用 Q345 钢材，受压强度控制了选材，选材规格达到 L180X14，对于受压强度控制的杆件，采用 Q420 高强钢是比较合理的，主材规格由 L180X14（Q345）下调为 L160X14（Q420）。减少了钢材指标和结构挡风面积，对杆塔整体抗外负荷能力起到积极影响。

对同一塔型采用不用高强钢进行计算，各塔型的计算用量及节约情况见如表 3 所示（以 Q345 钢材单价：0.68 万元/t；Q420 钢材单价：0.73 万元/t）。

表 3　采用 Q420 高强钢后杆塔用钢量的比较

Tab. 3　Steel consumption before and after adopting Q420 high-strength steel

| 塔型 | 呼高（m） | 塔重（t） | | 节省量（t） | | 节省工程造价（万） |
|---|---|---|---|---|---|---|
| | | Q345 | Q420 | Q420 | | Q420 |
| 2B6－JC3 | 30 | 17.613 | 14.7 | 2.913 | 6.4% | 1.51 |

通过计算，采用 Q420 高强钢后，小负荷塔可降低塔重 5%～8%，大负荷塔可降低塔重 9%左右。

通过以上分析研究，根据杆塔受力特点和内力分配情况，在杆塔中局部采用 Q420 高强钢，配合传统 Q345 和 Q235 钢材使用，可以对杆塔起到优化的作用，一方面使结构受力更加合理，另外可以降低杆塔钢材指标。而且高强钢的使用优化了结构的构造，减少设计、运输、安装的工作量，从输电线路建设的综合造价上，可以有效节省工程投资，具有较好的经济效益。

## 3 总结

铁塔用高强钢，受压稳定控制时，构件长细比 $\lambda$ 应控制在 80 以内，且越低其优势越大，主材长细比应控制在 40 左右才能充分利用高强钢强度高的优势；当构件长细比 $\lambda$ 大于 80 时，构件由稳定控制，不宜采用高强钢选材。

在输电线路铁塔上推广使用高强钢是必要的和完全可行的。经过估算应用高强钢可以有效降低铁塔重量，较采用 Q345 钢，直线塔可以降低 3%～6%，耐张塔可以降低 6%～7%，其杆塔越大、负荷越大、使用高强钢越多减低就越多，经济性越好。合理运用高强钢，其用量可以占到全塔重量的 35%左右。

**作者简介：**

牛建荣（1980—），男，国网山西省电力公司经济技术研究院，工程师，030001。
陈涛（1981—），男，国网山西省电力公司经济技术研究院，工程师，030001。

## Brief Introduction of the Application High - Strength Steel

NIU Jianrong，CHEN Tao
（Economic and Technical Research Institute of Shanxi Electric Power Corporation，Taiyuan 030001，Shanxi Province，China）

**Abstract**：According to reliable statistical data，the investment of iron tower in total investment is around 30%. Methods to adopt new technology and new material to optimize tower indicators become the focus in engineering design. High-strength steel is superior in high intensity，avoiding the appearance of combination of cross section，simplify design structure，reducing amount of artifact and rationalization the structure load transfer mode，adopting high-strength steel can improve the structural，economy and safety reliability of high iron tower.

**Key words**：high-strength steel；structural load；tower indicator

# 设计高电压输电线路应注意的要点

孙　威
（吉林省长春电力勘测设计院有限公司，吉林省长春市　130062）

**摘　要**：高压输电线路是电力输送的重要组成部分。高压输电线路在保证正常用电等方面具有不可或缺的作用。基于此，本文概述了高压输电线路设计工作中应注意的要点。

**关键词**：高压输电线路；设计；要点

## 0　引言

电力服务水平的提升必须从根本上确保电力传输的稳定性。电网传输线路质量的好坏直接影响电力传输稳定性的高低，尤其是高压输电线路主要负责电厂和变电站之间、变电站和变电站之间的电力传输，在电力企业的发展中有着重要的作用。高压输电线路的设计是高压输电线路的关键部分，做好高压输电线路的设计不仅能够保证输送电力的质量，同时还能促进电力企业的进一步发展，所以电力企业应高度重视高压输电线路的设计。高压输电线路设计中的铁塔设计、防雷设计、基础设计以及高压输电线路的防污损设计等都是高压输电线路设计中的重要组成部分，都对高压输电线路的设计质量有着一定的影响。所以，高压输电线路的设计人员应做好力学分析，做好铁塔结构设计和防雷设计，同时还应保证高压输电线路设计的实用性与功能性，为高压输电线路后期的正常运行打好基础。

## 1　简析高压输电线路铁塔结构设计的要素

### 1.1　高压输电线路铁塔塔型的选择和铁塔斜材的选择

在选择高压输电线路铁塔塔型时，应特别注意塔身的主材，各个节间的分段情况和接腿处的情况，应对这些要素实施优化组合，才能最大化的确保所选择的铁塔塔型满足高压输电线路运行的需要。高压输电线路铁塔塔型的选择要素，包括高压输电线路铁塔的部位以及布置的形式的选择。在选择高压输电线路铁塔斜材时应注意其荷载力矩以及长度，高压输电线路铁塔斜材对外的荷载抵抗力矩的大小会在很大的程度上影响该节间主材的选材和分段，也会影响高压输电线路铁塔结构设计的质量。所以，应重视高压输电线路铁塔塔型和斜材的选择。

### 1.2　高压输电线路铁塔结构设计中材料的布置

交叉斜材是高压输电线路铁塔主要的布置形式，在实际的操作过程中，应在导线横担的根部安置交叉斜材。而为了加强铁塔抵抗纵向荷载的能力，还应在节点处增加一根短角钢，从而将短角钢与铁塔塔身的横隔面的横材中点进行连接，确保导线的纵向荷载从塔身横隔材传输到塔身，以防止主材与节点板之间发生弯曲变形的现象。

### 1.3 高压输电线路铁塔结构设计需要特别关注的地方

在高压输电线路铁塔结构设计中，需要特别注意的地方主要是铁塔的主材与节点板。在节点板之间，节点板与塔身之间的关键点上都应增加斜垫，以增强其稳定性。采用单角钢的塔身主材要安装双排螺栓来确保铁塔塔身的稳定，采用四角钢的塔身，使用制弯节点板[1]。

## 2 分析高压输电线路设计中的防雷设计

防雷技术是否完善关系到整个电力系统能否正常运行，是电力系统维护的重要部分。我们针对不同的电力系统结构，需要进行特殊的防雷结构设计，解决雷击的问题。防雷保护需要把握好不同装置之间的搭配运行，借助于各类防雷装置引进防雷技术，并且工作人员需要借助于不同的施工技术维护高压输电线路。①屏蔽保护。借助于计算机装置性能，在设计保护方案时做好各方面的检测处理，重点屏蔽外来的干扰信息，保护电力系统设备。②设备保护。防雷保护需要依赖各种相关的设备，特别是计算机装置。所以需要电力系统工作人员每隔半个月左右需要对所有设备进行全面的检修，工作人员需要及时处理装置出现的问题，如果不能维修好及时更换装置，保持装置的可用性，增强防雷效果。③接地保护。接地就是通过接地装置将设备的某一部分通过与土地连接，是世界上最古老的安全保护措施，接地装置可以把高压输电线路上的强电压、强电流引入地下，达到防雷保护。

## 3 高压输电线路设计中的防污损设计

高压输电线路的防污损设计，也是高压输电线路设计工作的需要注意的要点，为做好高压输电线路的防污损设计，就应对高压输电线路防污损设计的要点和高压输电线路的污损情况有一定的了解。在防污损设计要点中应明确高压输电线路污损的类型、防污损设计的目标电压和绝缘子积污的特性，并合理设置高压输电线路的方式，降低污损对高压输电线路的影响，选择高压输电线路的绝缘子串爬电距离与结构高度时，应以盘形绝缘子为参照。在了解高压输电线路的污损情况时，应了解该高压输电线路的历史情况，对污损出现的规律与造成污损的原因有一定的了解，对发生污损的高压输电线路地段进行物理测量与化学分析，确定治理污损的措施。

## 4 高压输电线路其他需要注意的要点

### 4.1 高压线路基础设计

一般来说，基础越深体积越小、受力越好，但因为有地下水的影响，流砂、泥水现象出现的几率在基础深埋后会加大，这样既会加大需要的投资又会造成工期的延长，给施工带来很多困难。由于埋深的局限性和地质的特殊性，浅埋式是我国当前的基础型式，通过增加基础的重量，适当加大基础地板的尺寸来满足上拔稳定，这样比较安全也比较经济。承力塔埋深度应该控制在三到四米左右，直线塔埋的深度要控制在两米左右可减少地下水对施工的影响。同时要逐地段逐基进行优化设计，根据每基塔的受力情况和高压输电线路工程的实际地质情况，特别对于承力塔，因为其对造价的影响较大，三拉一压或两拉两压的方式比较合理和经济。

### 4.2 杆塔的定位设计

杆塔定位分为室内和室外定位。杆塔的室外定位是在野外现场复核校正室内排定的杆塔位置，然后用标桩将之固定。杆塔的室内定位用最大弧垂模板在平断面图上排定杆塔位置。合适的杆塔位置排定，会影响线路建设的运行的安全可靠性和经济合理性。杆塔定位要求在各种气象情况下，导线上的任一点对地面的距离必须在安全距离以上。在丘陵地带和山地定位时，为了保证导线上的任一点对地面的距离必须保持安全距离，需要用最大弧垂模板确定定位档距。跨越、转角、耐张、终端等特种杆塔先进行定位，再分段排定各耐张段的直线杆塔的位置，计算出该耐张段的代表档距，再查取或计算导线应力，算出 km 值，看所用模板的 km 值与此 km 值是否近似，如果近似说明该段杆位排得正确。按顺序一个一个地排耐张段，直到排完为止。

### 4.3 提高线路的绝缘水平

高压输电线路的耐雷水平与绝缘水平成正比，保证高压输电线路有足够的绝缘水平，加强检测零值绝缘子，是提高线路耐雷水平的主要手段。在设计高压输电线路时，要比较各种绝缘子的绝缘水平，保证其绝缘性能和今后的运行方便。其中合成绝缘子在电力工程输电线路设计中被广泛应用，因为合成绝缘子具有绝缘效果好、抗老化性能好、机械性能优秀、结构稳定、抗污闪性能好、运行效率高、耐电蚀性优异、重量轻等优点。

### 4.4 选择合适的横担

选择合理的杆塔类型是高压输电线路设计中的关键，高压输电线路工程费用的30％～40％都用于杆塔工程，并且不同类型的杆塔在工程造价、工程施工、运输和所占面积等都不尽相同。在新建工程中，且在投资条件允许的条件下，一般采用 1～2 种水泥杆，在耐张与转角处采用角钢塔，这样就降低了施工材料准备的难度，方便工程施工，提升了高压输电线路的安全水平。如果工程中同塔多回和线路依照规划而建，则可以采用占地面积较小的钢管塔。但是如果有大的转角，则需要采用角钢塔，如果使用钢管塔容易造成杆顶变形。

### 4.5 输电线路的智能化设计

将现代先进的计算机技术、传感技术、网络技术同物理电网结合起来，形成新型智能化的高压输电线路。为了高压电网的稳定性、安全性、经济性和高效性，高压输电线路必须实现智能化的高压电网。智能高压电网具有经济、安全、稳定、兼容、可靠、高效等优点，主要强调电网具有自我恢复和自我预防的自愈功能，及时发现和解决故障隐患，快速进行自我恢复或者隔离故障，掌握电网的运行状态，避免事故的发生。

## 5 结语

综上所述，高压输电线路是电力企业发展的动脉，做好高压输电线路的设计，可以保证高压输电线路的正常供电，促进电力企业发展。所以，应重视高压输电线路设计工作的需要注意的要点，做好高压输电线路中铁塔结构的设计；做好高压输电线路设计中的防雷设计和防污损设计；做好高压输电线路设计中杆塔类型的选择和基础设计；做好高压输电线路设计中路径的选择，从而提高输电线路的安全性、稳定性和经济性。

## 参考文献


[1] 周洁，顾春忱. 浅谈高压输电线路设计工作中应注意的要点［J］. 中国科技投资，2013.

Zhou Jie, Gu Chunchen. Attention should be paid to the design of high voltage transmission line in [J]. Chinese points of technology investment, 2013.

[2] 李万棉. 试析高压输电线路设计工作中应注意的要点［J］. 科技与企业，2014.

Li Wanmian. An analysis of the key points in the design of high voltage transmission line [J]. technology and enterprise, 2014.


## 作者简介：


孙威（1982—），男，大学本科学历，线路结构专责，研究方向高压输电工程线路结构。


## High voltage transmission lines shoule pay attention to the poins


SUN Wei

(Ji Lin Chang Chun Electric Power Survey&Design

Institute Co., Ltd Changchun Jilin 130062)



**Abstract**: High voltage transmission lines is an important part. Treansmissiom, high voltage transmission lines have an important role in ensuning the normal use of electricity, so, in this papei, the key points in design of high voltage transmission lines are sunnarized.



**Key words**: High voltage transmission lines ; Design; Main points

# 送电线路工程设计评审要点把控

邵冰然，马聪智，白苏娜，薛　健
（国网天津市电力公司经研院，天津市　300171）

**摘　要：** 通过对送电线路工程初步设计的路径选择、气象条件、导地线、杆塔、基础、电缆敷设方式等评审要点和注意事项的分析，把握设计中关键问题，为业主设计出安全可靠、技术先进、经济合理的输电线路。

**关键词：** 送电线路；初步设计；评审；要点

## 0　引言

随着天津地区经济社会的发展，带来了固定投资的增加，电网建设项目的数量、规模达到了新的高度；国家电网公司以专业化管理，扁平化管理为指向，推动“主辅分离”，“三集五大”，将电网设计部门剥离出电网，成立经济技术研究院，体制的变化带来业务模式的变化。设计评审工作一改过去的行政化、半行政化评审为专业部门评审，这就对评审部门的业务能力和协调能力有了更高的要求，规范和约束设计单位，为业主单位提供决策服务。

下面以沙井子风力发电（三期）220kV 并网线工程，腾飞路油田东—精细园 110kV 线路工程，天津枢纽大北环铁路高压电力线 35kV 吉农炭黑支、双玻炭黑支线迁改工程以及空港一期环河东路排管工程四个有天津地区特色的工程逐项阐述。

## 1　总的部分评审要点

总的部分是初步设计说明书的要旨和灵魂，业主和建设单位需要通过总的部分把握工程的建设规模和设计范围。以往设计单位有泛泛而论，地区的系统概况介绍洋洋洒洒，但本工程的线路起落点、导线型号、线路长度和回路数、中间落点及引接方式如 T 接点、Π 接点等这些具体的工程规模却没有明确。走廊通道清理及协议的取得也是设计评审需要明确的问题，由于国家电网公司建设部下发了各省市输变电工程的造价控制线，严格把握造价分析。对于天津地区，由于人口稠密，大部分区域属于建成区，拆迁量大，由于地域的影响线路通常较短，造成了线路单价偏高。设计评审时要严格把控厂矿民房拆迁量，对于线路走向树木清理，要求设计提出专题，完成当地线下所有树种的自然生长高度调查，并根据数据提出高跨和砍伐技术经济比较，达到“能跨不砍”、“六行（以上）不砍”、“果树不砍”，将砍伐范围限于成片林区，塔基占位以及杨树等高大乔木，从而达到了技术和经济方案双赢。

## 2　线路路径评审要点

曲线路路径评审应结合林区、重冰区、舞动区、微地形、微气象等因素进行优化调整。路径方案应满足于铁路、高速公路、机场、雷达、电台、军事设施、油气管道、油库、民用爆破器材仓库、采石场、烟花爆竹工厂等各类障碍物之间的安全距离要求和协议要求。天津沿海地区是石油化工产业密集区，线路路径走向多受地下管道影响。以腾飞路油田东—精细园 110kV 线路工程为例，新建 110kV 架空线路在两处石油管线之间，与现状西侧输油管道顺行约 0.76km，与东侧输油管道顺行约 0.21km。业主单位在组织设计评审中优化路径，经过现场实测，地下接地体与石油管线最小距离为 13.5m（距西侧石油管线），9m（东侧石油管线）。按照 GB/T 50698—2011《埋地钢质管道交流干扰防护技术标准》的要求需要进行干扰调查测试并采取对线路附近的天然气管道做防腐蚀措施保护。保护采用屏蔽线进行屏蔽防护方式，采用去耦合器和截面为 $35mm^2$ 的裸铜线，裸铜线沿管道两侧敷设。沙井子风力发电（三期）220kV 并网线工程同样由于储油井罐和沿途乡村的影响，线路路径上杆塔的耐张比高达 59%，本着降低本体工程规模、减少赔偿费用的原则，协调油田和规划部门情况下，充分利用杆塔档距，对于废弃的储油设施采取跨越方式，将原线路路径尽量拉直，增加耐张段长度，对于线路通过太平镇农业种植区的拆迁问题，适当增加线路绕行，减少拆迁工程规模。最终减少了 5 基耐张塔，大大减少了工程的概算费用。

## 3　气象条件评审要点

天津处于华北平原东侧，临近渤海，特殊的自然地理条件使得天津地区具有风速大，非舞动区，轻度覆冰（5mm）等特点。

以风速为例，风速能确定杆塔典型设计模块，从而直接决定杆塔的呼高，塔材量以及基础结构形式，由于杆塔建设费用占到本体费用的 30%～40%，风速的确定是线路工程的重点。气象条件定得过于恶劣，则造价太高，造成投资浪费。相反考虑不足则可能导致倒杆断线事故发生。设计单位提供气象资料的来源，根据气象资料经数理统计并换算为线路设计需要的基本风速计算值，结合所在地区荷载风压图和风压值换算的基本风速、沿线风灾调查资料以及所在地区已有线路运行经验，综合分析提出设计采用的基本风速值和区段划分。目前在初步设计评审中，天津一般地区最大风速按 28m/s 设计，大港、汉沽、塘沽、蓟县、宁河、宝坻、武清、静海等地区宜按 30m/s；大港、汉沽、塘沽沿海地区、蓟县山区等特殊地区风速宜按 32m/s 设计。表 1 所示为腾飞路—精细园 110kV 线路工程的设计气象条件。

**表 1　　腾飞路—精细园 110kV 线路工程的设计气象条件**

| 项目 | 气象条件 | | |
|---|---|---|---|
| | 气温（℃） | 风速（m/s） | 冰厚（mm） |
| 最高气温 | +40 | 0 | 0 |
| 最低气温 | −20 | 0 | 0 |
| 年平均气温 | +10 | 0 | 0 |

续表

| 项目 | 气象条件 | | |
|---|---|---|---|
| | 气温（℃） | 风速（m/s） | 冰厚（mm） |
| 基本风速（10m高，30年一遇） | −5 | 29 | 0 |
| 覆冰 | −5 | 10 | 5 |
| 大气过电压（无风） | +15 | 0 | 0 |
| 大气过电压（有风） | +15 | 10 | 0 |
| 操作过电压 | +10 | 15 | 0 |
| 安装情况 | −10 | 10 | 0 |
| 冰的比重 | $0.90g/cm^3$ | | |
| 年平均雷暴日 | 40日/年 | | |

评审中注意线路沿线微地形、微气象情况进行调查研究，明确需要采用的加强措施或说明进行避让的情况。以天津枢纽大北环铁路高压电力线35kV吉农炭黑支、双玻炭黑支线迁改工程为例，由于跨越高铁，线路跨越档气象重现期应取50年，相对于与一般地区的30年，根据极值Ⅰ型分布，风速折算见式（1）

$$\frac{V_{50}}{V_{30}}=1.153-\frac{0.153(\overline{V}-0.45\sigma_{n-1})}{V_{30}} \tag{1}$$

式中：$V_{50}$、$V_{30}$为某空旷地区距地10m高、重现期分别为50、30年平均最大风速。

计算可得结果为1.046，说明重现期由30年一遇提高到50年一遇，风速提高约5%，因此在跨越档通常上浮一档风速选择通用设计模块。

## 4 导地线选择评审要点

### 4.1 导线的选择

新建线路根据系统要求的输送容量确定导线截面，应对不同材料结构的导线进行电气和机械性能比较，采用年费用最小法进行综合技术经济比较后，选出推荐方案。推荐方案应满足输送容量、环境影响、施工、运行维护的要求，体现可靠性、经济性和社会效益。在滨海地区是重化工产业基地，加上临海的盐秽，腐蚀情况比较严重，应推广采用铝包钢芯铝绞线和铝合金绞线。腾飞路—精细园110kV线路工程的导线采用中强度铝合金绞线JLHA3－425。本工程新设线路导线型号：220kV部分选用2×JLHA3－425，每项两根子导线采用垂直排列方式，垂直间距400mm；110kV部分选用JLHA3－425。

### 4.2 地线的选择

根据系统通信、导地线配合和地线热稳定要求确定地线型号，如选择良导体时，应论证其必要性并进行技术经济比较，如采用OPGW光缆，应论证其选型及分流地线。

## 5 绝缘配合评审要点

### 5.1 污秽等级的确定

根据天津电力系统污区分布图（2011年版）和国家电网公司发布的《国网基建部

关于加强新建输变电工程防污闪等设计工作的通知》。适当提高输电线路防污能力。c级及以下污区均提高一级配置；d级污区按照上限配置；e级污区按照实际情况配置，适当留有裕度。天津市区和沿海区域大多数为e级污区，其余为d级和c级污区。

### 5.2 绝缘子的选型

设计评审中分析瓷、玻璃、棒式（复合、瓷棒）等绝缘子特点，结合运行经验和工作实际情况，推荐绝缘子型式。

天津地区人口稠密，线下多为人员密集区，玻璃绝缘子由于自爆伤人已经很少使用，在用也逐渐通过技改大修予以更换，新建工程除了高电压等级的郊野地区工程以外，不推荐使用。

复合绝缘子耐污闪性能好，不需要喷涂PRTV，但考虑复合绝缘子存在老化速度较快，抗扭能力较差，曾经发生过耐张断串现象，一旦发生耐张断串现象，将可能造成多基杆塔倒塔，对线下跨越，尤其是重要交跨威胁太大，应慎重采用，实际工程中通常耐张绝缘子采用瓷绝缘施涂防污闪涂料的措施。

## 6 防雷和接地评审要点

### 6.1 防雷设计

天津地区雷暴日在35天左右，属于轻中雷区。评审中要求设计人员调查沿线雷电活动情况和附近已有线路的雷击跳闸率。根据防雷的需要，确定地线布置型式和保护角，以及档距中央导线与地线间的最小距离。

### 6.2 接地设计

天津地区地下水位高，土壤为盐碱土质，因此除北部蓟县、武清等山区以外，大部分地区为低电阻率地区，一般不需要采用降阻措施。同时，相对于其他地方，地下水腐蚀相对较强，尤其在滨海地区，评审中要求设计人员积极采用铜覆钢接地技术，如腾飞路—精细园110kV线路工程中接地装置材料选用$\phi$12镀铜钢引上，水平方环采用4×50×255镀铜钢，接地材料采用放热焊接，水平接地极埋设深度为0.8m。

## 7 杆塔和基础评审要点

### 7.1 杆塔设计

根据实际情况选用相应的通用设计模块并进行说明。新设计的塔型应论证其技术经济特点和使用意义。

### 7.2 基础设计

评审中结合地形、地质、水文条件以及基础作用力，因地制宜地选择适当的基础类型，优先选用原状土基础。天津地区地下水位高，土质承载力较差，在大转角塔和终端塔，经常采用灌注桩基础。腾飞路—精细园110kV线路工程使用耐张塔基础作用力较大，如采用台阶式基础会导致埋深较大，基础开挖范围大，使用灌注桩基础则比台阶式基础经济。故该工程选用钻孔灌注桩基础。

## 8 电缆线路评审要点

### 8.1 电缆型号的选择

由于油纸电缆附件制作工艺复杂，运行维护繁琐，目前天津地区主要采用交联聚乙烯绝缘电缆。

### 8.2 电缆敷设方式

由于天津地区地下水位高，天津地区电缆敷设方式以直埋敷设、排管敷设和电缆沟敷设为主。

电缆通过公路、铁路以及河流是电缆工程难点。目前在天津地区主要采用电力排管、拉管和顶管方式。电力排管方式施工简单可靠，工程时间短，但是需要破路截河，与规划、道路以及水务部门前期协调十分关键。拉管和顶管属于非开挖方式，拉管造价便宜，大概相当于顶管作业的十分之一，但拉管安全可靠性差，容易造成施工风险，目前在天津地区除了少量地形无法开挖顶管基坑和部分过河以外，通常采用顶管方式。由于顶管方式单价昂贵，短距离顶进的单延米造价在 3 万元以上，虽然在初步设计阶段，评审中还是要求明确基坑的规模，提供管线和水文详细资料，控制基坑的深度，合理约束工程规模和造价。

## 9 结论

（1）选择一条可行、合理的线路路径，是线路设计最重要、综合性最强的内容之一。

（2）加强调研、收资，确定工程设计气象条件的合理性，是线路工程的重点和难点。

（3）根据系统规划，结合工程实际需要，选择满足工程要求的导线、地线、绝缘配置及通信保护，是工程建设的重要环节。

（4）杆塔设计，满足典设和通用设计要求是关键。

（5）只有全面提升设计人员自身素质，加强设计深度，前移设计重心，才能为业主设计出安全可靠、技术先进、经济合理的输电线路。

## 参考文献


[1] 张殿生. 电力工程高压输电线路设计手册 [M]. 北京：中国电力出版社，1999.

[2] GB 50545—2010，110kV～750kV 架空输电线路设计规范 [s]. 北京：中国计划出版社，2010.

[3] GB 50217—2007，电力工程电缆设计规范 [s]. 北京：中国计划出版社，2008.


## 作者简介：


邵冰然（1984—），男，硕士，工程师，线路技师，主要研究方向为输电线路电气规划与评审。

马聪智（1976—），男，本科，工程师，主要研究方向为配电项目评审管理。

白苏娜（1985—），女，硕士，工程师，主要研究方向为输电线路电气规划与评审。
薛健（1976—），男，本科，工程师，主要研究方向为输电线路电气规划与评审。

## The main points of the assessment about preliminary design of power transmission line

SHAO Bingran，MA Congzhi，BAI Suna，XUE Jian

**Abstract**：Through the analysis of the important points of review and factors of preliminary design of transmission line，such as routing，meteorolgical conditions，conductor earth-wire，tower，foundation and cable burying type. Based on the key problem，this paper designing the safe，reliable，technological-advanced and economical-reasonable transmission line.

**Key words**：transmission line；preliminary design；assessment；main points

# 全寿命单位输送容量成本模型在电缆隧道经济性分析中的应用研究

章李刚[1]，卞　荣[2]，王志勇[3]，童　军[2]，刘燕平[1]

（1. 浙江华云电力工程设计咨询有限公司，浙江省杭州市　310014；
2. 国网浙江省电力公司经济技术研究院，浙江省杭州市　310008；
3. 国网浙江省电力公司，浙江省杭州市　310000）

**摘　要：** 针对电缆隧道经济性指标量化分析方法缺乏的现状，扩展运用年费用比较法，提出了以单位输送容量为基准，综合考虑建设成本、运维成本及损耗等多种因素影响的全寿命单位输送容量成本模型。通过参数离散及数值测算等方法确定了隧道及排管类电缆线路建设成本构成中各影响因素的量化指标。通过对典型建设方案下隧道及排管敷设方式全寿命单位输送容量成本指标的对比，为电网规划建设中合理应用电缆隧道敷设方式提供了科学依据。

**关键词：** 电缆隧道；单位输送容量；全寿命；成本模型

## 0　引言

随着城市范围内电力负荷的高速增长，电缆在城市电网中的应用越来越普遍[1]。以宁波 220kV 澄浪电缆线路为例，该线路位于宁波中心城区，2 线路长度 2.7km，其中 220kV 线路本期 2 回，远景 4 回，单回输送容量要求在 720 MVA 以上；110kV 线路本期 8 回，远景达到 12 回。针对诸如此类高电压等级、大输送容量及多回路数电缆线路，采取何种电缆敷设方式才能保证线路整体经济指标达到最优是城市电缆线路规划、设计中面临的突出问题。

就具体的电缆敷设方式[2,3]而言，相比于传统的电力排管、电缆沟、直埋等敷设方式，电缆隧道的初期土建成本较高，但由于工作环境的优化使得同截面的电缆载流量显著提高[4-8]，且在多回路密集敷设时更加突出；随着敷设回路的增多，隧道的土建成本得以进一步摊薄，单位输送容量的建设成本进一步降低，电缆隧道的经济性优势就会凸显出来。

同时，电缆隧道工程由于工艺复杂、资产投资大、运行周期长等特点，使得对项目工程造价的管理显得尤为重要。年费用比较法作为全寿命周期成本计算[9-12]（Life Cycle Cost，LCC）的典型方法，被证明能够有效反映工程投资的合理性、经济性，其核心内容是将各比较方案按照资金的时间价值折算到某基准年的总费用后再平均分布到项目运行期内各年，年费用最低的方案在经济上最优。

本文针对电缆隧道经济性指标量化分析方法不足的现状，扩展运用年费用比较法，综合考虑电缆线路建设成本构成、输送容量、电阻损耗、使用年限及远景规划等多种因素，提出了一种基于全寿命单位输送容量成本模型的电缆敷设方式经济性比较方法。通过对典型建设方案下隧道及排管敷设方式全寿命单位输送容量成本指标的对比，为电网规划提供切实有效的经济性依据；并通过经济指标测算有效解决了宁波澄浪实际电缆线路工程中电缆敷设方式的选择问题。

## 1 电缆线路全寿命单位输送容量成本模型

为了便于对不同敷设方式下多条电缆线路的经济性指标做出合理的比较，本文根据年费用比较法的核心内容，提出了以下改进全寿命单位输送容量成本计算模型

$$NF=\frac{1}{L\,\overline{P}}\left[\left(\frac{r_0(1+r_0)^n}{(1+r_0)^n-1}\right)F_{\text{sum}}+\overline{\mu+c}\right] \tag{1}$$

式中：$NF$ 为年单位距离及输送容量下所对应成本，平均分布在 $m+1$ 到 $m+n$ 的 $n$ 年内，其中 $m$ 为工程初期施工年数，$n$ 为工程主体土建结构使用年限；$F_{\text{sum}}$ 为考虑初期和远景规划及电缆更换的线路投资总额；$r_0$ 为电力工业年投资回收率；$\overline{P}$ 为线路初期及远景规划内平均输送容量；$L$ 为线路长度；$\overline{\mu+c}$ 为折算年运行维护费用与电阻损耗费用之和。

其中，$F_{\text{sum}}$、$\overline{P}$ 和 $\overline{\mu+c}$ 的具体表达如下所示

$$\begin{aligned}F_{\text{sum}}&=F_0+\sum_{i=1}^{I}\frac{F_{m+a_i}}{(1+r_0)^{a_i}}+\sum_{j=1}^{J}\frac{F_{m+b_j}}{(1+r_0)^{b_j}}\\&=\sum_{t=1}^{m}F_t(1+r_0)^{m+1-t}+\sum_{i=1}^{I}\frac{F_{m+a_i}}{(1+r_0)^{a_i}}+\sum_{j=1}^{J}\frac{F_{m+b_j}}{(1+r_0)^{b_j}}\end{aligned} \tag{2}$$

$$\overline{P}=\frac{P_0k_1+\sum\limits_{i=1}^{I-1}P_i(k_{i+1}-k_i)+P_I(n-k_I)}{n} \tag{3}$$

$$\begin{aligned}\overline{\mu+c}=&\left(\frac{r_0(1+r_0)^n}{(1+r_0)^n-1}\right)\times\Big[(\mu_0+c_0)\frac{(1+r_0)^{k_I}-1}{(1+r_0)^{k_I}r_0}+\\&\sum_{i=1}^{I-1}(\mu_i+c_i)\frac{(1+r_0)^{k_{i+1}-k_i}-1}{(1+r_0)^{k_{i+1}}r_0}+(\mu_I+c_I)\frac{(1+r_0)^{n-k_I}-1}{(1+r_0)^n r_0}\Big]\end{aligned} \tag{4}$$

式中：$F_0$ 为初期线路建设投资额；$F_t$ 为初期施工第 $t$ 年线路建设投资额，包括土建和初期电气投资额；$F_{m+a_i}$ 为线路在初期完成后第 $i$ 期建设投资额，主要是远景增加回路数引起的新电气投资额；$I$ 为远景规划期数；$F_{m+b_j}$ 为由于电缆使用年限限制，在使用到第 $b_j$ 年后第 $j$ 次更换电缆费用；$J$ 为电缆更换次数；$a_i$、$b_j$ 为第 $i$ 期追加投产或第 $j$ 次更换电缆距建设初期投产年数；$P_0$、$P_i$ 及 $P_I$ 为线路初期、第 $i$ 期及最终全部投产的输送容量，并认为在完全投产之后电缆更换不会对输送容量产生影响；$\mu_0$、$\mu_i$ 及 $\mu_I$ 为线路初期、第 $i$ 期及最终全部投产下的运行维护费用，一般以占该期及之前各期建设投资总额的百分比 $\eta$ 计，即 $u_i=(F_0+\sum\limits_{i=1}^{I}F_{m+a_i}/(1+r_0)^{a_i})\eta$，i=0～I；$c_0$、$c_i$ 及 $c_I$ 为线路初

期、第 $i$ 期及最终全部投产后的年电阻损耗费用。

结合式（1）~式（4）不难发现全寿命下电缆线路的单位容量输送成本与线路各期建设成本、可输送容量、线路长度、使用年限及远景规划、年电阻损耗、电力工业投资回收率及年运行费用等参数密切相关。

## 2 典型电缆线路建设成本及影响因素

从成本构成出发不难发现，电缆线路的各期建设成本是影响全寿命单位输送容量成本指标的核心因素。其中本体费用是各种电缆敷设方式下线路总体费用中最为主要的成分，也是最具可比性的部分。本体费用按照具体用途又可以分为土建费用和电气费用两大部分。

### 2.1 隧道类电缆线路建设成本及影响因素

隧道类电缆线路的土建费用主要由建筑工程费和相应的环控、给排水、照明通信等设备购置及安装费用组成。其中建筑工程费根据实际的施工方法一般由明挖施工下的区间费用和暗挖（包括顶管和盾构）施工[13,14]下的区间费用及工作井造价构成。设备材料费和电缆支架工程则构成了电气费用中最为主要的部分。故隧道类电缆线路建设费用可以表示为

$$F=(\overline{F}_c^s+\overline{F}_e)L=\overline{F}^s_{明,区}\cdot L_{明}+(\overline{F}^s_{暗,区}+\overline{F}^s_{井}N)\cdot L_{暗}+\\ \overline{F}^s_{设,安}\cdot L+s\cdot\xi_L\cdot L\cdot\overline{F}^1_{e,area} \tag{5}$$

式中：$\overline{F}_c^s$、$\overline{F}_e$ 为隧道类电缆线路单位距离土建及电气费用；$\overline{F}^s_{明,区}$ 为明挖敷设下单位距离区间费用；$\overline{F}^s_{暗,区}$ 为暗挖敷设下单位距离区间费用；$\overline{F}^s_{井}$ 为单个工作井建设费用，$N$ 为单位距离下工作井个数；$\overline{F}^s_{设,安}$ 为土建工程单位距离设备购置及安装费用；$L_{明}$、$L_{暗}$、$L$ 为采用明挖、暗挖敷设的长度及线路总长；$\overline{F}^1_{e,area}$ 为单回路单位长度电气费用，主要取决于电缆截面尺寸；$\xi_L$ 为电气线路长度影响系数，测算表明其影响主要表现在 1.0km 以下的短距离线路；$s$ 为线路回路数。

进一步，实体工程经济指标表明，$\overline{F}^s_{明,区}$、$\overline{F}^s_{暗,区}$ 和 $\overline{F}^s_{井}$ 主要受到隧道断面尺寸、埋深、土质和施工工艺等因素的综合影响。为了定量考察其影响程度特将以上费用进一步表示为

$$\overline{F}^s_{明,区}=\eta^1_{明,区}\cdot\eta^2_{明,区}\cdot\eta^3_{明,区}\cdot\overline{F}^{s,0}_{明,区} \tag{6}$$

$$(\overline{F}^s_{暗,区}+\overline{F}^s_{井}N)=\eta^1_{暗,区}\cdot\eta^2_{暗,区}\cdot\eta^3_{暗,区}\cdot\overline{F}^{s,0}_{暗,区}+\eta^1_{井}\cdot\eta^2_{井}\cdot\eta^3_{井}\cdot\overline{F}^{s,0}_{井}N \tag{7}$$

式中：$\eta^1_{明,区}$、$\eta^2_{明,区}$、$\eta^3_{明,区}$ 为明挖隧道截面尺寸、埋深、土质影响系数；$\eta^1_{暗,区}$、$\eta^2_{暗,区}$、$\eta^3_{暗,区}$ 为暗挖隧道截面尺寸、埋深、土质影响系数；$\eta^1_{井}$、$\eta^2_{井}$、$\eta^3_{井}$ 为工作井施工工艺、埋深、土质影响系数；$\overline{F}^{s,0}_{明,区}$、$\overline{F}^{s,0}_{暗,区}$ 和 $\overline{F}^{s,0}_{井}$ 为典型工况下的明、暗挖隧道区间费用和单个工作井费用。

基于以上计算公式，合理调整各参数取值测算各影响因素定量结果并对其进行整理拟合，从而为在电网规划阶段隧道类电缆线路建设成本的估算提供理论依据。

测算结果表明：隧道截面尺寸大小对土建成本有显著影响，明挖敷设下多回路双舱截面土建造价可以达到常规单舱截面下的1.5～1.6倍；埋深对明挖敷设土建成本的影响要大于暗挖敷设，开挖深度从5m加大到8m时其单位长度费用将增加越80%；软土地质下隧道敷设成本要普遍高于普通土质；在工作井施工工艺上，相同条件下常规850SMW工法造价约为800钻孔桩+850三轴止水工艺的70%，是沉井工艺[15]的1.3倍。

### 2.2 排管类电缆线路建设成本及影响因素

作为隧道类电缆线路经济性分析的典型对比对象，排管类电缆线路的土建费用主要指在电缆管道的开挖、浇制、回填或顶管的安装工程中所发生的装置性材料费、安装费及人工费等费用。电气费用及其构成则与隧道类电缆线路基本一致。故对于采用明挖或者顶管敷设的排管类电缆线路，其成本可以表示为

$$F=(\overline{F}_{c}^{p}+\overline{F}_{e})L=(\overline{F}_{c,明}^{p}\cdot L_{明}+\overline{F}_{c,顶}^{p}\cdot L_{顶})+s\cdot\xi_{L}\cdot L\cdot\overline{F}_{e,area}^{1}$$
$$=(\overline{F}_{c,明}^{p,0}\cdot\xi_{明}^{1}\cdot\xi_{明}^{2}\cdot\xi_{明}^{3}\cdot\xi_{明}^{4}\cdot L_{明}+\overline{F}_{c,顶}^{p,0}\cdot\xi_{顶}^{1}\cdot\xi_{顶}^{2}\cdot\xi_{顶}^{3}\cdot L_{顶})+s\cdot\xi_{L}\cdot L\cdot\overline{F}_{e,area}^{1} \tag{8}$$

式中：$\overline{F}_{c}^{p}$、$\overline{F}_{e}$为排管类电缆线路单位长度土建及电气费用；$\overline{F}_{c,明}^{p}$、$\overline{F}_{c,顶}^{p}$为采用明挖、顶管敷设下排管类电缆线路单位长度土建成本，$L_{明}$和$L_{顶}$则为相应敷设长度；$\overline{F}_{c,明}^{p,0}$、$\overline{F}_{c,顶}^{p,0}$为典型工况下的明挖、顶管敷设单位长度土建成本；$\xi_{明}^{1}$、$\xi_{明}^{2}$、$\xi_{明}^{3}$、$\xi_{明}^{4}$为明挖敷设下排管间距、线路长度、回路数及土质影响系数；$\xi_{顶}^{1}$、$\xi_{顶}^{2}$、$\xi_{顶}^{3}$为顶管敷设下线路长度、回路数及土质影响系数。

对排管类电缆线路变参数测算结果表明：明挖排管土建成本随排管间距变化基本呈简单线性关系，间距越大土建成本越高；线路长度对排管类电缆线路土建成本的影响呈现出较为明显的局限性，其影响范围主要在1.0km以下的短距离线路；明挖排管随着回路数的增加单位回路数土建成本是降低的，而对顶管线路则基本呈线性关系；软土地质下明挖敷设排管线路的土建成本在普通土质下1.1倍以上，而对于顶管敷设则基本不受地质条件影响。

## 3 输送容量、电阻损耗及其他相关参数说明

### 3.1 电缆输送容量

电缆线路各回路可输送容量可通过下式计算

$$P=\sqrt{3}s\times UI \tag{9}$$

其中，依据国际电工委员会IEC 60287《Electric Cable calculation of the current rating》中的规定，单回单相电缆截面载流量$I$可由以下公式计算得到：

隧道敷设方式

$$I=\sqrt{\frac{\Delta\theta-\theta_{0}-W_{d}[0.5T_{1}+n(T_{2}+T_{3}+T_{4})]}{RT_{1}+nR(1+\lambda_{1})T_{2}+nR(1+\lambda_{1}+\lambda_{2})(T_{3}+T_{4})}} \tag{10}$$

管道敷设方式

$$I=\sqrt{\frac{\Delta\theta-W_d[0.5T_1+n(T_2+T_3+T_4)]}{RT_1+nR(1+\lambda_1)T_2+nR(1+\lambda_1+\lambda_2)(T_3+T_4)}} \tag{11}$$

限于篇幅，相关参数含义参加相关文献[4-6]说明。两类敷设方式下载流量计算主要区别在于是否考虑电缆沟道内温升 $\theta_0$。

基于式（9）～式（11）得到典型工况下排管及隧道类电缆线路可输送容量结果如表1～表3所示。

**表1　　电缆排管代表截面0.5m埋深下输送容量（MVA）**

**Tab.1　Transmission capacity of representative section under 0.5m depth for pipe cable (MVA)**

| 电压（kV） | 截面（mm²） | 排管规格 | | | | | |
|---|---|---|---|---|---|---|---|
| | | 1×4（1回） | | 2×4（2回） | | 4×4（4回） | |
| | | $D$=200 | $D$=250 | $D$=200 | $D$=250 | $D$=200 | $D$=250 |
| 110 | 500 | 144 | 149 | 229 | 237 | 343 | 354 |
| | 630 | 164 | 170 | 259 | 269 | 387 | 400 |
| 220 | 1200 | 442 | 444 | 684 | 676 | 1059 | 1021 |
| | 1600 | 504 | 506 | 761 | 752 | 1171 | 1129 |
| | 2000 | 554 | 555 | 815 | 804 | 1247 | 1200 |
| | 2500 | 601 | 604 | 863 | 853 | 1314 | 1267 |

**注**　工作温度90℃，环境温度30℃，$D$表示排管直径。

**表2　　电缆排管代表截面1.0m埋深下输送容量（MVA）**

**Tab.2　Transmission capacity of representative section under 1.0m depth for pipe cable (MVA)**

| 电压（kV） | 截面（mm²） | 排管规格 | | | | | |
|---|---|---|---|---|---|---|---|
| | | 1×4（1回） | | 2×4（2回） | | 4×4（4回） | |
| | | $D$=200 | $D$=250 | $D$=200 | $D$=250 | $D$=200 | $D$=250 |
| 110 | 500 | 134 | 138 | 211 | 219 | 318 | 328 |
| | 630 | 152 | 157 | 239 | 247 | 358 | 370 |
| 220 | 1200 | 416 | 415 | 634 | 627 | 966 | 934 |
| | 1600 | 474 | 473 | 704 | 696 | 1065 | 1032 |
| | 2000 | 518 | 517 | 751 | 742 | 1132 | 1093 |
| | 2500 | 562 | 561 | 794 | 785 | 1190 | 1151 |

**表3　　电缆隧道代表截面输送容量（MVA）**

**Tab.3　Transmission capacity of representative section for tunnel cable (MVA)**

| 电压（kV） | 截面（mm²） | 排列方式 | | |
|---|---|---|---|---|
| | | 平面排列（间距1D） | 平面排列（接触） | 品字形排列 |
| 110 | 500 | 175 | 156 | 158 |
| | 630 | 202 | 177 | 180 |

续表

| 电压(kV) | 截面($mm^2$) | 排列方式 | | |
|---|---|---|---|---|
| | | 平面排列(间距 $1D$) | 平面排列(接触) | 品字形排列 |
| 220 | 1200 | 552 | 459 | 484 |
| | 1600 | 679 | 533 | 577 |
| | 2000 | 768 | 577 | 636 |
| | 2500 | 870 | 624 | 701 |

**注** 工作温度90℃，环境温度40℃，$D$ 表示电缆直径。

由表1、表2结果不难发现，在确定工作温度的前提下，排管类电缆线路输送容量主要受到回路数、排管直径及埋深等因素的影响，其中回路数对输送容量的影响最为明显，统计表明单回路下的单回输送容量可以达到四回路下的1.7倍左右。由表3数据说明，隧道类电缆线路的输送容量则主要受到同回路3相电缆之间的排列方式影响而与回路数等参数没有明显关系。

在确定了目标线路所需输送容量及回路数后，可以根据以表1～表3数据为代表的线路可输送容量选择电缆截面尺寸。例如，若需求输送容量为双回路2×400MVA，电压等级为220kV。当采用排管敷设时，可采用0.5m埋深、排管直径200mm下的2回路2500mm$^2$截面（863 MVA）；当采用隧道敷设时，则可以仅采用220kV平面排列（接触）下的2回路1200mm$^2$截面（$P=459\times2=918$MVA）即可满足输送要求。不难发现，相比于排管，在同样的输送容量下采用隧道敷设可以明显减少电缆截面的尺寸，该差值有利于弥补其在土建成本上的更多投资，从而使得不同敷设方式下电缆线路整体投资成本具有一定的可比性。

### 3.2 电阻损耗计算

交流线路年损耗费用可以通过年电阻损耗量值乘以当地实际上网电价后得到，即

$$c=W_QL\tau q=3sN\cdot I^2\cdot r_e\cdot L\cdot\tau\cdot q \tag{12}$$

式中：$c$ 为线路年损耗费用；$W_Q$为单位公里电阻损失功率；$s$、$N$ 为线路回路数及分裂导线数，对于电缆取 $N$ 为1；$I$ 为各回路每根导线（电缆）的额定工作电流；$r_e$为导线（电缆）的交流电阻；$\tau$ 为年损耗小时数；$q$ 为实际上网单位电价。

### 3.3 其他相关参数说明

电缆线路全寿命单位输送成本计算模型其他主要相关参数建议取值说明：

(1) 使用年限：依据国家电网基建〔2012〕386号《关于印发国家电网公司输变电工程提高设计使用寿命指导意见（试行）的通知》，本报告建议对采用排管敷设方式下的建构筑物主体结构使用年限取为60年，对隧道主体结构的使用年限取为100年，电缆使用年限取为30年。

(2) 施工期：按2年计，项目投资比例为前一年投资为60%，后一年投资为40%。

(3) 年投资回收率：按工程投资额的8%～12%计。

(4) 年设备运行维护费用占总投资的比例：一般在工程投资额的1%～5%之间浮动。

## 4 经济性分析模型应用及对实际工程指导

为了详细考察不同需求输送容量下隧道类电缆线路相比于传统的排管类电缆线路在全寿命单位输送容量成本指标上的优劣，本文对应常用的 110kV 和 220kV 架空输电线路导线截面及相应的输送容量，给出了不同回路数下隧道类和排管类电缆线路的经济性指标，以求寻找到两类敷设方式的经济性临界点，从而在电网规划阶段指导电缆敷设方式选择。

不同回路数下的电缆线路经济性指标分为两类给出：一类为单一电压等级，考虑隧道中电缆敷设的实际情况这里主要选择了 220kV 下的结果，具体如图 1 和图 2 所示，对应的架空线路导线截面尺寸分别为双分裂 $2\times300\text{mm}^2$ 和 $2\times400\text{mm}^2$，其单回路可输送容量分别取 492MVA 和 575MVA；另一类则为 110kV 和 220kV 电压等级混合，对应的架空线路导线截面尺寸分别为单分裂 $1\times300\text{mm}^2$＋双分裂 $2\times300\text{mm}^2$ 和单分裂 $1\times300\text{mm}^2$＋双分裂 $2\times400\text{mm}^2$，其中单分裂 $1\times300\text{mm}^2$ 截面单回路可输送容量取 123MVA，其混合线路经济性指标结果如图 3 和图 4 所示。

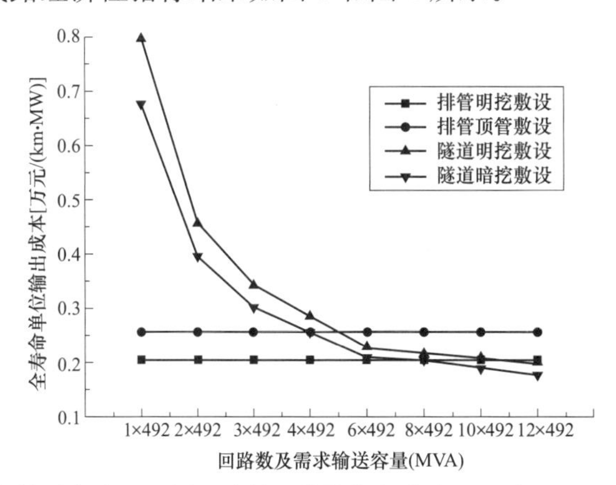


图 1 电缆线路各敷设方式下不同回路数经济性指标分布（对应 220kV $2\times300\text{mm}^2$ 截面）

Fig. 1 Economic indicators of different circuits on each laying way of cable lines (Corresponds to the section of $2\times300\text{mm}^2$ in 220kV)

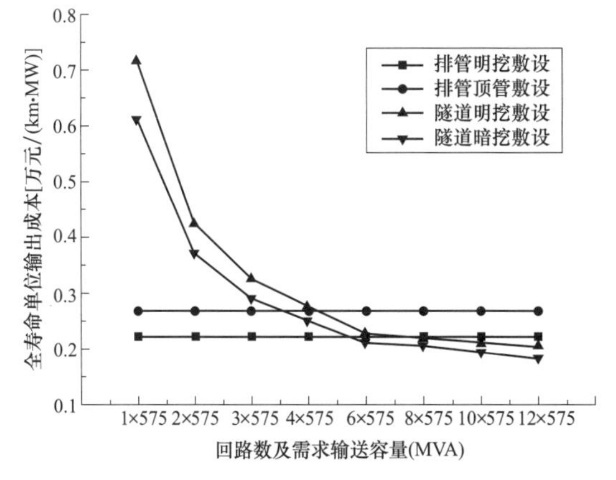


图 2 电缆线路各敷设方式下不同回路数经济性指标分布（对应 220kV $2\times400\text{mm}^2$ 截面）

Fig. 2 Economic indicators of different circuits on each laying way of cable lines (Corresponds to the section of $2\times400\text{mm}^2$ in 220kV)

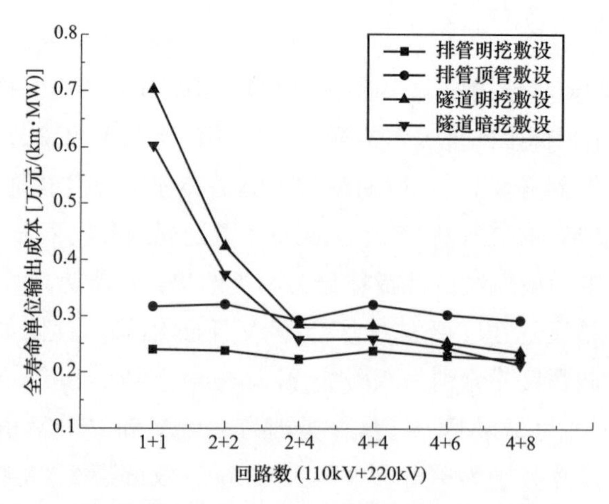


图 3　电缆线路各敷设方式下不同回路数经济性指标分布

（对应 110kV 1×300mm²＋220kV 2×300mm²截面）

Fig. 3　Economic indicators of different circuits on each laying way of cable lines

(Corresponds to the sections of 1×300mm² in 110kV and 2×300mm² in 220kV)

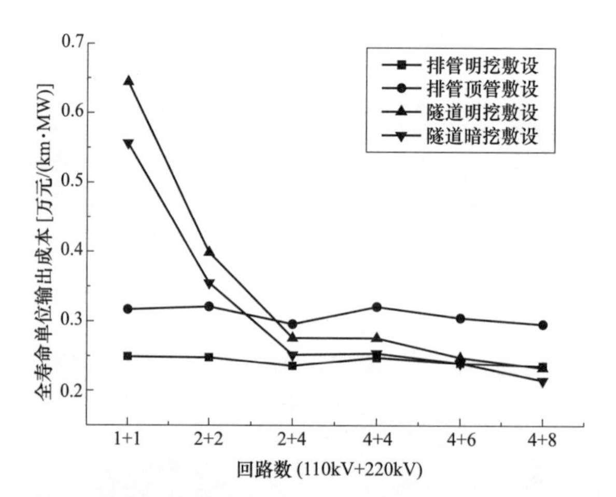


图 4　电缆线路各敷设方式下不同回路数经济性指标分布

（对应 110kV 1×300mm²＋220kV²×400mm²截面）

Fig. 4　Economic indicators of different circuits on each laying way of cable lines

(Corresponds to the sections of 1×300mm² in 110kV and 2×400mm² in 220kV)

需要对以上图表数据作出说明的是：在测算经济性数据过程中各影响参数取值主要选用典型工况条件以保证计算结果具有更好的适用性和统一性；对于采用暗挖敷设的隧道类电缆线路，首先选择采用顶管敷设，当回路数较多顶管截面尺寸不能满足需求时则换为盾构敷设；其他参数取值基本按照本文 3.3 节的相关说明，其中年投资回收率取 8%，年设备运行维护费用占总投资的比例取 1%，暂不考虑隧道类电缆线路可能存在的多期远景规划情况。图 1、图 2 中排管类电缆线路经济性指标不随回路数变动是因为在所选择最小电缆截面尺寸下仅单回路排管线路可以满足输送容量需求，回路数的增加只通过增加独立排管线路数来实现，故经济性指标保持稳定。

对于图 1 和图 2 所代表的单一电压等级结果，测算表明为了对应 220kV 双分裂 2×300mm$^2$导线截面架空线路，排管类电缆线路需要的电缆截面尺寸为 1600mm$^2$，而隧道类电缆线路需要的电缆截面尺寸为 1200mm$^2$；对应 220kV 双分裂 2×400mm$^2$导线截面架空线路，排管类电缆线路需要的电缆截面尺寸为 2500mm$^2$，隧道类电缆线路需要的电缆截面尺寸则为 1600mm$^2$。排管类电缆线路中，采用顶管敷设方式所对应的经济性指标要明显高于明挖敷设的相应值；反之，隧道类电缆线路中，采用明挖敷设所对应的经济性指标则要高于暗挖敷设的相应值。

由图 1 可以看到，对应 220kV 双分裂 2×300mm$^2$导线截面架空线路，当线路回路数在 4 回及以上时，采用暗挖敷设的隧道类电缆线路经济性指标与顶管敷设的排管类电缆线路相当；当回路数在 6 回及以上时，采用明挖敷设的隧道类电缆线路经济性指标要优于顶管敷设的排管类电缆线路；隧道类电缆线路经济性指标接近或优于明挖敷设排管类电缆线路的情况则出现在回路数达到 8 回及以上的线路。

由图 2 可以看到，对应 220kV 双分裂 2×400mm$^2$导线截面架空线路，当线路回路数在 4 回及以上时，采用明挖或暗挖敷设的隧道类电缆线路经济性指标均接近或优于顶管敷设的排管类电缆线路；当线路回路数在 6 回及以上时，采用明挖或暗挖敷设的隧道类电缆线路经济性指标接近或优于明挖敷设的排管类电缆线路。

同样的，对于图 3 和图 4 所代表的混合电压等级结果，测算表明为了对应 110kV 单分裂 1×300mm$^2$＋220kV 双分裂 2×300mm$^2$导线截面架空线路，排管类电缆线路需要的电缆截面尺寸为 500mm$^2$＋1600mm$^2$，隧道类电缆线路需要的电缆截面尺寸为 500mm$^2$＋1200mm$^2$；对应 110kV 单分裂 1×300mm$^2$＋220kV 双分裂 2×400mm$^2$导线截面架空线路，排管类电缆线路需要的电缆截面尺寸为 500mm$^2$＋2500mm$^2$，隧道类电缆线路需要的电缆截面尺寸为 500mm$^2$＋1600mm$^2$。

由图 3 可以看到，对应单分裂 1×300mm$^2$＋双分裂 2×300mm$^2$导线截面架空线路，当线路回路数在 2 回 110kV＋4 回 220kV 及以上时，采用明挖或暗挖敷设的隧道类电缆线路经济性指标就接近或者优于顶管敷设的排管类电缆线路；而隧道类电缆线路经济性指标接近或优于明挖敷设排管类电缆线路的情况则出现在 4 回 110kV＋8 回 220kV 及以上的线路。

由图 4 可以看到，对应单分裂 1×300mm$^2$＋双分裂 2×400mm$^2$导线截面架空线路，当线路回路数在 2 回 110kV＋4 回 220kV 及以上时，采用明挖或暗挖敷设的隧道类电缆线路经济性指标就优于顶管敷设的排管类电缆线路；而隧道类电缆线路经济性指标接近或优于明挖敷设排管类电缆线路的情况则出现在 4 回 110kV＋6 回 220kV 及以上的线路。

就实际工程——宁波澄浪电缆线路而言，根据输送容量要求选取电缆截面尺寸：排管敷设时 110 kV 下为 630mm$^2$，220 kV 下为 2500mm$^2$；隧道敷设时，110 kV 下为

500mm²，220kV下为2000mm²。线路远景规划考虑在初期竣工后五年内完成，隧道明挖方式下采用双舱断面，暗挖采用盾构方式。测算结果表明：排管敷设方式下，明挖经济指标为0.277万元/（km·MW），顶管为0.381万元/（km·MW）；隧道敷设方式下，明挖经济指标为0.256万元/（km·MW），盾构为0.275万元/（km·MW）。测算结果表明，对于该高电压、大输送容量、多回路电缆输电线路，采用以明挖为代表的隧道敷设方式其在经济性指标要明显由于排管类敷设方式。

## 5 结论

本文扩展运用年费用比较法，提出了综合考虑电缆线路建设成本构成、输送容量、电阻损耗、使用年限及远景规划等多种因素影响的全寿命单位输送容量成本模型。

隧道类电缆线路多回路同断面敷设及电缆需求截面尺寸减小等因素使得其在经济性指标上与排管类电缆线路具有了一定的可比性。

通过对典型方案下隧道及排管类电缆线路全寿命单位输送容量成本测算对比，发现对于单一电压等级及混合电压等级的电缆廊道，当敷设回路数在4～6回及以上时，采用隧道敷设方式的经济性指标就接近或优于排管敷设方式。

对宁波澄浪电缆线路经济性数据测算结果同样表明，对于高电压、大输送容量、多回路电缆输电线路，采用隧道方式敷设其在经济性指标上将优于排管敷设方式，从而切实解决了实际城市电缆线路工程中敷设方式的选择问题。

## 参考文献


[1] 葛荣良. 从电缆隧道建设看城市地下空间的利用 [J]. 上海电力，2006，19（3）：243-245.

[2] 陈斌，房祥玉，郎需军，等. 电力电缆的排管敷设方式 [J]. 电力建设，2011，(3)：121-123.

[3] 黄光灿，周鹏. 电力电缆敷设方式的优劣比较 [J]. 宁夏电力，2010，(4)：43-45.

[4] IEC 60287-1-1 Electric cables-calculation of the current rating，part 1：current rating equations (100% load factor) and calculation of losses，section 1：general [S]. 2006.

[5] IEC 60287-1-2 Electric cables-calculation of the current rating，part 1：current rating equations (100% load factor) and calculation of losses，section 2：sheath eddy current loss factors for two circuits in flat formation [S]. 2006.

[6] IEC 60287-2-1 Electric cables-calculation of the current rating，part 2：thermal resistance，section 1：calculation of thermal resistance [S]. 2006.

[7] 牛海清，王晓兵，张尧. 基于迭代法的单芯电缆载流量的研究 [J]. 高电压技术，2006，32（11）：41-44.

[8] 杨小静. 交联电缆额定载流量的计算 [J]. 高电压技术，2001，27（4）：11-12.

[9] 张勇，魏玢. 电网企业开展资产全寿命周期管理的思考 [J]. 电力技术经济，2008，20（4）：62-65.

[10] 靳希，陆哲敏. 全寿命周期成本分析方法在电网黑启动设计规划中的应用 [J]. 电力科学与技术学报，2007，22 (1)：67－71.
[11] 郭青. 输电线路建设工程全寿命周期管理的探讨 [J]. 山西电力，2007，143 (12)：88－92.
[12] 陈光，成虎. 建设项目全寿命期目标体系研究 [J]. 土木工程学报，2004，37 (10)：87－91.
[13] 薛丽伟，潘国庆，王桦，等. 新江湾城电力电缆隧道设计 [J]. 上海电力，2006，19 (3)：232－237.
[14] 文波. 盾构法隧道施工技术及应用 [M]. 中国建筑工业出版社，2004.
[15] 许伟良，吴林高. 复兴东路 220kV 电缆隧道工程工作井深井降水法 [J]. 地下工程与隧道，2001，(3)：20－26.

**作者简介：**

章李刚 (1985—)，男，博士，工程师，输电线路设计。
卞荣 (1970—)，男，硕士，高级工程师，输电线路设计及评审。
王志勇 (1980—)，男，博士，高级工程师，电力系统及自动化。
童军 (1977—)，男，本科，高级工程师，电力工程技术经济分析。
刘燕平 (1981—)，男，硕士，高级工程师，输电线路设计。

## Economic Analysis of Cable Tunnel Based on Cost Model of Unit Transmission Capacity in Total-life-cycle

ZHANG Ligang[1], BIAN Rong[2], WANG Zhiyong[3], TONG Jun[2], LIU Yanping[1]
(1. Zhejiang Huayun Electric Power Engineering Design Consulting Co. Ltd, Hangzhou 310014, China, 2. State Grid Zhejiang Economic Research Institute, Hangzhou 310008, China, 3. State Grid Zhejiang Electric Power Company, Hangzhou 310000, China)

**Abstract**: For the shortage of economic indicators quantitative analysis methods to cable tunnels, the cost model of the unit transmission capacity in total-life-cycle is proposed in this paper based on the expanding annual cost comparison method, which has taken into account various factors comprehensively, such as construction costs, operation and maintenance costs, line loss, etc. Meanwhile, the quantitative indicators of each factor to the tunnel and pipe cable line construction cost were determined through parameter discrete and numerical estimations. Furthermore, by the comparison of the unit transmission capacity cost in total-life-cycle corresponds to the tunnel and pipe cable line in typical conditions respectively, the rationality of the cable tunnel application on the grid planning was confirmed.

**Key words**: cable tunnel; unit transmission capacity; total-life-cycle; cost model

# 送电线路设计组织管理与工程造价控制

李春雨
（吉林省白城供电公司，吉林省白城市 137000）

**摘 要：**基于送电线路设计对工程造价控制的作用与影响，以设计阶段组织管理作为控制工程造价的着眼点，分析了送电线路设计组织管理的4个阶段，提出了当前在设计工作中存在的内部垄断、设计与技经人员沟通不畅、设计员责任心不强、缺乏信息反馈等影响工程造价的4个问题，探讨了在设计阶段控制工程造价的7项具体措施。

**关键词：**线路设计；组织管理；工程造价；控制措施；机械化施工；通用设计

## 0 引言

近些年我国经济的高速增长，综合国力不断增强，已经跃升为仅次于美国的世界第二位。与之对应的是用电量的迅猛增长，以吉林白城供电公司为例，2011～2015年供电量年平均增长率为8.32%，与之对应的是电力工程项目建设规模相应快速增加。2016年，随着“井井通电”项目和多个光伏项目的接入，拟新建、改扩建的66千伏送电线路将达到创纪录的30多条。这些工程项目的建设，对经济欠发达，管理手段不够先进的白城供电公司是个比较严峻的考验，如果对工程造价控制和管理控制不够严细，将会造成项目建设费用超支、进度拖后、施工质量下降等诸多不利因素。只有对整个项目的各项活动进行有效的监督和控制，才能确保对建设项目全过程造价的有效管理和控制。工程造价控制应贯穿于项目建设全过程，而建设过程各个阶段对投资的影响是不同的，一般来说对影响工程造价较大的阶段，是设计阶段，在设计阶段控制工程造价充分体现了事前控制的原则。

## 1 工程设计项目组织与管理

目前我国工程项目投资建设阶段一般分为项目前期、项目准备、项目实施和项目投产运营4阶段，对应到送电线路设计工程就是项目建议书和可行性研究报告阶段；初步设计、施工图设计阶段；现场交桩、现场工代服务阶段；竣工图及项目后评价阶段。

### 1.1 项目前期阶段

项目前期阶段的主要设计工作包括项目建议书和可行性研究报告。该阶段的主要任务是对工程项目投资的必要性、可行性以及建设地点、建设时间、建设规模，如何实施等重大问题进行科学论证和多方案比选。该阶段虽然投入人力物力较少，但对项目效益影响很大，前期决策的失误往往会导致重大的损失。

电力建设项目一般在项目建议书完成时确定项目投资的可能性、可行性、必要性；

在项目可行性研究阶段确定项目建设规模和投资估算金额，没有特殊原因不得超规模、超估算，因此在这一阶段需要做过细的工作，以往要求在可行性研究阶段达到初步设计深度，现在基本上就应该达到施工图深度。在此阶段就应该确定路径走向、签订相关协议，并完成线路初勘工作，初步平断面定位图，初步完成铁塔配置及基础选型，确定主要材料工程量。进而确定征地面积和树木砍伐量，确定投资规模。

## 1.2 项目准备阶段

项目准备阶段的主要设计工作包括初步设计和施工图设计阶段。该阶段的主要设计任务是完成工程项目征地及建设条件的准备，货物采购（填报物料），工程招标，签订设计合同等。该阶段是战略决策的具体化，在很大程度上决定了工程项目实施的成败及能否高效率地达到预期目标。该阶段的重点是准备和安排项目所需建设条件。

这一阶段是设计工作投入主要精力、完成主要工作量的阶段。在“可研”阶段确定主要原则的基础上进行细化、落实。设计人员应该对路径进一步确认，对签订的路径协议进行复核确认，尤其是对林地的勘测、确认。近些年在我们地区经常发生地类属性为林地而没有种植树木，在种植庄稼，设计人员在没有进行深入调查的情况下按照一般农田进行设计，没有考虑跨越该地段，在实施阶段遇到阻碍，造成路径迁改、塔型变更、耽误工期、赔偿费骤增、超出概算投资等不利因素，需要引起重视，避免发生。本阶段完成终勘工作后，接着应该完成最终的排塔、定位工作，确定每基塔的坐标、占地面积及地类性质，供建设单位完成征地拆迁工作。还要提报准确的物料供建设单位顺利完成物资招标工作，按照合同要求，按时完成各阶段工程图纸，为项目开工做好准备工作。只有深入现场，进行仔细测量，勘测，才能设计出经济、合理的图纸。按照以往的惯性思维，白城地区的沙质土壤比较多，不宜采用掏挖基础，因此 66 千伏线路的铁塔基础设计一般都采用大开挖，现场浇筑方式，现场作业面大，破坏环境严重，费工费时费料，造成很大浪费。近几年随着机械化施工的开展，通过对每个工程地勘报告的认真分析，发现有很多地段的地质在 2.5～3.0m 以上是粉质黏土，没有地下水，可以进行掏挖基础设计。因此在最近 2 年的设计工作中，加强了地质勘测工作，取得比较详尽的地质资料，针对相应地质情况，设计对应基础形式，能采用原状土基础的，全部采用，使工程造价明显降低。

## 1.3 项目实施阶段

项目实施阶段的主要任务是将建设投入要素进行组合，形成工程实物形态，实现投资决策目标。在这一阶段，通过施工、采购等活动，在规定的范围、工期、费用、质量内，按设计要求高效率地实现工程项目目标。相对设计工作来说比较简单：首先要完成现场交桩定位工作，然后要经常深入现场进行工代服务，处理现场的疑问和施工中遇到的各种情况，及时完成设计变更。该阶段在工程项目建设周期中工作量最大，投入的人力、物力和财力最多，工程项目管理的难度也最大。近些年，征地拆迁的工作难度越来越大，因此耽误工期的情况经常发生。这就要求设计人员要与建设单位、施工单位紧密配合。在前期调研中，将征地费用作足，该给农民的补偿一分不能少给，不能损害农民的利益。在路径选择及塔位布置时，多利用废弃地、荒地，少占耕地，经济作物地。如果遇到征地阻力很大时，能够避让、迁改的，及时配合施工单位变更，保证工程顺利进行。

### 1.4 项目投产运营阶段

项目投产运营阶段的主要设计任务是设计回访、相关后续服务、竣工图、项目后评价等。项目后评价是对已经完成的项目的目的、执行过程、效益、作用和影响进行的系统的、客观的分析，一般在项目竣工验收后2～3年内进行。它通过对项目实施过程、结果及其影响进行调查研究和全面系统回顾，与项目决策时确定的预期目标以及技术、经济、环境、社会等相关指标进行对比，找出差别和变化，分析原因，总结经验，汲取教训，得到启示，提出对策建议，通过信息反馈，改善投资管理决策，达到提高投资效益的目的。通过广泛调查了解，目前电力设计领域，普遍存在着设计回访和项目后评价工作没有认真执行，对已经做过的项目的经验、教训总结不够，只是在出现比较严重问题的情况下才能进行总结。

## 2 当前在设计工作中存在的影响工程造价的几个问题

按照我国的投资建设程序，在项目建议书和可行性研究报告阶段，对建设工程项目投资所做的测算称之为“投资估算”；在初步设计阶段，对建设工程项目投资所做的测算称之为“设计概算”；在施工图设计阶段，称之为“施工图预算”；在投标阶段，称之为“投标报价”；承包人与发包人签订合同时形成的价格称之为“合同价”；在合同实施阶段，承包人与发包人结算工程款时形成的价格称之为“结算价”；工程竣工验收后，实际的工程造价称之为“竣工结算价”。可以说设计工作和工程造价是紧密相连的、起决定性的，但在实际工作中又的确存在很多问题需要解决，具体如下。

### 2.1 内部垄断使工程造价得不到有效控制

应当承认，目前电力行业还是具有高度垄断的行业，建设、设计、施工、监理基本上都是由系统内部企业完成，虽说招投标过程都严格按照程序走，但最终中标的，90%以上还是本企业内部，尤其是地市级企业，基本上都是由本企业内部二级单位完成。各企业为了本单位利益着想，在项目立项之初，地市级发策部、建设部、运维部等就要求设计单位在投资概算上尽量多计列一些，在合理浮动范围内尽量争取上限，使利润尽量最大化。而设计单位是按工程造价提取设计费的，因此他们也不愿意将工程造价压低，以免影响本单位效益。有的施工企业本身能力较差，只能干比较传统的大开挖刚性基础，这种基础由于混凝土耗用量较大，因而利润较高。如果设计单位采用比较经济的柔性基础、掏挖基础，就会降低利润，施工企业就会通过各种渠道给建设单位、设计单位施加压力，不希望有所改变。可以看出，在东北地区的电力线路，目前大开挖刚性基础仍然是主流设计型式，这样不但造成很大浪费，还使工程造价得不到有效控制。

### 2.2 设计与技经人员沟通不畅，使工程设计和投资控制联系不够紧密

送电线路比较艰苦，多数处在荒郊野外，而从事技经工作的多数是女同志，使她们

不能够经常深入现场了解工程实际情况，只能够由设计人员提供相关工程概况。但在实际工作中，一般都是勘测设计人员根据设计人员提供的拐点坐标进行现场调查、勘测，他们往往对地面以上交叉跨越物比较重视，对地类性质、林地等了解不够深入，但这一部分恰恰对工程造价影响很大。长期以来，由于技术人员和技经人员联系不够紧密，缺乏对相关专业的了解，致使技术人员不能够提供编制概预算所需的全部材料、条件；而从事技经工作的人员不熟悉工程实际情况、工程设计和施工的工艺，没有吃透相关定额、标准的内涵，不能主动收集或向技术人员索取所需的全部条件，导致编制的概预算存在缺项、漏项与现场结合不够紧密，或重复计算、高估冒算的情况，难以真实反映施工现场费用，有效地控制造价。

### 2.3 设计人员责任心不强，敷衍塞责，使工程造价得不到有效控制

有些设计人员责任心不强，缺乏创新精神，接到设计任务，敷衍塞责，不能做到深入现场进行调查研究，经常是套用以往的相似工程，对具体设计方案缺乏深入细致比较，致使设计方案丢项、落项，与现场实际不符、变更增加。可研阶段基本上是纸上谈兵，在地形图上选路径；初设阶段还是套用可研的设计成果，没有进行认真的勘测、设计比较，路径方案在地形图和谷歌地图上选定后，没有到现场进行详细踏查；地质勘测没有按规定数量进行钻探，不能反映工程全貌，铁塔基础图没有按照本工程地质情况进行设计，只是套用以往工程使用过的基础，造成很大浪费；设计水平不高、审查制度不严等，最终造成项目设计深度不够，套用图纸不适等导致设计变更增多，使工程造价得不到有效控制。

### 2.4 对以往的工程投资没有及时总结，缺乏信息反馈

近些年，由于工程项目较多，致使建管部门和设计部门都疲于应对，在项目完成后，缺乏跟踪调研后评价程序。使建管部门和设计单位缺少机会了解实际发生的工程成本，无法进行事后分析，在以后工作当中又有可能将问题带入下一个项目中，不能进一步提高造价控制工作的质量。设计院的设计人员和技经人员一般都不参与工程决算，使他们不了解工程现场情况与图纸是否相符，实物工程量与图纸是否相符、工程用料是否发生变化等情况。不了解工程是否超支，发生在哪些科目、工程利润的真实情况，不利于下一个工程的改进。缺乏信息反馈和项目后评价程序使造价控制工作的质量得不到进一步提高，造价成本信息反馈和缺少。

## 3 设计阶段造价控制的措施

造价控制是一个全过程的控制，同时，又是一个动态的控制。在设计阶段的造价控制，体现了事前控制的思想。设计阶段是项目即将实施而未实施的阶段，为了避免施工阶段不必要的修改，减少设计变更造成的工程造价的增加，应把设计做细、做深入。在可研阶段就应该取得规划、土地、林业、建设等相关部门的路径协议，在初步设计阶段还要进一步明确，避免工程投资规模确定后出现颠覆性因素。一旦设计阶段造价失控，就必将给施工阶段的造价控制带来很大的负面影响。为了纠正上述存在问题，在设计阶

段应该从如下几个方面进行造价控制。

### 3.1 深化电力体制改革，打破内部垄断

从2015年底开始，国家发改委相继发布《关于推进输配电价改革的实施意见》、《关于推进电力市场建设的实施意见》、《关于电力交易机构组建和规范运行的实施意见》、《关于推进售电侧改革的实施意见》等一系列电力体制改革配套文件。2016年初，国务院又下发了《关于进一步深化电力体制改革的若干意见》。市场化改革的核心是形成竞争机制，打破垄断环节。垄断是市场化改革的天敌，这种对立关系在电力体制改革进程中体现得尤为明显。众所周知，统购统销、调度交易一体化一直是我国电力行业的现状。少数的电力企业或集团既扮演“运动员”又担任“裁判员”，占据着市场决定地位与优势资源，并在市场定价中拥有绝对话语权。这种现状显然与公平公正原则背道而驰。电力行业的设计领域、施工领域市场化改革已经是大势所趋，并且正在逐步实施。

目前，电力企业的招投标过程正在走入正轨，“公平、公正、公开和诚实信用原则”已经深入人心，曾经普遍存在的暗箱操作、内部定标等行为已经遭到严肃查处，得到有效遏制。规范化、市场化的设计招投标工作为工程造价得到有效控制奠定良好基础。

### 3.2 全面推广“三通一标”和“造价控制线”，加强技术和经济的有机结合

“三通一标”是指通用设计、通用设备、通用造价、标准工艺，这是国家电网公司提出的设计理念，已经在国家电网公司设计领域得到普遍推广。近年来，国家电网公司紧密结合大规模电网工程建设实践，组织开展标准化研究工作，形成了输变电工程通用设计、通用设备、通用造价、标准工艺（简称“三通一标”）等一系列标准化建设成果。国家电网公司对系统内66～750kV交流输变电工程进行分析，研究结果表明，“三通一标”工作在提升输变电工程的质量、效率、效益上发挥了巨大作用。

#### 3.2.1 通用设计成果体现先进性和适用性

2005年以来，国家电网公司组织编制发布了110（66）～500kV输变电工程通用设计，并在公司系统推广应用。2009年，为进一步加强和规范通用设计、通用设备等基建标准化建设成果在输变电工程中的应用，制定了《国家电网公司标准化成果（输变电工程通用设计、通用设备）应用目录（2009年版）》，取得了良好应用效果。随着电网技术的发展，新技术、新设备、新工艺的应用，智能电网建设实践的开展，规程规范的更新，国家电网公司再一次组织开展了110（66）～750kV输变电工程通用设计修订工作，于2011年发布了新版通用设计成果，并不断进行更新。

通用设计成果充分体现了先进性和适用性，并实现了施工图的深度延伸，把输变电工程设计理念和设计原则统一起来，可以实施集约化管理要求，统一建设标准，统一设备规范，统一设计深度。这对于提高设计质量、加快建设进度、提高电网稳定运行水平发挥了巨大的作用，能够有效降低公司电网建设和运营成本，提高整体效益。

#### 3.2.2 通用造价建立电网工程造价标准

通用造价反映了公司系统近年来实际工程造价的平均水平，为工程建设管理提供了决策依据，促进了电网建设与经济、社会、环境全面和谐发展；按照最新设计规程规

范、建设标准和现行的概算编制依据，统筹考虑科技进步、资源节约、环境友好等因素，满足工程建设实际工作需要，提高了基建集约化、精益化管理和标准化建设水平，为电网工程造价分析、经济评价以及项目后评价等工作提供了参考尺度和衡量标准。

通用造价有利于科学建立工程造价标准，合理评价工程技术经济指标水平，有效控制工程投资，降低电网工程建设成本；有利于加快可研、设计、评审的进度，提高工作效率，为电网项目可行性研究、工程初步设计、集中规模招标和工程竣工决算等工作的开展提供了依据，创造了条件。经测算，在送电线路工程中，通用造价有效提高工程投资控制质量 4.04%，加快设计进度 0.85%，为合理评价工程造价提供标准的贡献度达 4.27%。

#### 3.2.3 造价控制线的实施使工程造价的管理水平显著提升

为贯彻落实厉行节约，反对浪费的要求，严格控制电网工程造价，规范工程建设费用计列与使用，提高工程造价的管理水平，国家电网公司下发了《国家电网公司关于严格控制电网工程造价的通知》（国家电网基建〔2014〕85 号），要求下属公司严格实施输变电工程造价控制线。

工程造价控制线即上一年度国内（或省内）同类工程的平均造价水平。设计单位上报评审的初步设计文件，工程造价水平高于控制线水平的，初设文件中要增加专题论证材料；工程造价水平超过控制线水平 20%以上的，初设文件中要增加方案技术经济比较专篇，说明该方案的充分必要性。国家电网公司要求：各工程项目业主及评审单位，要以造价控制线为宏观尺度，加强技术方案比选，合理控制工程造价。工程造价控制线的实施两年以来，使工程造价的管理水平有了显著提升，使单位工程的造价有了明显降低。

### 3.3 优化设计方案，推行机械化施工，有效控制工程造价

设计是工程建设的灵魂，设计成果的好坏对造价影响很大，因此必须尽可能地优化设计成果。根据国家能源局《电网工程建设预算编制与计算标准（2013 年版）》的规定，架空送电线路工程静态投资主要由四个方面构成：即本体工程费、辅助设施工程费、编制年价差和其他费用。本体工程费一般占 65%～75%；辅助设施工程费一般占 0.3%左右；编制年价差正常情况一般占 5%～10%；其他费用一般占 15%～30%。从投资构成上看，编制年价差虽然也占一定的投资比例，但它的高低主要受人工、材料、机械要素的市场价格波动影响，对投资主体来说为不可控因素，故对架空送电线路工程造价控制的重点应该是对本体工程费用控制和其他费用控制。

本体工程由六项单位工程构成：工地运输、土石方工程、基础工程、杆塔工程、架线工程、附件工程。按静态投资对各个因素的敏感程度来排序，较高的是杆塔指标、人力运距、基础混凝土。因此，在设计阶段对本体工程的控制重点应主要控制这三个技术指标。

### 3.3.1 优化线路路径

对送电线路来说，路径优化是设计工作的第一步，也是控制工程造价的重要措施。路径的选择影响本体工程的多个单位工程，是影响整个工程造价的主要因素。设计人员在设计前，要十分重视沿线气象条件、地形、地质、水文、污秽等级、现有可利用交通条件、重要交叉跨越、重大障碍物拆迁等资料的收集工作。要采用卫星图片、航拍、GPS卫星定位等多种先进测量手段与现场踏查相结合的方式，优选最佳路径。不能片面追求路径最短化，而必须在满足所属地区规划部门要求及避让通信、军事等设施前提下，考虑安全运行、方便施工、降低造价、经济运行、障碍物处理及大跨越情况基础上，对线路路径的多方案进行综合比选，选择技术经济最优的方案。近几年来随着国家对保护生态环境的重视程度逐年提高，树木砍伐的成本逐年增大，并且大片林木很难通过林业部门的审批，因此线路在跨越较多林木时应首选高塔跨越，其成本往往低于砍树成本，在项目实施时也相对容易。还有拆除建筑物和居民住房，跨越公路和铁路，跨越采石厂等都会增加拆迁补偿费用，影响到其他费用中的建设场地征用及清理费的控制。不良地质会增加基础建设投入，因此在可研阶段就要做好地勘工作，掌握整条线路的主要地质情况，合理选配相应基础型式，控制水坑、泥水坑和流沙坑等不良地质的比例。而不良地形更会增加工程的总体造价，因此在路径选择时，要尽量避开山地、泥沼、河网及丘陵等地形，要尽量选择平坦、开阔地带。

### 3.3.2 合理规划塔型

影响线路投资最敏感的因素就是塔材量，不同的杆塔型式在造价、占地、施工、运输和运行安全等方面均不相同。减少每km塔材的耗钢量是降低造价的最有效途径。如每km减少1t的塔材，那么每km可减少材料费及施工费用等各项投资约1万元。虽然每km塔材的耗钢量不可能无限制地减少，但从以往工程统计分析看，不同的线路在标准相差不多的条件下，每km塔材耗钢量可相差几吨。因此，在设计阶段，必须根据工程地形地貌条件，精心规划工程需要的各种塔型，在满足使用条件下选用耗钢量较少的塔型；同时，降低线路曲折系数，增加直线杆塔使用比例，以降低杆塔耗钢指标，从而控制工程造价。还可以结合近、远景规划，使用双回路或多回路铁塔，这样目前工程的造价虽然会高了点，但为以后的工程建设项目预留下线路走廊，避免或减少了下个工程的工地运输、土石方工程、基础工程、杆塔工程的施工工程量及建设场地清理费，从总体上讲还是会大大降低工程造价。

### 3.3.3 优化杆塔基础形式

杆塔基础作为输电线路结构的重要组成部分，它的造价、工期和劳动消耗量在整个线路工程中占很大比重。其施工工期约占整个工期一半时间，运输量约占整个工程的60%，费用约占整个工程的20%～35%，基础选型、设计及施工的优劣直接影响着线路工程的建设。在基础设计方面，根据每基杆塔的基础作用力和地形地质条件，优先采用掏挖、嵌固、岩石基础等原状土基础，并积极采用技术先进的基础型式和杆塔全方位高低腿、不等高基础等，可大大减少工程中土石方量和混凝土量，同时也减少了对自然环境和地面植被的破坏，有效地减少建设场地清理费，节约工程的投资。在低洼、沼泽地段，应尽量采用板式基础，在一般地段可采用刚性基础，严格控制桩基础的使用量。

#### 3.3.4 积极推行机械化施工

2016年以来，国家电网公司基建部积极组织各方力量，全面深入推进输电线路机械化施工，开展了施工装备研发，标准制定，机械化程度分析与评价等大量卓有成效的工作。在前期系统研究和试点建设的基础上，今年年初提出在平原、丘陵地区全面实施，进一步提高工程建设的安全、质量、效率、效益。机械化施工，顾名思义就是在施工过程中，大量应用现代机械进行操作以减轻人工劳动、完成人力所难以完成的施工生产任务。在输电线路工程建设一线，实施机械化施工让人们从繁重的体力劳动中解脱出来，带来工程施工效率显著提升。

工程设计是先导性环节。国家电网公司遵循“先进性，专业化、标准化、系列化”的原则，构建了涵盖临时道路、基础型式、组塔放线、接地敷设等全过程的机械化施工标准化设计体系，先后形成了全过程机械化施工技术（设计分册）、设计手册等一系列技术规范和指导性文件，设计和评审时优先应用适合机械化施工的机械装备、施工方案。设计招投标时明确机械化施工技术要求，制定针对性方案、措施，多方案遴选，确保机械化施工专项设计方案科学、经济、合理。

实践表明，线路全面机械化施工能减少人力成本、提高工程施工效率，提升施工安全性，减小对环境的不利影响，综合效益明显，是效率与安全、质量并重之举。如灌注桩施工采用旋挖钻机，可减少泥浆量80%以上，更环保，同时减少基础侧壁与地基之间泥皮厚度，施工质量好，承载好；掏挖基础等实现机械化施工后，可提高基础垂直度、定位精度，施工质量更高，承载力更强，更加快捷、经济。

### 3.4 建立设计单位经济责任制，严格控制工程成本

建设部门应当建立严格的设计奖惩制度，对于设计节约和浪费应制定明确的奖罚标准：对因设计原因而造成的工程浪费、工期延误及超出投资限额的损失，要追究设计人员责任；对科学合理、经济的方案给予奖励。促使设计人员增强主观能动性，提高自身素质和相互间竞争的能力，增强为业主控制投资成本，提高竞争意识。针对目前设计费按工程造价取费的方式也值得商榷：工程造价越高，设计费越高，这对控制工程造价很不利。应该倡导在一个基准价格或典型造价的基础上如有降低应给与一定奖励，使设计院和设计人员都有控制工程造价的积极性。

### 3.5 严格各项审查制度

在工程进行立项时，建设单位同设计部门应共同研究，确定合理的建设规模。待可研报告完成后，省公司发展策划部应牵头，邀请基建、生产、农电、调度等相关部门人员和相关专家、领导组织可研审查会，重点审查项目建设的必要性、建设规模、投资规模等重要环节，在审查中要审出不合理的设计方案，查出估算中多余的水分，确定合理的建设规模和投资规模。

在工程的初步设计文件完成后，省公司基建部应牵头，邀请发策、生产、农电、调

度等相关部门人员和相关专家、领导组织初步设计审查会，必要时应先到现场实地踏查，重点审查工程的路径方案和技术方案，在审查中要严格参照通用设计和通用造价，严格执行造价控制线，控制建设规模和投资规模。

在工程的施工图设计文件完成后，地市公司建设单位基建部应组织本公司的发策、生产、调度、监理及施工单位相关人员进行图纸会审，对影响工程造价的重点地段、重点环节认真讨论，确定施工方案和采取必要的安全技术措施。图纸会审要抓住重点：①看设计是否满足使用要求；②结构选型及设计方案是否经济合理和施工现场能否满足施工需要。

### 3.6 加强设计变更的管理

在项目建设过程中，不可避免会发生设计变更。设计变更有业主的功能性变更与设计的技术变更，设计变更管理主要是针对设计的技术变更管理。技术变更又分施工图设计变更与施工中的设计变更，施工中的变更主要是材料设备采购变更和现场施工变更。施工图设计变更会产生基础或结构局部变更，从而影响工程的造价。再者，设计变更管理还涉及变更所处的时间段的问题，对非发生不可的变更，设计人员应主动深入了解情况，争取把设计变更控制在最小范围：在设计阶段发生变更，只修改设计图，损失就少；在采购阶段发生变更，不仅要修改图纸，还得要采购新的材料和设备。若是在施工阶段发生变更，不但是设计图和材料设备的变更，而且会造成返工、拆除、重做，势必产生重大变更损失，造成浪费。总之，要严格控制设计变更，变更前要算好账，论证其合理性、必要性再变更，严格履行变更程序，加强设计变更管理，使变更控制在限额内，达到有效地控制工程造价。

### 3.7 形成跟踪制度

设计部门应形成跟踪制度，主动跟踪工程项目的建设过程直至工程财务决算。对发生“三超”的工程项目，设计部门应及时总结发生问题的主、次方面原因，区分对待。属于因设计阶段造成的，应针对其发生的原因，制定对应的规范、规定，保证同类型的问题在今后的工程中不再发生。同时，应加强与兄弟设计单位的横向联系，借鉴其优点与不足之处。

## 4 结语

工程造价控制是基本建设的重要课题。设计阶段的造价控制主要是通过控制工程的估算、概算、预算，达到提高设计质量，降低工程造价，取得真正意义上的控制造价。因此，控制造价的关键在设计阶段。只要能够依据各项参考指标，严格执行规程制度，采用科学的方法，合理确定目标，就一定能使设计阶段的造价得到很好的控制，真正达到投资省、进度快、质量好的效果。

### 参考文献

［1］ 国家电网公司输变电工程通用设计（2011年版）. 北京：中国电力出版社.

National Power Grid Corp Transmission Project of Universal Design (2011 Edition). Beijing: Chinese power press.
[2] 国家电网公司输变电工程通用造价（2014年版）. 北京：中国电力出版社.
National Power Grid Corp Transmission Project of Universal Design (2014 Edition). Beijing: Chinese power press.
[3] 电网工程建设预算编制与计算规定（2013年版）. 北京：中国电力出版社.
Power Grid Construction Budget Preparation and Calculation (2013 Edition). Beijing: China Electric Power Press.
[4] 电力建设工程预算定额第四册送电线路工程（2013年版）. 北京：中国电力出版社.
Electric Power Construction Project Budget Quota Fourth Volume Transmission Line Project (2013 Edition). Beijing: China Electric Power Press.
[5] 输电线路全过程机械化施工技术（设计分册）. 北京：中国电力出版社.
Transmission Line in the Whole Process of Mechanization Construction Technology (design section). Beijing: China power press.

**作者简介：**

李春雨（1970—），男，本科，中级，白城城原电力设计有限公司设计室主任，从事送电专业设计16年。

# Organization Management and Engineering Cost Control of Transmission Line Design

LI Chunyu
(Baicheng Power Supply Company, Jilin Province, 137000)

**Abstract**: This paper is based on power transmission line design's effect on project cost control. The design stage management is the focus of project cost control. The author analyzes 4 stages to design organization management circuit and puts forward the design and technical difficulties in the design work, which are monopoly, poor communication, designers' poor sense of responsibility, the lack of information feedback . These problems affect the project cost. The author also discusses 7 specific measures to control the engineering cost in the design stage.
**Key words**: circuit design; organization and management; project cost; control measures; mechanization construction; general design